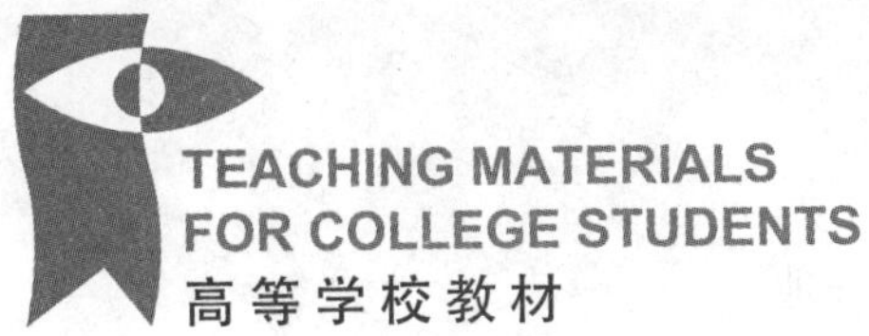

油气储运地基基础

张艳美　主　编
杨文东　副主编

中国石油大学出版社

图书在版编目(CIP)数据

油气储运地基基础/张艳美主编. —东营:中国石油大学出版社,2013.8

ISBN 978-7-5636-4122-2

Ⅰ. ①油… Ⅱ. ①张… Ⅲ. ①石油与天然气储运—地基—基础(工程)—高等学校—教材 Ⅳ. ①TE4

中国版本图书馆 CIP 数据核字(2013)第 183127 号

中国石油大学(华东)规划教材

书　　名:油气储运地基基础
主　　编:张艳美
副 主 编:杨文东

责任编辑:秦晓霞(电话 0532—86983567)
封面设计:青岛友一广告传媒有限公司

出 版 者:中国石油大学出版社(山东 东营　邮编 257061)
网　　址:http://www.uppbook.com.cn
电子信箱:shiyoujiaoyu@126.com
印 刷 者:青岛星球印刷有限公司
发 行 者:中国石油大学出版社(电话 0532—86981532,86983437)
开　　本:180 mm×235 mm　印张:20　字数:423 千字
版　　次:2013 年 10 月第 1 版第 1 次印刷
定　　价:32.00 元

本教材主要结合油气储运工程及工程力学专业的教学计划，以及现行国家和行业相关规范编写，注重实用性，内容广泛，针对性强，突出了油气储运工程特点和石油特色。

本教材对土力学基本原理、基础设计和地基处理三部分内容进行了整合，言简意赅，重点阐述储罐基础设计及各类储罐地基处理方法的加固机理、设计、施工和质量检验等内容。

本书每章都安排了一定数量的例题和习题，以供学生学习和设计参考。

本教材共分为五章，第一至第四章由中国石油大学（华东）张艳美编写；第五章由中国石油大学（华东）张艳美与杨文东合作编写；全书由张艳美统稿。研究生潘振华、阮东华和高希超也作了许多校对工作，在此表示衷心的感谢。

在本书编写过程中，参阅了相关资料和教材，在此向有关作者深表谢意。由于编者水平有限，书中难免有错误和不当之处，敬请读者批评指正。

编　者

2013 年 6 月

目录

绪　论 …… 1

第一节　概　述 …… 1
第二节　本学科的发展概况 …… 2
第三节　大型储罐地基基础 …… 3

第一章 | 土的物理性质与工程分类 …… 4

第一节　土的组成与结构 …… 5
第二节　土的物理性质指标 …… 15
第三节　土的物理状态 …… 20
第四节　土的渗透性 …… 26
第五节　土的工程分类 …… 28

第二章 | 土中应力计算 …… 35

第一节　土中自重应力计算 …… 37
第二节　土中附加应力计算 …… 39
第三节　土中有效应力计算 …… 54

第三章 | 土的力学性质 …… 59

第一节　土的压缩性与地基沉降计算 …… 59
第二节　土的抗剪强度 …… 98
第三节　地基承载力 …… 107
第四节　土压力计算 …… 110
第五节　土坡的稳定分析 …… 133
第六节　土的压实性 …… 137

第四章 | 储罐基础设计 …… 142

第一节 概 述 …… 142
第二节 储罐基础类型 …… 154
第三节 环墙基础设计 …… 160
第四节 桩基础设计 …… 164

第五章 | 储罐地基处理 …… 196

第一节 概 述 …… 196
第二节 换填垫层法 …… 198
第三节 预压法 …… 206
第四节 强夯法 …… 230
第五节 振冲法 …… 243
第六节 砂石桩法 …… 253
第七节 水泥粉煤灰碎石桩法 …… 266
第八节 灰土挤密桩法与土挤密桩法 …… 278
第九节 水泥土搅拌桩法 …… 292

参考文献 …… 310

绪 论

第一节 概 述

任何建(构)筑物的全部荷载都由它下面的地层(土层或岩层)来承担。其中,地基是指支撑建(构)筑物荷载并受其影响的那一部分地层;基础是指将建(构)筑物荷载传递到地基上的结构组成部分。

为了保证建(构)筑物的安全和正常使用,地基和基础必须具有足够的强度和耐久性,变形也应控制在允许范围之内。地基和基础的形式很多,实际工程中应根据工程地质条件、上部结构要求、荷载作用及施工技术等因素综合选择合理的设计方案。

地基可分为天然地基和人工地基。无须人工处理就可满足设计要求的地基称为天然地基。如果天然土层不能满足工程要求,必须经过人工加固处理后才能满足设计要求的地基称为人工地基(如经过换填垫层、预压、化学加固等方法处理后的地基)。建(构)筑物应尽量修建在良好的天然地基上,以减少地基处理的费用。另外,主要由淤泥、淤泥质土、冲填土、杂填土或其他高压缩性土层构成的地基属于软弱地基,软弱地基必须经过地基处理后方可作为建(构)筑物的地基。

地基一般由多层土构成。直接承担基础荷载的地层称为持力层。位于持力层以下,并处于压缩层或可能被剪损深度范围内的各层地基土称为下卧层,当下卧层的承载力显著低于持力层时称为软弱下卧层。

地基和基础是建(构)筑物的根基,它们的设计和施工质量会直接影响上部结构的安全;并且它们还属于隐蔽工程,如有缺陷,较难发现,一旦出现问题,很难补救。古今中外因地基和基础问题而导致的工程事故,不胜枚举。因此,工程实践中必须严格遵守基本建设原则,对地基和基础做到精心设计、精心施工,确保其安全可靠、经济合理。

第二节　本学科的发展概况[1-9]

地基和基础是一门既古老又年轻的应用学科，是人类在长期的工程实践中不断发展起来的。

追本溯源，早在几千年前，人类就已经创造了地基和基础工艺，遍及世界各地的古代宫殿、寺院、桥梁和高塔都充分体现了当时能工巧匠的高超技艺。但是由于受到当时生产力水平的限制，地基和基础建设还主要依靠经验，缺乏相应的科学理论。

作为本学科理论基础的土力学始于 18 世纪欧洲工业革命时期。随着资本主义工业化的发展，公路、铁路、水利和建筑工程的大量兴建推动了土力学的发展。1925 年，美籍奥地利学者 Terzaghi 出版了专著《土力学》，标志着土力学从此成为一门独立的学科。土力学的诞生不仅为地基和基础建设提供了理论基础，还促使人们对地基和基础进行深入的研究和探索。

1936 年在美国哈佛召开了第一届国际土力学与基础工程会议，1962 年在我国天津召开了第一届土力学与基础工程会议。基础工程是指与土有关的工程问题，研究对象包括地基和基础两部分，主要内容包括地基基础的设计、施工和监测等。其中，基础设计包括选择基础类型、确定基础埋深及基底面积、基础内力计算和结构设计等；地基设计包括确定地基承载力、进行地基变形和稳定计算等。当地基承载力不足或压缩性过大而不能满足设计要求时，需要对地基进行人工处理即地基处理。另外，欧洲、澳大利亚等地区的国家也相继召开了相关的学术会议。国内外各类学术会议的召开，极大地促进了土力学与地基基础的发展。

特别是近几十年，随着计算机和计算技术的引入，地基和基础无论是在理论上还是在施工技术上都得到了迅猛发展。不仅常规基础的设计理论更加完善，还出现了诸如桩-箱基础、桩-筏基础、墩基础等基础形式。在地基处理方面也出现了振冲、强夯、预压、复合地基、注浆、冷热处理和各类托换技术等地基加固方法。与此同时，人们还研发了各种各样的与勘察、试验和地基处理有关的仪器设备，如薄壁取土器、高压固结仪、大型三轴仪、动三轴仪、深层搅拌器、塑料排水带插板机等，这些仪器设备为地基基础的研究、实施和质量保证提供了条件。另外，随着土工合成材料技术的发展，各类土工聚合物也在建筑、水利、道路、港口、储罐等工程的地基处理中得到广泛应用。在大量理论研究和实践经验积累的基础上，各类与地基基础相关的规范、规程相继问世，如《建筑地基基础设计规范》、《建筑地基处理技术规范》、《钢制储罐地基基础设计规范》、《石油化工钢储罐地基处理技术规范》等，这些规范为地基基础的设计和施工提供了理论和实践经验依据。

由于地基和基础深入地下，工程地质条件复杂，特别是随着我国西部大开发战略的实施、大型和重型土木工程的兴建，尽管目前地基基础的设计理论和施工技术有了较大发展，但仍有许多问题值得深入研究和探索。

第三节　大型储罐地基基础[10-11]

近几十年来，储罐向大型化迅速发展。储罐大型化具有减少总图布置的占地面积、节省罐区的管网和配件、节省钢材、便于生产管理等优点。大型储罐地基基础的主要功能是支持罐体，在罐体设计、建造和使用均属正常的情况下，储罐的地基基础将对罐体的可靠度起决定作用。大量工程事故实例说明，由于地基液化或产生较大不均匀沉降等引起的储罐基础倾斜甚至破坏不但会影响储罐这类构筑物的正常使用，而且往往会引发管道断裂、环境污染和火灾、爆炸等灾害。影响储罐基础倾斜或破坏的因素是多方面的，概括起来主要有以下几点：

(1) 储罐进液速度较快，造成储罐基础局部边缘地基剪切破坏；

(2) 储罐场地地基土不均匀、存在地质缺陷如暗浜或墓穴等，导致储罐基础倾斜；

(3) 储罐地基含有饱和砂土或粉土等可液化土层，在地震作用下，地基土发生液化，引起储罐基础大量沉降或不均匀沉降；

(4) 储罐间距较小，造成相互影响，导致储罐基础倾斜等。

对于大型储罐而言，由于其基础覆盖的面积较大，荷载影响较深，经常会遇到不良土质、软弱土层、沟壑暗浜等非理想土层，为了满足储罐变形和承载力要求，需要进行地基处理。地基处理是否得当将关系到整个储罐工程的质量、进度和投资，所以大型储罐地基处理日益得到人们的重视，储罐地基处理技术也得到了长足的发展。20 世纪 60 年代初，在上海首先采用了储罐内充水加荷预压法加固地基，并在吹填土层上建造大型储罐。20 世纪 70 年代，在浙江镇海采用砂井预压法加固储罐地基，解决了软黏土渗透系数小、排水固结时间长的问题。20 世纪 80 年代初，在湖南长岭填土地基上首次采用强夯法加固地基建成一批浮顶储罐，消除了土层和土质不均匀因素的影响；后来在河南洛阳的湿陷性土上成功地将爆扩挤密法用作大型储罐的地基处理；在上海陈山和浙江镇海软土地基上采用振冲碎石桩处理罐基也取得了预期的加固效果。20 世纪 80 年代末，在南京石埠桥采用了土工织物处理储罐软基，效果良好。近几年，还发展了深层搅拌桩、CFG 桩、干振碎石桩等复合地基法及多元复合地基法处理大型储罐地基，并颁布了相关的技术规范。

由于储罐储存的介质易燃、易爆、有污染性，一旦其地基基础遭到破坏，不仅会影响储罐的正常使用，还可能会造成巨大的经济损失、次生灾害和对生态环境的破坏。因此，应精心做好大型储罐地基基础的设计、施工和验收工作，选择合理的地基处理方案，确保大型储罐的地基和基础具有足够的安全性、适用性和耐久性。

第一章

土的物理性质与工程分类

土是由矿物或岩石碎屑构成的松软集合体，是由地壳表层原本坚硬连续的岩石经历长期的风化以及剥蚀、搬运等作用，在交错复杂的自然环境中沉积而形成的各种散粒堆积物。

风化作用是指地表岩石受日照、降水、大气及生物作用等影响，其物理性状、化学成分发生一系列变化的现象。风化作用可分为物理风化、化学风化和生物风化三种类型。物理风化是指岩石在地质构造力、温差、冰胀和碰撞等各种物理力的作用下，由大的块体分裂成为小的石块或像砂粒大小的颗粒的过程。物理风化的特点是仅改变颗粒的大小与形状，不改变原来矿物的化学成分。物理风化后的产物属于原生矿物颗粒，易生成巨粒土和粗粒土，如漂石、砾类土、砂类土等，这些土一般呈松散状态，总体称为无黏性土。化学风化是指母岩表面或散碎的原生矿物颗粒受环境因素的作用而改变其化学成分，生成新矿物的过程。化学风化后的产物称为次生矿物颗粒，易生成细粒土，主要是黏土颗粒及大量的可溶性盐。化学风化常见的作用有水解作用、水化作用、氧化作用和溶解作用等。生物风化是指动植物及人类活动对岩石的破坏过程，可分为生物的物理风化和生物的化学风化两种形式。生物的物理风化主要是指生物产生的机械力对岩石造成的破坏，如植物根系在变长、变粗的过程中，易使岩石楔裂破碎，人类的爆破活动对周围岩石的影响等。生物的化学风化主要是指生物产生的化学物质引起岩石成分改变而使岩石破碎的过程，如植物分泌的某些有机酸对岩石的腐蚀作用。

实际上，上述三类风化作用是同时存在并相互影响的。但是在不同地区，由于自然条件不同，各类风化作用又有主次之分。例如，西北地区干旱缺水，气温变化剧烈，以物理风化为主；东南沿海潮湿炎热，雨量充沛，以化学风化为主。由于影响岩石风化的各种自然因素在地表最活跃，自地表向下随深度增加而迅速减弱，故风化作用也是由地表向下逐渐减弱，达到一定深度后，风化作用基本消失。

土的上述形成过程决定了其具有特殊的物理力学性质。与一般建筑材料相比，土的工程性质具有以下特点：

(1) 三相体。

一般情况下，土是由土粒（固相，Soil）、土中水（液相，Water）和土中气（气相，Air）三部分组成的三相分散体系，见图1-1。土中三相物质之间的比例关系、土粒的矿物成分以及大小和形状等都会影响土的工程性质。当土中仅含有固相和液相时称为饱和土，仅含有固相和气相时称为干土，若三相都含有称为非饱和土。

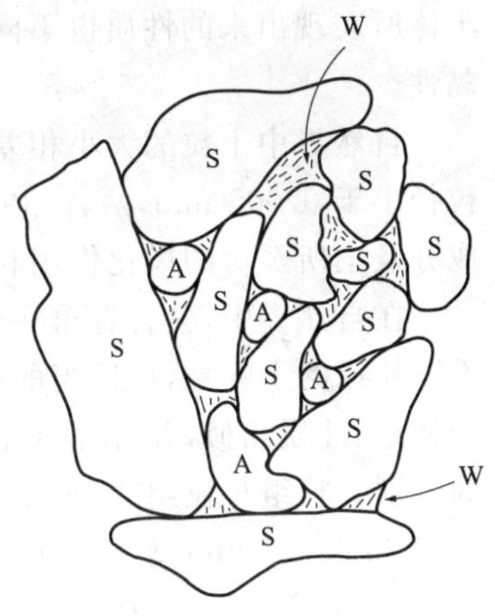

图1-1 土的组成示意图

(2) 碎散性。

土体中的颗粒大小不同，它们之间无黏结或仅有一定的弱黏结，构成了土的骨架，称为土骨架。由于土粒之间联结不紧密，故土骨架中存在大量孔隙，这些孔隙之间是连通的，并且被水和气所填充，土中的水和气可以在孔隙中流动。

(3) 自然变异性。

自然变异性是指土的工程性质随空间与时间而变化的特性。这种变异性是可观的、自然形成的。

上述三个特点使得土体在变形、强度等力学性质方面比其他建筑材料要复杂得多。总之，土是在漫长的地质年代和自然界作用下形成的性质复杂、不均匀、各向异性并随时间和空间而变化的多矿物组合体。

第一节 土的组成与结构

土是由固、液、气三相组成的。土的性质取决于土中各相的特性、相对含量及相互作用。固体颗粒是三相分散体系的主体，对土的物理力学性质起决定作用，其中颗粒的大小、矿物成分和形状是主要的影响因素。另外，大量试验资料表明，对于组成成分相同的同一种土，原状土与重塑土的力学性质相差很大，这说明土的组成不是决定其性质的全部因素，土的结构和构造对土的性质也有较大影响。

一、土中固体颗粒

1. 粒组划分与颗粒级配

1) 颗粒大小与粒组划分

天然形成的土是由无数个大小不同的土颗粒混合而成的。土颗粒的大小通常用粒径表示，这里的粒径并不是土颗粒的真实直径，而是与筛孔的直径（筛析法）或与实际土粒有相同沉降速度的理想球体的直径（密度计法）相等效的名义粒径。粒径的大小不同，土体所表现出来的性质也不同，例如随着粒径的变小，土的性质由无黏性逐渐变化到有黏性。

自然界中土粒的大小相差很大，例如巨粒土漂石的粒径大于 200 mm，细粒土黏粒的粒径小于 0.005 mm，两者相差超过 4 万倍。造成颗粒大小悬殊的原因主要与土的矿物成分及土所经历的风化作用和搬运过程有关。

在自然界中，仅含有单一粒径的土是不存在的。为了研究方便，工程上通常把土中不同粒径的土颗粒，按适当的粒径范围划分成若干组，称为粒组。每个粒组中的土粒粒径相近、性质相似，并且都有能代表这一粒组主要特征的名称，不同粒组之间的性质有质的区别。粒组与粒组之间的分界尺寸称为界限粒径，常采用的界限粒径有 200、20、2、0.05 和 0.005 mm 等。表 1-1 和表 1-2 给出了目前我国常用的两种粒组划分方法。

表 1-1　土的粒组划分

<table>
<tr><th>粒组统称</th><th colspan="2">粒组名称</th><th>粒径范围 d/mm</th></tr>
<tr><td rowspan="2">巨粒组</td><td colspan="2">漂石（块石）</td><td>$d>200$</td></tr>
<tr><td colspan="2">卵石（碎石）</td><td>$60<d\leqslant 200$</td></tr>
<tr><td rowspan="3">粗粒组</td><td rowspan="2">砾　粒</td><td>粗　砾</td><td>$20<d\leqslant 60$</td></tr>
<tr><td>细　砾</td><td>$2<d\leqslant 20$</td></tr>
<tr><td colspan="2">砂　粒</td><td>$0.075<d\leqslant 2$</td></tr>
<tr><td rowspan="2">细粒组</td><td colspan="2">粉　粒</td><td>$0.005<d\leqslant 0.075$</td></tr>
<tr><td colspan="2">黏　粒</td><td>$d\leqslant 0.005$</td></tr>
</table>

注：本表为国家标准《土的分类标准》(GBJ 145—90)采用的划分标准。

表 1-2　土的粒组划分

<table>
<tr><th>粒组统称</th><th colspan="2">粒组名称</th><th>粒径范围 d/mm</th><th>主要特征</th></tr>
<tr><td rowspan="2">巨粒组</td><td colspan="2">漂石（块石）</td><td>$d>200$</td><td rowspan="2">渗透性很大，无黏性，无毛细水，不易压缩</td></tr>
<tr><td colspan="2">卵石（碎石）</td><td>$60<d\leqslant 200$</td></tr>
<tr><td rowspan="3">粗粒组</td><td rowspan="3">砾　粒</td><td>粗　砾</td><td>$20<d\leqslant 60$</td><td rowspan="3">渗透性很大，无黏性，毛细水上升高度小，压缩性小</td></tr>
<tr><td>中　砾</td><td>$5<d\leqslant 20$</td></tr>
<tr><td>细　砾</td><td>$2<d\leqslant 5$</td></tr>
</table>

续表 1-2

粒组统称	粒组名称		粒径范围 d/mm	主要特征
粗粒组	砂　粒	粗　砂	$0.5 < d \leqslant 2$	易透水，无黏性，一般压缩性小，遇水不膨胀，干燥时松散，毛细水上升高度不大但随粒径变小而增大
		中　砂	$0.25 < d \leqslant 0.5$	
		细　砂	$0.075 < d \leqslant 0.25$	
细粒组	粉　粒		$0.005 < d \leqslant 0.075$	透水性小，湿时稍有黏性，遇水膨胀小，干时稍有收缩，毛细水上升高度较大较快，极易出现冻胀现象
	黏　粒		$d \leqslant 0.005$	透水性很小，湿时有黏性和可塑性，遇水膨胀大，干时收缩显著，毛细水上升高度大

注：本表适用于《建筑地基基础设计规范》(GB 50007—2011)和《岩土工程勘察规范》(GB 50021—2001)(2009 年版)。

2) 土的颗粒级配和颗粒分析试验

自然界中很少有只含一个粒组的天然土，土体往往是由多个粒组混合而成的。土的性质不仅取决于所含颗粒的大小，更取决于不同粒组的相对含量。土中各个粒组的相对含量(是指土中各粒组的质量占土粒总质量的百分数)称为土的颗粒级配。测定土中各粒组相对含量的试验称为颗粒分析试验。常用的颗粒分析试验有两种，即筛析法和沉降法。

(1) 筛析法。

该方法适用于粒径大于 0.075 mm、小于等于 60 mm 的粗粒土。试验时将风干的、具有代表性的土样放入一套孔径不同的标准筛(标准筛的孔径一般为 60、40、20、10、5.0、2.0、1.0、0.5、0.25、0.075 mm)中，然后放到振筛机上充分振动，将土粒分开，并依次称出留在各层筛子上的土粒质量，即可求出各粒组的相对含量及小于某筛孔直径土粒的累计百分含量。

(2) 沉降法。

该方法适用于粒径小于 0.075 mm 的细粒土。斯托克斯定理认为，球状的细颗粒在水中的沉降速度与颗粒直径的平方成正比。因此，可以利用不同粒径的土在水中沉降速度不同的原理，将粒径小于 0.075 mm 的细颗粒作进一步分组。沉降分析方法有密度计法和移液管法两种。

3) 颗粒级配曲线

根据颗粒分析试验的结果，可以绘制出反映粒径小于某一尺寸的土颗粒质量占土的总质量的百分数的关系曲线，称为颗粒级配曲线或粒径分布曲线，见图 1-2。

颗粒级配曲线的横坐标表示粒径。由于土的粒径相差悬殊，可达几千甚至几万倍，并且细颗粒的含量对土体工程性质的影响也很大，不可忽略，因此如果采用直角坐标就需要画得很宽，使用起来很不方便。为了把相差如此悬殊的不同粒径表示在同一个坐标系下，横坐标采用对数坐标来表示。颗粒级配曲线的纵坐标表示小于(或大于，常用小于)某粒径的土颗粒质量占土样总质量的百分数，这个百分数是一个累计百分数，是所有小于该粒径的各粒组质量百分数之和。

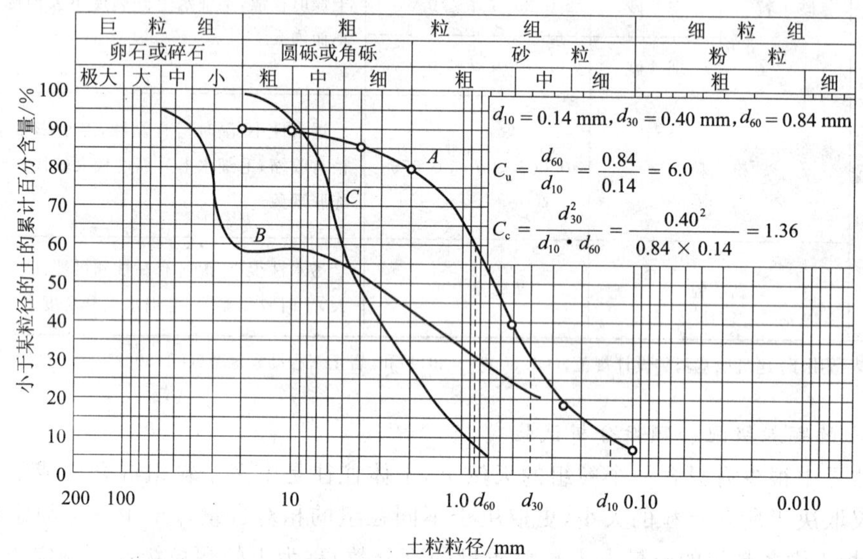

图 1-2　土的颗粒级配曲线

颗粒级配曲线是表示土体颗粒组成情况的一种比较完善和通用的图解方法。根据曲线的陡缓可以大致判断土颗粒分布的均匀程度和土体级配的优劣。如果曲线较陡(见图 1-2 中的曲线 C)，表示土体所含颗粒粒径的范围较小，颗粒大小相差不多，土粒较均匀，级配不良，因为均匀土粒之间有孔隙，土质疏松，这类地基土的强度和稳定性差，透水性和压缩性较大；反之，如果曲线平缓(见图 1-2 中的曲线 A)，表示土体所含颗粒粒径的范围较大，粒径相差悬殊，级配良好，因为土粒不均匀，细颗粒可以填充粗颗粒所形成的孔隙而使得土体密实，这类地基土的强度和稳定性好，透水性和压缩性较小。

根据颗粒级配曲线，还可以简单地确定两个定量指标以判定土体的工程性质，即不均匀系数 C_u 和曲率系数 C_c，表达式分别为：

$$C_u=\frac{d_{60}}{d_{10}} \tag{1-1}$$

$$C_c=\frac{d_{30}^2}{d_{10}\cdot d_{60}} \tag{1-2}$$

式中　d_{60}——小于某粒径的土粒累计质量占土总质量的 60%时对应的粒径，称为限制粒径或控制粒径；

d_{10}——小于某粒径的土粒累计质量占土总质量的 10%时对应的粒径，称为有效粒径；

d_{30}——小于某粒径的土粒累计质量占土总质量的 30%时对应的粒径，称为中值粒径。

不均匀系数 C_u 反映了土颗粒粒径分布的均匀性。C_u 越大表示土颗粒粒径的分布范围越大，颗粒大小越不均匀，级配越良好。一般情况下，把 $C_u < 5$ 的土看作是均粒土，级配不良；$C_u \geq 5$ 时，称为不均粒土；$C_u > 10$ 时，属级配良好的土。

曲率系数 C_c 描述了土颗粒粒径分布曲线的整体形态或曲线的连续程度，反映了有效粒径与限制粒径之间各粒组的分布情况。当 $C_c < 1$ 或 $C_c > 3$ 时，表示级配曲线不连续，由于缺少了某些粒组而使粒径分布曲线上出现了台阶（见图 1-2 中的曲线 B），这类土不宜压实，级配较差。

工程中，一般认为砾类土或砂类土同时满足 $C_u \geq 5$ 且 $C_c = (1\sim3)$ 两个条件时为级配良好的土，当作为填方工程土料时，比较容易获得较大的密实度。

2. 土粒的矿物成分

土颗粒的成分绝大部分是矿物质，另外还或多或少含有一些有机质。土粒的矿物成分主要取决于母岩的成分及其所经受的风化作用。不同的矿物成分对土的性质有着不同的影响，其中以细粒组的矿物成分尤为重要。土粒的矿物成分如图 1-3 所示。

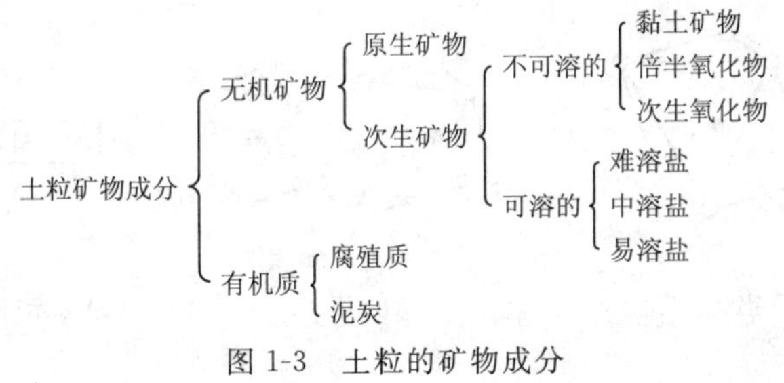

图 1-3　土粒的矿物成分

1）无机矿物

（1）原生矿物。

原生矿物是岩浆在冷凝过程中形成的矿物。原生矿物颗粒是母岩经物理风化而生成的，其成分与母岩相同，仅形状和大小发生了变化，是构成粗粒组的主要成分。原生矿物颗粒较粗，呈粒状，有圆形、浑圆形、棱角形等。常见的有石英、长石、云母、角闪石、辉石等。原生矿物的化学成分比较稳定，具有较强的抗风化能力，亲水性较弱，无塑性。它们对土的工程性质的影响主要表现在颗粒的大小、形状、坚硬程度、表面特征、矿物类型等方面。

（2）次生矿物。

次生矿物是母岩或原生矿物经化学风化而生成的，其成分与母岩不同，为一种新的矿物，是构成细粒组的主要成分。次生矿物颗粒较细，多呈针状、片状、扁平状。次生矿物的成分、性质及其与水的作用均很复杂，对土的工程性质影响很大。次生矿物可进一步分为可溶性次生矿物和不溶性次生矿物两类。

黏土矿物是次生矿物中数量最多的矿物，颗粒极微小，呈鳞片状或片状，是构成黏土颗粒的主要成分。其中，黏土矿物的结晶结构对黏性土工程性质的影响较大。

黏土矿物是一种铝-硅酸盐晶体，由硅片和铝片组成的晶胞按照不同的叠置形式构成。硅片的基本单位是硅氧四面体，由一个居中的硅离子和四个在角点的氧离子组成（见图 1-4）；铝片的基本单位是铝氢氧八面体，由一个居中的铝离子和六个在角点的氢氧离子组成（见图 1-5）。硅片和铝片构成了两类晶胞即二层晶胞和三层晶胞，这两类晶胞按照不同的方式组合起来，便构成了三种不同的黏土矿物即蒙脱石、伊利石和高岭石（见图 1-6）。

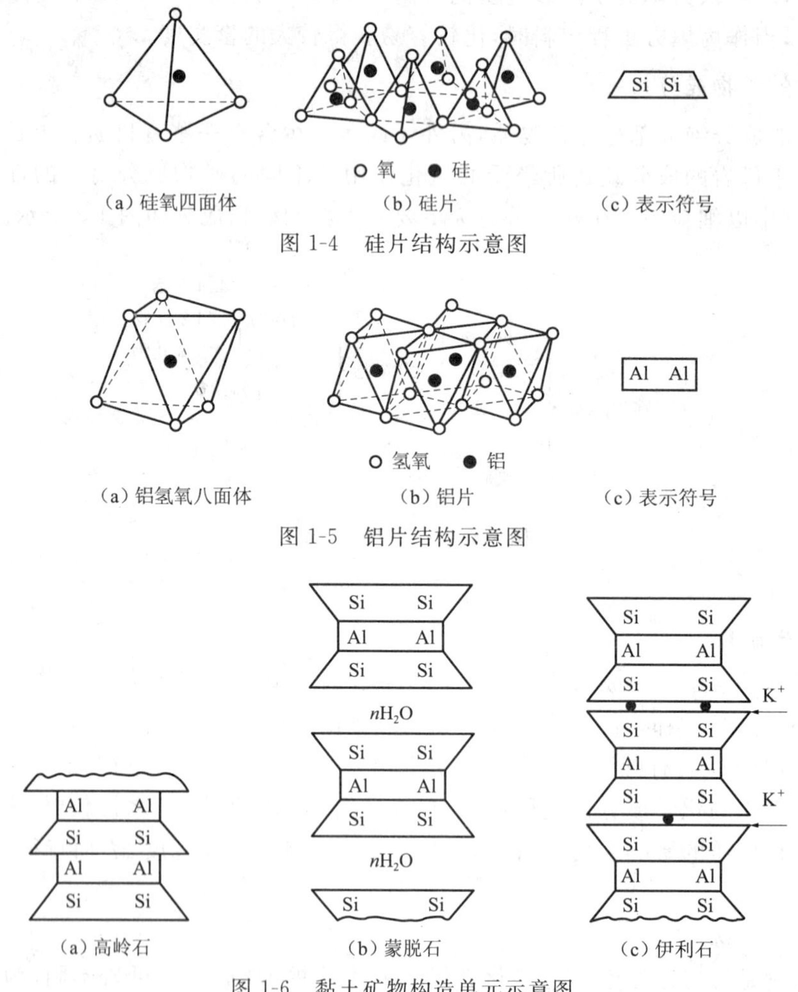

（a）硅氧四面体 （b）硅片 （c）表示符号

图 1-4 硅片结构示意图

（a）铝氢氧八面体 （b）铝片 （c）表示符号

图 1-5 铝片结构示意图

（a）高岭石 （b）蒙脱石 （c）伊利石

图 1-6 黏土矿物构造单元示意图

① 高岭石。

高岭石是由两层晶胞叠接而成的（见图 1-6a），晶胞之间通过氧离子和氢氧基联结，具有较强的联结力，水分子不能进入。高岭石的主要特征是颗粒较粗、亲水性差。

② 蒙脱石。

蒙脱石是由三层晶胞组成的(见图 1-6b)，晶胞之间都是氧离子，联结力很弱，水很容易进入晶胞之间。蒙脱石的主要特征是颗粒细小，具有明显的吸水膨胀和失水收缩的特性，即亲水性强。

③ 伊利石。

伊利石也是由三层晶胞构成的(见图 1-6c)，与蒙脱石不同的是晶胞之间还有钾离子联结，增加了晶胞间的联结力，所以伊利石的结晶构造比蒙脱石稳定，亲水能力介于蒙脱石与高岭石之间。

2) 有机质

土中的有机质是由动植物分解而成的。一种是分解不完全的植物残骸，形成泥炭，其主要成分是纤维素，成海绵状结构，疏松多孔。另一种是分解完全的动植物残骸，形成腐殖质，颗粒细小，具有极强的吸附性。

有机质的存在对土的工程性质影响很大，总体认为随着有机质的增加，土的分散性加大(分散性是指土在水中能够大部分或全部自行分散成原级颗粒土的性能)、含水量增高、干密度减小、膨胀性增大、压缩性增加、强度减小、承载力降低，对工程极为不利。

二、土中水

一般情况下，土中总是含水的，水是构成土体的第二类主要物质。土中水的数量和类型影响着土的性质和状态。土中细颗粒含量越高，水对土的工程性质的影响也越大。

土中水按其存在位置不同，可分为矿物中的结合水和土孔隙中的水(即孔隙水)。存在于土粒矿物晶体格架内部或是参与矿物构造中的水称为矿物中的结合水，它是矿物的组成部分，只有在较高的温度下才能转化成为水蒸气与矿物颗粒分离。孔隙水是指在土体孔隙中储存和运动的水。孔隙水按其存在的状态又可分为固态水、液态水和气态水。其中，液态水和固态水对土的性质影响较大。土中水的分类见图 1-7。

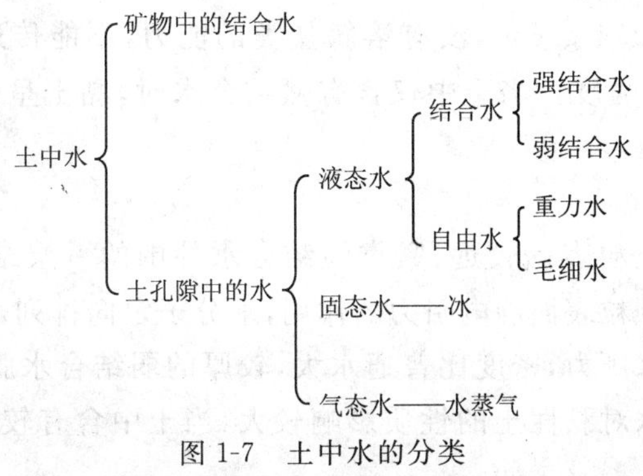

图 1-7　土中水的分类

土中液态水可分为结合水和自由水两大类。

1. 结合水

结合水是指受土颗粒表面电场吸引力作用的土中水。黏土颗粒表面带负电荷，在土粒周围形成电场，土体孔隙中的水分子为极性分子，被土粒电场所吸引，在土粒表面定向排列，形成一定厚度的水膜，称为结合水或吸附水、束缚水。按照电场吸引力的强弱，结合水又分为强结合水和弱结合水，见图 1-8。

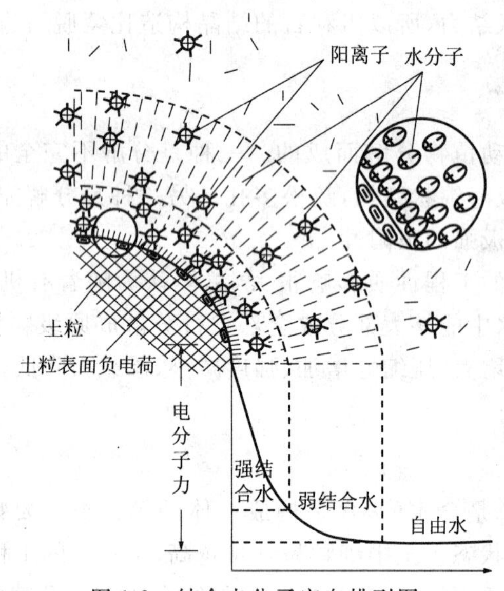

图 1-8　结合水分子定向排列图

1）强结合水

强结合水是指受黏土颗粒表面静电引力作用被牢牢吸附在土粒表面的极薄的结合水膜，也称为吸着水。强结合水膜很薄，只有几个水分子厚，但是吸附力可高达几千个大气压。这种水被牢固地吸附在土粒表面，水分子定向排列特征显著，性质接近于固体，密度约为 1.2～2.4 g/cm^3，没有溶解盐类的能力，不能传递静水压力，具有极大的黏滞度、弹性和抗剪强度。当土中仅含有强结合水时，黏土呈固体坚硬状态，砂土呈散粒状态。

2）弱结合水

弱结合水是距离土粒表面较远、紧靠强结合水外围的一层结合水膜，也叫薄膜水。弱结合水仍然受黏土颗粒表面静电引力的作用，水分子定向排列，但引力较强结合水弱。弱结合水不能传递静水压力，密度比普通水大，较厚的弱结合水膜能向邻近较薄的水膜处缓慢移动。弱结合水对黏性土的性质影响较大，当土中含有较多的弱结合水时，土体具有一定的可塑性。

2. 自由水

自由水是指存在于土粒表面电场影响范围以外的水。与普通水一样，自由水的冰点为零度，能传递静水压力并具有溶解盐类的能力。自由水按其移动所受作用力的不同，分为重力水和毛细水。

1）重力水

重力水是指存在于地下水位以下，在重力或压力差作用下能够在土体孔隙中自由运动并对土粒产生浮力作用的水。重力水对土的应力状态、基坑开挖等工程所采取的排水和防水措施有重要影响。

2）毛细水

毛细水是指受到水与空气交界面处表面张力的作用，保持在地下水位以上并承受负孔隙水压力的自由水。毛细水的存在可助长地基土的冻胀现象，危害房屋基础、公路路面等。

三、土中气

土体孔隙中没有被水占据的部分都是气体。土中气包括与大气连通和不连通的气体两类。因为与大气连通的气体在外力作用下很容易从孔隙中排出，因此对土的工程性质影响较小。不连通的封闭气体对土的工程性质影响较大，它们的存在增加了土的弹性，降低了土层的渗透性，易形成高压缩性土。

另外，对于淤泥或泥炭等有机质土，由于微生物的分解作用，在土中积存一定数量的可燃或有毒气体（如硫化氢、甲烷等），施工时应特别注意。

四、土的结构与构造

土的结构是指土的固体颗粒间的几何排列和联结方式。土粒单元的大小、形状、矿物成分、位置以及土中水的性质和孔隙特征等对土的结构均有影响。一般认为土的结构有三种，即单粒结构、蜂窝结构和絮状结构。

1. 单粒结构

单粒结构是由粗颗粒土在水中或空气中下沉而成的。因为颗粒较大、土粒间的分子吸引力相对很小，颗粒间几乎没有联结，是碎石土和砂类土的结构特征。

如图 1-9 所示，单粒结构可呈疏松状，也可以是密实状。疏松的单粒结构土骨架不稳定，在荷载作用下易产生较大变形，必须经过处理后方可作为建（构）筑物的地基；密实的单粒结构强度较大、压缩性较小，是良好的天然地基。

2. 蜂窝结构

蜂窝结构是由较细颗粒土（粒径在 0.005～0.075 mm 的粉粒组）在水中下沉而成的。由于土粒之间的分子吸引力大于颗粒自重，下沉中的颗粒碰到已沉积的土粒时，就被吸引在最初接触点处不再下沉，逐渐形成土粒链。土粒链组成弓架并形成具有很大孔隙的蜂窝状结构，见图 1-10。具有蜂窝结构的土，可以承担一般水平的静荷载，但是当荷载较大或受动力荷载作用时，结构易被破坏并产生较大沉降。

3. 絮状结构

絮状结构是由黏粒(粒径小于 0.005 mm)集合体组成的。因为它们的重量很小，所以不因自重而下沉，能够长期悬浮在水中，形成孔隙很大的絮状结构，见图 1-11。具有这类结构的土强度较低、压缩性较高、对扰动比较敏感。

(a) 疏松　　(b) 密实

图 1-9　单粒结构

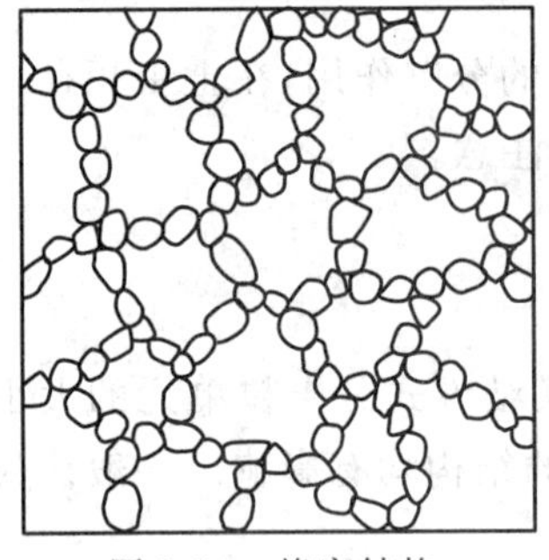

图 1-10　蜂窝结构

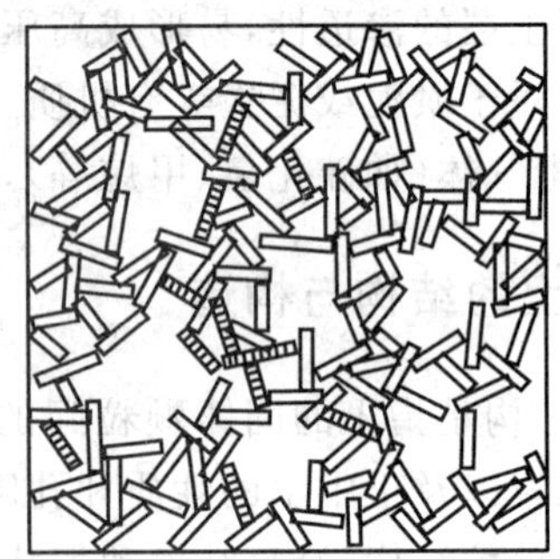

图 1-11　絮状结构

土的构造是指在同一土层中物质成分和颗粒大小等都相近的各部分之间的相互关系特征，即土体形成过程中产生的三相特征、节理或裂隙等不连续面在土体内的排列和组合特征。土的构造实质上是从宏观角度来研究土的组成。

土的构造最主要的特征是成层性(即层里构造)和裂隙性(即裂隙构造)。层里构造是指在土的生成过程中，由于不同阶段沉积物质的成分、颗粒大小或颜色不同而在深度方向上呈现出的成层特征。常见的有水平层里构造和交错层里构造(具有夹层、尖灭或透镜体等产状)。裂隙构造是指土体中有很多不连续的小裂隙，裂隙的存在使得土体强度降低、渗透性增加，对工程不利。

第二节　土的物理性质指标

不仅固、液、气三相本身会直接影响土的工程性质，三相之间相对含量的变化对土的工程性质也有重要影响。

土的三相组成物质在质量或体积上的比例关系称为土的三相比例指标或土的物理性质指标。土的物理性质指标反映了土的一系列物理性质，如干湿、轻重等。土的物理性质又在一定程度上影响了土的力学性质，因此土的物理性质指标是评价土的工程性质的最基本的指标之一。

土的物理性质指标共九个，其中土粒相对密度（也称土粒比重）、含水量和密度三个指标一般可通过室内试验直接测定，称为基本物理性质指标。其余指标可由基本物理性质指标换算得到。

一、土的三相草图

天然土样中的三相是随机分布的，为了便于计算和说明，人为把土中的三相集中起来，见图 1-12，这种表示土体中固相、液相、气相三种组分相对含量的直方图称为三相草图。

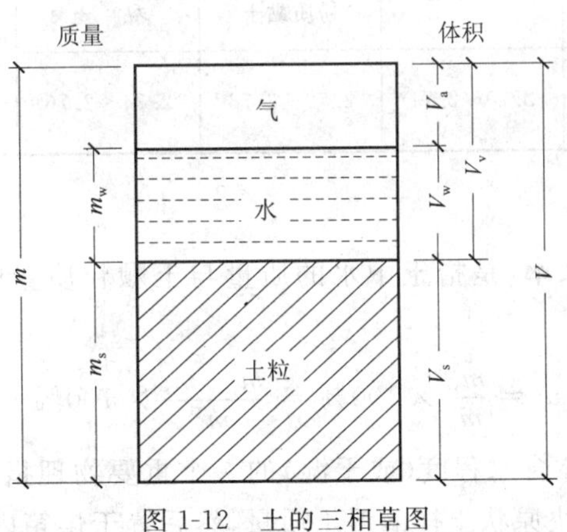

图 1-12　土的三相草图

图中符号的意义：m_s 为土中固体土颗粒的质量；m_w 为土中水的质量；m_a 为土中气体的质量，一般取 $m_a=0$；m 为土的总质量，$m=m_w+m_s$；V_s 为土中固体颗粒的体积；V_w 为土中水的体积；V_a 为土中气的体积；V_v 为土中孔隙的体积，$V_v=V_w+V_a$；V 为土的总体积，$V=V_v+V_s=V_w+V_a+V_s$。

二、物理性质指标的定义

1. 土的基本物理性质指标

1）土粒相对密度 G_s

土中固体颗粒的质量与同体积 4 ℃纯水的质量之比（或土粒密度与 4 ℃时纯水的密度之比），称为土粒相对密度，无量纲。表达式为：

$$G_s = \frac{m_s}{m_{w1}} = \frac{m_s/V_s}{m_{w1}/V_s} = \frac{\rho_s}{\rho_{w1}} \tag{1-3}$$

式中 m_s——土颗粒的质量，g；

m_{w1}——同体积 4 ℃纯水的质量，g；

ρ_{w1}——4 ℃时纯水的密度，$\rho_{w1}=1\ \mathrm{g/cm^3}$；

ρ_s——土颗粒的密度，$\mathrm{g/cm^3}$。

对于由小于、等于和大于 5 mm 土颗粒组成的土，实验室内一般分别采用比重瓶法、浮称法和虹吸管法测定其土粒相对密度。由于不同土的土粒相对密度变化不大，通常也可按经验数值选用，见表 1-3。

表 1-3 土粒相对密度参考值

土的名称	砂 土	粉 土	黏性土		有机质	泥 炭
			粉质黏土	黏 土		
土粒相对密度	2.65～2.69	2.70～2.71	2.72～2.73	2.74～2.76	2.4～2.5	1.5～1.8

2）含水量 w

土的含水量也称含水率，是指土中水的质量与土颗粒质量的比值，以百分数表示。表达式为：

$$w = \frac{m_w}{m_s} \times 100\% = \frac{m - m_s}{m_s} \times 100\% \tag{1-4}$$

含水量 w 是反映土体含水程度（或干湿）的一个重要物理指标。室内一般用烘干法测定。试验时，先称取小块原状土样的湿土质量，然后置于烘箱内维持 100～105 ℃烘至恒重，再称干土的质量，湿、干土质量之差与干土质量的比值就是土的含水量。

3）密度 ρ

单位体积土的质量称为土的密度，单位为 $\mathrm{kg/m^3}$ 或 $\mathrm{g/cm^3}$。表达式为：

$$\rho = \frac{m}{V} = \frac{m_s + m_w}{V_s + V_v} \tag{1-5}$$

土的密度可在室内及野外现场直接测定。室内细粒土常采用环刀法测定，对于易破裂土和形状不规则的坚硬土常采用蜡封法测定；现场测定粗粒土的密度常采用灌水或灌砂法。一般黏性土和粉土的密度为1.8～2.0 g/cm³，砂土的密度为1.6～2.0 g/cm³，腐殖土的密度为1.5～1.7 g/cm³。

2. 特殊条件下土的密度

1）饱和密度 ρ_{sat}

土中孔隙被水充满时的单位体积土质量称为土的饱和密度。表达式为：

$$\rho_{sat} = \frac{m_s + V_v \rho_w}{V} \tag{1-6}$$

式中　ρ_w——水的密度，$\rho_w \approx 1\ g/cm^3$。

2）干密度 ρ_d

单位体积土中土粒的质量称为土的干密度。表达式为：

$$\rho_d = \frac{m_s}{V} \tag{1-7}$$

工程中，常把干密度作为评定土体紧密程度的标准，以控制填土的施工质量。

3）有效密度 ρ'

单位体积土中土粒质量与同体积水的质量之差称为土的有效密度或浮密度。表达式为：

$$\rho' = \frac{m_s - V_s \rho_w}{V} \tag{1-8}$$

另外，单位体积土的重量称为重度，为密度与重力加速度的乘积。与 ρ、ρ_d、ρ_{sat}、ρ' 相对应的是天然重度 γ、干重度 γ_d、饱和重度 γ_{sat} 和有效重度（浮重度）γ'。重度的单位是 kN/m^3。

3. 描述土中孔隙体积相对含量的指标

1）孔隙比 e

孔隙比是指土中孔隙体积与土粒体积之比，无量纲。表达式为：

$$e = \frac{V_v}{V_s} \tag{1-9}$$

2）孔隙率 n

孔隙率是指土中孔隙体积与土的总体积之比，以百分数表示。表达式为：

$$n = \frac{V_v}{V} \times 100\% \tag{1-10}$$

3）饱和度 S_r

土的饱和度是指土中被水充满的孔隙体积与孔隙总体积之比，以百分数表示。表达式为：

$$S_r = \frac{V_w}{V_v} \times 100\% \tag{1-11}$$

土的饱和度反映了土中孔隙被水充满的程度。工程中常将 S_r 作为砂土湿度划分的标准：$S_r \leqslant 50\%$ 为稍湿，$50\% < S_r \leqslant 80\%$ 为很湿，$S_r > 80\%$ 为饱和。

三、物理性质指标之间的换算

在上述九个物理性质指标中，G_s、w 和 ρ 三个指标一般是直接测定的，其余的指标可根据三相草图，通过指标换算得到(见表 1-4)。指标换算实质上是利用已知的指标表达出三相草图中各相的数值，再根据所求指标的定义推求出指标值的过程。因为土体三相之间的比例关系与所取土样的多少无关，为了便于换算，常根据具体条件假设某个量为 1(单位根据具体情况确定)，以减少未知量。例如，如果密度 ρ 已知，可假定总体积 $V = 1$，根据密度的定义可知总质量为 m；如果含水量 w 已知，可假定土粒质量 $m_s = 1$，则水的质量为 $m_w = w$，总质量为 $m = m_w + m_s = w + 1$。

例如，为了便于推导，假设 $V_s = 1\ \text{cm}^3$，根据孔隙比的定义 $e = V_v/V_s$，可得出：

$$V_v = e, \quad V = V_s + V_v = 1 + e$$

根据土粒相对密度的定义 $G_s = \dfrac{m_s}{m_{w1}} = \dfrac{m_s/V_s}{m_{w1}/V_s} = \dfrac{\rho_s}{\rho_{w1}}$，一般取 $\rho_w \approx \rho_{w1}$，从而得出：

$$m_s = V_s G_s \rho_w = G_s \rho_w \tag{1-12a}$$

根据含水量的定义 $w = \dfrac{m_w}{m_s} \times 100\% = \dfrac{m - m_s}{m_s} \times 100\%$，可得出：

$$m_w = w m_s = w G_s \rho_w, \quad m = m_w + m_s = G_s(1 + w)\rho_w \tag{1-12b}$$

根据密度的定义：

$$\rho = \frac{m}{V} = \frac{G_s(1 + w)\rho_w}{1 + e} \tag{1-12c}$$

从而可推导出由基本物理性质指标表达的孔隙比：

$$e = \frac{G_s(1 + w)\rho_w}{\rho} - 1 \tag{1-12d}$$

同上，根据式(1-12)可推导出：

$$\rho_d = \frac{m_s}{V} = \frac{G_s \rho_w}{1 + e} = \frac{\rho}{1 + w}$$

$$\rho_{sat} = \frac{m_s + V_v \rho_w}{V} = \frac{(G_s + e)\rho_w}{1 + e}$$

$$\rho' = \frac{m_s - V_s \rho_w}{V} = \frac{m_s + V_v \rho_w - V \rho_w}{V} = \rho_{sat} - \rho_w = \frac{(G_s - 1)\rho_w}{1 + e}$$

$$n = \frac{V_v}{V} = \frac{e}{1 + e}$$

$$S_r = \frac{V_w}{V_v} = \frac{m_w}{V_v \rho_w} = \frac{w G_s}{e}$$

表 1-4　土的物理性质指标换算公式

名　称	符　号	表达式	常用换算公式	备　注
土粒相对密度	G_s	$G_s=\dfrac{m_s}{V_s\rho_{w1}}$	$G_s=\dfrac{S_r e}{w}$	试验测定
含水量	w	$w=\dfrac{m_w}{m_s}\times 100\%$	$w=\dfrac{S_r e}{G_s}$，　$w=\dfrac{\rho}{\rho_d}-1$	试验测定
密　度	ρ	$\rho=\dfrac{m}{V}$	$\rho=\rho_d(1+w)$，　$\rho=\dfrac{(1+w)G_s}{1+e}\rho_w$	试验测定
孔隙比	e	$e=\dfrac{V_v}{V_s}$	$e=\dfrac{wG_s}{S_r}$，　$e=\dfrac{G_s(1+w)\rho_w}{\rho}-1=\dfrac{G_s\rho_w}{\rho_d}-1$	
孔隙率	n	$n=\dfrac{V_v}{V}\times 100\%$	$n=\dfrac{e}{1+e}$，　$n=1-\dfrac{\rho_d}{G_s\rho_w}$	
饱和度	S_r	$S_r=\dfrac{V_w}{V_v}\times 100\%$	$S_r=\dfrac{wG_s}{e}$，　$S_r=\dfrac{w\rho_d}{n\rho_w}$	
干密度	ρ_d	$\rho_d=\dfrac{m_s}{V}$	$\rho_d=\dfrac{\rho}{1+w}$，　$\rho_d=\dfrac{G_s}{1+e}\rho_w$	$\rho_{sat}\geqslant\rho\geqslant\rho_d>\rho'$
饱和密度	ρ_{sat}	$\rho_{sat}=\dfrac{m_s+V_v\rho_w}{V}$	$\rho_{sat}=\dfrac{G_s+e}{1+e}\rho_w$	
有效密度	ρ'	$\rho'=\dfrac{m_s-V_s\rho_w}{V}$	$\rho'=\rho_{sat}-\rho$，　$\rho'=\dfrac{G_s-1}{1+e}\rho_w$	
重　度	γ	$\gamma=\rho g$	$\gamma=\gamma_d(1+w)$，　$\gamma=\dfrac{G_s(1+w)}{1+e}\gamma_w$	水的重度： $\gamma_w=9.807\times 10^3\ \mathrm{N/m^3}\approx 10\ \mathrm{kN/m^3}$ $\gamma_{sat}\geqslant\gamma\geqslant\gamma_d>\gamma'$
干重度	γ_d	$\gamma_d=\rho_d g$	$\gamma_d=\dfrac{\gamma}{1+w}$，　$\gamma_d=\dfrac{G_s}{1+e}\gamma_w$	
饱和重度	γ_{sat}	$\gamma_{sat}=\dfrac{m_s+V_v\rho_w}{V}g$	$\gamma_{sat}=\dfrac{G_s+e}{1+e}\gamma_w$	
有效重度	γ'	$\gamma_{sat}=\dfrac{m_s-V_s\rho_w}{V}g$	$\gamma'=\gamma_{sat}-\gamma_w$，　$\gamma'=\dfrac{G_s-1}{1+e}\gamma_w$	

【例题 1-1】 某完全饱和黏土试样，测得其土粒相对密度 $G_s=2.73$，含水量 $w=30\%$。试求该黏土试样的干重度、饱和重度和孔隙比。

【解】 因为土样完全饱和，则其饱和度 $S_r=1$。

令土颗粒的体积 $V_s=1\ \mathrm{m^3}$，根据孔隙比的定义可知：孔隙体积 $V_v=e$，总体积 $V=1+e$。

由土粒相对密度及饱和度的定义可知：

$$S_r = \frac{V_w}{V_v} = \frac{m_w}{V_v \rho_w} = \frac{wG_s}{e}$$

从而可推得：

$$e = \frac{wG_s}{S_r} = \frac{0.3 \times 2.73}{1} = 0.819$$

由干重度的定义可知：

$$\gamma_d = \frac{m_s}{V} g = \frac{G_s \gamma_w}{1+e} = \frac{2.73 \times 10}{1+0.819} = 15.01\ \text{kN/m}^3$$

由饱和重度的定义可知：

$$\gamma_{sat} = \frac{m_s + V_v \rho_w}{V} g = \frac{G_s + e}{1+e} \gamma_w = \frac{2.73 + 0.819}{1+0.819} \times 10 = 19.51\ \text{kN/m}^3$$

【例题 1-2】 某完全饱和土样切满容积为 24.51 cm^3 的环刀内，称得总质量为 110.8 g，经 105 ℃烘干后至恒重为 100.4 g。已知环刀的质量为 66.5 g，土粒相对密度为 2.72。试求该土样的密度、有效密度、含水量和孔隙比。

【解】

土样质量 $m = 110.8 - 66.5 = 44.3\ \text{g}$

土颗粒的质量 $m_s = 100.4 - 66.5 = 33.9\ \text{g}$

水的质量 $m_w = m - m_s = 44.3 - 33.9 = 10.4\ \text{g}$

土样的密度 $\rho = \frac{m}{V} = \frac{44.3}{24.51} = 1.81\ \text{g/cm}^3$

土样的含水量 $w = \frac{m_w}{m_s} = \frac{10.4}{33.9} \times 100\% = 30.68\%$

水的体积 $V_w = \frac{m_w}{\rho_w} = \frac{10.4}{1} = 10.4\ \text{cm}^3$

土颗粒的体积 $V_s = V - V_w = 24.51 - 10.4 = 14.11\ \text{cm}^3$

因为土体完全饱和，所以 $V_v = V_w$，从而可知孔隙比为：

$$e = V_v / V_s = 10.4/14.11 = 0.74$$

有效密度为：

$$\rho' = \frac{m_s - V_s \rho_w}{V} = \frac{33.9 - 14.11 \times 1}{24.51} = 0.81\ \text{g/cm}^3$$

第三节 土的物理状态

土的物理状态，对于无黏性土一般指土的密实程度，对于黏性土一般指土的软硬状态。土的物理状态指标反映了土的松密和软硬状态。

一、黏性土的物理状态

黏性土的颗粒细小，与土中水作用很显著。随含水量的不同，黏性土将处于固态、半固态、可塑状态和流动状态等不同的物理状态，见图 1-13。不同物理状态下的黏性土，所表现出来的工程性质也不同。

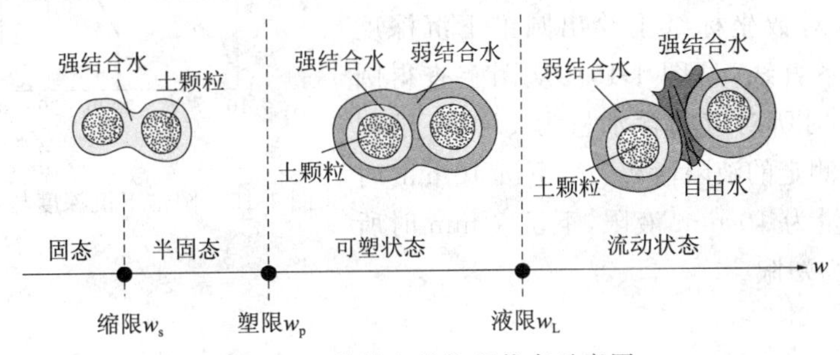

图 1-13　黏性土的物理状态示意图

其中，半固态与固态的主要区别是：当黏性土处于半固态时，随着土中水的蒸发，土的体积会缩小，而当黏性土处于固态时尽管土中水继续蒸发，但土的体积已不再缩小。

所谓可塑性是指黏性土在外力的作用下可以任意改变形状而不开裂，当外力撤去后仍能保持既得形状的性能。黏性土由一种状态转到另一种状态的分界含水量称为界限含水量或稠度界限、阿太堡界限。

1. 黏性土的界限含水量

1）塑限 w_p

塑限是黏性土可塑状态与半固状态之间的界限含水量。实验室内常采用滚搓法测定 w_p。试验时，先将接近塑限含水量的土样用手搓成椭圆形，再将其放在毛玻璃板上均匀地搓成土条，当土条直径搓成 3 mm 时，产生裂缝并开始断裂，表示土条的含水量就是塑限 w_p。

2）液限 w_L

液限是黏性土流动状态与可塑状态之间的界限含水量。我国常采用锥式液限仪来测定 w_L，见图 1-14。试验时，先将黏性土调成均匀的浓糊状，装满盛土杯并刮平杯口表面，再将 76 g 重的圆锥体轻放在试样表面的中心，使其在自重作用下徐徐下沉。如果圆锥体经 5 s 恰好沉入

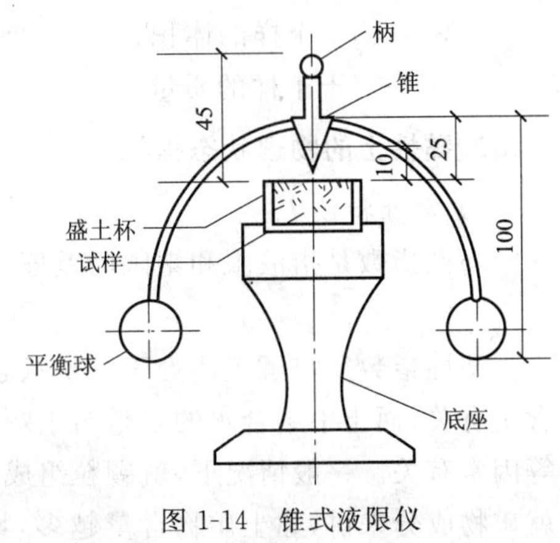

图 1-14　锥式液限仪

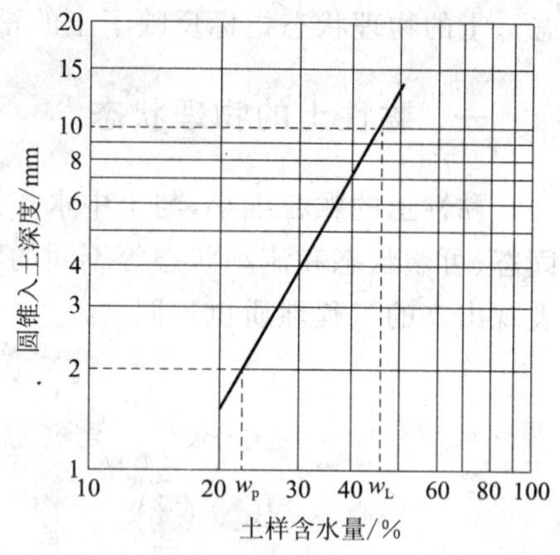

图 1-15　圆锥下沉深度与含水量关系曲线

10 mm，这时杯内土样的含水量就是液限 w_L。为了避免放锥时人为晃动的影响，也可采用电磁放锥以提高测试精度。

为了更准确、便捷地测定土样的液限和塑限，目前常采用液、塑限联合测定法。试验时，制备至少 3 个不同含水量的试样，通过电子放锥的锥式液限仪测定经 5 s 时圆锥的下沉深度，并确定此时的含水量，在双对数坐标纸上绘出圆锥下沉深度和含水量的关系直线，见图 1-15。从图上查得圆锥下沉 17 mm 时所对应的含水量为 17 mm 液限(与碟式液限仪测定的液限值相当)，下沉 10 mm 时所对应的含水量为 10 mm 液限，下沉 2 mm 时所对应的含水量为塑限。

3）缩限

缩限是指饱和黏性土的含水量因干燥减少至土体体积不再变化时的界限含水量。

常采用收缩皿法测定土样的缩限。试验时，制备含水量等于或略大于 10 mm 液限的试样，将其分层填入收缩皿中并刮平表面，再将填满试样的收缩皿放在通风处晾干，当试样颜色变淡时，放入烘箱内烘至恒量，称出收缩皿和干试样的总质量，用蜡封法测定干试样的体积，根据下式计算出土样的缩限。

$$w_s = w - \frac{V_0 - V_d}{m_d}\rho_w \times 100\% \tag{1-13}$$

式中　w_s——土的缩限；

w——制备时土样的含水量；

V_0——湿土样的体积；

V_d——干土样的体积；

m_d——干土样的质量。

2. 黏性土的物理状态指标

1）塑性指数 I_p

塑性指数是指液限和塑限的差值(省去%符号)。表达式为：

$$I_p = w_L - w_p \tag{1-14}$$

塑性指数反映了土体处于可塑状态时的含水量变化范围，它的大小与土中结合水的含量有关，而土中结合水的含量与土颗粒组成、土粒矿物成分、土中水的离子成分和浓度等因素有关。一般情况下，就颗粒组成来讲，土粒越细，结合水的可能含量越高，I_p 越大；就矿物成分来讲，黏土矿物含量越多，特别是蒙脱石含量越高，与水作用越剧烈，结合水含量越高，I_p 越大；就土中水的离子成分和浓度来讲，当水中高价阳离子的浓度增加时，结合水膜变薄，结合水的含量减少，I_p 减少，反之亦然。因此，塑性指数在一定程度上反映了影响黏性土工程特征的各种重要因素。因此，在工程上常根据塑性指数对黏性土进行分类。

2）液性指数 I_L

天然含水量和塑限之差与塑性指数的比值称为液性指数。表达式为：

$$I_L = \frac{w - w_p}{I_p} = \frac{w - w_p}{w_L - w_p} \tag{1-15}$$

从上式中可以看出，当天然含水量小于塑限时，$I_L \leqslant 0$，土体处于坚硬状态；当天然含水量大于液限时，$I_L > 1$，土体处于流动状态；当天然含水量在液限与塑限之间时，$0 < I_L \leqslant 1$，土体处于可塑状态。可见，液性指数的大小可以反映黏性土的软硬状态。因此，工程上根据液性指数值把黏性土划分成五种状态，见表 1-5。

表 1-5　黏性土的软硬状态划分

状　态	坚　硬	硬　塑	可　塑	软　塑	流　塑
液性指数	$I_L \leqslant 0$	$0 < I_L \leqslant 0.25$	$0.25 < I_L \leqslant 0.75$	$0.75 < I_L \leqslant 1.0$	$I_L > 1.0$

3. 黏性土的灵敏度与触变性

1）灵敏度 S_t

天然土体的结构受到扰动影响而改变的特性称为土的结构性。天然状态下的黏性土通常具有一定的结构性，当土的天然结构受到扰动时，土粒间的胶结物质以及土粒、离子、水分子所组成的平衡体系受到破坏，土体强度降低、压缩性增大。土的结构性对强度影响的大小，一般用土的灵敏度来衡量。灵敏度是指黏性土的原状试样与含水量不变时重塑试样的无侧限抗压强度之比。表达式为：

$$S_t = \frac{q_u}{q_u'} \tag{1-16}$$

式中　q_u——原状试样的无侧限抗压强度，kPa；

q_u'——重塑试样的无侧限抗压强度，kPa。

土的灵敏度越高，结构性越强，受扰动后强度降低就越多，因此施工时应特别注意保护基坑或基槽，避免降低地基土的强度。

2）触变性

黏性土含水量不变，密度不变，因结构受到扰动而强度降低，但是当扰动停止后，强度逐渐部分恢复的现象称为触变性，见图 1-16。

在黏性土中沉桩就是应用了土的触变性原理。沉桩时，扰动桩侧土和桩端土，使土的结构破坏，以降低沉桩的阻力；沉桩完成后，土的强度随时间部分恢复，桩的承载力逐渐增加。

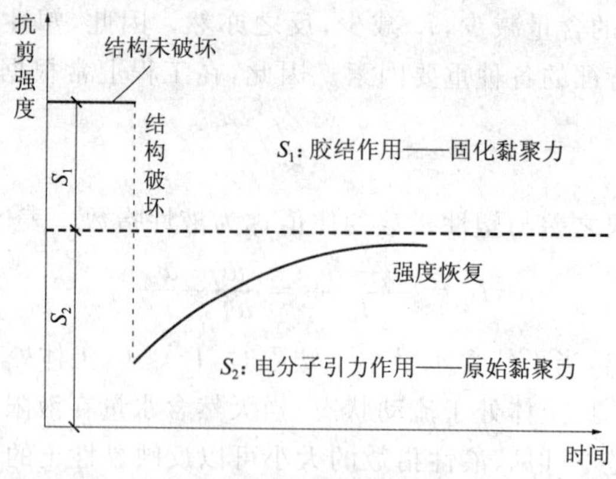

图 1-16　黏性土触变性示意图

黏性土的强度主要来源于土颗粒间电分子引力所产生的原始黏聚力和粒间胶结物所产生的固化黏聚力。当土体被扰动时，这两类黏聚力被部分破坏或全部破坏，土体强度降低。当扰动停止后，被破坏的原始黏聚力可以随时间逐渐恢复，因而土体强度有所增长。但是，固化黏聚力是无法在短时间内恢复的，因此易于触变的土体，降低的强度仅能部分恢复。

二、无黏性土的物理状态

无黏性土一般呈单粒结构，其物理状态主要取决于土颗粒排列的紧密程度即密实度。密实度大时，土体结构稳定，压缩性小，强度较大，可作为良好的天然地基；密实度小时，土体结构疏松，稳定性差，压缩性大，强度偏低，属于不良地基。因此，密实度是反映无黏性土工程性质的主要指标，目前常有以下两种标准来判别无黏性土的密实度。

1. 相对密(实)度

相对密(实)度 D_r 反映了无黏性土紧密程度。表达式为：

$$D_r = \frac{e_{max} - e}{e_{max} - e_{min}} \tag{1-17}$$

式中　e_{max}——土在最松散状态时的孔隙比，一般用“松砂器法”测定；

e_{min}——土在最紧密状态时的孔隙比，一般采用“振击法”测定；

e——土的天然孔隙比。

由(1-17)式可以看出：当 $D_r = 0$ 时，$e = e_{max}$，土体处于最疏松状态；当 $D_r = 1$ 时，$e = e_{min}$，土体处于最紧密状态。D_r 值能够反映无黏性土的密实程度。根据 D_r 值把砂土划分为下列三种状态：

$0 \leqslant D_r \leqslant 1/3$　　松散

$1/3 < D_r \leqslant 2/3$　　中密

$2/3 < D_r \leqslant 1$　　密实

2. 标准贯入试验锤击数

尽管用相对密(实)度作为判别无黏性土密实度的标准,可以反映颗粒级配、颗粒形状等因素的影响,在理论上相对完善,但是测定 e_{max} 和 e_{min} 时的人为误差较大。因此,我国《建筑地基基础设计规范》(GB 50007—2011)分别采用标准贯入试验锤击数 N 和重型圆锥动力触探锤击数 $N_{63.5}$ 作为判别砂土和碎石土密实度的标准,见表 1-6 和表 1-7。

表 1-6 砂土的密实度划分

密实度	松 散	稍 密	中 密	密 实
标准贯入试验锤击数	$N \leqslant 10$	$10 < N \leqslant 15$	$15 < N \leqslant 30$	$N > 30$

注:当用静力触探探头阻力判定砂土的密实度时,可根据当地经验确定。

表 1-7 碎石土的密实度划分

密实度	松 散	稍 密	中 密	密 实
重型圆锥动力触探锤击数	$N_{63.5} \leqslant 5$	$5 < N_{63.5} \leqslant 10$	$10 < N_{63.5} \leqslant 20$	$N_{63.5} > 20$

注:① 本表适用于平均粒径等于或小于 50 mm 且最大粒径不超过 100 mm 的卵石、碎石、圆砾、角砾。对于平均粒径大于 50 mm 或最大粒径大于 100 mm 的碎石土,可用超重型动力触探或野外观察鉴别。

② 表内 $N_{63.5}$ 为经综合修正后的平均值。

三、粉土的物理状态

粉土的性质介于砂土和黏性土之间,较粗的接近于砂土而较细的接近于黏性土。将粉土划分为亚类,在工程上是需要的,但是鉴于目前资料积累的不足和认识上的不统一,难以确定一个普遍接受的亚类划分标准。《岩土工程勘察规范》(GB 50021—2001)仅作了如下规定:粉土的密实度应根据孔隙比划分为密实、中密和稍密;其湿度应根据含水量划分为稍湿、湿、很湿(见表 1-8 和表 1-9)。

表 1-8 粉土的密实度划分

密实度	稍 密	中 密	密 实
孔隙比	$e > 0.9$	$0.75 \leqslant e \leqslant 0.9$	$e < 0.75$

表 1-9 粉土的湿度划分

湿 度	稍 湿	湿	很 湿
含水量	$w < 20$	$20 \leqslant w \leqslant 30$	$w > 30$

第四节 土的渗透性

存在于地面以下土和岩石的孔隙、裂隙或孔洞中的水称为地下水。地下水对工程设计方案、施工方法、工期、造价和工程长期使用等都有影响，如果处理不当，甚至会造成工程事故。地下水按埋藏条件分为上层滞水、潜水和承压水三类。

上层滞水是指包气带（位于地球表面以下、潜水面以上的地质介质）中局部隔水层（渗透率小到忽略不计的岩土层为隔水层或不透水层）或弱透水层上积聚的具有自由水面的重力水。这类水靠雨水补给，是季节性或临时性的水源。

潜水是指埋藏在地表以下第一个连续分布的稳定隔水层以上，具有自由表面的地下水。其自由表面为潜水面，水面标高称为地下水位，不同地区的地下水位不同。潜水由雨水和河水补给，也随季节变化而变化。

承压水是指充满在上下两个隔水层之间的含水层（赋存地下水并具有导水性能的岩土层）中，水头高出其上层隔水顶板底面的地下水。它的埋藏区与补给区（含水层接受大气降水和地表水等入渗补给的地区）不一致，因此承压水的动态变化受局部气候的影响不明显。

地下水可以在土颗粒之间的孔隙中流动，土允许水透过的性能称为土的渗透性。在工程设计及施工过程中，常会遇到地基沉降速率计算、降低地下水位的涌水量计算及排水措施选择等问题，因此研究地下水在土体中的运动规律是十分必要的。

一、达西定律

在绝大多数情况下，水在土体中的流动属于层流，所谓层流是指相邻两个水分子的运动轨迹相互平行而不混流。1855 年，法国工程师 Darcy 对均匀砂土的渗透性进行研究，得出了层流条件下渗流的基本定律即达西定律。表达式为：

$$q = vA = kiA \tag{1-18a}$$

或

$$v = k\frac{\Delta h}{l} = ki \tag{1-18b}$$

式中 q——单位时间渗透流量，cm^3/s；

v——渗流速度，cm/s；

A——试样截面积，cm^2；

i——水力梯度（也称水力坡降），表示水流沿流程单位长度上的水头损失，见图 1-17；

k——渗透系数，cm/s，它是反映土体渗透性的系数，相当于水力坡降 $i=1$ 时的渗透速度，其大小可通过试验测定，各种土的渗透系数变化范围参见表 1-10；

Δh——试样两端的水头差或水头损失，cm；

l——渗流路径，cm。

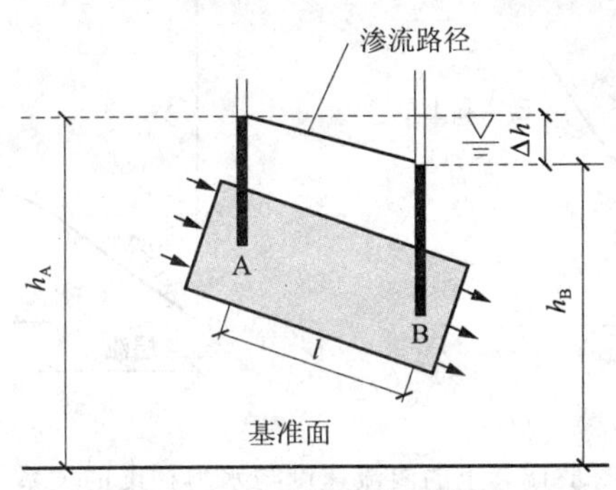

图 1-17　土体渗流示意图

表 1-10　各种土的渗透系数参考值

土的名称	渗透系数/$(cm \cdot s^{-1})$	土的名称	渗透系数/$(cm \cdot s^{-1})$
致密黏土	$<10^{-7}$	粉砂、细砂	$10^{-4} \sim 10^{-2}$
粉质黏土	$10^{-7} \sim 10^{-6}$	中　砂	$10^{-2} \sim 10^{-1}$
粉土、裂隙黏土	$10^{-6} \sim 10^{-4}$	粗砂、砾石	$10^{-1} \sim 10^{2}$

二、达西定律的适用范围

式(1-18b)表明，达西定律实质上是土中水的渗流呈层流状态时，其流速与作用水力梯度成正比的规律，见图 1-18(a)。达西定律的适用范围主要与渗透水流在土中的流动状态有关，它适用于层流，不适用于紊流。大量试验结果表明，岩土工程中绝大多数渗流包括砂土或一般黏性土，均属于层流范围，达西定律是适用的。在粗颗粒土(如砾石、卵石等)中，只有在水力梯度较小的情况下，渗流速度与水力梯度才能呈线性关系；当水力梯度较大时，水在土中的流动呈紊流状态，渗流速度与水力梯度呈非线性关系，即 $v=k\sqrt{i}$，此时达西定律不再适用，见图 1-18(b)。

对于密实的黏性土，由于吸着水具有较大的黏滞阻力，在水力梯度较小时不会发生渗流，只有当水力梯度大到一定程度，克服了吸着水的黏滞阻力以后才开始渗流，并且渗流速度与水力梯度呈非线性关系。通常把开始渗流时的水力梯度称为起始水力梯度。另外，为了方便起见，常用图 1-18(a)中的虚直线来描述密实黏土的渗流速度与水力梯度的关系，表达式为：

$$v = k(i - i_b) \tag{1-19}$$

式中 i_b——密实黏土的起始水力梯度。

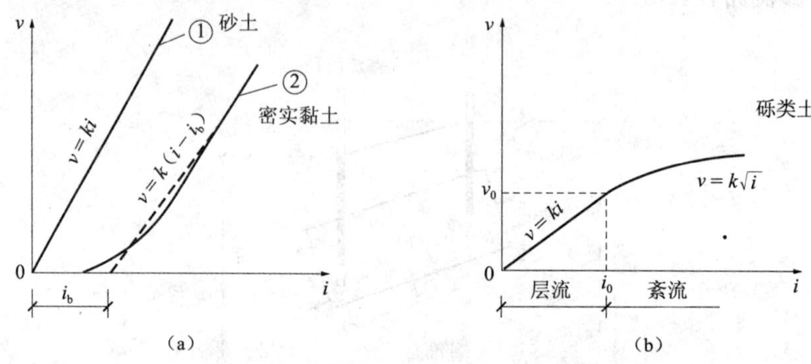

图 1-18 土的渗流速度与水力梯度的关系

第五节 土的工程分类

自然界中土类众多，工程性质变化很大。在工程勘察、设计与施工过程中，为了给以正确评价、选择合理的计算指标和施工方案，有必要对土进行科学的工程分类与定名。给土分类所采用的指标不仅要便于测定，还必须能在一定程度上反映不同类土的不同工程特性。

土的分类方法很多，不同的部门往往根据其工程对象采用了各自的分类标准。目前，国内外常见的有两大工程分类体系：一类是建筑工程领域土的分类体系，该分类体系以原状土作为基本的研究对象，不仅需要考虑土的组成还要注重天然土的结构性，如国标《建筑地基基础设计规范》、《岩土工程勘察规范》中土的分类；另一类是工程材料领域土的分类体系，该分类体系把土作为建筑材料，以扰动土作为研究对象，注重土的组成而不考虑土的结构性，如国标《土的分类标准》和《公路土工试验规程》中土的分类。下面将重点介绍建筑工程领域土的分类。

一、按沉积年代和地质成因分类

1. 按沉积年代分类

按照沉积年代将土分为两类：① 第四纪晚更新世(Q_3)以及以前沉积的土称为老沉积土，该类土一般呈超固结状态，具有较强的结构强度；② 第四纪全新世(Q_4)中近期沉积的土称为新近沉积土，该类土一般呈欠固结状态，结构强度低。

2. 按地质成因分类

在自然界中，不仅土的生成条件有差异(经历不同的风化作用)，其形成条件(搬运方式、沉积环境等）也不同。不同成因类型的土，具有不同的分布规律和工程地质特征。根据形成条件或地质成因，把土划分为残积土、坡积土、洪积土、冲积土、风积土、冰积土等类型。

1）残积土

残积土是指母岩表面经风化作用破碎成为岩屑或细小颗粒后，未经过搬运，残留在原地的那一部分沉积物。它的特征是颗粒表面粗糙、多棱角、粗细不均匀、无层理。

2）搬运土

搬运土是指风化形成的土颗粒，受到自然力的作用，被搬运到远近不同的地点沉积下来的堆积物。其特点是颗粒经过滚动和摩擦作用而变圆滑。根据搬运动力的不同，搬运土又分为以下几类：

（1）坡积土。

斜坡或山坡上的碎屑物质，在水流（雨水、雪水）或重力作用下，运移到坡下或山麓沉积而成的土。由于坡积土的搬运距离短，分选性差，土中组成物的尺寸相差很大，性质很不均匀。

（2）洪积土。

山区地带的碎屑物质，由暴雨或大量融雪骤然集聚而成的暂时性洪流携带，沿沟谷或在沟口外平缓地带沉积而成的土。洪积土有一定的分选性，搬运距离近的沉积物颗粒较粗，力学性质较好；搬运距离远的沉积物颗粒较细，力学性质较差。

（3）冲积土。

河流搬运的碎屑物质，在开阔的河流或河谷出口处沉积形成的土或三角洲的土。分布在山谷、河谷和冲积平原上的土都属于冲积土。这类土经过较长时间的搬运，磨圆度和分选性更为明显，常形成砂土层和黏性土层交叠的地层。

（4）风积土。

干旱地区的岩层风化碎屑物质或第四纪松散土，经风力搬运至异地降落沉积而成的土。这类土颗粒磨圆度好，分选性好。我国西北黄土就是典型的风积土。

（5）湖积土。

湖积土也称淤积土，是在湖泊沼泽等极为缓慢的水流或静水条件下沉积形成的土。这类土除了含有细微的颗粒外，还含有有机质，称为具有特殊性质的淤泥或淤泥质土，工程性质都很一般。

（6）海积土。

海积土是由水流挟带到大海，在海水下沉积起来的土。其颗粒细，表层土质松软，工程性质差。

（7）冰积土。

由冰川或冰水挟带搬运所形成的土，颗粒粗细变化较大，土质不均匀。

二、按有机质含量分类

根据有机质含量把土分为无机土、有机质土、泥炭土、泥炭四类，见表 1-11。

表 1-11 土按有机质含量分类

分类名称	有机质含量	说明
无机土	$W_u < 5\%$	
有机质土	$5\% \leqslant W_u \leqslant 10\%$	① 如现场能鉴别或有地区经验时，可不做有机质含量测定； ② 当 $w > w_L$，$0 \leqslant e < 1.5$ 时称为淤泥质土； ③ 当 $w > w_L$，$e \geqslant 1.5$ 时称为淤泥
泥炭土	$10\% < W_u \leqslant 60\%$	可根据地区特点和需要按 W_u 细分为： 弱泥炭质土 $10\% < W_u \leqslant 25\%$，中泥炭质土 $25\% < W_u \leqslant 40\%$， 强泥炭质土 $40\% < W_u \leqslant 60\%$
泥　炭	$W_u > 60\%$	

三、按颗粒级配和塑性指数分类

《建筑地基基础设计规范》(GB 50007—2011)按照土颗粒大小、颗粒级配和塑性指数，把作为建筑地基的岩土分为岩石、碎石土、砂土、粉土、黏性土和人工填土等几类。

1. 岩石的分类

岩石为颗粒间牢固联结，呈整体或具有节理裂隙的岩体。作为建筑物地基，除应确定岩石的地质名称外，还应划分其坚硬程度和完整程度。

岩石的坚硬程度应根据岩块的饱和单轴抗压强度 f_{rk} 按表 1-12 分为坚硬岩、较硬岩、较软岩、软岩和极软岩。岩体完整程度应按表 1-13 划分为完整、较完整、较破碎、破碎和极破碎。

表 1-12 岩石坚硬程度的划分

坚硬程度类别	坚硬岩	较硬岩	较软岩	软　岩	极软岩
饱和单轴抗压强度标准值/MPa	$f_{rk} > 60$	$30 < f_{rk} \leqslant 60$	$15 < f_{rk} \leqslant 30$	$5 < f_{rk} \leqslant 15$	$f_{rk} \leqslant 5$

表 1-13 岩石完整程度的划分

完整程度等级	完　整	较完整	较破碎	破　碎	极破碎
完整性指数	>0.75	0.55～0.75	0.35～0.55	0.15～0.35	<0.15

注：完整性指数为岩体纵波波速与岩块纵波波速之比的平方。选定岩体、岩块测定波速时应具有代表性。

2. 碎石土的分类

碎石土为粒径大于 2 mm 的颗粒含量超过全重 50%的土。碎石土可按表 1-14 分为漂石、块石、卵石、碎石、圆砾和角砾。

表 1-14　碎石土的分类

土的名称	颗粒形状	粒组的颗粒含量
漂　石	圆形及亚圆形为主	粒径大于 200 mm 的颗粒含量超过 50%
块　石	棱角形为主	
卵　石	圆形及亚圆形为主	粒径大于 20 mm 的颗粒含量超过 50%
碎　石	棱角形为主	
圆　砾	圆形及亚圆形为主	粒径大于 2 mm 的颗粒含量超过 50%
角　砾	棱角形为主	

注:分类时应根据粒组含量栏从上到下以最先符合者确定。

3. 砂土的分类

砂土为粒径大于 2 mm 的颗粒含量不超过全重 50%、粒径大于 0.075 mm 的颗粒含量超过全重 50%的土。砂土可按表 1-15 分为砾砂、粗砂、中砂、细砂和粉砂。

表 1-15　砂土的分类

土的名称	粒组的颗粒含量
砾　砂	粒径大于 2 mm 的颗粒含量占 25%～50%
粗　砂	粒径大于 0.5 mm 的颗粒含量超过 50%
中　砂	粒径大于 0.25 mm 的颗粒含量超过 50%
细　砂	粒径大于 0.075 mm 的颗粒含量超过 85%
粉　砂	粒径大于 0.075 mm 的颗粒含量超过 50%

注:分类时应根据粒组含量栏从上到下以最先符合者确定。

4. 黏性土的分类

黏性土为塑性指数大于 10 的土,可按表 1-16 分为黏土和粉质黏土。

表 1-16　黏性土的分类

塑性指数 I_p	土的名称
$I_p > 17$	黏　土
$10 < I_p \leqslant 17$	粉质黏土

5. 粉土

粉土为介于砂土与黏性土之间，塑性指数小于等于10且粒径大于0.075 mm的颗粒含量不超过全重50%的土。

6. 人工填土

人工填土根据其组成和成因，可分为素填土、压实填土、杂填土、冲填土。素填土是由碎石土、砂土、粉土、黏性土等组成的填土。经过压实或夯实的素填土为压实填土。杂填土是含有建筑垃圾、工业废料、生活垃圾等杂物的填土。冲填土是由水力冲填泥砂形成的填土。

四、特殊土

分布在一定地理区域，具有特殊物质成分、结构和工程特性的土称为特殊土。主要包括软土、红黏土、膨胀土、湿陷性土、盐渍土、多年冻土等。

软土是指天然孔隙比大于或等于1.0，且天然含水量大于液限的细粒土，包括淤泥、淤泥质土、泥炭、泥炭质土等。软土具有孔隙比大、天然含水量高、压缩性高和强度低的特点。软土主要分布在我国的东海、黄海、渤海、南海等沿海地区。

红黏土与一般黏性土相比，具有高分散性、明显的收缩性、裂隙发育等特征。红黏土分原生红黏土和次生红黏土。颜色为棕红或褐黄，覆盖于碳酸盐岩系之上，液限大于或等于50%的高塑性黏土为原生红黏土；原生红黏土经搬运、沉积后，保留其基本特征，且液限大于45%的黏土为次生红黏土。我国的红黏土以贵州、云南、广西等省区最为典型和广泛。

膨胀土是指富含亲水性矿物（以蒙脱石和伊利石为主）并具有明显的吸水膨胀与失水收缩特性的高塑性黏土。膨胀土在环境和湿度变化时，可产生强烈的胀缩变形。膨胀土主要分布在四川、广西等地区。

湿陷性土是指具有疏松粒状架空胶结结构体系，低湿时有较强的结构强度，在一定压力下浸水时，结构迅速破坏，产生明显湿陷现象的土。湿陷性土有湿陷性黄土、干旱和半干旱地区的具有崩解性的碎石土、砂土等。湿陷性黄土分为自重湿陷性黄土和非自重湿陷性黄土两种。自重湿陷性黄土是指在上覆土自重压力下受水浸湿，发生显著附加下沉的湿陷性黄土；非自重湿陷性黄土是指在上覆土自重压力下受水浸湿，不发生显著附加下沉的湿陷性黄土。湿陷性黄土主要分布在我国西北地区。

多年冻土是指温度等于或低于摄氏零度、含有固态水且这种状态在自然界中连续保持两年或两年以上的土。当自然条件改变时，会产生冻胀、融陷、热融滑塌等特殊不良地质现象及发生物理力学性质的改变。多年冻土广泛分布于我国东北、华北和西北等地区。

盐渍土是指易溶盐含量大于0.3%，且具有溶陷、盐胀和腐蚀等特性的土。盐渍土主要是地下水沿土层的毛细管升高至地表或接近地表，经蒸发作用使水中盐分被析出并聚集于地表或地下土层中形成的。盐渍土主要分布在我国内陆干旱和半干旱地区，如青海、新疆、甘肃、宁夏、内蒙古等地。另外，滨海地区由于海水侵蚀也常形成盐渍土，如渤海沿岸、江苏北部等地区。

【思考题】

1. 不均匀系数和曲率系数有何物理意义？如何根据这两个指标评价土的工程性质？

2. 黏性土和无黏性土在矿物成分、土的结构和物理状态等方面有何重要区别？

3. 土中水有哪几种存在状态？对土的工程性质有何影响？

4. 在土的物理性质指标中，哪些是可直接测定的？各指标有何物理意义？

5. 土的物理状态指标有哪些？如何测定？

6. 如何划分黏性土的软硬状态？

7. 达西定律的内容是什么？其应用条件和适用范围是什么？

8. 根据《建筑地基基础设计规范》(GB 50007—2011)，地基土可分为几大类？划分依据是什么？

【习　题】

1. 有一完全饱和的原状土样切满于容积为 21.7 cm^3 的环刀内，称得总质量为 72.50 g，经烘干至恒重为 61.28 g。已知环刀质量为 32.54 g，土粒相对密度为 2.74，试求该土样的密度、干密度、含水量及孔隙比。

(答案：$\rho = 1.84\ g/cm^3$，$\rho_d = 1.32\ g/cm^3$，$w = 39.04\%$，$e = 1.07$)

2. 某土样的天然含水量为 26.5%，土粒相对密度为 2.70，密度为 1.89 g/cm^3。试求该土样的干密度、孔隙比、孔隙率、饱和度(先推导公式再求解)。

(答案：$\rho_d = 1.49\ g/cm^3$，$e = 0.807$，$n = 44.7\%$，$S_r = 88.7\%$)

3. 已知某土样土粒相对密度为 2.72，饱和度为 37%，孔隙比为 0.85。求该土样的含水量、天然重度和饱和重度。

(答案：$w = 11.56\%$，$\gamma = 16.4\ kN/m^3$，$\gamma_{sat} = 19.3\ kN/m^3$)

4. 某基坑需要填土，基坑体积为 $20 \times 20 \times 5 = 2\,000\ m^3$，填土来源于某场地，经测定场地土的土粒相对密度为 2.70，含水量为 15%，孔隙比为 0.60。若要求填土的含水量为 17%，干重度为 17.6 kN/m^3，试求：

(1) 场地土的重度、干重度和饱和度；

(2) 应从取土场开采的土方量；

(3) 碾压时的洒水量；

(4) 碾压后填土的孔隙比。

（答案：(1) $\gamma = 19.4\ \text{kN/m}^3$，$\gamma_d = 16.88\ \text{kN/m}^3$，$S_r = 67.5\%$；(2) 土方量 2 086.6 m^3；(3) 洒水量 704 kN；(4) $e = 0.534$）

5. 某砂土土样的密度为 1.77 g/cm^3，含水量为 9.8%，土粒相对密度为 2.67，烘干后测定最小孔隙比为 0.461，最大孔隙比为 0.943，试求天然孔隙比和相对密（实）度，并评价该砂土的密实度。

（答案：$e = 0.656$，$D_r = 0.595$，中密）

6. 某细粒土的天然含水量为 27%，液限 36%，塑限 17%，试求该土样的塑性指数、液性指数，并分别定出该土的分类名称和软硬状态。

（答案：$I_p = 19$，$I_L = 0.53$、黏土、可塑）

7. 某饱和土样，经试验测得湿土质量为 185 g，体积为 100 cm^3，干土质量为 145 g，土粒相对密度为 2.70，土样的液限为 35%，塑限为 17%，试求：

(1) 土样的塑性指数和液性指数。

(2) 若将土样压密使 $\rho_d = 1.65\ \text{g/cm}^3$，土样的孔隙比减少多少？

（答案：(1) $I_p = 18$，$I_L = 0.61$；(2) $\Delta e = 0.2$）

第二章

土中应力计算

土体在自重或外荷载(如建(构)筑物荷载、交通荷载、地震荷载、波浪荷载等)作用下,均会产生应力。土中应力状态的变化可能会引起地基土变形,导致建(构)筑物下沉或倾斜,如果变形量过大将会影响其正常使用。另外,当土中应力过大时,土体也可能产生强度破坏,甚至引发整个地基的滑动失稳,导致上部结构倒塌。因此,了解土体的初始应力状态及应力状态的变化是十分必要的。

一、土中应力分类

1. 按产生原因分类

土中应力按其产生原因可分为自重应力和附加应力两种。自重应力是指土体内由自身重量所引起的应力,一般为土体所具有的初始应力状态。自重应力是常驻应力,竖向自重应力一般用符号 σ_{cz} 表示。附加应力是指外荷载以及地下水渗流等在地基内引起的应力增量,它使得土中应力状态发生改变,是产生地基变形、导致地基土强度破坏或失稳的重要原因;附加应力是暂时应力,当荷载卸去后会消失,竖向附加应力一般记为 σ_z。土中某点自重应力与附加应力之和为土体受外荷载作用时该点的总应力。

2. 按传递方式分类

土中应力按其传递方式可分为有效应力和孔隙压(应)力两种。有效应力是指由土骨架传递或承担的粒间应力,它是引起土体变形和强度问题的土中应力,常用 σ' 来表示。孔隙压力是指由土中孔隙水和孔隙气传递或承担的应力。土中水所传递的孔隙压力称为孔隙水压力,常用 u 表示;土中气所传递的孔隙压力称为孔隙气压力。

二、地基土的应力状态

计算土中应力时,一般将地基看作具有水平界面、深度和广度都无限大的半无限空间弹性体,常见的应力状态有如下三种类型。

1. 三维应力状态

在局部荷载作用下,地基土的应力状态均属于三维应力状态。此时,每一点的应力

都是三个坐标 x、y、z 的函数，每一点的应力状态都可用 9 个应力分量即 σ_{xx}、σ_{yy}、σ_{zz}、τ_{xy}、τ_{yx}、τ_{yz}、τ_{zy}、τ_{xz}、τ_{zx} 来表示，如图 2-1 所示，写成应力矩阵形式为：

$$\begin{bmatrix} \sigma_{xx} & \tau_{xy} & \tau_{xz} \\ \tau_{yx} & \sigma_{yy} & \tau_{yz} \\ \tau_{zx} & \tau_{zy} & \sigma_{zz} \end{bmatrix} \tag{2-1}$$

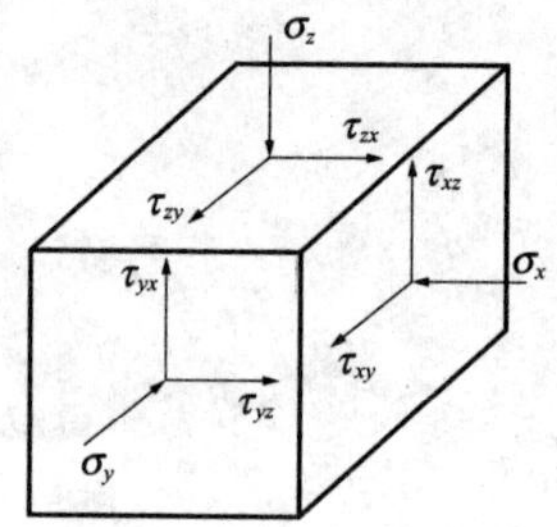

图 2-1　三维应力状态

由剪应力互等定理可知 $\tau_{xy}=\tau_{yx}$，$\tau_{yz}=\tau_{zy}$，$\tau_{xz}=\tau_{zx}$，因此每一点的应力状态有 6 个独立的应力分量。

2. 平面应变状态

平面应变状态或二维应变状态是指地基中每一点的应力分量只是两个坐标 x、z 的函数，沿长度 y 方向的应变 $\varepsilon_y=0$，如路堤、大坝、挡土墙等纵向应变很小，地基土的应力状态均属于这一类型。当土体处于平面应变状态时，任意与长度方向垂直的面都是对称面，所以 $\tau_{yx}=\tau_{yz}=0$。这时，每一点的应力状态都可用 5 个应力分量即 σ_{xx}、σ_{yy}、σ_{zz}、τ_{xz}、τ_{zx} 来表示。由剪应力互等原理可知 $\tau_{xz}=\tau_{zx}$，所以每一点的应力状态有 4 个独立的应力分量，见图 2-2。写成应力矩阵形式为：

$$\begin{bmatrix} \sigma_{xx} & 0 & \tau_{xz} \\ 0 & \sigma_{yy} & 0 \\ \tau_{zx} & 0 & \sigma_{zz} \end{bmatrix} \tag{2-2}$$

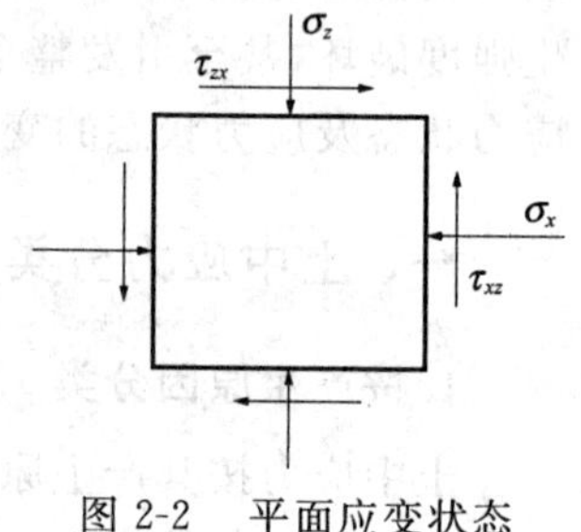

图 2-2　平面应变状态

3. 侧限应力状态

侧限应力状态或一维应变状态是指侧向应变为零的应力状态，即 $\varepsilon_x=\varepsilon_y=0$。地基土在自重或大面积荷载作用下的应力状态均属于此种类型。由于把地基视为半无限弹性体，此时地基土只发生竖向变形，无侧向变形，在地基同一深度处土单元的受力条件均相同，并且任何竖直面都是对称面，即 $\tau_{xy}=\tau_{yz}=\tau_{zx}=0$，见图 2-3。应力矩阵为：

$$\begin{bmatrix} \sigma_{xx} & 0 & 0 \\ 0 & \sigma_{yy} & 0 \\ 0 & 0 & \sigma_{zz} \end{bmatrix} \tag{2-3}$$

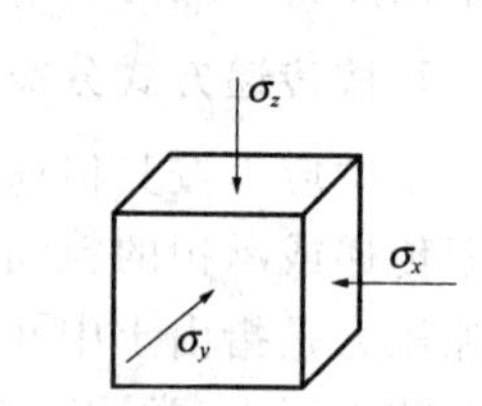

图 2-3　侧限应力状态

根据 $\varepsilon_x=\varepsilon_y=0$ 以及广义胡克定律可推出 $\sigma_x=\sigma_y$，并与 σ_z 成正比。

另外，在土中应力计算时，规定法向应力以压应力为正，拉应力为负；剪应力以逆时针方向为正，见图 2-4。由于自重应力和附加应力产生的原因不同，两者的计算方法、在土中的分布规律也不同。本章将主要介绍地基土自重应力、附加应力和有效应力的计算。

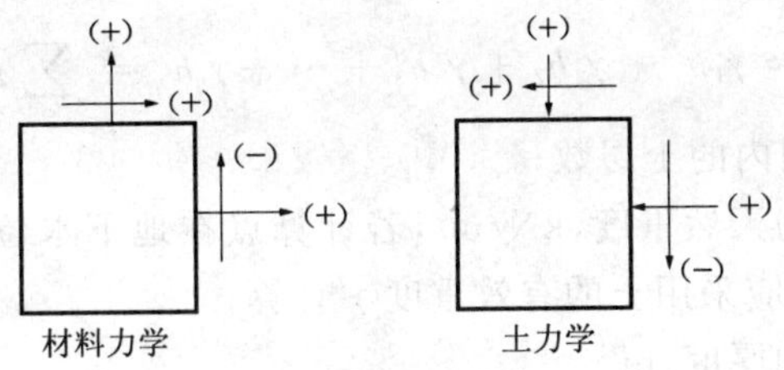

图 2-4　应力符号规定

第一节　土中自重应力计算

土体在自重作用下的应力状态属于侧限应力状态，并且在地基同一深度处土单元的受力条件均相同。对于天然重度 γ 不随深度变化的均质土地基，地面下任意深度 z 处的竖向自重应力，可取作用于该水平面上任意面积 A 的土柱自重 G 计算，即

$$\sigma_{cz} = \frac{G}{A} = \frac{\gamma z A}{A} = \gamma z \tag{2-4}$$

由式(2-4)可知：σ_{cz} 的大小与深度 z 成正比，沿水平面均匀分布，沿深度方向线性增加，呈三角形分布(见图 2-5)。在侧限应力状态下，地面下任意深度 z 处的侧向自重应力与竖向自重应力成正比，且任意面上的剪应力为零，即

$$\sigma_{cx} = \sigma_{cy} = K_0 \sigma_{cz} = K_0 \gamma z \tag{2-5a}$$

$$\tau_{xy} = \tau_{yz} = \tau_{zx} = 0 \tag{2-5b}$$

式中　K_0——土的侧压力系数，可由试验确定。

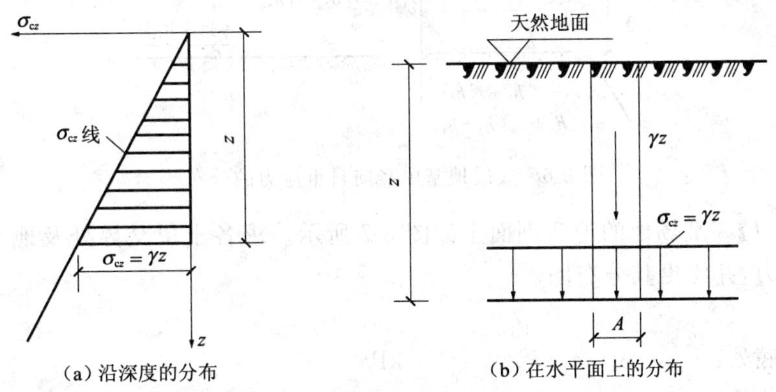

(a) 沿深度的分布　　(b) 在水平面上的分布

图 2-5　均质土中竖向自重应力分布

若地基是由多层土构成的，因为各层土的重度不同，应分别计算，则成层地基地面下任意深度 z 处的竖向自重应力为：

$$\sigma_{cz}=\gamma_1 h_1+\gamma_2 h_2+\gamma_3 h_3+\cdots+\gamma_n h_n=\sum_{i=1}^{n}\gamma_i h_i \tag{2-6}$$

式中 n——深度 z 范围内的土层数；

γ_i——第 i 层土的天然重度，kN/m^3，若计算点在地下水位以下，由于水对土体有浮力作用，应采用土的有效重度 γ' 计算；

h_i——第 i 层土的厚度，m。

由图 2-6 可知，成层地基中竖向自重应力的分布具有如下特点：

(1) 成层地基的竖向自重应力分布曲线是一条折线，拐点在土层交界处和地下水位处；

(2) 在成层地基中，同一土层的自重应力呈线性变化；

(3) 自重应力随深度的增加而增加。

另外，如果地下水位以下埋藏有不透水层，由于不透水层中不存在水的浮力作用，所以其顶面及其以下的自重应力应按上覆土层的水土总重计算，见图 2-6。

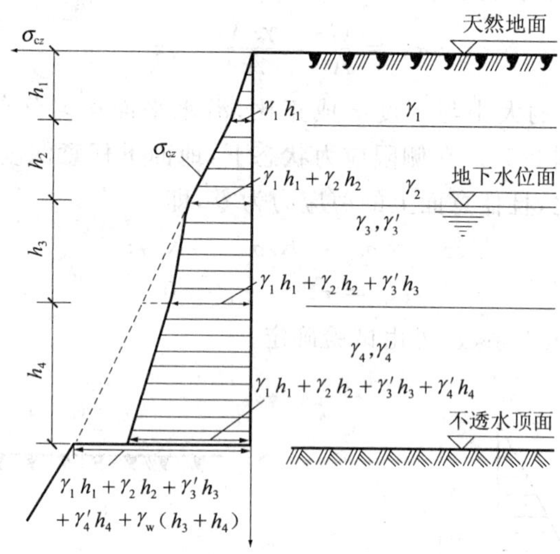

图 2-6 成层地基中竖向自重应力的分布

【例题 2-1】 某场地的地质剖面土如图 2-7 所示。求各土层交界处及地下水位处的竖向自重应力，并绘出其分布图。

【解】

杂填土底处： $\sigma_{cz}=17\times 3=51\ kPa$

地下水位处： $\sigma_{cz}=17\times 3+18.5\times 2=88\ kPa$

黏土层底处： $\sigma_{cz}=17\times 3+18.5\times 2+(19.3-10)\times 4=125.2\ kPa$

基岩顶面处： $\sigma_{cz}=17\times 3+18.5\times 2+19.3\times 4=165.2\ kPa$

自重应力分布图见图 2-7。

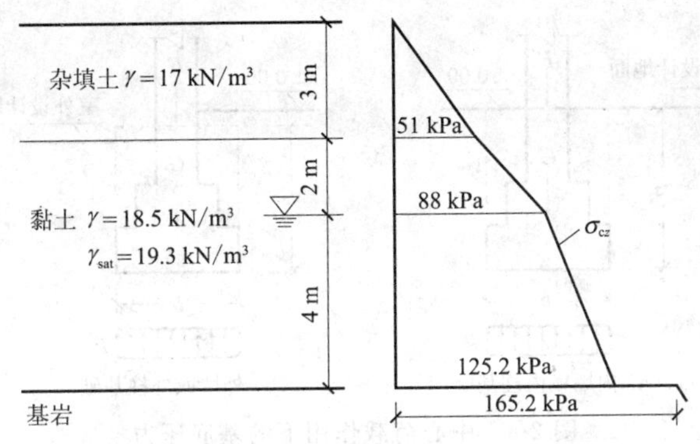

图 2-7 例题 2-1 用图

第二节 土中附加应力计算

一、基底压力

上部荷载通过基础传给地基，在基础底面与地基土接触面上产生了接触应力，它既是基础作用于地基的基底压力，又是地基反作用于基础的基底反力，两者大小相等、方向相反。

基底压力是计算地基内部附加应力的外荷载，它的大小和分布情况对附加应力有十分重要的影响。试验表明，基础压力的大小和分布十分复杂，受诸多因素影响，如地基与基础的相对刚度、外荷载的大小与分布情况、基础的形状及尺寸和埋深、地基土的性质等。为了便于工程应用，一般假定基底压力近似按直线分布，并利用材料力学公式进行简化计算。

1.轴心荷载作用下的基底压力

所谓轴心荷载或中心荷载是指所受荷载的合力作用点通过基础底面的形心。当轴心荷载作用时，基础压力在基础底面范围内均匀分布，大小可按下式确定：

$$p=\frac{F+G}{A} \tag{2-7}$$

式中 p——基础压力，kPa；

F——上部结构传至基础顶面的竖向荷载，kN；

G——基础及其上回填土的总重力，kN，按式 $G=\gamma_G Ad$ 计算，γ_G 为基础及回填土的平均重度，一般取 20 $\mathrm{kN/m^3}$，当位于地下水位以下时取 10 $\mathrm{kN/m^3}$，d 为基础埋深，应从设计地面或室内外平均设计地面算起，见图 2-8；

A——基础底面面积，$\mathrm{m^2}$。

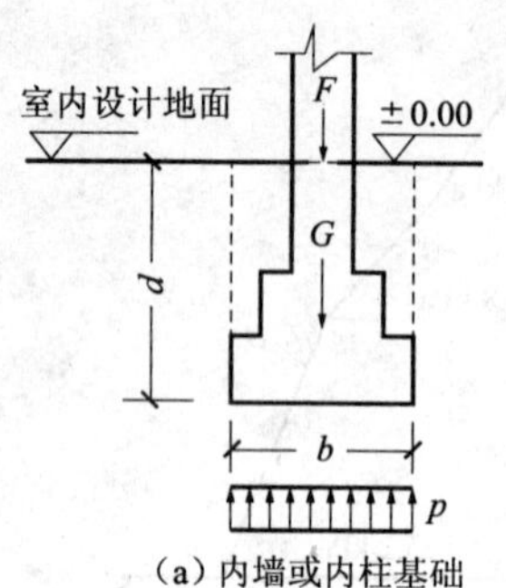

(a) 内墙或内柱基础

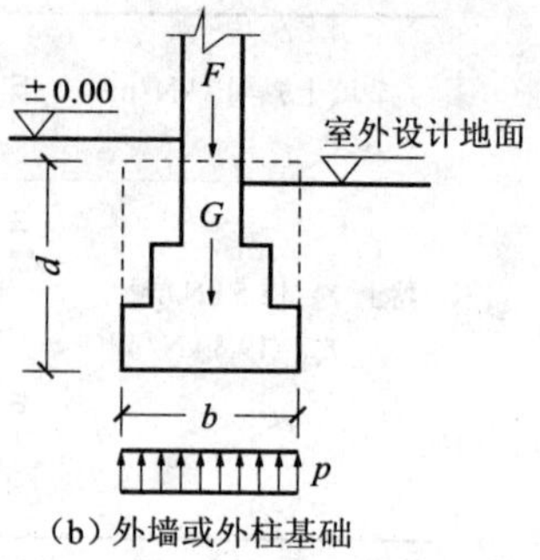

(b) 外墙或外柱基础

图 2-8　中心荷载作用下的基底压力

对于荷载沿长度方向均匀分布的条形基础，则在长度方向截取 1 m 进行计算，此时基底面积 $A=b\times 1$，基底压力 $p=\dfrac{F+G}{b\times 1}$，其中，F、G 为所截范围内的相应值，单位为 kN/m。

2. 偏心荷载作用下的基底压力

矩形基础受偏心荷载作用时，基底压力可近似按材料力学偏心受压短柱计算。如图 2-9 所示，在单向偏心荷载作用下，基底边缘的压力值为：

$$p_{\min}^{\max}=\frac{F+G}{lb}\pm\frac{M}{W} \tag{2-8a}$$

或

$$p_{\min}^{\max}=\frac{F+G}{lb}\left(1\pm\frac{6e}{l}\right) \tag{2-8b}$$

式中　$p_{\max}$、$p_{\min}$——基底边缘最大、最小压力，kPa；

M——作用于矩形基础底面的力矩值，kN·m；

W——矩形基础底面的抵抗矩，$W=\dfrac{bl^2}{6}$，m^3；

l——与荷载偏心方向一致的矩形边长，m；

b——与荷载不偏心方向一致的矩形边长，m；

e——合力的偏力矩，$e=\dfrac{M}{F+G}$，m。

由式(2-8b)可知，$p_{\min}$ 可能大于、小于或等于零，因此基底压力的分布将会出现以下几种情况：

(1) 当 $e=0$ 时，基底压力为矩形均匀分布，同轴心荷载作用。

(2) 当 $0<e<l/6$ 时，$p_{\min}>0$，基底压力呈梯形分布，见图 2-9(a)。

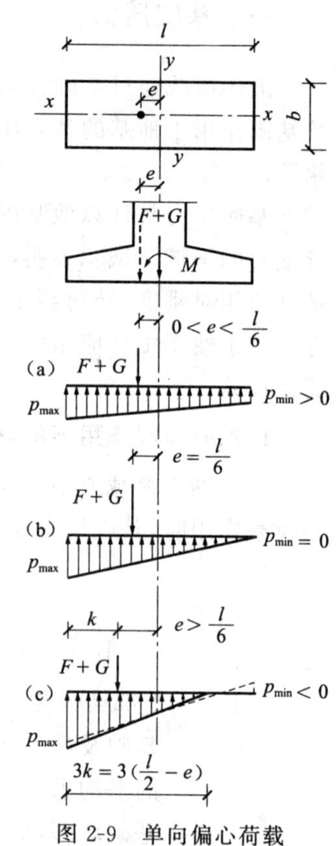

图 2-9　单向偏心荷载作用下的基底压力

(3) 当 $e = l/6$ 时，$p_{\min} = 0$，基底压力呈三角形分布，见图 2-9(b)。

(4) 当 $e > l/6$ 时，$p_{\min} < 0$，见图 2-9(c)中虚线。这意味着基底一侧出现拉应力，该侧基础与地基将局部脱离，从而导致接触面积减少，基底压力重分布。根据荷载合力与基底总反力相平衡以及荷载合力通过三角形反力分布图形心这两个条件，可求得最大基底压力值为：

$$p_{\max} = \frac{2(F+G)}{3\left(\frac{l}{2}-e\right)\cdot b} \tag{2-9}$$

矩形基础在双向偏心荷载作用下，如图 2-10 所示，如果 $p_{\min} \geqslant 0$，则矩形基底边缘四个角点处的压力可按下式计算：

$$p_{\min}^{\max} = \frac{F+G}{lb} \pm \frac{M_x}{W_x} \pm \frac{M_y}{W_y} \tag{2-10a}$$

$$p_2^1 = \frac{F+G}{lb} \mp \frac{M_x}{W_x} \pm \frac{M_y}{W_y} \tag{2-10b}$$

式中　M_x、M_y——荷载合力分别对基础底面 x 轴、y 轴的力矩，kN·m；

W_x、W_y——基础底面分别对 x 轴、y 轴的抵抗矩，m^3。

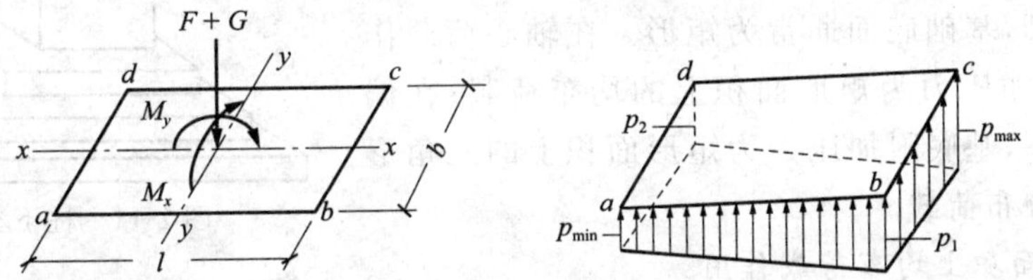

图 2-10　双向偏心荷载作用下的基底压力

二、基底附加压力

一般不用基底压力直接计算地基中的附加应力，需要先算出基底附加压力 p_0。所谓基底附加压力是指由于修筑建(构)筑物而产生的荷载在基底所引起的压力增量。在建(构)筑物修筑前，基底处的土体中已经存在自重应力，并且一般天然土层在自重作用下的变形早已结束，故只有基底附加压力才能引起附加应力和地基变形。基底附加压力分以下两种情况计算：

(1) 如果基础直接砌筑在天然地面上，则基底压力就是新增加于地基表面的附加压力，即

$$p_0 = p \tag{2-11}$$

(2) 由于一般的浅基础总是埋置在天然地面以下一定深度处，该处原有的自重应力由于开挖基坑而卸除。因此，只有从建(构)筑物修筑后所产生的基底压力中扣除基底标高处原有的自重应力，剩余的压力才是基底平面处的附加压力，可按下式计算：

$$p_0 = p - \sigma_{ch} \tag{2-12}$$

式中　p——基底压力，kPa；

σ_{ch}——基础底面处的竖向自重应力，kPa，从天然地面算起。

有了基底附加压力，即可把它作为施加于弹性半空间表面上的局部荷载，根据弹性力学理论计算出地基中的附加应力。实际上，基底附加压力一般情况下作用在地表下一定深度处，因此假设它作用在地表所求得的附加应力只是一个近似结果。不过，对于一般浅基础来讲，这种假设所造成的误差可以忽略不计。

三、附加应力

在计算地基附加应力时，假定地基是连续、均质、各向同性的半无限弹性体，这样做的目的是为了直接采用弹性力学中关于弹性半空间的理论解（即 Boussinesq 解）进行计算。基底附加压力的分布面积与基础底面形状有关，工程中常见的有矩形面积上的分布荷载、圆形面积上的分布荷载、条形面积上的分布荷载等，下面将主要介绍地表上作用这几种类型荷载时，在地基内部引起的附加应力的查表计算。

1. 矩形面积上分布荷载作用下附加应力计算

矩形基础是工程中常用的基础，如图 2-11 所示的柱下独立基础，基础底面通常为矩形。在轴心荷载作用下，基底附加压力为矩形面积上的均布荷载；在偏心荷载作用下，基底附加压力为矩形面积上的三角形分布或梯形分布荷载。

图 2-11　柱下独立基础

1）矩形面积上均布荷载作用

设矩形荷载面的短边边长为 b，长边边长为 l，其上作用着竖向均布荷载 p_0，以矩形荷载面任一角点为坐标原点，建立如图 2-12 所示的坐标系。

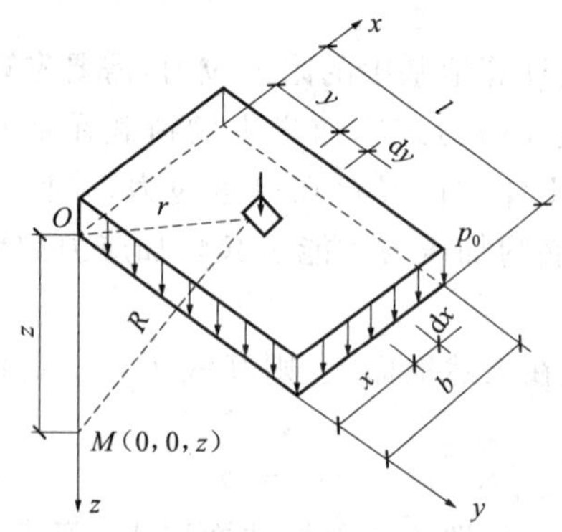

图 2-12　矩形面积上均布荷载作用下的附加应力

根据 Boussinesq 解，并对整个矩形面积进行积分，可得到矩形面积上的均布荷载在 z 轴上任意点 $M(0,0,z)$ 处所产生的竖向附加应力为：

$$\sigma_z = \alpha_c p_0 \tag{2-13}$$

式中 α_c——矩形面积上均布荷载作用下角点的竖向附加应力系数，简称角点应力系数，可按下式计算：

$$\alpha_c = \frac{1}{2\pi}\left[\frac{mn(m^2+2n^2+1)}{(m^2+n^2)(1+n^2)\sqrt{(m^2+n^2+1)}} + \arcsin\frac{m}{\sqrt{(m^2+n^2)(1^2+n^2)}}\right]$$

其中，$m = l/b$，$n = z/b$，也可由表 2-1 查取。

表 2-1 矩形面积上均布荷载作用下角点的竖向附加应力系数 α_c

z/b	l/b										
	1.0	1.2	1.4	1.6	1.8	2.0	3.0	4.0	5.0	6.0	10.0	条形
0.0	0.250	0.250	0.250	0.250	0.250	0.250	0.250	0.250	0.250	0.250	0.250	0.250
0.2	0.249	0.249	0.249	0.249	0.249	0.249	0.249	0.249	0.249	0.249	0.249	0.249
0.4	0.240	0.242	0.243	0.243	0.244	0.244	0.244	0.244	0.244	0.244	0.244	0.244
0.6	0.223	0.228	0.230	0.232	0.232	0.233	0.234	0.234	0.234	0.234	0.234	0.234
0.8	0.200	0.207	0.212	0.215	0.216	0.218	0.220	0.220	0.220	0.220	0.220	0.220
1.0	0.175	0.185	0.191	0.195	0.198	0.200	0.203	0.204	0.204	0.204	0.205	0.205
1.2	0.152	0.163	0.171	0.176	0.179	0.182	0.187	0.188	0.189	0.189	0.189	0.189
1.4	0.131	0.142	0.151	0.157	0.161	0.164	0.171	0.173	0.174	0.174	0.174	0.174
1.6	0.112	0.124	0.133	0.140	0.145	0.148	0.157	0.159	0.160	0.160	0.160	0.160
1.8	0.097	0.108	0.117	0.124	0.129	0.133	0.143	0.146	0.147	0.148	0.148	0.148
2.0	0.084	0.095	0.103	0.110	0.116	0.120	0.131	0.135	0.136	0.137	0.137	0.137
2.2	0.073	0.083	0.092	0.098	0.104	0.108	0.121	0.125	0.126	0.127	0.128	0.128
2.4	0.064	0.073	0.081	0.088	0.093	0.098	0.111	0.116	0.118	0.118	0.119	0.119
2.6	0.057	0.065	0.072	0.079	0.084	0.089	0.102	0.107	0.110	0.111	0.112	0.112
2.8	0.050	0.058	0.065	0.071	0.076	0.080	0.094	0.100	0.102	0.104	0.105	0.105
3.0	0.045	0.052	0.058	0.064	0.069	0.073	0.087	0.093	0.096	0.097	0.099	0.099
3.2	0.040	0.047	0.053	0.058	0.063	0.067	0.081	0.087	0.090	0.092	0.093	0.094

续表 2-1

z/b	l/b											
	1.0	1.2	1.4	1.6	1.8	2.0	3.0	4.0	5.0	6.0	10.0	条形
3.4	0.036	0.042	0.048	0.053	0.057	0.061	0.075	0.081	0.085	0.086	0.088	0.089
3.6	0.033	0.038	0.043	0.048	0.052	0.056	0.069	0.076	0.080	0.082	0.084	0.084
3.8	0.030	0.035	0.040	0.044	0.048	0.052	0.065	0.072	0.075	0.077	0.080	0.080
4.0	0.027	0.032	0.036	0.040	0.044	0.048	0.060	0.067	0.071	0.073	0.076	0.076
4.2	0.025	0.029	0.033	0.037	0.041	0.044	0.056	0.063	0.067	0.070	0.072	0.073
4.4	0.023	0.027	0.031	0.034	0.038	0.041	0.053	0.060	0.064	0.066	0.069	0.070
4.6	0.021	0.025	0.028	0.032	0.035	0.038	0.049	0.056	0.061	0.063	0.066	0.067
4.8	0.019	0.023	0.026	0.029	0.032	0.035	0.046	0.053	0.058	0.060	0.064	0.064
5.0	0.018	0.021	0.024	0.027	0.030	0.033	0.043	0.050	0.055	0.057	0.061	0.062
6.0	0.013	0.015	0.017	0.020	0.022	0.024	0.033	0.039	0.043	0.046	0.051	0.052
7.0	0.009	0.011	0.013	0.015	0.016	0.018	0.025	0.031	0.035	0.038	0.043	0.045
8.0	0.007	0.009	0.010	0.011	0.013	0.014	0.020	0.025	0.028	0.031	0.037	0.039
9.0	0.006	0.007	0.008	0.009	0.010	0.011	0.016	0.020	0.024	0.026	0.032	0.035
10.0	0.005	0.006	0.007	0.007	0.008	0.009	0.013	0.017	0.020	0.022	0.028	0.032
12.0	0.003	0.004	0.005	0.005	0.006	0.006	0.009	0.012	0.014	0.017	0.022	0.026
14.0	0.002	0.003	0.004	0.004	0.004	0.005	0.007	0.009	0.011	0.013	0.018	0.023
16.0	0.002	0.002	0.003	0.003	0.003	0.004	0.005	0.007	0.009	0.010	0.014	0.020
18.0	0.001	0.002	0.002	0.002	0.003	0.003	0.004	0.006	0.007	0.008	0.012	0.018
20.0	0.001	0.001	0.001	0.001	0.001	0.002	0.004	0.005	0.006	0.007	0.010	0.016
25.0	0.001	0.001	0.001	0.001	0.001	0.002	0.002	0.003	0.004	0.004	0.007	0.013
30.0	0.001	0.001	0.001	0.001	0.001	0.001	0.002	0.002	0.003	0.003	0.005	0.011
35.0	0.000	0.000	0.001	0.001	0.001	0.001	0.001	0.002	0.002	0.002	0.004	0.009
40.0	0.000	0.000	0.000	0.001	0.001	0.001	0.001	0.001	0.001	0.002	0.003	0.008

在矩形面积上均布荷载作用下,当所求附加应力的计算点不在角点下时,可利用式(2-13)以及角点法求得。所谓角点法是指利用角点下的附加应力计算公式和应力叠加原理,推算出地基中任意一点的竖向附加应力的方法。如图 2-13 给出了几种计算点(O 点以下任意垂直深度处)不在矩形荷载面角点以下的竖向附加应力的计算。计算时,首先通过 O 点作几条辅助线,将荷载面积划分成几个部分,每部分都是矩形面积,O 点必须是这几个矩形的公共角点,计算点位于公共角点之下,然后利用公式(2-13)分别计算出每个矩形荷载在计算点处所产生的附加应力,最后将其叠加即为计算点处的附加应力。

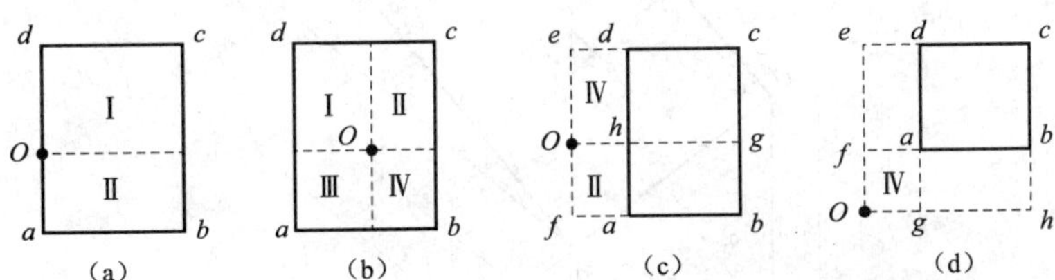

图 2-13　矩形面积上均布荷载作用下任意计算点的附加应力

(1) 如图 2-13(a)所示,计算点在荷载面边缘时,有:

$$\sigma_z = (\alpha_{c\text{I}} + \alpha_{c\text{II}})p_0 \tag{2-14a}$$

式中　$\alpha_{c\text{I}}$、$\alpha_{c\text{II}}$——分别表示相应于矩形面积Ⅰ和Ⅱ的角点应力系数,可由表 2-1 查取,查表时应注意 l 恒为每一块矩形荷载面的长边,以下各种情况相同。

(2) 如图 2-13(b)所示,计算点在荷载面内部时,有:

$$\sigma_z = (\alpha_{c\text{I}} + \alpha_{c\text{II}} + \alpha_{c\text{III}} + \alpha_{c\text{IV}})p_0 \tag{2-14b}$$

计算点在矩形荷载面形心处时,有:$\sigma_z = 4\alpha_{c\text{I}}\,p_0$

(3) 如图 2-13(c)所示,计算点在荷载面边缘外侧时,有:

$$\sigma_z = (\alpha_{c\text{I}} - \alpha_{c\text{II}} + \alpha_{c\text{III}} - \alpha_{c\text{IV}})p_0 \tag{2-14c}$$

式中　面积Ⅰ——矩形 $Ofbg$ 面积;

面积Ⅱ——矩形 $Ofah$ 面积;

面积Ⅲ——矩形 $Ogce$ 面积;

面积Ⅳ——矩形 $Ohde$ 面积。

必须指出:添加辅助线后,原受荷面积不能改变。

(4) 如图 2-13(d)所示,计算点在荷载面角点外侧时,有:

$$\sigma_z = (\alpha_{c\text{I}} - \alpha_{c\text{II}} - \alpha_{c\text{III}} + \alpha_{c\text{IV}})p_0 \tag{2-14d}$$

式中　面积Ⅰ——矩形 $Ohce$ 面积;

面积Ⅱ——矩形 $Ohbf$ 面积;

面积Ⅲ——矩形 $Ogde$ 面积;

面积Ⅳ——矩形 $Ogaf$ 面积。

2) 矩形面积上三角形分布荷载作用

设矩形荷载面中 l 为荷载分布沿该方向不变的边,b 为荷载分布沿该方向呈三角形变化的边，其上作用的最大竖向荷载为 p_0。以荷载为零的一边的任一角点为坐标原点，建立如图 2-14 所示的坐标系。

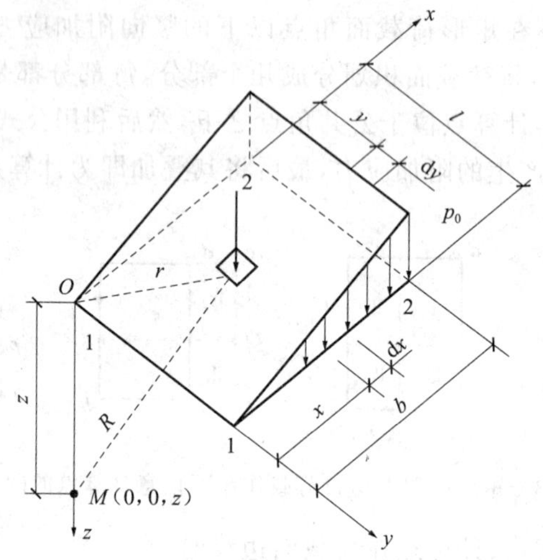

图 2-14　矩形面积上三角形分布荷载作用下的附加应力

矩形面积上三角形分布荷载在角点 1 下 z 轴上任意点 $M(0,0,z)$ 处所产生的竖向附加应力为：

$$\sigma_z = \alpha_{t1} p_0 \tag{2-15}$$

式中　α_{t1}—— 矩形面积上三角形分布荷载作用下角点 1 的竖向附加应力系数，$\alpha_{t1} = \frac{mn}{2\pi}\left[\frac{1}{\sqrt{m^2+n^2}} - \frac{n^2}{(1+n^2)\cdot\sqrt{1+m^2+n^2}}\right]$，其中，$m = l/b$，$n = z/b$，也可由表 2-2 查取。

荷载最大值边的任一角点 2 下深度 z 处的竖向附加应力可按下式计算：

$$\sigma_z = \alpha_{t2} p_0 = (\alpha_c - \alpha_{t1}) p_0 \tag{2-16}$$

式中　α_{t2}——矩形面积上三角形分布荷载作用下角点 2 的竖向附加应力系数，可由表 2-2 查取。

当计算点不在角点下时，可利用角点法及叠加原理求得。另外，利用式(2-13)、式(2-15)及角点法还可以求出矩形面积上梯形分布荷载作用下任意点的竖向附加应力。

2. 圆形面积上均布分布荷载作用下附加应力计算

设圆形荷载面的半径为 r_0，其上作用着竖向均布荷载 p_0。以圆形荷载面中心点为坐标原点，建立如图 2-15 所示的坐标系，则圆形面积上的均布荷载在 z 轴上任意点 $M(0,0,z)$ 处所产生的竖向附加应力为：

$$\sigma_z = \alpha_r p_0 \tag{2-17}$$

式中　α_r—— 圆形面积上均布荷载作用下中点的竖向附加应力系数，

$$\alpha_r=\left[1-\frac{1}{\left(\frac{1}{z^2/r_0^2}+1\right)^{3/2}}\right]$$，可由表 2-3 查取。

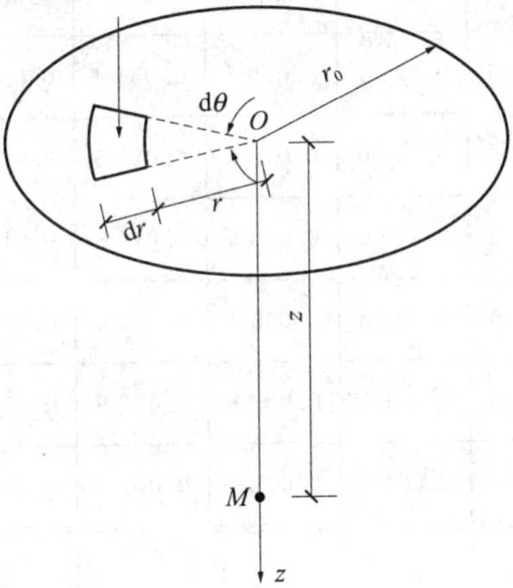

图 2-15　圆形面积上均布荷载作用下的附加应力

表 2-2　矩形面积上三角形分布荷载作用下角点的竖向附加应力系数 α_{t1} 和 α_{t2}

l/b	0.2		0.4		0.6		0.8		1.0	
z/b	α_{t1}	α_{t2}	α_{t1}	α_{t2}	α_{t1}	α_{t2}	α_{t1}	α_{t2}	α_{t1}	α_{t2}
0.0	0.000 0	0.250 0	0.000 0	0.250 0	0.000 0	0.250 0	0.000 0	0.250 0	0.000 0	0.250 0
0.2	0.022 3	0.182 1	0.028 0	0.211 5	0.029 6	0.021 65	0.030 1	0.217 8	0.030 4	0.218 2
0.4	0.026 9	0.109 4	0.042 0	0.160 4	0.048 7	0.178 1	0.051 7	0.184 4	0.053 1	0.187 0
0.6	0.025 9	0.070 0	0.044 8	0.116 5	0.056 0	0.140 5	0.062 1	0.152 0	0.065 4	0.157 5
0.8	0.023 2	0.048 0	0.042 1	0.085 3	0.055 3	0.109 3	0.063 7	0.123 2	0.068 8	0.131 1
1.0	0.020 1	0.034 6	0.037 5	0.063 8	0.050 8	0.085 2	0.060 2	0.099 6	0.066 6	0.108 6
1.2	0.017 1	0.026 0	0.032 4	0.049 1	0.045 0	0.067 3	0.054 6	0.080 7	0.061 5	0.090 1
1.4	0.014 5	0.020 2	0.027 8	0.038 6	0.039 2	0.054 0	0.048 3	0.066 1	0.055 4	0.075 1
1.6	0.012 3	0.016 0	0.023 8	0.031 0	0.033 9	0.044 0	0.042 4	0.054 7	0.049 2	0.062 8
1.8	0.010 5	0.013 0	0.020 4	0.025 4	0.029 4	0.036 3	0.037 1	0.045 7	0.043 5	0.053 4

续表 2-2

l/b	0.2		0.4		0.6		0.8		1.0	
z/b	α_{t1}	α_{t2}	α_{t1}	α_{t2}	α_{t1}	α_{t2}	α_{t1}	α_{t2}	α_{t1}	α_{t2}
2.0	0.009 0	0.010 8	0.017 6	0.021 1	0.025 5	0.030 4	0.032 4	0.038 7	0.038 4	0.045 6
2.5	0.006 3	0.007 2	0.012 5	0.014 0	0.018 3	0.020 5	0.023 6	0.026 5	0.028 4	0.031 8
3.0	0.004 6	0.001 0	0.009 2	0.010 0	0.013 5	0.014 8	0.017 6	0.019 2	0.021 4	0.023 3
5.0	0.001 8	0.001 9	0.003 6	0.003 8	0.005 4	0.005 6	0.007 1	0.007 4	0.008 8	0.009 1
7.0	0.000 9	0.001 0	0.001 9	0.001 9	0.002 8	0.002 9	0.003 8	0.003 8	0.004 7	0.004 7
10.0	0.000 5	0.000 4	0.009	0.001 0	0.001 4	0.001 4	0.001 9	0.001 9	0.002 3	0.002 4

l/b	1.2		1.4		1.6		1.8		2.0	
z/b	α_{t1}	α_{t2}	α_{t1}	α_{t2}	α_{t1}	α_{t2}	α_{t1}	α_{t2}	α_{t1}	α_{t2}
0.0	0.000 0	0.250 0	0.000 0	0.250 0	0.000 0	0.250 0	0.000 0	0.250 0	0.000 0	0.250 0
0.2	0.030 5	0.218 4	0.030 5	0.218 5	0.030 6	0.218 5	0.030 6	0.218 5	0.030 6	0.218 5
0.4	0.053 9	0.188 1	0.054 3	0.188 6	0.054 5	0.188 9	0.054 6	0.189 1	0.054 7	0.189 2
0.6	0.067 3	0.160 2	0.068 4	0.161 6	0.069 0	0.162 5	0.069 4	0.163 0	0.069 6	0.163 3
0.8	0.072 0	0.135 5	0.073 9	0.138 1	0.075 1	0.139 6	0.075 9	0.140 5	0.076 4	0.141 2
1.0	0.070 8	0.114 3	0.073 5	0.117 6	0.075 3	0.120 2	0.076 6	0.121 5	0.077 4	0.122 5
1.2	0.066 4	0.096 2	0.069 8	0.100 7	0.072 1	0.103 7	0.073 8	0.105 5	0.074 9	0.106 9
1.4	0.060 6	0.081 7	0.064 4	0.086 4	0.067 2	0.089 7	0.069 2	0.092 1	0.070 7	0.093 7
1.6	0.054 5	0.069 6	0.058 6	0.074 3	0.061 6	0.078 0	0.063 9	0.080 6	0.065 6	0.082 6
1.8	0.048 7	0.059 6	0.052 8	0.064 4	0.056 0	0.068 1	0.058 5	0.070 9	0.060 4	0.073 0
2.0	0.043 4	0.051 3	0.047 4	0.056 0	0.050 7	0.059 6	0.053 3	0.062 5	0.055 3	0.064 9
2.5	0.032 6	0.036 5	0.036 2	0.040 5	0.039 3	0.044 0	0.041 9	0.046 9	0.044 0	0.049 1
3.0	0.024 9	0.027 0	0.028 0	0.030 3	0.030 7	0.033 3	0.033 1	0.035 9	0.035 2	0.038 0

续表 2-2

l/b	1.2		1.4		1.6		1.8		2.0	
z/b	α_{t1}	α_{t2}	α_{t1}	α_{t2}	α_{t1}	α_{t2}	α_{t1}	α_{t2}	α_{t1}	α_{t2}
5.0	0.010 4	0.010 8	0.012 0	0.012 3	0.013 5	0.013 9	0.014 8	0.015 4	0.016 1	0.016 7
7.0	0.005 6	0.005 6	0.006 4	0.006 6	0.007 3	0.007 4	0.008 1	0.008 3	0.008 9	0.009 1
10.0	0.002 8	0.002 8	0.003 3	0.003 2	0.003 7	0.003 7	0.004 1	0.004 2	0.004 6	0.004 6

l/b	3.0		4.0		6.0		8.0		10.0	
z/b	α_{t1}	α_{t2}	α_{t1}	α_{t2}	α_{t1}	α_{t2}	α_{t1}	α_{t2}	α_{t1}	α_{t2}
0.0	0.000 0	0.250 0	0.000 0	0.250 0	0.000 0	0.250 0	0.000 0	0.250 0	0.000 0	0.250 0
0.2	0.030 6	0.218 6	0.030 6	0.218 6	0.030 6	0.218 6	0.030 6	0.218 6	0.030 6	0.218 6
0.4	0.054 8	0.189 4	0.054 9	0.189 4	0.054 9	0.189 4	0.054 9	0.189 4	0.054 9	0.189 4
0.6	0.070 1	0.163 8	0.070 2	0.163 9	0.070 2	0.164 0	0.070 2	0.164 0	0.070 2	0.164 0
0.8	0.077 3	0.142 3	0.077 6	0.142 4	0.077 6	0.142 6	0.077 6	0.142 6	0.077 6	0.142 6
1.0	0.079 0	0.124 4	0.079 4	0.124 8	0.079 5	0.125 0	0.079 6	0.125 0	0.079 6	0.125 0
1.2	0.077 4	0.109 6	0.077 9	0.110 3	0.078 2	0.110 5	0.078 3	0.110 5	0.078 3	0.110 5
1.4	0.073 9	0.097 3	0.074 8	0.098 2	0.075 2	0.098 6	0.075 2	0.098 7	0.075 3	0.098 7
1.6	0.069 7	0.087 0	0.070 8	0.088 2	0.071 4	0.088 7	0.071 5	0.088 8	0.071 5	0.088 9
1.8	0.065 2	0.078 2	0.066 6	0.079 7	0.067 3	0.080 5	0.067 5	0.080 6	0.067 5	0.080 8
2.0	0.060 7	0.070 7	0.062 4	0.072 6	0.063 4	0.073 4	0.063 6	0.073 0	0.063 6	0.073 8
2.5	0.050 4	0.055 9	0.052 9	0.058 5	0.054 3	0.060 1	0.054 7	0.060 4	0.054 8	0.060 5
3.0	0.041 9	0.045 1	0.044 9	0.048 2	0.046 4	0.050 4	0.047 4	0.050 9	0.047 6	0.051 1
5.0	0.021 4	0.022 1	0.024 8	0.025 6	0.028 3	0.029 0	0.029 6	0.030 3	0.030 1	0.030 9
7.0	0.021 4	0.012 6	0.015 2	0.015 4	0.018 6	0.019 0	0.020 4	0.020 7	0.021 2	0.021 6
10.0	0.006 6	0.006 6	0.008 4	0.008 3	0.011 1	0.011 1	0.012 8	0.013 0	0.013 9	0.014 1

表 2-3　圆形面积上均布荷载作用下中点的竖向附加应力系数 α_r

z/r_0	α_r	z/r_0	α_r	z/r_0	α_r	z/r_0	α_r	z/r_0	α_r
0.0	1.000	1.0	0.647	2.0	0.285	3.0	0.146	4.0	0.087
0.1	0.999	1.1	0.595	2.1	0.264	3.1	0.138	4.2	0.079
0.2	0.992	1.2	0.547	2.2	0.245	3.2	0.130	4.4	0.073
0.3	0.976	1.3	0.502	2.3	0.229	3.3	0.124	4.6	0.067
0.4	0.946	1.4	0.461	2.4	0.213	3.4	0.117	4.8	0.062
0.5	0.911	1.5	0.424	2.5	0.200	3.5	0.111	5.0	0.057
0.6	0.864	1.6	0.390	2.6	0.187	3.6	0.106	6.0	0.040
0.7	0.811	1.7	0.360	2.7	0.175	3.7	0.101	10.0	0.015
0.8	0.756	1.8	0.332	2.8	0.165	3.8	0.096		
0.9	0.701	1.9	0.307	2.9	0.155	3.9	0.091		

3. 条形面积上均布分布荷载作用下附加应力计算

设条形荷载面的宽度为 b，其上作用的竖向均布荷载为 p_0，以条形荷载的宽度中心为坐标原点，建立如图 2-16 所示的坐标系，则条形面积上均布荷载在任意点 $M(x,0,z)$ 处所产生的竖向附加应力为：

$$\sigma_z = \alpha_{sz} p_0 \tag{2-18}$$

式中　α_{sz}——条形面积上均布荷载作用下的竖向附加应力系数。

$$\sigma_z = \frac{p_0}{\pi}\left[\arctan\left(\frac{1-2n}{2m}\right)+\arctan\left(\frac{1+2n}{2m}\right)-\frac{4m(4n^2-4m^2-1)}{(4n^2+4m^2-1)^2+16m^2}\right]$$

其中，$m=z/b$，$n=x/b$，b 为基底宽度，可由表 2-4 查取。

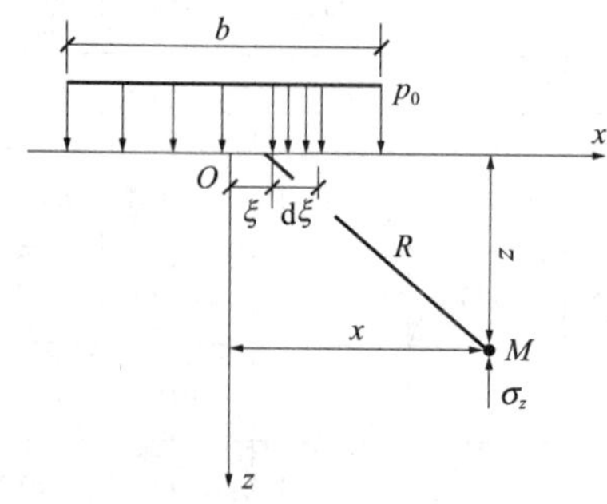

图 2-16　条形面积上均布荷载作用下的附加应力

表 2-4　条形面积上均布荷载作用下中点的竖向附加应力系数 α_{sz}

z/b	x/b						z/b	x/b					
	0.00	0.25	0.50	1.00	1.50	2.00		0.00	0.25	0.50	1.00	1.50	2.00
0.00	1.000	1.000	0.500	0.000	0.000	0.000	1.75	0.345	0.334	0.302	0.210	0.085	0.088
0.25	0.959	0.902	0.497	0.019	0.074	0.041	2.00	0.306	0.298	0.275	0.205	0.071	0.078
0.50	0.818	0.735	0.480	0.084	0.122	0.074	3.00	0.208	0.206	0.198	0.171	0.033	0.044
0.75	0.668	0.607	0.448	0.146	0.139	0.095	4.00	0.158	0.156	0.153	0.140	0.017	0.025
1.00	0.550	0.510	0.409	0.185	0.134	0.103	5.00	0.126	0.126	0.124	0.117	0.010	0.015
1.25	0.462	0.436	0.370	0.205	0.120	0.103	6.00	0.106	0.105	0.104	0.100	0.006	0.010
1.50	0.396	0.379	0.334	0.211	0.102	0.097							

注：条形面积上均布荷载作用下附加应力的计算也可以由表 2-1 查取，此时取 $l/b = 10$，误差一般不大于 0.005。

【例题 2-2】　某矩形基础的埋深 $d = 2$ m，基础底面尺寸 $l \times b = 2\ \text{m} \times 1.5$ m，由上部结构传来的施加于基础顶面的轴心荷载 $F = 400$ kN，地表以下为均质黏土，土的重度 $\gamma = 18\ \text{kN/m}^3$。试求：

（1）基底附加压力有多大？

（2）若地下水位距地表 1 m，地下水位以下土的饱和重度为 $\gamma_{sat} = 19.5\ \text{kN/m}^3$，$\gamma_w = 10\ \text{kN/m}^3$，求基底附加压力。

【解】

（1）该基础为中心受压，基底压力为：

$$p = \frac{F+G}{A} = \frac{F+\gamma_G Ad}{A} = \frac{400+20\times1.5\times2\times2}{1.5\times2} = 173.3\ \text{kPa}$$

基础底面处的自重应力为：

$$\sigma_{ch} = \gamma d = 18\times2 = 36\ \text{kPa}$$

则基底附加压力为：

$$p_0 = p - \sigma_{ch} = 173.3 - 36 = 137.3\ \text{kPa}$$

（2）在埋深范围内，地下水位以上土厚 $d_1 = 1$ m，地下水位以下土厚 $d_2 = 1$ m，该基础为中心受压，基底压力为：

$$p = \frac{F+G}{A} = \frac{F+\gamma_G Ad_1 + (\gamma_G - \gamma_w)Ad_2}{A}$$

$$= \frac{400+20\times1.5\times2\times1+(20-10)\times1.5\times2\times1}{1.5\times2} = 163.3\ \text{kPa}$$

基础底面处的自重应力为：

$$\sigma_{ch} = \gamma d_1 + (\gamma_{sat} - \gamma_w)d_2 = 18 \times 1 + (19.5 - 10) \times 1 = 27.5\ \text{kPa}$$

则基底附加压力为：

$$p_0 = p - \sigma_{ch} = 163.3 - 27.5 = 135.8\ \text{kPa}$$

【例题 2-3】 某矩形基础的埋深 $d = 2$ m，基础面积 $l \times b = 5\ \text{m} \times 4\ \text{m}$，由上部结构传来的施加于基础顶面的轴心荷载 $F = 1\,920$ kN，地表下为均质黏土，土的重度 $\gamma = 18$ kN/m³。试求矩形基础基底中心点垂线下不同深度处的竖向附加应力 σ_z。

【解】 该基础为中心受压，基底压力为：

$$p = \frac{F+G}{A} = \frac{F+\gamma_G Ad}{A} = \frac{1\,920 + 20 \times 5 \times 4 \times 2}{5 \times 4} = 136\ \text{kPa}$$

基础底面处的自重应力为：

$$\sigma_{ch} = \gamma d = 18 \times 2 = 36\ \text{kPa}$$

则基底附加压力为：

$$p_0 = p - \sigma_{ch} = 136 - 36 = 100\ \text{kPa}$$

基底中心点可看成是四个相等小矩形荷载的公共角点，其长宽比 $l/b = 2.5/2 = 1.25$，取深度 $z = 0、1、2、3、4、5、6、7、8、10$ m 各计算点，相应的 $z/b = 0、0.5、1、1.5、2、2.5、3、3.5、4、5$，利用表 2-1 即可查得角点应力系数 α_c。计算结果见表 2-5。

表 2-5　例题 2-3 计算结果

l/m	b/m	l/b	z/m	z/b	α_c	p_0/kPa	$\sigma_z(=4\alpha_{cI}\,p_0)$/kPa
2.5	2.0	1.25	0	0	0.250	100	100
2.5	2.0	1.25	1	0.5	0.235	100	94
2.5	2.0	1.25	2	1.0	0.187	100	75
2.5	2.0	1.25	3	1.5	0.135	100	54
2.5	2.0	1.25	4	2.0	0.097	100	39
2.5	2.0	1.25	5	2.5	0.071	100	28
2.5	2.0	1.25	6	3.0	0.054	100	22
2.5	2.0	1.25	7	3.5	0.042	100	17
2.5	2.0	1.25	8	4.0	0.032	100	13
2.5	2.0	1.25	10	5.0	0.022	100	9

四、附加应力的分布规律

在矩形均布荷载(见图 2-17a)或条形均布荷载(见图 2-17c)等局部荷载作用下,竖向附加应力的分布规律如下:

(1) 在荷载分布范围内沿任意垂直线(如以 O 点做垂线)的竖向附加应力,随深度增加而减小;在荷载分布范围外沿任意垂线(如以 O_1 点做垂线)的竖向附加应力,随深度从零开始先小后大。

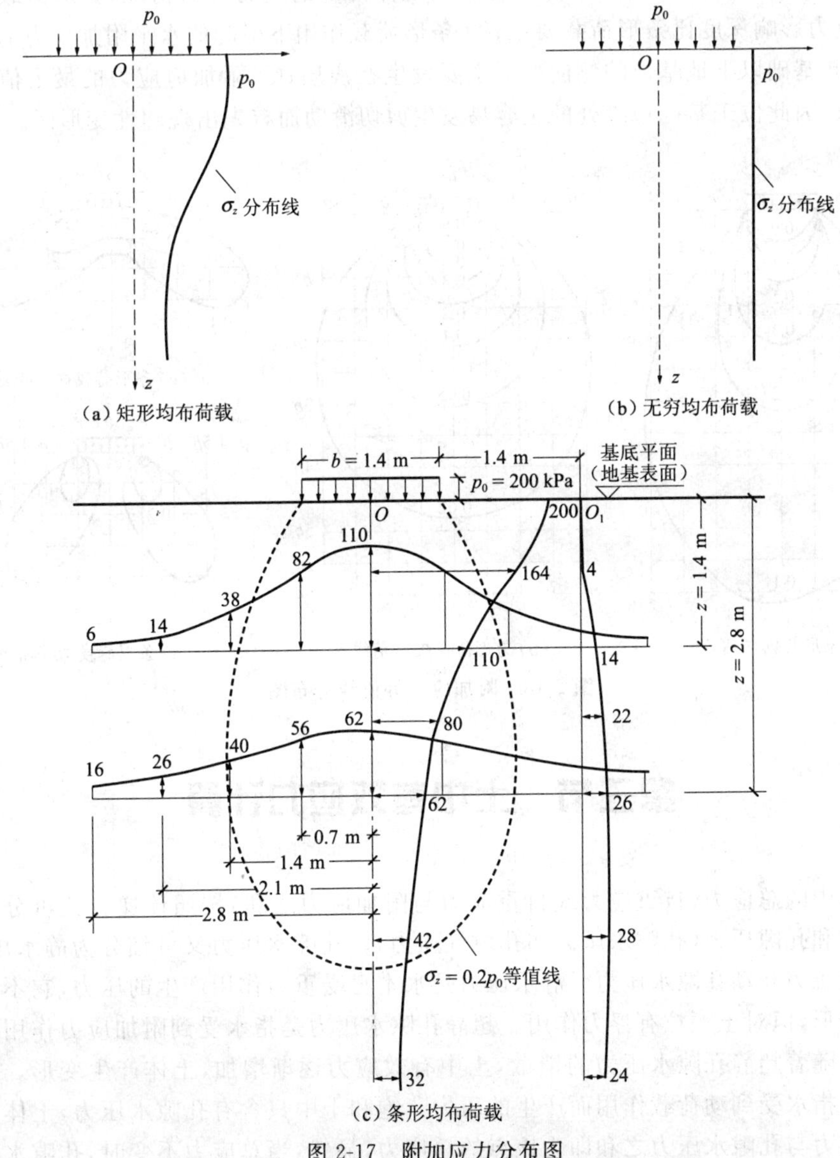

图 2-17　附加应力分布图

(2) 如图 2-17(c)所示，在距离基础底面不同深度的各个水平面上，以基底中心点下轴线处的竖向附加应力最大，距离中轴线愈远愈小。

(3) 竖向附加应力不仅分布在荷载面积之下，而且分布在荷载面积以外相当大的范围之下，即附加应力的分布是扩散分布。

在大面积均布荷载作用下(见图 2-17b)，附加应力分布无扩散现象，且任一深度处的附加应力值总等于 p_0。

所谓附加应力等值线是指将应力相等的点连成的曲线。通过图 2-18 可得出几点结论：① 地基土所受荷载的大小和分布将影响土体内部的应力分布情况，方形荷载所引起的附加应力影响深度比条形荷载要小；② 条形荷载作用下引起的水平附加应力的影响范围浅，因此基础以下地基土的侧向变形主要发生在浅层；③ 附加剪应力的最大值出现于荷载边缘，因此位于基础边缘处的土容易发生剪切滑动而首先出现塑性变形区。

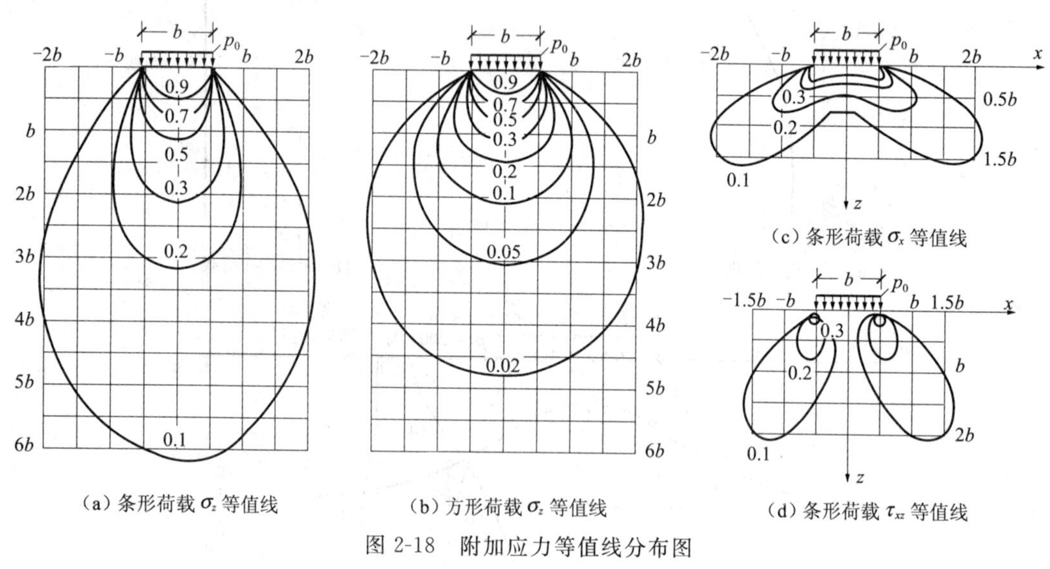

(a) 条形荷载 σ_z 等值线　(b) 方形荷载 σ_z 等值线　(c) 条形荷载 σ_x 等值线　(d) 条形荷载 τ_{xz} 等值线

图 2-18　附加应力等值线分布图

第三节　土中有效应力计算

土体中的总应力(自重应力或自重应力与附加应力之和)按照传递方式可分为土中有效应力和孔隙压力(孔隙水压力和孔隙气压力)。孔隙水压力又可细分为静水压力、超静孔隙水压力和动孔隙水压力。静水压力是水本身受重力作用产生的压力，它不会使土体产生变形，但对土颗粒有浮力作用。超静孔隙水压力是指水受到附加应力作用而产生的压力。随着超静孔隙水压力的消散，土中有效应力逐渐增加，土体产生变形。动孔隙水压力是指水受到动荷载作用而产生的压力。饱和土中只含有孔隙水压力，土体中某点的有效应力与孔隙水压力之和即为该点的总应力，显然，当总应力不变时，孔隙水压力的变化将会影响有效应力的大小。

一、有效应力原理

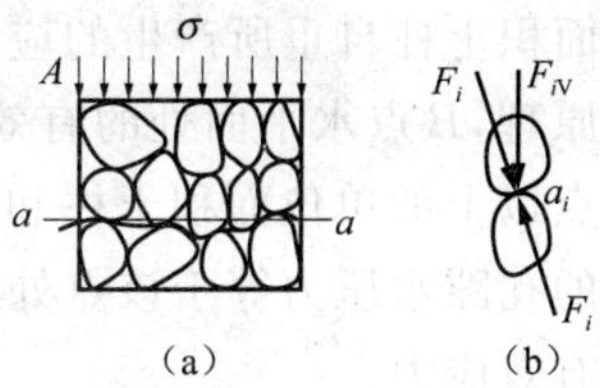

图 2-19　土中应力示意图

如图 2-19(a)所示，设所取饱和土样的横断面积为 A，受竖向应力 σ 作用，总的竖向力(不考虑自重)为 $\sigma\times A$，土样孔隙被水充满。为了研究土粒接触点之间的有效应力，并不把土颗粒切开，因此，实际上考虑的是通过上下土粒间接触点的曲面 a-a，a-a 面的面积约为 A。在曲面 a-a 上存在若干个粒间力 $F_1,F_2,\cdots$，相应的土颗粒接触面积分别为 $a_1,a_2,\cdots$。取 a-a 曲面上某土颗粒 i 进行受力分析，如图 2-19(b)所示，土粒的接触面积为 a_i，土粒之间的作用力为 F_i，其大小和方向是随机的。将 F_i 沿竖向和水平向分解，并将竖向分力记为 $F_{i\mathrm{V}}$，则 a-a 曲面上所有土粒粒间力的竖向分力之和为：

$$F_{1\mathrm{V}}+F_{2\mathrm{V}}+F_{3\mathrm{V}}+\cdots=\sum F_{i\mathrm{V}} \tag{2-19a}$$

根据竖向力的平衡，可得：

$$\sigma A=\sum F_{i\mathrm{V}}+u\left(A-\sum a_i\right) \tag{2-19b}$$

式中　u——a-a 面上的孔隙水压力，作用面积为 $A-\sum a_i$，kPa；

$\sum a_i$—— 土颗粒接触面的总面积，由于土粒之间的接触面积很小，所以 $A-\sum a_i\approx A$。

式(2-19b)可进一步写为：

$$\sigma=\frac{\sum F_{i\mathrm{V}}}{A}+u \tag{2-19c}$$

可以看出，上式中 $\sum F_{i\mathrm{V}}/A$ 代表的是全面积 A 上的平均粒间力，将其定义为有效应力，习惯上用 σ' 表示，实际上 σ' 并不是土粒间真实的有效应力，真实的有效应力应该比它大。

式(2-19c)可进一步写为：

$$\sigma=\sigma'+u \tag{2-20}$$

式(2-20)即为饱和土有效应力原理的表达式。

有效应力原理说明饱和土中任意点的总应力总是等于有效应力加上孔隙水压力。当总应力 σ 为自重应力时，孔隙水压力 u 为静水压力；当总应力 σ 为附加应力时，孔隙水压力 u 为超静孔隙水压力；当总应力 σ 为自重应力与附加应力之和时，孔隙水压力 u 为静水压力与超静孔隙水压力之和。

二、静水压力条件下的有效应力

如图 2-20 所示，土体仅受自重应力作用，地下水位位于地表以下 h_1 处，地下水位以

上土的重度为 γ_1，地下水位以下土的重度为 γ_{sat}。B 点水平面处的总应力为该点以上单位面积土柱自重所产生的应力 $\sigma=\gamma_1 h_1$；B 点水平面处的孔隙水压力 $u=0$；根据有效应力原理，B 点水平面处的有效应力 $\sigma'=\sigma-u=\gamma_1 h_1$。作用在 C 点水平面上的总应力等于该点以上的单位面积土柱和水柱的总自重所产生的应力，即 $\sigma=\gamma_1 h_1+\gamma_{sat} h_2$；$C$ 点水平面处的孔隙水压力等于该点处的静水压强，即 $u=\gamma_w h_2$；根据有效应力原理，C 点水平面处的有效应力：

$$\sigma'=\gamma_1 h_1+\gamma_{sat} h_2-\gamma_w h_2=\gamma_1 h_1+\gamma' h_2$$

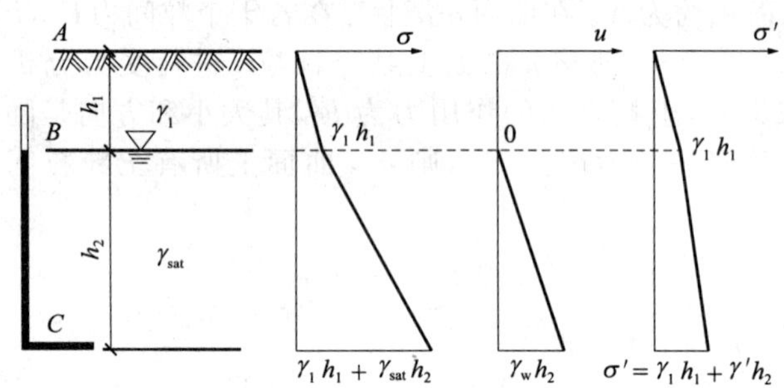

图 2-20　静水条件下土中应力的分布

由此可见，C 点处的有效应力表达式与前面所讲 C 点处的竖向自重应力表达式相同，这是因为对于在自重应力作用下已经压缩稳定的土体，土的竖向自重应力一般是指竖向有效应力自重应力，为了便于区分，用 σ_c 来表示。有时也常将竖向有效应力自重应力简称为自重应力。

三、地下水位升降对有效应力的影响

地下水位升降会引起土中有效自重应力的变化。如图 2-21(a)所示，原有效自重应力分布曲线为 0—1—2，由于大量抽取地下水导致地下水位下降，从而使得土中竖向有效自重应力增加（变化后的有效自重应力分布曲线为 0—1—1′—2′线），引起地面大面积的下沉，这是目前很多大城市面临的一个严重问题。如图 2-21(b)所示，由于人工抬高蓄水水位（如筑坝蓄水）或工业废水大量深入地下或雨量过大等原因使得地下水位上升，导致土粒间的有效应力减小（变化后的有效自重应力分布曲线为 0—1′—2′线），会引起地基土承载力减小、湿陷性黄土塌陷等问题。

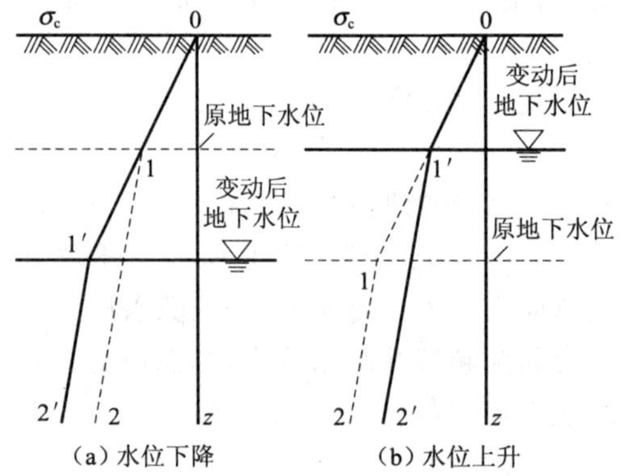

图 2-21　地下水位升降对有效应力的影响

【思考题】

1. 土中应力有几种？如何分类？

2. 如何计算自重应力？地下水位的升降对自重应力有何影响？

3. 基底压力与基底附加压力有何区别？

4. 计算地基附加应力时有哪些假定条件？地基中附加应力的分布有何规律？

5. 什么是角点法？应用角点法应注意哪些问题？

6. 假定基底压力不变，增大基础埋置深度将对土中附加应力产生何种影响？

7. 有效应力原理的内容是什么？土体的强度和变形主要取决于哪种应力？

【习　题】

1. 某场地自上而下的土层分布为：第一层杂填土，厚 2.0 m，$\gamma_1 = 17\ \text{kN/m}^3$；第二层粉质黏土，厚 3.8 m，$\gamma_2 = 19\ \text{kN/m}^3$；第三层粉质黏土，厚 4.2 m，$\gamma_3 = 18.2\ \text{kN/m}^3$，$G_s = 2.74$，$w = 41\%$；第四层中砂，厚 2.0 m，$\gamma_4 = 19.6\ \text{kN/m}^3$，$S_r = 100\%$。地下水位距地表 5.8 m。求各土层交界处及地下水位处的竖向自重应力，并绘出其分布图。

（答案：中砂层底部界面的自重应力为 159.84 kPa）

2. 某基础的埋深 $d = 2$ m，基础面积 $b \times l = 2\ \text{m} \times 2\ \text{m}$，地面处由上部结构传来的施加于基础中心的荷载 $F = 600$ kN，地表下为均质黏土，土的重度 $\gamma = 18\ \text{kN/m}^3$。若地下水位距地表 1.5 m，地下水位以下土的饱和重度为 $\gamma_{sat} = 19.5\ \text{kN/m}^3$，求基底附加压力。

（答案：$p_0 = 153.3$ kPa）

3. 某基础底面积为 $b \times l = 1.5\ \text{m} \times 3\ \text{m}$，基础埋深 $d = 1.15$ m，施加于基础顶面的中心荷载 $F = 600$ kN，弯矩 $M = 212\ \text{kN} \cdot \text{m}$，且沿基础长边偏心。求基底平均压力、偏心距和基底边缘的基底压力。

（答案：$p = 156.3$ kPa，$e = 0.3$ m，$p_{max} = 250.1$ kPa）

4. 某构筑物基础如图 2-22 所示，在设计地面标高处作用一偏心荷载 $F = 680$ kN，偏心距 1.31 m，基础埋深 2 m，基础底面尺寸 $l \times b = 4\ \text{m} \times 2\ \text{m}$。试求边缘最大压力 p_{max}，并绘出沿偏心方向的基底压力分布图。

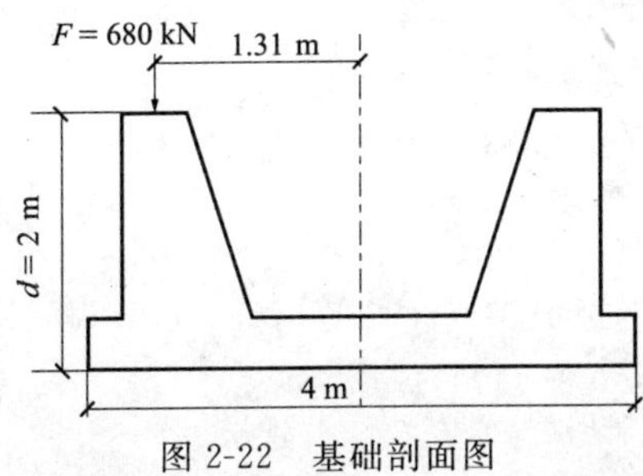

图 2-22　基础剖面图

（答案：$p_{max}=300.3$ kPa）

5. 某柱下独立基础，底面积 $b\times l=5\ m\times 4\ m$，埋深 $d=1.5$ m，由上部结构传来的施加于基础中心的荷载 $F=1\ 400$ kN，填土重度 $\gamma_m=18\ kN/m^3$，求基底中心点下不同深度处的竖向附加应力。

（答案：中点下 10 m 处的 $\sigma_z=6.4$ kPa）

第三章
土的力学性质

土的力学性质是指土体在荷载作用下所表现出来的性质，主要包括正应力作用下的压缩性和剪应力作用下的抗剪性等。土的力学性质是其工程性质中最重要的组成部分。

荷载作用下，在土体中的任意截面上将同时产生法向应力和剪应力。法向应力使土体压密，不同土的压缩性不同，当土体的压缩性过大或压缩性不均匀时，地基将会产生较大的沉降量或不均匀沉降，这不仅会影响上部结构物的正常使用，甚至会危及其安全。不少工程事故，如建筑物倾斜、严重下沉、墙体开裂、基础断裂等，都是由于地基沉降量或沉降差较大造成的。当剪应力过大，超过土体的抗剪能力时，土体将会发生强度破坏，引起地基失稳、边坡滑动、基坑坍塌等工程事故。因此，在各类土木工程设计中，为了确保建(构)筑物的安全可靠，要求其地基必须至少满足下列两个技术条件：① 变形条件，即地基的沉降量、沉降差、倾斜与局部倾斜都不超过地基变形允许值；② 强度条件，即在上部荷载作用下，确保地基的稳定性，不发生剪切破坏或滑动失稳。

第一节　土的压缩性与地基沉降计算

地基土的变形问题一直是土木工程领域的重点和难点问题之一，无论是地基的最终沉降还是沉降历时都是工程设计不可或缺的依据。地基土的变形包括体积变形和形状变形两部分，本书只讨论由于荷载作用导致地基土正应力增加而引起的体积变形。在荷载作用下，由于土体体积缩小引起地基土或填土表面向下的位移称为沉降。

引起地基土沉降的原因分内因和外因。外因是指由于外部荷载等因素作用而导致土体中原有的应力状态发生了变化，如建(构)筑物荷载引起的附加应力、地下水位的升降、温度的变化等。内因是指土体本身所具有的压缩性，即土体在压力作用下具有体积缩小的特性。以上两者在地基产生沉降的过程中缺一不可。因此，研究地基沉降问题，不仅需要知道土体的应力状态，还必须了解土的压缩性。

在荷载作用下土体的压缩量主要由三部分组成：① 固体颗粒本身的压缩；② 土中孔

隙水(包括少量的封闭气泡)本身的压缩;③ 土中部分孔隙水和气体被排出导致土中孔隙体积减小所引起的压缩。试验研究表明,在一般荷载作用下,固体颗粒、孔隙水以及少量封闭气泡本身的压缩量非常小,可以忽略不计。因此,一般认为土体的压缩是土中水和土中气被排出而引起孔隙体积减小的结果。对于饱和土来讲,土体的压缩量(孔隙体积减小量)等于孔隙水的排出量。

饱和土的孔隙中充满着水,要使孔隙体积减小,必须使孔隙水排出,这两个过程是同时发生的。饱和土在荷载作用下,土体积随孔隙水逐渐排出而减小的过程称为土的固结。饱和土的固结包括主固结和次固结两部分。主固结是指饱和土受荷后,随孔隙水的排出孔隙水压力逐渐消失,有效应力相应增加,土体积逐渐减小的过程。在主固结完成后,由于土骨架的蠕变而使土体积随时间继续减小的过程称为次固结。地基土在荷载作用下固结稳定时所产生的总沉降量称为地基的最终沉降。本节将主要讨论由主固结引起的地基沉降量问题。不同土的固结过程不同,对于无黏性土,由于土的透水性好,固结稳定所经历的时间很短,一般认为荷载施加完毕时,固结已基本完成。因此,实际工程中一般不考虑无黏性土的固结问题。对于黏性土,由于透水性差,固结稳定所需时间较长,对于比较厚的软黏土,甚至需要几年到几十年的时间才能完成,所以一般说的固结问题主要是指黏性土的固结问题。

一、土的压缩性

研究土的压缩性,就是研究土的压缩变形量和压缩过程,也即研究土体受荷固结时稳定孔隙比和压力的关系、孔隙比与时间的关系。

由于不同土的压缩性不同,常用压缩性指标来定量表示土体压缩性的大小。土的压缩性指标必须通过室内试验或现场原位测试获得。常见的室内试验有:固结试验、三轴压缩试验等;原位测试包括:载荷试验(PLT)、旁压试验(PMT)、静力触探试验(CPT)、圆锥动力触探试验(CDPT)、标准贯入试验(SPT)等。无论采用哪种测试方法,都要尽量保证试验条件与土的天然条件及其在外荷载作用下的实际应力条件相一致。

1. 室内固结试验及压缩曲线

1) 固结试验

按照土体压缩过程中边界条件的不同,可分为侧限压缩和无侧限压缩。侧限压缩是指在土体压缩过程中周围受到限制,基本上不允许产生侧向变形,只能发生竖向变形。一般当土层上作用着大面积均布荷载或天然土层只在自重应力作用下压缩时为侧限压缩。由于一般工程与侧限条件近似,通常室内试验应用此条件来测定土的压缩性指标。无侧限压缩是指土体压缩过程中周围基本上没有限制,除垂直方向变形外,还将发生侧向变形。

在侧限条件下,测定土的压缩性指标的室内试验称为固结试验,它是研究土的压缩性的基本方法之一。如果不考虑压缩的时间过程也称为压缩试验。固结试验可测定的压缩性指标主要有：压缩系数 a、压缩指数 C_c、压缩模量 E_s 和体积压缩系数 m_V 等。该试验主要适用于饱和黏性土，还可用来测定土的沉降速率、固结系数以及原状土的先期固结压力等。

土体在不允许侧向变形条件下的固结称为 K_0 固结。天然土层在自重应力或大面积荷载作用下所完成的固结均为 K_0 固结。显然，室内固结试验也属于 K_0 固结。

2）固结仪

固结试验所用的仪器为固结仪。固结仪的固结容器简图见图 3-1。环刀内径为 61.8 mm 或 79.8 mm，高度为 20 mm，并应具有一定的刚度，内壁应保持较高的光洁度。变形量测设备为量程 10 mm、最小分度值为 0.01 mm 的百分表或准确度为全量程 0.2%的位移传感器。

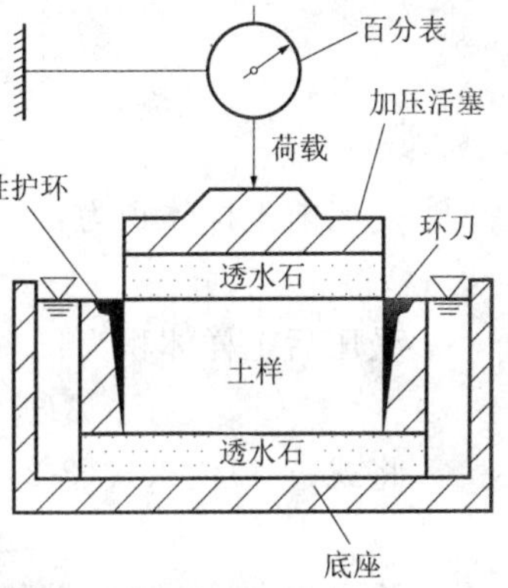

图 3-1 固结仪的固结容器简图

3）试验步骤

(1) 用环刀切取原状土，尽量保持土的天然结构，减小扰动。

(2) 在固结容器内放置护环、透水石和薄型滤纸，将切有土样的环刀置于刚性护环中，土样上依次放上薄型滤纸、透水石和加压活塞，目的是为了土样受压后水能自由排出。由于金属环刀及刚性护环的限制，使得土样在竖向压力作用下只能发生竖向变形而无侧向变形。

(3) 压缩过程中竖向压力通过加压活塞逐级施加给土样，为了保证土样与部件之间接触良好，首先施加 1 kPa 的预压力，并将百分表或传感器调整到零位或测读初读数。

(4) 常用的分级加荷量 p 为：12.5、25、50、100、200、400、800、1 600、3 200 kPa。第一级压力的大小应视土的软硬程度而定，宜用 12.5 kPa、25 kPa 或 50 kPa。最后一级压力应大于土的自重应力与附加应力之和。只需测定压缩系数时，最大压力不小于 400 kPa。

(5) 测定每级压力固结稳定后土样的压缩量。当只需测定压缩系数时，施加每级压力后，每小时变形达 0.01 mm 时，测定试样高度变化作为稳定标准。按此步骤逐级加压直至试验结束。

4）试验结果（孔隙比）的推导

土体的压缩是由孔隙体积减小引起的，所以其变形量可用孔隙比 e 的变化来表示。因此，需要计算每级压力固结稳定后对应的孔隙比 e。由于土体压缩过程中只产生竖向变形，所以整个试验过程中土样的横截面积保持不变。如图 3-2 所示，设土样的横截面积为 A，土样受压前的高度为 H_0，受压后的高度为 H_i，在外压力 p_i 作用下土样稳定后的压缩量为 ΔH_i。由于土颗粒本身的压缩量很小，假定其体积 V_s 不发生变化，令 $V_s=1$。受压前土样的孔隙比为 e_0，e_0 可由基本物理性质指标求得。利用土颗粒体积不变和土样横截面积不变这两个条件，可以求出土样在 p_i 压力作用下固结稳定后的孔隙比 e_i。

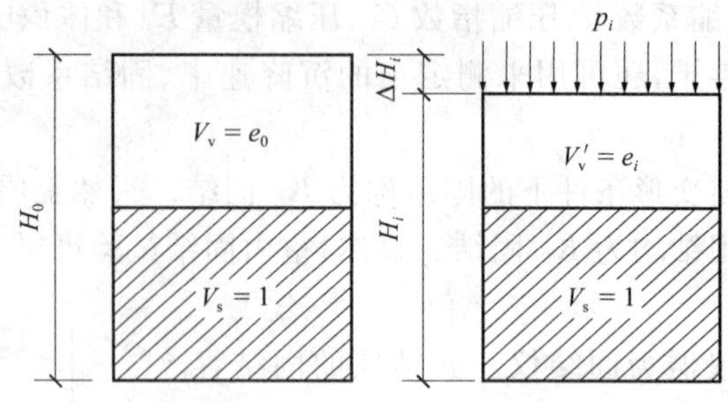

图 3-2　侧限条件下土样压缩示意图

受压前土样体积为：

$$AH_0 = V_s + V_v = 1 + e_0 \tag{3-1}$$

受压后土样体积为：

$$AH_i = A(H_0 - \Delta H_i) = V_s + V_v' = 1 + e_i \tag{3-2}$$

将式(3-1)代入式(3-2)得：

$$A\Delta H_i = (1 + e_0) - (1 + e_i) = e_0 - e_i \tag{3-3}$$

将式(3-1)与式(3-3)相比得：

$$\frac{\Delta H_i}{H_0} = \frac{e_0 - e_i}{1 + e_0} \tag{3-4}$$

从而得到：

$$e_i = e_0 - \frac{\Delta H_i}{H_0}(1 + e_0) \tag{3-5}$$

如果测出各级压力 p_i 作用下土样固结稳定后的压缩量 ΔH_i，利用式(3-5)即可以求出相应的孔隙比 e_i，进而绘制出土的压缩曲线。

5）压缩曲线

以纵坐标表示各级压力作用下试样固结稳定后的孔隙比 e，以横坐标表示压力 p，建立各级压力与相应的稳定孔隙比之间的关系曲线，称为土的压缩曲线。压缩曲线有两种绘制方式：一种是按直角坐标绘制的 e-p 曲线，如图 3-3(c)所示；另一种是用半对数坐标绘制的 e-lg p 曲线(见图 3-4)。由 e-p 曲线可确定土的压缩系数、压缩模量等压缩性指标；由 e-lg p 曲线可确定土的压缩指数。此外，根据固结试验结果还可绘制压缩量与时间平方根的关系曲线，从而确定土的竖向固结系数，它是反映土体固结速率的指标。

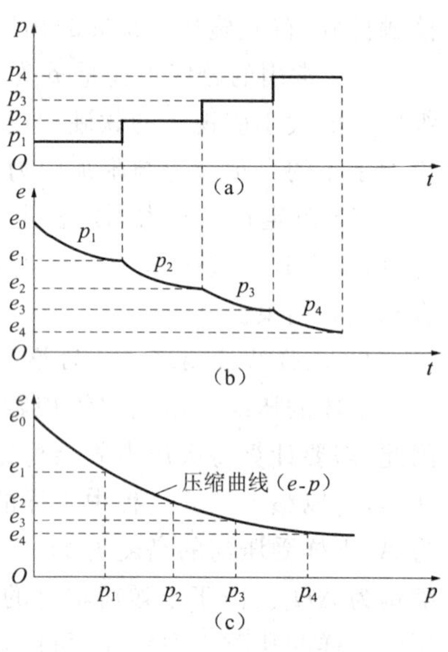

图 3-3　土的压缩曲线

各类地基土压缩性的高低，取决于土的类别、成分、结构、状态、应力历史、原始密度和天然结构是否扰动等因素。不同土的压缩曲线的形状不同，如图 3-5 所示。曲线愈陡，说明在相同压力增量作用下土体的孔隙比减少愈显著，土的压缩性愈高；反之，曲线越平缓，表示土的压缩性越低。

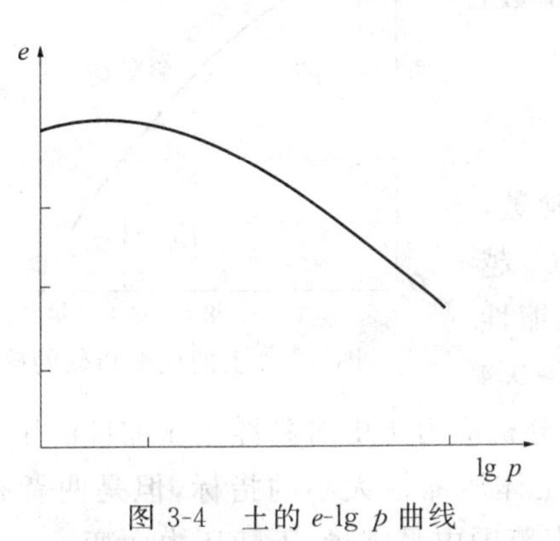

图 3-4　土的 e-lg p 曲线

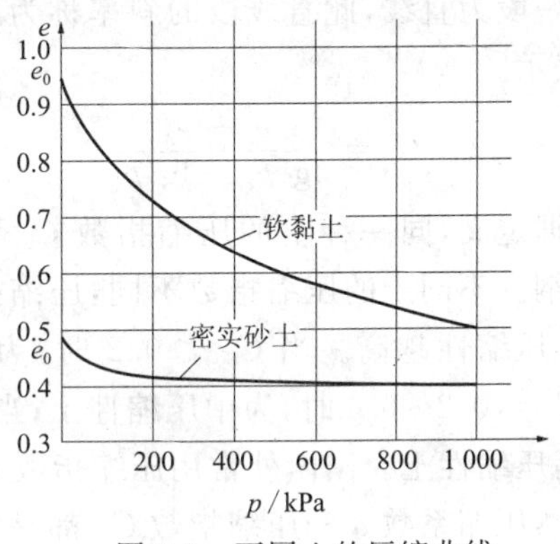

图 3-5　不同土的压缩曲线

2. 土的压缩性指标

1）压缩系数

在固结试验中，土样的孔隙比减小量与有效压力增量的比值称为压缩系数，即图 3-6 所示 e-p 曲线上某一压力段的割线斜率。它是表征土体压缩性大小的主要指标，用 a 表示，单位是 $\mathrm{MPa^{-1}}$。

$$a=-\frac{\mathrm{d}e}{\mathrm{d}p} \tag{3-6}$$

式中负号表示随压力的增加孔隙比减小。

在实际计算中，常用 e-p 曲线中某一压力段割线斜率的绝对值来表征土体压缩性的大小。一般用土中某点的自重应力 p_1 和荷载作用后自重应力与附加应力之和 p_2 这一压力段割线 M_1M_2 斜率的绝对值来表示。压缩系数的表达式为：

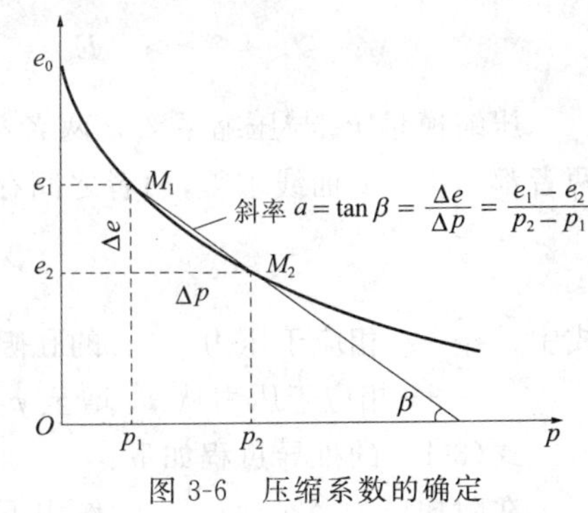

图 3-6　压缩系数的确定

$$a=-\frac{\Delta e}{\Delta p}=\frac{e_1-e_2}{p_2-p_1} \tag{3-7}$$

式中　e_1——p_1 作用下固结稳定后对应的孔隙比；

　　　e_2——p_2 作用下固结稳定后对应的孔隙比。

对于同一种土，e-p 曲线的斜率随 p 的增大而逐渐变小，压缩系数 a 是一个非定值。为了便于比较不同土的压缩性，现行《建筑地基基础设计规范》(GB 50007—2011)规定以 $p_1=0.1$ MPa 到 $p_2=0.2$ MPa 压力段的压缩系数 a_{1-2} 作为判断土的压缩性高低的标准。即

低压缩性土：　　　　$a_{1-2}<0.1\ \mathrm{MPa^{-1}}$

中压缩性土：　　$0.1\ \text{MPa}^{-1} \leqslant a_{1-2} < 0.5\ \text{MPa}^{-1}$

高压缩性土：　　$a_{1-2} \geqslant 0.5\ \text{MPa}^{-1}$

2）压缩指数

如图 3-7 所示，e-lg p 曲线开始一段呈曲线，其后很长一段为直线，此直线段的斜率称为压缩指数，用 C_c 表示。

$$C_c = \frac{e_1 - e_2}{\lg p_2 - \lg p_1} \tag{3-8}$$

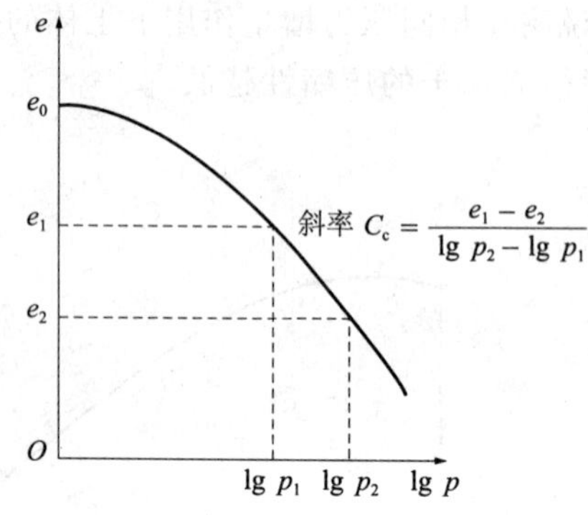

图 3-7　土的压缩指数的确定

根据定义，同一种土的压缩指数 C_c 为一常数，且无量纲。不同土的压缩指数不同，压缩指数 C_c 越大，土的压缩性越高。当 $C_c < 0.2$ 时，为低压缩性土；当 $C_c = 0.2 \sim 0.4$ 时，为中压缩性土；当 $C_c > 0.4$ 时，为高压缩性土。国内外常用压缩指数 C_c 来分析应力历史对黏性土压缩性的影响。

虽然压缩系数 a 和压缩指数 C_c 都是反映土体压缩性大小的指标，但是两者有所不同。前者随压力的增大而减小，后者在较高压力范围内是常量，不随压力而变。

压缩系数和压缩指数的理论关系：

$$C_c = \frac{a(p_2 - p_1)}{\lg p_2 - \lg p_1}, \quad a = \frac{C_c}{p_2 - p_1}\lg(p_2/p_1)$$

3）压缩模量

土样在侧限条件下受压时，竖向有效压力增量与相应的竖向应变之比称为压缩模量或侧限模量。用 E_s 表示，单位是 MPa，可由 e-p 曲线求得。

$$E_s = \frac{p_2 - p_1}{\varepsilon_z} = \frac{\Delta p}{\Delta H / H_1} \tag{3-9}$$

压缩模量 E_s 与压缩系数 a 两者都是工程中常用的表示地基土压缩性高低的指标，两者都是由 e-p 曲线求得，两者之间存在下列关系：

$$E_s = \frac{1 + e_1}{a} \tag{3-10}$$

式中　e_1——相应于压力 p_1 时的孔隙比；

a——相应于压力从 p_1 增至 p_2 时的压缩系数。

式(3-10)的推导过程如下：

在附加压力 $\Delta p = p_2 - p_1$ 作用下产生的竖向变形 $\Delta H = H_1 - H_2$（见图 3-8）。根据式(3-4)可得：

$$\Delta H = \frac{e_1 - e_2}{1 + e_1} H_1 = \frac{\Delta e}{1 + e_1} H_1 \tag{3-11a}$$

根据压缩模量的定义：

$$E_s = \frac{\Delta p}{\Delta H / H_1} = \frac{\sigma_z}{\Delta H / H_1} \tag{3-11b}$$

从而得到：

$$E_s = \frac{\Delta p(1+e_1)}{\Delta e} \tag{3-11c}$$

将压缩系数的表达式 $a=\frac{e_1-e_2}{p_2-p_1}=-\frac{\Delta e}{\Delta p}$ 代入式(3-11c) 即可得出 $E_s=\frac{1+e_1}{a}$。

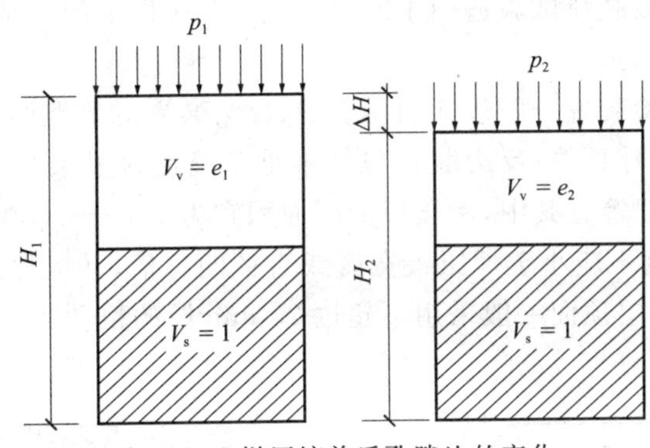

图 3-8　土样压缩前后孔隙比的变化

由压缩模量 E_s 与压缩系数 a 两者关系可知两者成反比，a 愈大，E_s 愈小，土愈软弱，一般认为：

$E_s < 4$ MPa	高压缩性土
4 MPa $\leqslant E_s \leqslant$ 15 MPa	中压缩性土
$E_s > 15$ MPa	低压缩性土

4）体积压缩系数

在固结试验中，土样的体积应变增量与竖向有效压力增量之比称为体积压缩系数。用 m_V 表示，单位 MPa^{-1}。它是土的另一个压缩性指标，同压缩系数一样，体积压缩系数越大，土的压缩性越高。

$$m_V = \frac{\Delta V/V}{\Delta p} = \frac{\Delta H/H_1}{\Delta p} = \frac{1}{E_s} \tag{3-12}$$

3. 现场载荷试验及变形模量

室内固结试验简单方便，是目前工程中常用的测定地基土压缩性指标的方法。但是室内试验的土样尺寸较小，很难准确反映土层的实际情况。另外，实际工程中还常遇到一些固结试验不适用的情况，如地基为淤泥质土或砂土、建筑物对沉降要求严格等。对于上述情况可通过原位测试获取地基土的压缩性指标。

1）现场载荷试验

载荷试验可用于测定承压板下应力主要影响范围内土体的承载力和变形特性，是一种常用的现场测定地基土压缩性指标和地基承载力的方法。载荷试验包括浅层平板载荷试验、深层平板载荷试验和螺旋板载荷试验。

浅层平板载荷试验是在地基土原位施加竖向荷载，并通过一定尺寸的承压板将荷载传到地基土层中，通过观测承压板的沉降量，测定地基土的变形模量、地基承载力和基准基床系数 K_V 等。浅层平板载荷试验适用于浅部地基土层。深层平板载荷试验适用于埋深等于或大于 5 m 和地下水位以上的地基土。螺旋板载荷试验是将螺旋板旋入地下预定深度，通过传力杆向螺旋板施加竖向荷载，通过观测螺旋板的沉降量，测定地基土承载力和变形模量。螺旋板载荷试验适用于深层或地下水位以下的地基土。

2）浅层平板载荷试验

浅层平板载荷试验装置一般包括加荷装置、反力装置和观测装置三部分。加荷装置包括承压板、立柱及千斤顶等；反力装置包括堆重系统或地锚系统（见图 3-9）等；观测装置包括百分表固定支架等。其中，承压板的底面积宜为 0.25～0.50 m^2，对于软土不应小于 0.50 m^2。基坑宽度不应小于承压板宽度或直径的三倍，并应保持试验土层的原状结构和天然湿度，试验土层顶面一般采用不超过 20 mm 厚的粗砂或中砂找平。

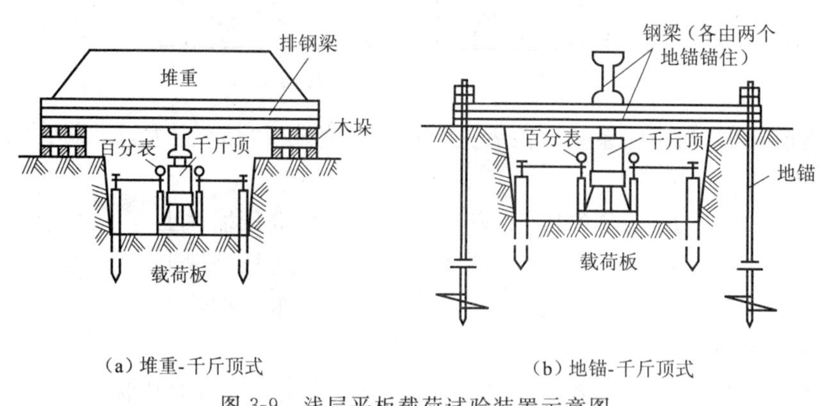

（a）堆重-千斤顶式　　（b）地锚-千斤顶式

图 3-9　浅层平板载荷试验装置示意图

试验时，荷载应分级施加，加荷等级不少于 8 级，最大加载量不应少于荷载设计值的两倍。开始加载时先按间隔 10 min、10 min、10 min、15 min、15 min，以后为每隔半小时测读一次沉降。当连续 2 h 内每小时沉降量小于 0.1 mm 时，认为已经趋于稳定，可加下一级荷载。当出现下列情况之一时，即可终止加载：① 承压板周围的土有明显的侧向挤出、隆起或裂纹；② 沉降量急剧增加，荷载沉降曲线出现陡降；③ 在某级荷载作用下，24 h 内沉降速率不能达到稳定标准；④ 沉降量和承压板宽度或直径之比大于或等于 0.06。满足前三种情况之一时，对应的前一级荷载定为极限荷载；第④种情况将沉降量与承压板宽度或直径之比大于或等于 0.06 所对应的荷载作为最大加载量。

根据载荷试验结果可绘制各级荷载作用下的沉降量与时间之间的关系曲线即 s-t 曲线（见图 3-10a）、荷载 p 与相应的沉降量 s 之间的关系曲线即 p-s 曲线（见图 3-10b）。p-s 曲线 Oa 段是直线，说明当外荷载较小时，地基土处于弹性平衡状态，压力与变形之间基本呈线性关系，a 点所对应的荷载称为比例界限荷载或临塑荷载，记为 p_{cr}；随着荷载增大，p-s 曲线呈现非线性变化，当超过 b 点后沉降曲线出现陡降，则 b 点所对应的荷载称为极限荷载，记为 p_u。根据 p-s 曲线可确定地基承载力特征值和变形模量等参数。

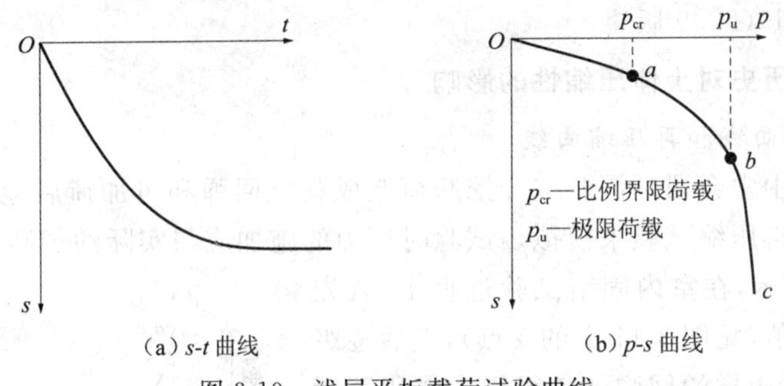

(a) s-t 曲线　　(b) p-s 曲线

图 3-10　浅层平板载荷试验曲线

3）变形模量

土的变形模量是指土体在无侧向约束条件下竖向总应力与竖向总应变的比值，用 E_0 表示。

$$E_0 = \frac{p}{\varepsilon} \tag{3-13}$$

在 p-s 曲线的初始阶段，荷载与沉降量呈线性关系，因此可借用弹性理论计算沉降量的公式，反算土的变形模量。地表沉降的弹性力学计算公式的统一表达形式为：

$$s = \omega \frac{(1-\mu^2)b}{E_0} p_0 \tag{3-14a}$$

从而得到：

$$E_0 = \omega \frac{(1-\mu^2)b}{s} p_{cr} \tag{3-14b}$$

式中　s——地基沉降量，式(3-14b)中为与所取的比例界限荷载 p_{cr} 相对应的沉降量，mm；

b——承压板的边长或直径，m；

μ——地基土的泊松比；

p_0——基底或地基表面的附加压力，kPa；

ω——沉降影响系数，刚性方形承压板 $\omega = 0.886$，刚性圆形承压板 $\omega = 0.785$。

p_{cr}——所取的比例界限荷载，kPa，如果 p-s 曲线无明显直线段，当压板面积为 0.25～0.5 m^2 时，可取 $s = (0.01～0.015)b$（低压缩性土取低值，高压缩性土取高值）及其所对应的荷载值，kPa；

浅层平板载荷试验与室内压缩试验相比对土的扰动较小，荷载影响深度较大，一般可达到(1.5～2)b（承压板边长或直径），因此试验结果能够反映较大范围内土体的压缩性。浅层平板载荷试验的不足之处是工作量大，试验过程中对沉降稳定判断的标准不精确，仅用于浅层土。如果要测定的地基土层埋深不小于 5 m 宜选择深层平板载荷试验。深层平板载荷试验和螺旋板载荷试验的变形模量用下式计算：

$$E_0 = I_0 \frac{p_{cr} b}{s} \tag{3-15}$$

式中 I_0——与试验深度和土类有关的系数，取值参见《岩土工程勘察规范》(GB 50021—2001)(2009 版)。

4. 土的应力历史对土体压缩性的影响

1）土的回弹曲线和再压缩曲线

在实际工程中常会遇到深基坑开挖卸荷造成基坑回弹和再加荷后地基压缩的情况，可通过室内回弹再压缩试验来模拟。试验时压力的施加应与实际的加卸荷状况一致。

如图 3-11 所示，在室内固结试验过程中，首先加压到某一荷载值（见图 3-11 上的 b 点），然后逐级卸荷，可以观测到土样的回弹。各级压力作用下回弹稳定后的孔隙比与相应的压力之间的关系曲线，称为回弹曲线（bc 曲线）。可以观测到，卸荷完成后土样并没有恢复到原来的初始孔隙比 e_0（见图 3-11 上的 a 点），而是落在了孔隙比相对较小的 c 点处，这一结果说明土体的变形包括可恢复的弹性变形和不可恢复的残余变形两部分。如果再对土样进行逐级加荷，可得到土样在各级荷载下再压缩稳定后的孔隙比与压力之间的关系曲线，称为再压缩曲线（cd 曲线）。从图中也可以看出，当再加压荷载超过 d 点后，再压缩曲线与初始压缩曲线的延长线基本重合。在 e-lg p 曲线上也得到了类似的结果。因此，在这种情况下进行地基沉降计算时，应考虑地基土回弹变形的影响。

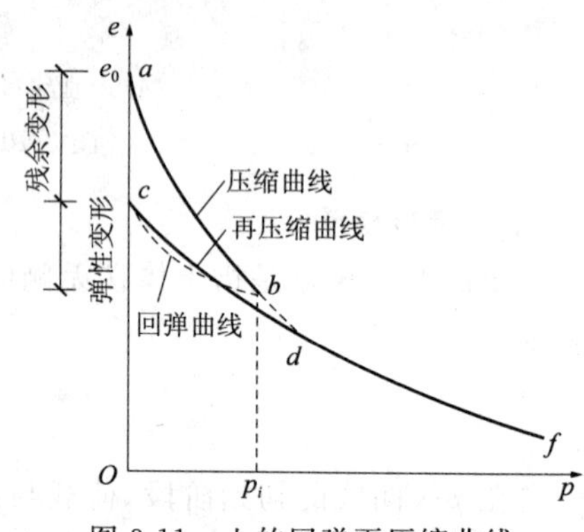

图 3-11 土的回弹再压缩曲线

2）土的固结状态

土的应力历史是指土体在历史上曾经受到过的应力状态。能够使土体产生固结的压力称为固结压力。土体在地质历史上受过的最大竖向有效压力称为先（前）期固结压力 p_c。先期固结压力能够反映土体的压密程度，也是判别土体固结状态的重要指标。根据先期固结压力可将土划分成正常固结土、超固结土和欠固结土三类。

正常固结土在应力历史上所受到的先期固结压力等于现有的土层有效覆盖压力。超固结土是指现有的土层有效覆盖压力小于其先期固结压力的土。欠固结土在自重下尚未完成固结。在工程中，大多数地基土为正常固结土或超固结土，欠固结土（如人工填土、新近沉积土等）比较少见。由于欠固结土在自重作用下固结尚未完成，地面还会继续沉降。因此，欠固结土在进行沉降计算时，除了需要考虑附加荷载引起的沉降外，还应考虑自重作用引起的沉降。

通常把土体的先期固结压力与现有土层所承受的上覆土压力 p_1 之比称为超固结比（超压密比）OCR，表达式为 $OCR = p_c/p_1$。根据定义，正常固结土 $OCR = 1$；超固结土

$OCR>1$;欠固结土 $OCR<1$。

3) 不同固结状态土的压缩性

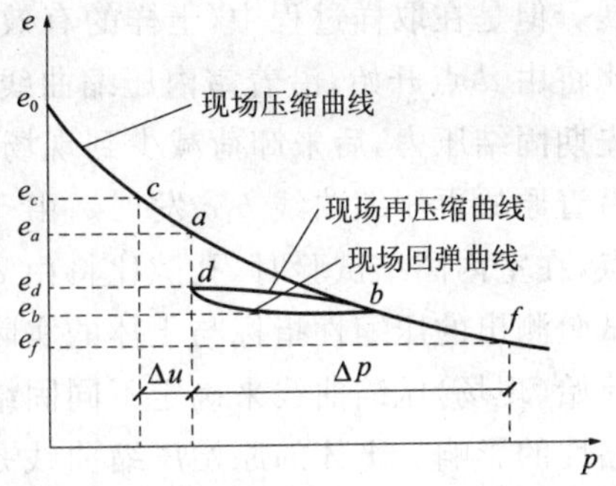

图 3-12　不同固结状态土的压缩性比较

如图 3-12 所示,对于正常固结土,在沉积过程中从 e_0 开始在自重应力作用下沿现场压缩曲线至 a 点固结稳定。对于超固结土,它曾在自重应力作用下沿现场压缩曲线至 b 点,后因上部土层冲蚀,回弹至 d 点稳定。对于欠固结土,由于在自重应力作用下还未完全固结,目前它处于现场压缩曲线上的 c 点。若对以上三类土施加相同的固结压力 Δp,那么,正常固结土和欠固结土将分别由 a 和 c 点沿现场压缩曲线至 f 点固结稳定;而超固结土,则由 d 点沿现场再压缩曲线至 f 点固结稳定。显然,三者的压缩量不同,其中欠固结土最大,超固结土最小,正常固结土居中。由于在相同荷载作用下,不同应力历史的土体压缩性不同,因此,为了反映应力历史对土体压缩性的影响,首先必须根据先期固结压力确定土层的固结类型。

4) 先期固结压力的确定

确定 p_c 的常用方法是 A. Cassagrande(1936)提出的经验作图法,见图 3-13,基本步骤如下:

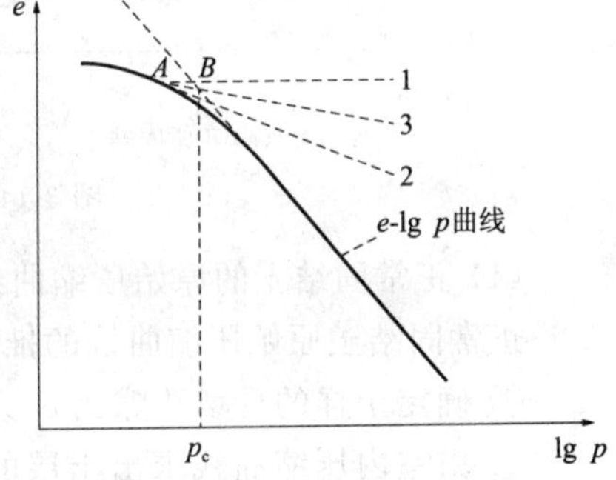

图 3-13　先期固结压力的确定

(1) 从室内固结试验 e-lg p 曲线上找出曲率半径最小的点 A,过 A 点作水平线 $A1$、切线 $A2$;

(2) 作∠$1A2$ 的角平分线 $A3$;

(3) 作 e-lg p 曲线中直线段的延长线交角平分线 $A3$ 于 B 点,则 B 点所对应的横坐标就是先期固结压力 p_c。

应当指出:采用 Cassagrande 经验作图法确定先期固结压力虽然简单,但是由于受作图比例、试验误差等因素的影响,曲率半径最小的点 A 往往不易精确确定。因此,要准确判定土的固结状态应结合土层形成的地质历史、沉积过程、自然地理环境、场地的地形地貌等因素综合加以判断。

5) 原始压缩曲线的推求

先期固结压力一旦确定,就可以通过它与现有覆盖土重进行比较来判定土体是正常固结、超固结还是欠固结。不同固结土在相同荷载作用下的压缩量不一样,仅由前面所讲的室内压缩曲线所确定的压缩性指标是反映不出土体的应力历史对压缩性的影响的。主要是因为在室内固结试验过程中,尽管可以避免土样扰动,保证土样的含水量不变,但是土样的卸荷是不可避免的,如图 3-14 所示。对于正常固结土(见图 3-14a),b 点代表现场覆盖土重 p_1(等于土体的先期固结压力 p_c),如果现场施加荷载,压缩曲线将沿着 bc 发展。但是在取样过程中，土样的有效应力将由 b 点降至 d 点。在室内固结试验时，孔隙比将由 d 点开始，沿着室内压缩曲线变化。对于超固结土(见图 3-14b)，b 点代表土体的先期固结压力，后来卸荷减少到现场覆盖土重 p_1(b_1 点)，如果现场施加荷载，压缩曲线将沿着原始再压缩曲线 b_1c 发展。由于在取样过程中，土样的有效应力将由 b_1 点降至 d 点，在室内固结试验时，孔隙比将由 d 点开始，沿着室内压缩曲线发展。由此可见，室内试验测出的压缩性指标与土体的实际压缩性指标不同。因此，需要通过绘制现场土层的原始(现场)压缩曲线来确定不同固结土层的压缩性指标，以此来体现应力历史对土层压缩性的影响。土体的原始压缩曲线是指现场土体实际的压缩曲线，它是客观存在的，无法直接通过室内试验直接测出，一般通过对室内 e-lg p 压缩曲线修正得到。

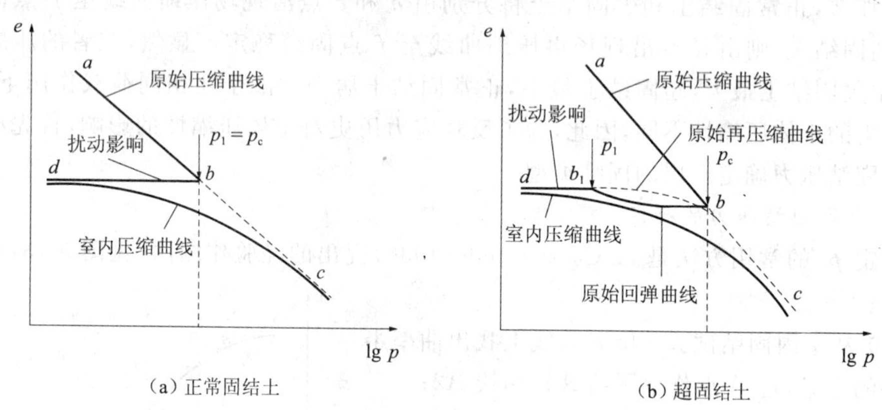

图 3-14　土的扰动对压缩性的影响

(1) 正常固结土的原始压缩曲线。

正常固结土原始压缩曲线的推求步骤如图 3-15 所示：

① 确定土样的现场孔隙比 e_0 及现场自重应力 p_1。

② 由室内压缩曲线求出土层的先期固结压力 p_c，判断土层的固结状态，若 $p_c = p_1$ 则为正常固结土。

③ 以 e_0 为纵坐标，lg p_1 为横坐标作出点 b(lg p_1, e_0)，b 点在原始压缩曲线上。

④ 作 $e = 0.42e_0$ 水平线交室内压缩曲线直线段于 c 点，根据大量试验资料，不同扰动程度的土样所得到的压缩曲线的直线段大致都过纵坐标为 $0.42e_0$ 点，故推断原始压缩曲线也过该点。

⑤ 连接 bc 直线段，即为正常固结土的原始压缩曲线。bc 直线段的斜率为土的压缩指数 C_c。

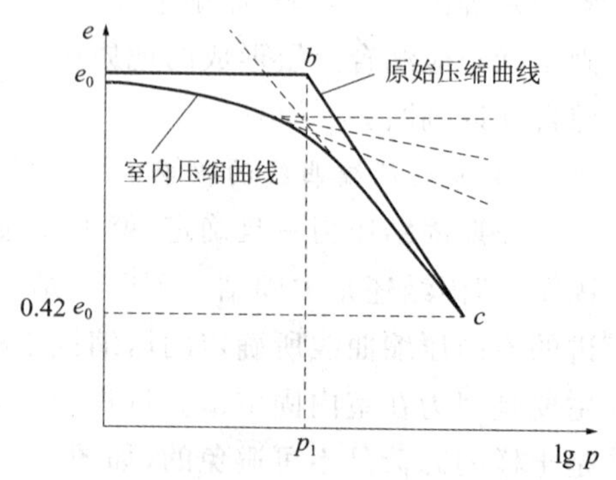

图 3-15　正常固结土的原始压缩曲线

(2) 超固结土的原始压缩曲线。

超固结土原始压缩曲线的推求步骤如图 3-16 所示：

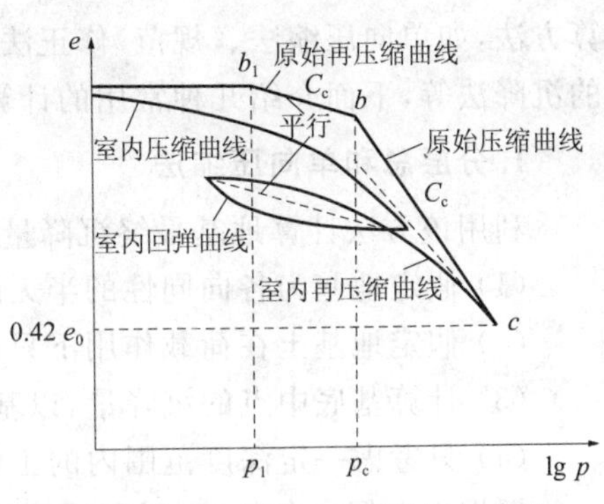

图 3-16　超固结土的原始压缩曲线

① 确定试样的现场孔隙比 e_0 及现场自重应力 p_1。

② 由室内压缩曲线求出土层的 p_c，判断土层的固结状态，$p_c > p_1$ 为超固结土。

③ 以 e_0 为纵坐标，$\lg p_1$ 为横坐标先作出点 $b_1(\lg p_1, e_0)$，b_1 点位于原始再压缩曲线上。

④ 过 b_1 点作一直线，使该直线的斜率等于室内回弹曲线与再压缩曲线的平均斜率，该直线与通过以先期固结压力为横坐标的垂线交于 b 点，b_1b 即为原始再压缩曲线。其斜率为回弹指数 C_e。

⑤ 作 $e = 0.42e_0$ 水平线交室内压缩曲线直线段于 c 点。

⑥ 连接 bc 直线段，即为超固结土的原始压缩曲线。bc 直线段的斜率为土的压缩指数 C_c。

对于欠固结土，可采用类似于正常固结土的推求方法得到原始压缩曲线，确定出欠固结土的缩指数 C_c。

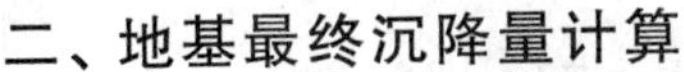

二、地基最终沉降量计算

根据上一章的内容可以求出土中自重应力和附加应力的分布，通过室内外试验可以测出土层的压缩性指标，利用这些结果加上某些简化条件就可以计算地基的最终沉降量。

目前已经发展了多种计算最终沉降量的方法，如弹性理论法、分层总和法、Skempton-Bjerrum 法、三维压缩非线性模量法、应力路径法、有限单元法、原位测试法、从现场资料推算最终沉降量法等。其中分层总和法是计算地基最终沉降量的常用方法，下面将重点介绍该方法。

分层总和法的基本思路：先将地基沉降计算深度范围内的土层按土质、应力变化情况和基础大小划分成若干层，如图 3-17 所示，各土层厚度分别为 $h_1, h_2, \cdots, h_n$；分别计算各土层的压缩量 $s_1, s_2, \cdots, s_n$；然后求其总和即为地基最终沉降量 $s = s_1 + s_2 + \cdots + s_n = \sum_{i-1}^{n} s_i$。地基沉降计算深度是指自基础底面向下需要考虑的可压缩土层的深度，即附加应力对地基能够引起较明显的压缩变形的深度。基于分层总和法的基本思路，目前已经提出了多种具体的计

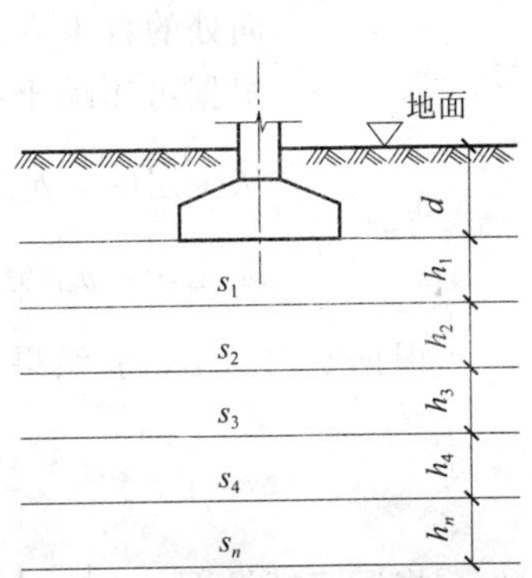

图 3-17　分层总和法的基本思路

算方法，如单向压缩法、《规范》修正法、黄文熙三维压缩法、浙大经验公式、考虑应力历史的沉降法等，下面介绍几种常用的计算方法。

1. 分层总和单向压缩法

利用该方法计算地基最终沉降量时，需要满足以下假定条件：

(1) 假定地基为各向同性的半无限弹性体；

(2) 假定地基土在荷载作用下只产生竖向压缩，不产生侧向变形；

(3) 计算基底中点的沉降量，以基底中心点的沉降量代表整个基础的平均沉降量；

(4) 只考虑一定深度范围内的土体压缩。

根据以上假定条件，可以利用弹性理论计算地基中的附加应力，并可通过室内固结试验获得各土层的压缩性指标，然后进行最终沉降量计算。但是由于计算过程中采用侧限压缩性指标，没有考虑侧向变形对竖向沉降的影响，使得计算结果偏小。为了弥补这一缺陷，通常计算附加应力为最大值的基底中心点的沉降量，以之代表整个基础的平均沉降量。实际上，基础底面各部分的附加应力并不相等，当需要计算基础倾斜量时，应按倾斜方向基础两端点下的附加应力进行计算。另外，理论上沉降计算深度应至无限深，但是考虑到附加应力随深度减小，某一深度以下土层的变形很小可以忽略，因此只需计算一定深度范围内土层的压缩量即可。如果计算深度以下存在软弱土层，则应继续向下计算直至满足相应的应力条件为止。

1) 单一土层的最终沉降量计算

侧限条件下单一土层的沉降量，可直接利用式(3-11a)进行计算：

$$s = \frac{e_1 - e_2}{1 + e_1}H = \frac{\Delta e}{1 + e_1}H \tag{3-16}$$

式中 s——沉降量，即式(3-11a)中的 ΔH，mm；

H——可压缩土层的厚度，即式(3-11a)中的 H_1，m；

e_1——根据可压缩土层顶面处和底面处自重应力的平均值，从土层的 e-p 曲线上查得 $p_1 = \frac{\sigma_{c0} + \sigma_{c1}}{2}$ 所对应的孔隙比，σ_{c0}、σ_{c1} 分别为可压缩土层顶面处和底面处的自重应力；

e_2——根据可压缩土层底面处和顶面处自重应力平均值与附加应力平均值之和，从土层的 e-p 曲线上查得 $p_2 = \frac{\sigma_{c0} + \sigma_{c1}}{2} + \frac{\sigma_{z0} + \sigma_{z1}}{2} = p_1 + \Delta p$ 所对应的孔隙比，σ_{z0}、σ_{z1} 分别为可压缩土层顶面处和底面处的附加应力。

根据室内固结试验结果，将压缩系数 $a = \frac{e_1 - e_2}{p_2 - p_1} = -\frac{\Delta e}{\Delta p}$ 代入式(3-16)可得：

$$s = \frac{a}{1 + e_1}\Delta pH \tag{3-17a}$$

将压缩模量 $E_s = \frac{1 + e_1}{a}$ 代入式(3-17a)可得：

$$s = \frac{\Delta p}{E_s} H \tag{3-17b}$$

将体积压缩系数 $m_V = 1/E_s$ 代入式(3-17b)可得：

$$s = m_V \Delta p H \tag{3-17c}$$

由于式(3-17)在计算过程中采用了侧限条件下的压缩性指标，所以该计算公式仅适用于薄压缩土层或当基础尺寸(或荷载作用面积)可视为无穷大时的沉降计算。所谓薄压缩土层是指下卧不可压缩层埋深较浅，基础底面以下可压缩土层较薄即厚度 $H < 0.5b$(b 为基础底面宽度)的情况。在竖向荷载作用下，由于基础底面和不可压缩层顶面的摩阻力限制了可压缩土层的侧向变形，这种情况下地基土的应力和变形条件与固结仪中土样的情况基本一致，因此可以直接利用式(3-16)、式(3-17)中的任意一式进行沉降计算。

2) *较厚或成层土的最终沉降量计算*

在实际工程中，大多数地基的可压缩土层较厚且不均匀，土性参数和附加应力随深度而变化(见图 3-18)。为了满足前面的假定条件，利用固结试验的成果，在进行沉降计算时先将计算深度范围内的可压缩土层划分成若干足够薄的土层，分别求出基础底面中心点垂直轴线下各土层顶面和底面处的自重应力和附加应力，然后利用上述各式计算各分层的沉降量，最后累计得到地基的最终沉降量。计算公式采用下式：

$$\begin{aligned} s &= \sum_{i=1}^{n} \Delta s_i = \sum_{i=1}^{n} \frac{e_{1i} - e_{2i}}{1 + e_{1i}} H_i = \sum_{i=1}^{n} \frac{\Delta e_i}{1 + e_{1i}} H_i \\ &= \sum_{i=1}^{n} \frac{a_i \Delta p_i}{1 + e_{1i}} H_i = \sum_{i=1}^{n} \frac{\Delta p_i}{E_{si}} H_i = \sum_{i=1}^{n} m_{Vi} \Delta p_i H_i \end{aligned} \tag{3-18}$$

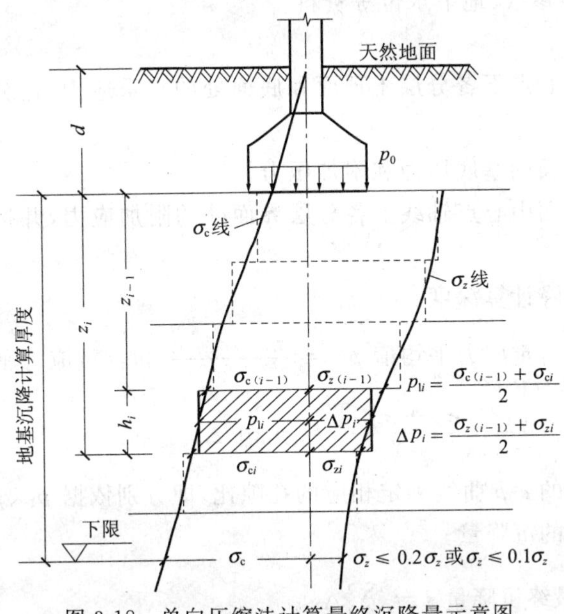

图 3-18　单向压缩法计算最终沉降量示意图

式中 Δs_i—— 第 i 层土的沉降量，$\Delta s_i=\dfrac{e_{1i}-e_{2i}}{1+e_{1i}}H_i=\dfrac{\Delta e_i}{1+e_{1i}}H_i=\dfrac{a_i\Delta p_i}{1+e_{1i}}H_i=\dfrac{\Delta p_i}{E_{si}}H_i=m_{Vi}\Delta p_iH_i$；

H_i——第 i 层土的厚度，m；

n——地基计算深度范围内的分层数；

e_{1i}—— 根据第 i 层土底面处和顶面处自重应力的平均值，从第 i 层土的 e-p 曲线上查得的 $p_{1i}=\dfrac{\sigma_{ci}+\sigma_{c(i-1)}}{2}$ 所对应的孔隙比，$\sigma_{c(i-1)}$、σ_{ci} 为第 i 层土顶面处和底面处的自重应力；

e_{2i}—— 根据第 i 层土底面处和顶面处自重应力平均值与附加应力平均值之和，从第 i 层土的 e-p 曲线上查得的 $p_{2i}=\dfrac{\sigma_{ci}+\sigma_{c(i-1)}}{2}+\dfrac{\sigma_{zi}+\sigma_{z(i-1)}}{2}=p_{1i}+\Delta p_i$ 所对应的孔隙比，$\sigma_{z(i-1)}$、σ_{zi} 分别为第 i 层土顶面处和底面处的附加应力。

地基沉降计算深度一般取地基附加应力小于等于自重应力的 20%处（$\sigma_z\leqslant 0.2\sigma_c$ 处）；如果该深度以下存在高压缩性土，则应继续向下计算至地基附加应力小于等于自重应力的 10%处（$\sigma_z\leqslant 0.1\sigma_c$ 处）；核算精度为±5 kPa。

沉降计算深度范围内的分层厚度不宜过大，一般取 $H_i\leqslant 0.4b$（b 为基底底面宽度）或 1～2 m；成层土的分界面和地下水面是必然的分层面。

分层总和单向压缩法的基本计算步骤如下：

(1) 按比例绘制地基土层和基础的剖面图；了解基础类型、基础埋深、相关尺寸、荷载情况、土层分布、土性参数、地下水位等资料。

(2) 地基土分层。

(3) 计算基底中心点下各分层土顶面和底面处的自重应力，把分布图画在基础中心轴线的左侧。

(4) 计算基础底面的基底压力和附加压力。

(5) 计算基础底面中心点轴线上各分层界面处的附加应力，并把分布图画在基础中心轴线的右侧。

(6) 确定地基沉降计算深度。

(7) 计算各分层自重应力平均值 $p_{1i}=\dfrac{\sigma_{ci}+\sigma_{c(i-1)}}{2}$ 和自重应力平均值与附加应力平均值之和 $p_{2i}=\dfrac{\sigma_{ci}+\sigma_{c(i-1)}}{2}+\dfrac{\sigma_{zi}+\sigma_{z(i-1)}}{2}=p_{1i}+\Delta p_i$。

(8) 根据各分层的 e-p 曲线确定相应的孔隙比，即分别依据 p_{1i}、p_{2i} 确定 e_{1i}、e_{2i}。

(9) 计算各分层的沉降量。

(10) 计算地基最终沉降量 $s=\sum\limits_{i=1}^{n}\Delta s_i$。

2. 分层总和《规范》修正法

现行《建筑地基基础设计规范》(GB 50007—2011)所推荐的地基最终沉降量计算方法是另一种形式(修正形式)的分层总和法。它沿用了分层总和法的基本原理,采用了与单向压缩法一样的假设前提和由侧限条件下 e-p 曲线得到的压缩性指标,但是该方法运用了平均附加应力系数 $\bar{\alpha}$ 进行计算,不再采用应力比而是采用变形比的方法规定了确定地基沉降计算深度 z_n 的新标准,另外还提出了沉降计算经验系数 ψ_s 对计算结果进行修正,使得计算结果更接近于实际值。

1)《规范》修正法计算公式

假定土体在侧限条件下的压缩模量 E_s 不随深度而变,则从基础底面至地基任意深度 z 范围内的压缩量为:

$$s' = \int_0^z \varepsilon \mathrm{d}z = \frac{1}{E_s}\int_0^z \sigma_z \mathrm{d}z = \frac{p_0}{E_s}\int_0^z \alpha \mathrm{d}z = \frac{A}{E_s} \tag{3-19a}$$

式中　ε——土的侧限压缩应变,与压缩模量的关系 $\varepsilon = \sigma_z/E_s$;

α——竖向附加应力系数;

p_0——基于荷载效应准永久组合的基底附加压力,kPa;

σ_z——地基附加应力,$\sigma_z = \alpha p_0$;

A——附加应力面积,即从基底以下 z 深度范围内附加应力分布图所包围的应力面积(见图 3-19)。

$$A = \int_0^z \sigma_z \mathrm{d}\xi = p_0\int_0^z \alpha \mathrm{d}\xi = \bar{\alpha} p_0 z$$

$\bar{\alpha} p_0 z$ 也称为深度 z 范围内附加应力面积 A 的等代值。$\bar{\alpha}$ 为深度 z 范围内的竖向平均附加应力系数,$\bar{\alpha} = A/(p_0 z)$。

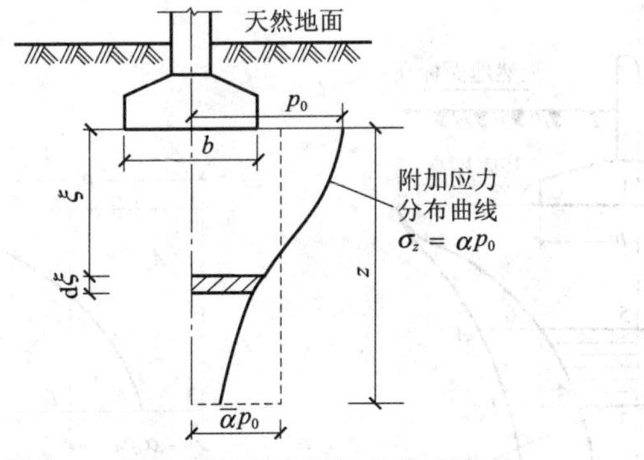

图 3-19　平均附加应力系数的物理意义

沉降量表达式可进一步写为:

$$s' = \bar{\alpha} p_0 z/E_s \tag{3-19b}$$

式(3-19b)就是由平均附加应力系数表达的从基础底面至地基任意深度 z 范围内的沉降量计算公式。由于该方法采用了应力面积的概念，所以又叫应力面积法。由此可以类推成层土第 i 层沉降量的计算公式：

$$\begin{aligned}\Delta s_i' &= s_i' - s_{i-1}' \\ &= \int_{z_{i-1}}^{z_i} \varepsilon_i \mathrm{d}z = \frac{1}{E_{si}}\int_{z_{i-1}}^{z_i} \sigma_{z_i} \mathrm{d}z = \frac{p_0}{E_{si}}\int_{z_{i-1}}^{z_i} \alpha_i \mathrm{d}z \\ &= \frac{p_0}{E_{si}}\left(\int_0^{z_i} \alpha_i \mathrm{d}z - \int_0^{z_{i-1}} \alpha_{i-1} \mathrm{d}z\right) = \frac{A_i - A_{i-1}}{E_{si}} = \frac{\Delta A_i}{E_{si}} \\ &= \frac{p_0}{E_{si}}(z_i\bar{\alpha}_i - z_{i-1}\bar{\alpha}_{i-1})\end{aligned} \tag{3-20}$$

从而得到地基最终沉降量的公式：

$$s' = \sum_{i=1}^{n} \Delta s_i' = \sum_{i=1}^{n} (z_i\bar{\alpha}_i - z_{i-1}\bar{\alpha}_{i-1}) \frac{p_0}{E_{si}} \tag{3-21}$$

式中 $\Delta s_i'$——第 i 层土的沉降量，mm；

s'——按分层总和法计算出的地基沉降量，mm；

s_i'、s_{i-1}'—— 自基础底面至深度 z_i、z_{i-1} 范围内的沉降量(见图 3-20)，mm；

n——地基计算深度范围内所划分的土层数；

z_i、z_{i-1}—— 基础底面至第 i 层土和第 $i-1$ 层土底面的距离，m；

A_i、A_{i-1}—— 深度 z_i 和 z_{i-1} 范围内的竖向附加应力面积(见图 3-20 中 1243 和 1265)；

ΔA_i—— 第 i 层土的竖向附加应力面积，$\Delta A_i = A_i - A_{i-1} = p_0(z_i\bar{\alpha}_i - z_{i-1}\bar{\alpha}_{i-1})$(见图 3-20 中 5643)；

E_{si}——第 i 层土的压缩模量，MPa，应取土的自重应力至自重应力与附加应力之和的压力段计算；

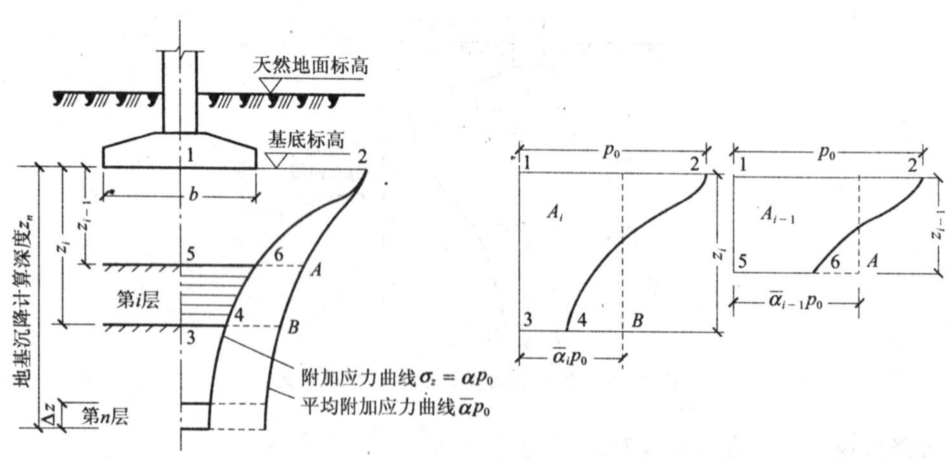

图 3-20 《规范》修正法计算示意图

$p_0 z_i \bar{\alpha}_i$、$p_0 z_i \bar{\alpha}_{i-1}$——深度 z_i 和 z_{i-1} 范围内的竖向附加应力面积 A_i 和 A_{i-1} 的等代值；

$\bar{\alpha}_i$、$\bar{\alpha}_{i-1}$——基础底面计算点至第 i 层土和第 $i-1$ 层土底面范围内平均附加应力系数，可查表 3-1、表 3-2。

表 3-1　均布矩形荷载作用下角点的平均附加应力系数 $\bar{\alpha}$

z/b	l/b												
	1.0	1.2	1.4	1.6	1.8	2.0	2.4	2.8	3.2	3.6	4.0	5.0	10.0
0.0	0.250 0	0.250 0	0.250 0	0.250 0	0.250 0	0.250 0	0.250 0	0.250 0	0.250 0	0.250 0	0.250 0	0.250 0	0.250 0
0.2	0.249 6	0.249 7	0.249 7	0.249 8	0.249 8	0.249 8	0.249 8	0.249 8	0.249 8	0.249 8	0.249 8	0.249 8	0.249 8
0.4	0.247 4	0.247 9	0.248 1	0.248 3	0.248 3	0.248 4	0.248 5	0.248 5	0.248 5	0.248 5	0.248 5	0.248 5	0.248 5
0.6	0.242 3	0.243 7	0.244 4	0.244 8	0.245 1	0.245 2	0.245 4	0.245 5	0.245 5	0.245 5	0.245 5	0.245 5	0.245 6
0.8	0.234 6	0.237 2	0.238 7	0.239 5	0.240 0	0.240 3	0.240 7	0.240 8	0.240 9	0.240 9	0.241 0	0.241 0	0.241 0
1.0	0.225 2	0.229 1	0.231 3	0.232 6	0.233 5	0.234 0	0.234 6	0.234 9	0.235 1	0.235 2	0.235 2	0.235 3	0.235 3
1.2	0.214 9	0.219 9	0.222 9	0.224 8	0.226 0	0.226 8	0.227 8	0.228 2	0.228 5	0.228 6	0.228 7	0.228 8	0.228 9
1.4	0.204 3	0.210 2	0.214 0	0.216 4	0.218 0	0.219 1	0.220 4	0.221 1	0.221 5	0.221 7	0.221 8	0.222 0	0.222 1
1.6	0.193 9	0.200 6	0.204 9	0.207 9	0.209 9	0.211 3	0.213 0	0.213 8	0.214 3	0.214 6	0.214 8	0.215 0	0.215 2
1.8	0.184 0	0.191 2	0.196 0	0.199 4	0.201 8	0.203 4	0.205 5	0.206 6	0.207 3	0.207 7	0.207 9	0.208 2	0.208 4
2.0	0.174 6	0.182 2	0.187 5	0.191 2	0.193 8	0.195 8	0.198 2	0.199 6	0.200 4	0.200 9	0.201 2	0.201 5	0.201 8
2.2	0.165 9	0.173 7	0.179 3	0.183 3	0.186 2	0.188 3	0.191 1	0.192 7	0.193 7	0.194 3	0.194 7	0.195 2	0.195 5
2.4	0.157 8	0.165 7	0.171 5	0.175 7	0.178 9	0.181 2	0.184 3	0.186 2	0.187 3	0.188 0	0.188 5	0.189 0	0.189 5
2.6	0.150 3	0.158 3	0.164 2	0.168 6	0.171 9	0.174 5	0.177 9	0.179 9	0.181 2	0.182 0	0.182 5	0.183 2	0.183 8
2.8	0.143 3	0.151 4	0.157 4	0.161 9	0.165 4	0.168 0	0.171 7	0.173 9	0.175 3	0.176 3	0.176 9	0.177 7	0.178 4
3.0	0.136 9	0.144 9	0.151 0	0.155 6	0.159 2	0.161 9	0.165 8	0.168 2	0.169 8	0.170 8	0.171 5	0.172 5	0.173 3
3.2	0.131 0	0.139 0	0.145 0	0.149 7	0.153 3	0.156 2	0.160 2	0.162 8	0.164 5	0.165 7	0.166 4	0.167 5	0.168 5
3.4	0.125 6	0.133 4	0.139 4	0.144 1	0.147 8	0.150 8	0.155 0	0.157 7	0.159 5	0.160 7	0.161 6	0.162 8	0.163 9
3.6	0.120 5	0.128 2	0.134 2	0.138 9	0.142 7	0.145 6	0.150 0	0.152 8	0.154 8	0.156 1	0.157 0	0.158 3	0.159 5

续表 3-1

z/b	l/b												
	1.0	1.2	1.4	1.6	1.8	2.0	2.4	2.8	3.2	3.6	4.0	5.0	10.0
3.8	0.115 8	0.123 4	0.129 3	0.134 0	0.137 8	0.140 8	0.145 2	0.148 2	0.150 2	0.151 6	0.152 6	0.154 1	0.155 4
4.0	0.111 4	0.118 9	0.124 8	0.129 4	0.133 2	0.136 2	0.140 8	0.143 8	0.145 9	0.147 4	0.148 5	0.150 0	0.151 6
4.2	0.107 3	0.114 7	0.120 5	0.125 1	0.128 9	0.131 9	0.136 5	0.139 6	0.141 8	0.143 4	0.144 5	0.146 2	0.147 9
4.4	0.103 5	0.110 7	0.116 4	0.121 0	0.124 8	0.127 9	0.132 5	0.135 7	0.137 9	0.139 6	0.140 7	0.142 5	0.144 4
4.6	0.100 0	0.107 0	0.112 7	0.117 2	0.120 9	0.124 0	0.128 7	0.131 9	0.134 2	0.135 9	0.137 1	0.139 0	0.141 0
4.8	0.096 7	0.103 6	0.109 1	0.113 6	0.117 3	0.120 4	0.125 0	0.128 3	0.130 7	0.132 4	0.133 7	0.135 7	0.137 9
5.0	0.093 5	0.100 3	0.105 7	0.110 2	0.113 9	0.116 9	0.121 6	0.124 9	0.127 3	0.129 1	0.130 4	0.132 5	0.134 8
5.2	0.090 6	0.097 2	0.102 6	0.107 0	0.110 6	0.113 6	0.118 3	0.121 7	0.124 1	0.125 9	0.127 3	0.129 5	0.132 0
5.4	0.087 8	0.094 3	0.099 6	0.103 9	0.107 5	0.110 5	0.115 2	0.118 6	0.121 1	0.122 9	0.124 3	0.126 5	0.129 2
5.6	0.085 2	0.091 6	0.096 8	0.101 0	0.104 6	0.107 6	0.112 2	0.115 6	0.118 1	0.120 0	0.121 5	0.123 8	0.126 6
5.8	0.082 8	0.089 0	0.094 1	0.098 3	0.101 8	0.104 7	0.109 4	0.112 8	0.115 3	0.117 2	0.118 7	0.121 1	0.124 0
6.0	0.080 5	0.086 6	0.091 6	0.095 7	0.099 1	0.102 1	0.106 7	0.110 1	0.112 6	0.114 6	0.116 1	0.118 5	0.121 6
6.2	0.078 3	0.084 2	0.089 1	0.093 2	0.096 6	0.099 5	0.104 1	0.107 5	0.110 1	0.112 0	0.113 6	0.116 1	0.119 3
6.4	0.076 2	0.082 0	0.086 9	0.090 9	0.094 2	0.097 1	0.101 6	0.105 0	0.107 6	0.109 6	0.111 1	0.113 7	0.117 1
6.6	0.074 2	0.079 9	0.084 7	0.088 6	0.091 9	0.094 8	0.099 3	0.102 7	0.105 3	0.107 3	0.108 8	0.111 4	0.114 9
6.8	0.072 3	0.077 9	0.082 6	0.086 5	0.089 8	0.092 6	0.097 0	0.100 4	0.103 0	0.105 0	0.106 6	0.109 2	0.112 7
7.0	0.070 5	0.076 1	0.080 6	0.084 4	0.087 7	0.090 4	0.094 9	0.098 2	0.100 8	0.102 8	0.104 4	0.107 1	0.110 9
7.2	0.068 8	0.074 2	0.078 7	0.082 5	0.085 7	0.088 4	0.092 8	0.096 2	0.098 7	0.100 8	0.102 3	0.105 1	0.109 0
7.4	0.067 2	0.072 5	0.076 9	0.080 6	0.083 8	0.086 4	0.090 8	0.094 2	0.096 7	0.098 8	0.100 4	0.103 1	0.107 1
7.6	0.065 6	0.070 9	0.075 2	0.078 9	0.082 0	0.084 6	0.088 9	0.092 2	0.094 8	0.096 8	0.098 4	0.102 1	0.105 4
7.8	0.064 2	0.069 3	0.073 6	0.077 1	0.080 2	0.082 8	0.087 1	0.090 4	0.092 9	0.095 0	0.096 6	0.099 4	0.103 6

续表 3-1

z/b	l/b												
	1.0	1.2	1.4	1.6	1.8	2.0	2.4	2.8	3.2	3.6	4.0	5.0	10.0
8.0	0.062 7	0.067 8	0.072 0	0.075 5	0.078 5	0.081 1	0.085 3	0.088 6	0.091 2	0.093 2	0.094 8	0.097 6	0.102 0
8.2	0.061 4	0.066 3	0.070 5	0.073 9	0.076 9	0.079 5	0.083 7	0.086 9	0.089 4	0.091 4	0.093 1	0.095 9	0.100 4
8.4	0.060 1	0.064 9	0.069 0	0.072 4	0.075 4	0.077 9	0.082 0	0.085 2	0.087 8	0.089 8	0.091 4	0.094 3	0.098 8
8.6	0.058 8	0.063 6	0.067 6	0.071 0	0.073 9	0.076 4	0.080 5	0.083 6	0.086 2	0.088 2	0.089 8	0.092 7	0.097 3
8.8	0.057 6	0.062 3	0.066 3	0.069 6	0.072 4	0.074 9	0.079 0	0.082 1	0.084 6	0.086 6	0.088 2	0.091 2	0.095 9
9.2	0.055 4	0.059 9	0.063 7	0.067 0	0.069 7	0.072 1	0.076 1	0.079 2	0.081 7	0.083 7	0.085 3	0.088 2	0.093 1
9.6	0.055 3	0.057 7	0.061 4	0.064 5	0.067 2	0.069 6	0.073 4	0.076 5	0.078 9	0.080 9	0.082 5	0.085 5	0.090 5
10.0	0.051 4	0.055 6	0.059 2	0.062 2	0.064 9	0.067 2	0.071 0	0.073 9	0.076 3	0.078 3	0.079 9	0.082 9	0.088 0
10.4	0.049 6	0.053 7	0.057 2	0.060 1	0.062 7	0.064 9	0.068 6	0.071 6	0.073 9	0.075 9	0.077 5	0.080 4	0.085 7
10.8	0.047 9	0.051 9	0.055 3	0.058 1	0.060 6	0.062 8	0.066 4	0.069 3	0.071 7	0.073 6	0.075 1	0.078 1	0.083 4
11.2	0.046 3	0.050 2	0.053 5	0.056 3	0.058 7	0.060 9	0.064 4	0.067 2	0.069 5	0.071 4	0.073 0	0.075 9	0.081 3
11.6	0.044 8	0.048 6	0.051 8	0.054 5	0.056 9	0.059 0	0.062 5	0.065 2	0.067 5	0.069 4	0.070 9	0.073 8	0.079 3
12.0	0.043 5	0.047 1	0.050 2	0.052 9	0.055 2	0.057 3	0.060 6	0.063 4	0.065 6	0.067 4	0.069 0	0.071 9	0.077 4
12.8	0.040 9	0.044 4	0.047 4	0.049 9	0.052 1	0.054 1	0.057 3	0.059 9	0.062 1	0.063 9	0.065 4	0.068 2	0.073 9
13.6	0.038 7	0.042 0	0.044 8	0.047 2	0.049 3	0.051 2	0.054 3	0.056 8	0.058 9	0.060 7	0.062 1	0.064 9	0.070 7
14.4	0.036 7	0.039 8	0.042 5	0.044 8	0.046 8	0.048 6	0.051 6	0.054 0	0.056 1	0.057 7	0.059 2	0.061 9	0.067 7
15.2	0.034 9	0.037 9	0.040 4	0.042 6	0.044 6	0.046 3	0.049 2	0.051 5	0.053 5	0.055 1	0.056 5	0.059 2	0.065 0
16.0	0.033 2	0.036 1	0.038 5	0.040 7	0.042 5	0.044 2	0.046 9	0.049 2	0.051 1	0.052 7	0.054 0	0.056 7	0.062 5
18.0	0.029 7	0.032 3	0.034 5	0.036 4	0.038 1	0.039 6	0.042 2	0.044 2	0.046 0	0.047 5	0.048 7	0.051 2	0.057 0
20.0	0.026 9	0.029 2	0.031 2	0.033 0	0.034 5	0.035 9	0.038 3	0.040 2	0.041 8	0.043 2	0.044 4	0.046 8	0.052 4

表 3-2 三角形分布的矩形荷载作用下角点的平均附加应力系数 α

l/b	0.2		0.4		0.6		0.8		1.0	
z/b \ 点	1	2	1	2	1	2	1	2	1	2
0.0	0.000 0	0.250 0	0.000 0	0.250 0	0.000 0	0.250 0	0.000 0	0.250 0	0.000 0	0.250 0
0.2	0.011 2	0.216 1	0.014 0	0.230 8	0.014 8	0.233 3	0.015 1	0.233 9	0.015 2	0.234 1
0.4	0.017 9	0.181 0	0.024 5	0.208 4	0.027 0	0.215 3	0.028 0	0.217 5	0.028 5	0.218 4
0.6	0.020 7	0.150 5	0.030 8	0.185 1	0.035 5	0.196 6	0.037 6	0.201 1	0.038 8	0.203 0
0.8	0.021 7	0.127 7	0.034 0	0.164 0	0.040 5	0.178 7	0.044 0	0.185 2	0.045 9	0.188 3
1.0	0.021 7	0.110 4	0.035 1	0.146 1	0.043 0	0.162 4	0.047 6	0.170 4	0.050 2	0.174 6
1.2	0.021 2	0.097 0	0.035 1	0.131 2	0.043 9	0.148 0	0.049 2	0.157 1	0.052 5	0.162 1
1.4	0.020 4	0.086 5	0.034 4	0.118 7	0.043 6	0.135 6	0.049 5	0.145 1	0.053 4	0.050 7
1.6	0.019 5	0.077 9	0.033 3	0.108 2	0.042 7	0.124 7	0.049 0	0.134 5	0.053 3	0.140 5
1.8	0.018 6	0.070 9	0.032 1	0.099 3	0.041 5	0.115 3	0.048 0	0.125 2	0.052 5	0.131 3
2.0	0.017 8	0.065 0	0.030 8	0.091 7	0.040 1	0.107 1	0.046 7	0.116 9	0.051 3	0.123 2
2.5	0.015 7	0.053 8	0.027 6	0.076 9	0.036 5	0.090 8	0.042 9	0.100 0	0.047 8	0.106 3
3.0	0.014 0	0.045 8	0.024 8	0.066 1	0.033 0	0.078 6	0.039 2	0.087 1	0.043 9	0.093 1
5.0	0.009 7	0.028 9	0.017 5	0.042 4	0.023 6	0.047 6	0.028 5	0.057 6	0.032 4	0.062 4
7.0	0.007 3	0.021 1	0.013 3	0.031 1	0.018 0	0.035 2	0.021 9	0.042 7	0.025 1	0.046 5
10.0	0.005 3	0.015 0	0.009 7	0.022 2	0.013 3	0.025 3	0.016 2	0.030 8	0.018 6	0.033 6
l/b	1.2		1.4		1.6		1.8		2.0	
z/b \ 点	1	2	1	2	1	2	1	2	1	2
0.0	0.000 0	0.250 0	0.000 0	0.250 0	0.000 0	0.250 0	0.000 0	0.250 0	0.000 0	0.250 0
0.2	0.015 3	0.234 2	0.015 3	0.234 3	0.015 3	0.234 3	0.015 3	0.234 3	0.015 3	0.234 3

续表 3-2

l/b	1.2		1.4		1.6		1.8		2.0	
点 / z/b	1	2	1	2	1	2	1	2	1	2
0.4	0.028 8	0.218 7	0.028 9	0.218 9	0.029 0	0.219 0	0.029 0	0.219 0	0.029 0	0.219 0
0.6	0.039 4	0.203 9	0.039 7	0.204 3	0.039 9	0.204 6	0.040 0	0.204 7	0.040 1	0.204 8
0.8	0.047 0	0.189 9	0.047 6	0.190 7	0.048 0	0.191 2	0.048 2	0.191 5	0.048 3	0.191 7
1.0	0.051 8	0.176 9	0.052 8	0.178 1	0.053 4	0.178 9	0.053 8	0.179 4	0.054 0	0.179 7
1.2	0.054 6	0.164 9	0.056 0	0.166 6	0.056 8	0.167 8	0.057 4	0.168 4	0.057 7	0.168 9
1.4	0.055 9	0.154 1	0.057 5	0.156 2	0.058 6	0.157 6	0.059 4	0.158 5	0.059 9	0.159 1
1.6	0.056 1	0.144 3	0.058 0	0.146 7	0.059 4	0.148 4	0.060 3	0.149 4	0.060 9	0.150 2
1.8	0.055 6	0.135 4	0.057 8	0.138 1	0.059 3	0.140 0	0.060 4	0.141 3	0.061 1	0.142 2
2.0	0.054 7	0.127 4	0.057 0	0.130 3	0.058 7	0.132 4	0.059 9	0.133 8	0.060 8	0.134 8
2.5	0.051 3	0.110 7	0.054 0	0.113 9	0.056 0	0.116 3	0.057 5	0.118 0	0.058 6	0.119 3
3.0	0.047 6	0.097 6	0.050 3	0.100 8	0.052 5	0.103 3	0.054 1	0.105 2	0.055 4	0.106 7
5.0	0.035 6	0.066 1	0.038 2	0.069 0	0.040 3	0.071 4	0.042 1	0.073 4	0.043 5	0.074 9
7.0	0.027 7	0.049 6	0.029 9	0.052 0	0.031 8	0.054 1	0.033 3	0.055 8	0.034 7	0.057 2
10.0	0.020 7	0.035 9	0.022 4	0.037 9	0.023 9	0.039 5	0.025 2	0.040 9	0.026 3	0.040 3

l/b	3.0		4.0		6.0		8.0		10.0	
点 / z/b	1	2	1	2	1	2	1	2	1	2
0.0	0.000 0	0.250 0	0.000 0	0.250 0	0.000 0	0.250 0	0.000 0	0.250 0	0.000 0	0.250 0
0.2	0.015 3	0.234 3	0.015 3	0.234 3	0.015 3	0.234 3	0.015 3	0.234 3	0.015 3	0.234 3
0.4	0.029 0	0.219 2	0.029 1	0.219 2	0.029 1	0.219 2	0.029 1	0.219 2	0.029 1	0.219 2
0.6	0.040 2	0.205 0	0.040 2	0.205 0	0.040 2	0.205 0	0.040 2	0.205 0	0.040 2	0.205 0

续表 3-2

l/b	3.0		4.0		6.0		8.0		10.0	
点 / z/b	1	2	1	2	1	2	1	2	1	2
0.8	0.048 6	0.192 0	0.048 7	0.192 0	0.048 7	0.192 1	0.048 7	0.192 1	0.048 7	0.192 1
1.0	0.054 5	0.180 3	0.054 6	0.180 3	0.054 6	0.180 4	0.054 6	0.180 4	0.054 6	0.180 4
1.2	0.058 4	0.169 7	0.058 6	0.169 9	0.058 7	0.170 0	0.058 7	0.170 0	0.058 7	0.170 0
1.4	0.060 9	0.160 3	0.061 2	0.160 5	0.061 3	0.160 6	0.061 3	0.160 6	0.061 3	0.160 6
1.6	0.062 3	0.151 7	0.062 6	0.1521	0.062 8	0.152 3	0.062 8	0.152 3	0.062 8	0.152 3
1.8	0.062 8	0.144 1	0.063 3	0.144 5	0.063 5	0.144 7	0.063 5	0.144 8	0.063 5	0.144 8
2.0	0.062 9	0.137 1	0.063 4	0.137 7	0.063 7	0.138 0	0.063 8	0.138 0	0.063 8	0.138 0
2.5	0.061 4	0.122 3	0.062 3	0.123 3	0.062 7	0.123 7	0.062 8	0.123 8	0.062 8	0.123 9
3.0	0.058 9	0.110 4	0.060 0	0.111 6	0.060 7	0.112 3	0.060 9	0.112 4	0.060 9	0.112 5
5.0	0.048 0	0.079 7	0.050 0	0.081 7	0.051 5	0.083 3	0.051 9	0.083 7	0.052 1	0.083 9
7.0	0.039 1	0.061 9	0.041 4	0.064 2	0.043 5	0.066 3	0.044 2	0.067 1	0.044 5	0.067 4
10.0	0.030 2	0.046 2	0.032 5	0.048 5	0.034 0	0.050 9	0.035 9	0.052 0	0.036 4	0.052 6

表 3-1 和表 3-2 分别为矩形面积上均布荷载作用下(b 为荷载面宽度,见图 2-12)和三角形分布荷载作用下(b 为三角形分布方向荷载面的边长,见图 2-14)角点的平均附加应力系数值,利用这两个表通过角点法可求得基底附加压力为均布、三角形分布或梯形分布时地基中任意点的平均附加应力系数值。《建筑地基基础设计规范》(GB 50007—2011)还给出了圆形面积上均布荷载作用下中点的和三角形分布荷载作用下角点的平均附加应力系数值。

《建筑地基基础设计规范》(GB 50007—2011)规定地基沉降计算深度 z_n 应满足下式要求:

$$\Delta s'_n \leqslant 0.025 \sum_{i=1}^{n} \Delta s'_i \tag{3-22}$$

式中 $\Delta s'_i$—— 第 i 层土的沉降量,mm;

n——地基计算深度范围内所划分的层数;

$\Delta s'_n$—— 由计算深度 z_n 处向上取厚度为 Δz 的土层的计算沉降量,Δz 的厚度选取与基础宽度 b 有关,取值见表 3-3。

表 3-3　计算厚度 Δz 值

b/m	$\leqslant 2$	$2 < b \leqslant 4$	$4 < b \leqslant 8$	$b > 8$
Δz/m	0.3	0.6	0.8	1.0

计算地基变形时，应考虑相邻荷载的影响，其值可按应力叠加原理，采用角点法计算。

当确定沉降计算深度下有软弱土层时，尚应向下继续计算，直至软弱土层也满足式(3-22)为止。当无相邻荷载影响，基础宽度在 1～30 m 范围内时，基础中点的地基变形计算深度也可按下列简化公式计算：

$$z_n = b(2.5 - 0.4\ln b) \tag{3-23}$$

式中　b——基础宽度，m。

若计算深度范围内存在基岩时，z_n 可取至基岩表面；当存在较厚的坚硬黏性土层，其孔隙比小于 0.5，压缩模量大于 50 MPa，或存在较厚的密实砂卵石层，其压缩模量大于 80 MPa 时，z_n 可取至该土层表面。

《规范》规定在式(3-21)计算结果的基础上乘以沉降计算经验系数 ψ_s 作为地基的最终沉降量以进一步减小计算误差。分层总和《规范》修正法的最终计算公式为：

$$s = \psi_s s' = \psi_s \sum_{i=1}^{n} \Delta s'_i = \psi_s \sum_{i=1}^{n} (z_i \bar{\alpha}_i - z_{i-1} \bar{\alpha}_{i-1}) \frac{p_0}{E_{si}} \tag{3-24}$$

式中　s'——按分层总和法计算出的地基沉降量，mm；

s——地基最终沉降量，mm；

ψ_s——沉降计算经验系数，根据地区沉降观测资料及经验确定，无经验时可按表 3-4 取值。

表 3-4　沉降计算经验系数 ψ_s

基底附加压力 \ $\overline{E}_s$/MPa	2.5	4.0	7.0	15.0	20.0
$p_0 \geqslant f_{ak}$	1.4	1.3	1.0	0.4	0.2
$p_0 \leqslant 0.75 f_{ak}$	1.1	1.0	0.7	0.4	0.2

注：f_{ak} 为地基承载力特征值；$\overline{E}_s$ 为沉降计算深度范围内压缩模量的当量值，$\overline{E}_s = \dfrac{\sum \Delta A_i}{\sum \dfrac{\Delta A_i}{E_{si}}}$，式中 ΔA_i 为第 i 层土的竖向附加应力面积，即第 i 层土附加应力沿土层厚度的积分值。

2) 分层总和《规范》修正法的计算步骤

(1) 按比例绘制地基土层和基础的剖面图；了解基础类型、基础埋深、相关尺寸、荷载情况、土层分布、土性参数、地下水位等资料。

(2) 地基土分层，不同土层的交界面和地下水位面是必然的分层面。

(3) 计算各分层顶面和底面处的自重应力，并把分布图画在基础中心轴线的左侧；计算基础底面中心点轴线上各分层界面处的附加应力，并把分布图画在基础中心轴线的右侧；计算各分层自重应力平均值和自重应力平均值与附加应力平均值之和。

(4) 根据已知的压缩曲线确定相应的孔隙比，即分别依据 p_{1i}、p_{2i} 确定 e_{1i}、e_{2i}。

(5) 计算分层压缩模量 E_{si}：

$$E_{si}=(1+e_{1i})\times\frac{p_{2i}-p_{1i}}{e_{1i}-e_{2i}}$$

(6) 计算分层平均附加应力系数 $\bar{\alpha}_i$。

(7) 计算分层沉降量 $\Delta s_i'$：

$$\Delta s_i'=s_i'-s_{i-1}'=\frac{A_i-A_{i-1}}{E_{si}}=\frac{\Delta A_i}{E_{si}}=\frac{p_0}{E_{si}}(z_i\bar{\alpha}_i-z_{i-1}\bar{\alpha}_{i-1})$$

(8) 确定地基沉降计算深度 z_n，应满足条件：

$$\Delta s_n'\leqslant 0.025\sum_{i=1}^{n}\Delta s_i'$$

(9) 确定经验系数 ψ_s。先按照公式确定计算深度范围内的压缩模量的当量值，然后查表。

$$\overline{E}_s=\frac{\sum\Delta A_i}{\sum\frac{\Delta A_i}{E_{si}}}=\frac{A_1-A_0+A_2-A_1+\cdots+A_n-A_{n-1}}{s'}=\frac{A_n-A_0}{s'}=\frac{A_n}{s'}=\frac{p_0 z_n\alpha_n}{s'}$$

(10) 计算地基最终沉降量，$s=\psi_s\sum_{i=1}^{n}\Delta s_i'$。

应该指出，对于以上两类常用的计算方法，分层总和单向压缩法适用于各种地基土及荷载情况下的沉降量计算，所采用的压缩性指标也比较容易测定，但是由于划分的土层数较多，使得计算量较大；另外，对于基础类型复杂、基础尺寸较大的情况，仅计算基底中心点的沉降还不能反映出整个地基的变形情况。一般情况下，利用该方法计算对于坚实的地基结果偏大，软弱的地基偏小。分层总和《规范》修正法采用应力面积进行计算，减少了分层数，简化了计算工作量；与应力比相比，采用变形比确定沉降计算深度更为合理。另外，该方法还提出了经验系数 ψ_s，以反映计算公式中一些未能考虑的因素，使得计算结果更接近实际值。

3. 分层总和应力历史法

由前面介绍知道，相同条件下，土体的固结状态不同压缩性也不同。在考虑应力历史的沉降计算过程中，采用了与分层总和单向压缩法相同的计算公式、分层标准和沉降计算深度确定原则。不同之处是为了反映土的应力历史对其压缩性的影响，需要通过原始 e-lg p 压缩曲线而不是通过室内 e-p 曲线来确定土的压缩性指标。分层总和应力历史法的基本计算步骤如下：

(1) 按比例绘制地基土层和基础的剖面图。

(2) 根据室内压缩曲线确定先期固结压力，判定土层的固结状态；推求原始压缩曲线，确定相应的压缩性指标。

(3) 地基土分层（同分层总和单向压缩法）。

(4) 计算各分层顶面和底面处的自重应力和附加应力及各分层自重应力平均值和自重应力平均值与附加应力平均平均值之和。

(5) 确定地基沉降计算深度（同分层总和单向压缩法）。

(6) 根据原始 e-lg p 压缩曲线确定相应的孔隙比。

(7) 对正常固结土、超固结土和欠固结土分别用不同的方法计算各分层的压缩量。

(8) 叠加计算地基最终沉降量。具体计算方法参看相关教材，在此略。

【例题 3-1】 某基础底面积尺寸为 $b \times l = 4\ \text{m} \times 4\ \text{m}$，埋深 $d = 1.5\ \text{m}$，由上部结构传来的施加于基础中心的荷载 $F = 1\,552\ \text{kN}$。地基剖面如图 3-21 所示，填土重度 $\gamma_m = 18\ \text{kN/m}^3$，地基土为粉质黏土和黏土，地下水位深度为 2.5 m。粉质黏土厚 4 m，$f_{ak} = 133.3\ \text{kPa}$，天然重度 $\gamma = 18\ \text{kN/m}^3$，地下水位以下土的饱和重度 $\gamma_{sat} = 19.5\ \text{kN/m}^3$。黏土厚 8 m，饱和重度 $\gamma_{sat} = 20\ \text{kN/m}^3$。试用分层总和单向压缩法和分层总和《规范》修正法分别计算基础底面中心点的沉降量。

【解】

(1) 分层总和单向压缩法计算沉降量。

① 绘制地基土层和基础的剖面图，见图 3-21。

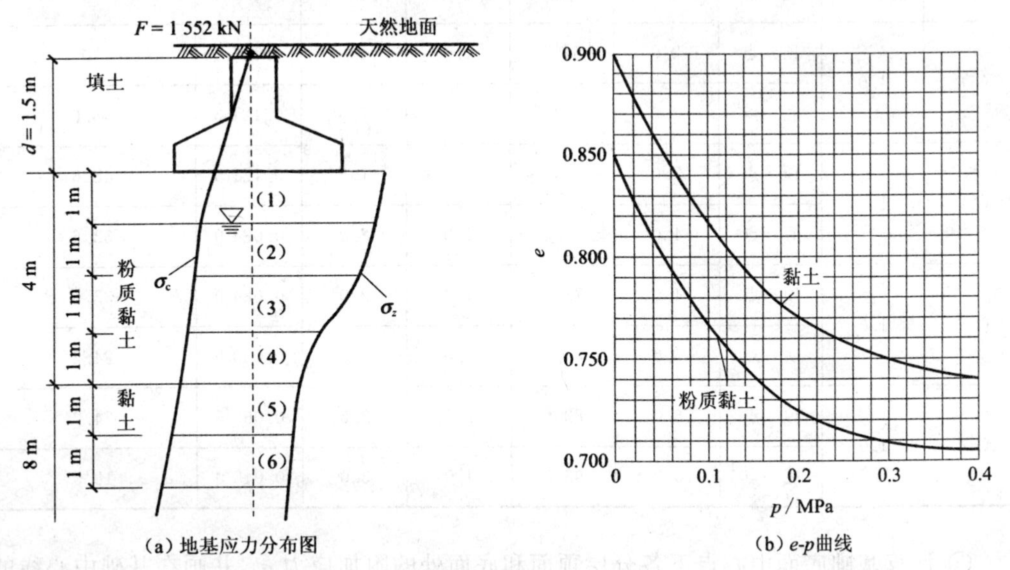

(a) 地基应力分布图　　(b) e-p曲线

图 3-21　例题 3-1 用图

② 地基分层：地下水位面 2.5 m 处和土层分界面 5.5 m 处是必然的分层面，分层厚度为 1 m。

③ 基底平均附加压力。

基础及回填土的总重：

$$G = \gamma_G A d = 20 \times 4 \times 4 \times 1.5 = 480\ \text{kN}$$

基底平均压力： $p = \dfrac{F+G}{A} = \dfrac{1\ 552 + 480}{4 \times 4} = 127\ \text{kPa}$

基底处的自重应力： $\sigma_{cz} = \gamma_m d = 18 \times 1.5 = 27\ \text{kPa}$

基底附加压力： $p_0 = p - \sigma_{cz} = 100\ \text{kPa}$

④ 计算基础底面中心点下各分层顶面和底面处的自重应力 σ_c，并画在基础中心线的左侧。计算结果见表 3-5。

表 3-5　应力计算

层　数	土层厚度 /m	计算点	自基底深度 z /m	自重应力 /kPa	附加应力			
					l/b	z/b	α_{cI}	$\sigma_z(=4\alpha_{cI}p_0)$/kPa
(1)	1.0	顶　点	0	27	1.0	0	0.250 0	100
		底　点	1.0	45	1.0	0.5	0.231 5	92.6
(2)	1.0	顶　点	1.0	45	1.0	0.5	0.231 5	92.6
		底　点	2.0	54.5	1.0	1.0	0.175 0	70
(3)	1.0	顶　点	2.0	54.5	1.0	1.0	0.175 0	70
		底　点	3.0	64	1.0	1.5	0.121 5	48.6
(4)	1.0	顶　点	3.0	64	1.0	1.5	0.121 5	48.6
		底　点	4.0	73.5	1.0	2.0	0.084 0	33.6
(5)	1.0	顶　点	4.0	73.5	1.0	2.0	0.084 0	33.6
		底　点	5.0	83.5	1.0	2.5	0.060 5	24.2
(6)	1.0	顶　点	5.0	83.5	1.0	2.5	0.060 5	24.2
		底　点	6.0	93.5	1.0	3.0	0.045 0	18.0

⑤ 计算基础底面中心点下各分层顶面和底面处的附加应力 σ_z，并画在基础中心线的右侧。

对于方形基础，可根据角点法求基底中心点下垂直轴线上不同深度处的附加应力。以基底中心点为公共角点，把基底荷载分成 4 块相等的小正方形，每块的边长为 2 m，根据公式 $\sigma_z = 4\alpha_{cI} p_0$ 计算附加应力。附加应力系数 α_{cI} 由表 2-1 查得。计算结果见表 3-5。

⑥ 确定地基沉降计算深度，用 $\sigma_z = 0.2\sigma_c$ 确定地基沉降计算深度的下限。

5 m 深处：$0.2 \times 83.5 = 16.7\ \text{kPa} < 24.2\ \text{kPa}$，不满足要求；

6 m 深处：$0.2 \times 93.5 = 18.7\ \text{kPa} > 18\ \text{kPa}$，满足要求，计算深度为 6 m。

⑦ 计算地基各分层自重应力平均值和附加应力平均值及两者之和，见表 3-6。

⑧ 从 e-p 曲线分别查得 p_{1i}、p_{2i} 对应的孔隙比 e_{1i}、e_{2i}，各分层孔隙比的变化见表 3-6。

⑨ 计算各分层的沉降量，见表 3-6。

表 3-6　单向压缩分层总和法计算基础底面中心点的沉降量

层　数	自重应力 /kPa	自重应力均值 /kPa	附加应力 /kPa	附加应力均值 /kPa	自重应力加附加应力平均值之和 p_{2i} /kPa	受压前孔隙比 e_{1i}	受压后孔隙比 e_{2i}	各分层沉降量 $\Delta s_i\left(=\frac{e_{1i}-e_{2i}}{1+e_{1i}}H_i\right)$ /mm
(1)	27	36	100	96.3	132.3	0.815	0.748	36.9
	45		92.6					
(2)	45	49.75	92.6	81.3	131.05	0.798	0.749	27.3
	54.5		70					
(3)	54.5	59.25	70	59.3	118.55	0.792	0.756	20.1
	64		48.6					
(4)	64	68.75	48.6	41.1	109.85	0.785	0.760	14.0
	73.5		33.6					
(5)	73.5	78.5	33.6	28.9	107.4	0.832	0.813	10.4
	83.5		24.2					
(6)	83.5	88.5	24.2	21.1	109.6	0.822	0.811	6.0
	93.5		18.0					

⑩ 计算地基的最终沉降量：

$$s = \sum_{i=1}^{n} \Delta s_i = \sum_{i=1}^{n} \frac{e_{1i} - e_{2i}}{1 + e_{1i}} H_i = 36.9 + 27.3 + 20.1 + 14.0 + 10.4 + 6.0 = 114.7\ \text{mm}$$

(2) 分层总和《规范》修正法计算沉降量。

① 地基分层。

地下水位面 2.5 m 处和土层交界面 5.5 m 处是必然的分层面。粉质黏土自地下水位面处分为两层，层厚分别为 1 m 和 3 m。黏土取分层厚度为 3 m。

② 应力计算参见表 3-7。

③ 确定各分层孔隙比的变化，见表 3-7。

④ 计算分层压缩模量 E_{si}，见表 3-7。计算公式：

$$E_{si} = (1 + e_{1i}) \times \frac{p_{2i} - p_{1i}}{e_{1i} - e_{2i}}$$

表 3-7 应力计算

层 数	土层厚度 /m	自基底深度 z /m	自重应力平均值 p_{1i} /kPa	附加应力平均值 /kPa	自重应力加附加应力平均值之和 p_{2i} /kPa	受压前孔隙比 e_{1i}	受压后孔隙比 e_{2i}	各分层压缩模量 /MPa
①	1.0	0 1.0	36	96.3	132.3	0.815	0.748	2.61
②	3.0	1.0 4.0	59.25	63.1	122.4	0.792	0.755	3.06
③	3.0	4.0 7.0	88.5	23.7	112.2	0.822	0.810	3.60
④	1.0	7.0 8.0	108.5	12.3	120.8	0.812	0.805	3.18

⑤ 计算各层的平均附加应力系数 $\bar{\alpha}_i$。

对于方形基础，可根据角点法计算各层平均附加应力系数。以基底中心点为公共角点，把基底荷载分成 4 块相等的小正方形，每块的边长为 2 m，查表 3-1 得 $\bar{\alpha}$，计算结果见表 3-8。

⑥ 计算分层沉降量 $\Delta s_i'$：$\Delta s_i' = \dfrac{p_0}{E_{si}}(z_i\bar{\alpha}_i - z_{i-1}\bar{\alpha}_{i-1})$，计算结果见表 3-8。

⑦ 确定地基沉降计算深度 z_n。

由表 3-8 可知：$z = 7$ m 范围内的计算沉降量为：$\sum_{i=1}^{n}\Delta s_i' = 118.5$ mm。$\Delta z = 0.6$ m 范

围内的计算沉降量为：$\Delta s'_n = 2.1\ \text{mm} \leqslant 0.025 \times 118.5\ \text{mm} = 2.96\ \text{mm}$；故确定地基沉降计算深度 $z_n = 8$ mm。

表 3-8 沉降量计算

自基底深度 z /m	平均附加应力系数			$z\bar{\alpha}$	$z_i\bar{\alpha}_i - z_{i-1}\bar{\alpha}_{i-1}$	E_{si} /MPa	$\Delta s'_i$ /mm	$\sum \Delta s'_i$ /mm
	l/b	z/b	$4\bar{\alpha}$					
0	1.0	0	1.000	0				
1	1.0	0.5	0.979 6	0.979 6	0.979 6	2.61	37.5	37.5
4	1.0	2.0	0.698 4	2.793 6	1.814 0	3.06	59.2	96.7
7	1.0	3.5	0.492 4	3.446 8	0.653 2	3.60	18.1	114.8
7.4	1.0	3.7	0.472 6	3.497 2	0.050 4	3.18	(1.6)	(116.4)
8	1.0	4.0	0.445 6	3.564 8	0.118 0	3.18	3.7	118.5

⑧ 确定经验系数 ψ_s。

计算深度范围内压缩模量的当量值：

$$\overline{E}_s = \frac{\sum \Delta A_i}{\sum \dfrac{\Delta A_i}{E_{si}}} = \frac{p_0 z_n \bar{\alpha}_n}{s'} = \frac{100 \times 8 \times 0.445\ 6}{118.5} = 3.01\ \text{MPa}$$

因为 $p_0 = 0.75 f_{ak}$，所以查表 3-4 得 $\psi_s = 1.07$。

⑨ 地基的最终沉降量：$s = \psi_s \sum_{i=1}^{n} \Delta s'_i = 1.07 \times 118.5 = 126.8\ \text{mm}$。

三、地基沉降与时间的关系

在附加荷载作用下，地基中产生了超孔隙水压力，随着超孔隙水压力的消散，土体产生固结沉降。前面介绍了固结完成后地基最终沉降量的计算方法。然而在实际工程中仅知道地基的最终沉降量往往是不够的，有时还需要预估工程施工期间及完工后某段时间的沉降量或达到某一沉降所需要的时间，以便采取合理的施工速度、施工顺序、连结方式和预留空间等，因此需要了解地基的沉降过程或地基沉降与时间的关系。

为了解决这一问题，太沙基(K. Terzaghi)于 1925 年提出了著名的一维固结理论，又称单向固结理论。所谓单向固结是指土体中的孔隙水只沿一个方向渗流，土体只产生一个方向的变形。严格地讲，一维固结只发生在室内侧限条件下的固结试验中或加荷面积远大于压缩土层厚度的情况下。对工程中常见的路基、地基的二维、三维固结问题，一般用比奥固结理论来求解。

1. 太沙基一维固结模型

为了模拟土体的单向渗透固结过程，太沙基建立了如图 3-22 所示的弹簧活塞模型。盛满水的圆筒整体代表一个土单元，圆筒中的水代表孔隙水，圆筒底部固定一个弹簧代表土骨架，弹簧所受到的力代表土体的有效应力。弹簧上部连接活塞，活塞上有小孔但没有重量，小孔代表土中孔隙，小孔的直径不变表示固结过程中土体的渗透系数不变。活塞与筒壁之间光滑没有摩擦。

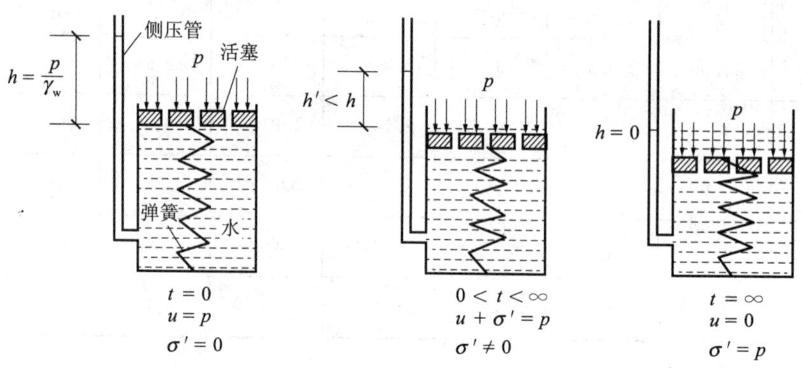

图 3-22　土体固结的弹簧活塞模型

在活塞上施加外荷载 p，相当于在土体中产生了附加应力 $\sigma_z(\sigma_z = p)$。加荷瞬间，水还未来得及从小孔中排出，弹簧没有被压缩，说明还未承担荷载，代表此时土体中的有效应力为零，即 $\sigma' = 0$，全部外荷载由孔隙水承担，侧管水位上升，水中产生了超静孔隙水压力 u，$u = \gamma_w h$，这时 $u = p$。随着时间的推移，孔隙水逐渐由小孔排出，活塞下降，弹簧压缩变形，开始承担荷载，侧管水位逐渐下降，这一阶段外荷载由弹簧和孔隙水共同承担，有效应力与超静孔隙水压力之和为总应力即 $\sigma' + u = p$。随着时间的延长，弹簧进一步被压缩，侧管水位逐渐下降并恢复到原来的水位，这说明此时土体中的超静孔隙水压力已经消散完毕，即 $u = 0$，附加应力完全由土骨架承担，土体固结完成，这一阶段 $\sigma' = p$。在整个固结过程中，有效应力、超静孔隙水压力、总应力始终满足有效应力原理：$\sigma' + u = \sigma_z$。

上述模型也说明，饱和土的渗透固结（主固结）实质上就是超静孔隙水压力消散和有效应力相应增长的过程。这一过程所需时间的长短，取决于孔隙水向外渗流的速度。只要土体中超静孔隙水压力还存在，就意味着土体的主固结尚未完成。饱和土体在外荷载作用下产生主固结的过程包括：土体孔隙中的部分自由水被排出，孔隙体积逐渐减小，超静孔隙水压力逐渐转移成为土骨架的有效应力。在整个固结过程中，排水、压缩和荷载转移是同时进行的。

2. 太沙基一维固结理论

1）基本假设

为了了解饱和土的渗透过程，太沙基根据上述一维固结模型，做了如下假定：

(1) 土体是均质的、各向同性和完全饱和的；

(2) 在固结过程中，土颗粒和孔隙水本身不可压缩；

(3) 土体仅在竖向产生压缩和渗流；

(4) 土体固结过程中，渗透系数 k 和压缩系数 a 为常数；

(5) 土中水的渗流服从达西定律；

(6) 外荷载一次骤然施加，在固结过程中保持不变；

(7) 土体变形是小变形，且完全因超静孔隙水压力消散引起。

根据上述假定，太沙基建立了一维固结理论，该理论成为解决土体固结问题的基本理论，在工程中被广泛采用。但是由于假定条件的限制，与实际工程情况存在相当大的差距。近几十年来，人们又在此理论基础之上，放松了上述假定条件，发展了考虑土体大变形、非饱和土等各种因素的新的固结理论。

2) 一维固结微分方程

在饱和土体的渗透固结过程中，土体内任一点的超孔隙水压力随时间而变化，土层中不同位置的超孔隙水压力也不一样，因此，土层中超静孔隙水压力的分布是时间和位置的函数，$u_{(z,t)}$ 所满足的微分方程式称为固结微分方程。

如图 3-23(a)所示，有一厚度为 H 的饱和黏性土层，单面透水，在透水面上一次施加均布的大面积荷载 p。在这种受荷情况下土体将只产生竖向渗流和变形。根据前面的基本假定即可建立一维固结微分方程。

在距离透水面 z 处取一土单元(见图 3-23b)体积为 $\mathrm{d}x\mathrm{d}y\mathrm{d}z$，土单元的初始孔隙比为 e_0。根据达西定律，在一次施加外荷载后，土单元的单位时间渗入量 q' 和渗出量 q'' 可分别表示为：

$$\left.\begin{aligned} q' &= kiA = k\left(-\frac{\partial h}{\partial z}\right)\mathrm{d}x\mathrm{d}y \\ q'' &= q' + \mathrm{d}q = k\left(-\frac{\partial h}{\partial z} - \frac{\partial^2 h}{\partial z^2}\mathrm{d}z\right)\mathrm{d}x\mathrm{d}y \end{aligned}\right\} \tag{3-25}$$

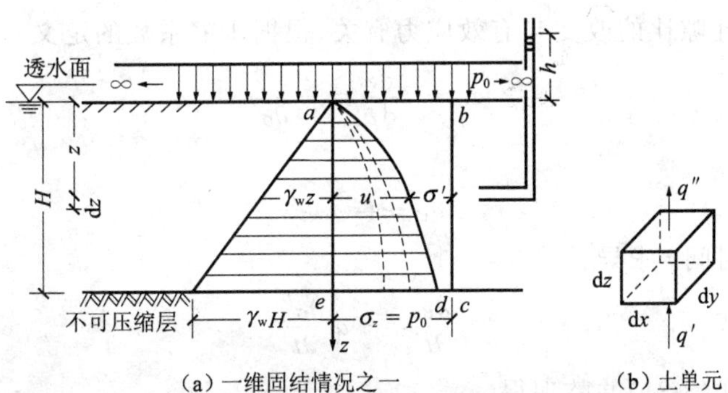

(a) 一维固结情况之一　　(b) 土单元

图 3-23　可压缩土层中孔隙水压力的分布

式中　h——深度 z 处的超静水头，负号表示随时间超静水头减小，cm；

k——竖向渗流系数，cm/s；

i——水力梯度；

A——土单元的过水面积，cm^2。

时间段 t 内，单元体的水量变化为：

$$\Delta Q = t(q'' - q') = -tk\frac{\partial^2 h}{\partial z^2}\mathrm{d}z\mathrm{d}x\mathrm{d}y \tag{3-26}$$

时间段 t 内，土单元体的体积变化为：

$$\Delta V = \varepsilon_V \mathrm{d}x\mathrm{d}y\mathrm{d}z \tag{3-27}$$

式中　ε_V——土体的体积应变，$\varepsilon_V = \varepsilon_x + \varepsilon_y + \varepsilon_z$，$\varepsilon_x$、$\varepsilon_y$、$\varepsilon_z$ 为 x、y、z 方向的应变，因为是单向固结，所以 $\varepsilon_V = \varepsilon_z$。

由前面所讲可知：

$$\varepsilon_V = \varepsilon_z = \frac{\Delta H}{H_0} = \frac{e_0 - e}{1 + e_0} \tag{3-28}$$

式中　e_0——初始孔隙比；

e——渗透固结经历时间 t 时的孔隙比。

根据固结渗流连续条件，同一时间段内单元体渗流量的变化等于单元体的体积变化，即 $\Delta Q = \Delta V$，从而得出：

$$-tk\frac{\partial^2 h}{\partial z^2}\mathrm{d}z\mathrm{d}x\mathrm{d}y = \frac{e_0 - e}{1 + e_0}\mathrm{d}x\mathrm{d}y\mathrm{d}z \tag{3-29}$$

式(3-29)两边对时间 t 求导：

$$-k\frac{\partial^2 h}{\partial z^2}\mathrm{d}z\mathrm{d}x\mathrm{d}y = \frac{\partial}{\partial t}\left(\frac{e_0 - e}{1 + e_0}\right)\mathrm{d}x\mathrm{d}y\mathrm{d}z \tag{3-30}$$

整理后得到：

$$k\frac{\partial^2 h}{\partial z^2} = \frac{\partial e}{\partial t}\frac{1}{1 + e_0} \tag{3-31}$$

由于土体中孔隙比的改变与有效应力有关，根据压缩系数的定义：

$$a = -\frac{\mathrm{d}e}{\mathrm{d}p} = -\frac{\partial e}{\partial \sigma'} \tag{3-32}$$

即可以得出：

$$\partial e = -a\partial\sigma' \tag{3-33}$$

式(3-33)两边对时间 t 求导：

$$\frac{\partial e}{\partial t} = -a\frac{\partial \sigma'}{\partial t} \tag{3-34}$$

将式(3-34)代入式(3-31)并整理得：

$$\frac{k(1 + e_0)}{a}\frac{\partial^2 h}{\partial z^2} = -\frac{\partial \sigma'}{\partial t} \tag{3-35}$$

根据体积压缩系数的定义 $m_V = \dfrac{1}{E_s} = \dfrac{a}{1+e_0}$，式(3-35)可进一步写为：

$$k\frac{\partial^2 h}{\partial z^2} = -m_V\frac{\partial \sigma'}{\partial t} \tag{3-36}$$

根据有效应力原理：

$$\sigma = \sigma' + u \tag{3-37}$$

式中　σ——土单元的附加应力，对于大面积一次施加且固结过程中保持不变的外荷载 $\sigma = p$；

u——超静孔隙水压力。

式(3-37)两边对时间 t 求导得：

$$\frac{\partial \sigma'}{\partial t} = -\frac{\partial u}{\partial t} \tag{3-38}$$

将式(3-38)代入式(3-36)并整理得：

$$k\frac{\partial^2 h}{\partial z^2} = m_V\frac{\partial u}{\partial t} \tag{3-39}$$

因为超静孔隙水压力 $u = \gamma_w h$，所以 $\dfrac{\partial^2 h}{\partial z^2} = \dfrac{1}{\gamma_w}\dfrac{\partial^2 u}{\partial z^2}$，代入式(3-39)得：

$$\frac{k}{\gamma_w}\frac{\partial^2 u}{\partial z^2} = m_V\frac{\partial u}{\partial t} \tag{3-40}$$

进一步化简得：

$$c_V\frac{\partial^2 u}{\partial z^2} = \frac{\partial u}{\partial t} \tag{3-41}$$

式中　c_V——土的竖向固结系数，m^2/s 或 cm^2/s，是反映土体固结速率的指标，可直接由公式计算：$c_V = \dfrac{k}{m_V\gamma_w} = \dfrac{(1+e_0)k}{a\gamma_w}$，也可通过固结试验测定。

式(3-41)即为饱和土的一维固结微分方程。可以看出超静孔隙水压力是位置和时间的函数。如果已知初始条件和边界条件，即可求得微分方程的解，从而得到地基中任意位置任意时刻超静孔隙水压力的分布情况。

3）一维固结微分方程的解

图 3-23a 所示的初始条件和边界条件分别为：

初始条件：$t = 0$ 时，$u = \sigma_z = p(0 \leqslant z \leqslant H)$

边界条件：$z = 0$ 时，$u = 0(0 < t < \infty)$　（透水边界）

$z = H$ 时，$\dfrac{\partial u}{\partial z} = 0(0 < t < \infty)$　（不透水边界）

另外，当 $t = \infty$ 时，$u = 0$，$\sigma' = \sigma_z = p(0 \leqslant z \leqslant H)$

固结微分方程式(3-41)与上述初始条件和边界条件一起构成了一个定解问题，利用分离变量法可求出微分方程的解：

$$u = \frac{4p}{\pi}\sum_{m=1}^{\infty}\frac{1}{m}\sin\frac{m\pi z}{2H}\exp\left(-\frac{m^2\pi^2}{4}T_V\right) \tag{3-42}$$

式中　m—— 正整奇数，$m = 1,2,3,\cdots$；

T_V—— 竖向固结时间因数，无量纲，$T_V = c_V t/H^2$；

t——固结所经历的时间，a；

H——最远的排水距离，单面排水为压缩土层的厚度，双面排水为压缩土层厚度的一半，m。

3. 固结度及应用

在一维固结理论中，给出了超静孔隙水压力随时间和深度变化的数值解。为了求出地基任意时刻的沉降量，引入了固结度的概念。

1）固结度

饱和土层或土样在固结过程中，某一时刻超静孔隙水压力的平均消散值或压缩量与初始超静孔隙水压力或最终沉降量的比值称为固结度，以百分率表示。

$$U = \frac{u_0 - u}{u_0} = \frac{s_{ct}}{s_c} \tag{3-43}$$

式中　u_0——初始超静孔隙水压力，其大小等于该点的固结压力，kPa；

u——某一时刻的超静孔隙水压力，kPa；

s_{ct}——经历时间 t 的地基沉降量，mm；

s_c——地基的最终沉降量，mm。

根据有效应力原理：当 $t = 0$ 时，$u_0 = \sigma_z$，则式(3-43)可进一步写为：

$$U = \frac{\sigma_z - u}{\sigma_z} = \frac{\sigma'}{\sigma_z} \tag{3-44}$$

2）固结度计算

对于仅为竖向排水的单向固结情况，由于土体的竖向固结沉降与有效应力成正比。根据有效应力和孔隙水压力的关系，土层的平均固结度可表示为：

$$U_z = \frac{s_{ct}}{s_c} = \frac{\dfrac{a}{1+e_0}\displaystyle\int_0^H \sigma' \mathrm{d}z}{\dfrac{a}{1+e_0}\displaystyle\int_0^H \sigma_z \mathrm{d}z} = \frac{\displaystyle\int_0^H (\sigma_z - u)\mathrm{d}z}{\displaystyle\int_0^H \sigma_z \mathrm{d}z} = 1 - \frac{\displaystyle\int_0^H u\mathrm{d}z}{\displaystyle\int_0^H \sigma_z \mathrm{d}z} \tag{3-45}$$

式中　u——深度 z 处某时刻 t 的超静孔隙水压力，kPa；

σ_z——深度 z 处的竖向附加应力，在连续均布荷载 p 作用下 $\sigma_z = p$，kPa。

在实际应用中，如图 3-23(a)所示，常将某一时刻的有效应力图面积和最终有效应力图面积的比值称为单向固结的平均固结度，即

$$U_z = \frac{\text{应力面积 } abcd}{\text{应力面积 } abce} = \frac{\text{应力面积 } abce - \text{应力面积 } ade}{\text{应力面积 } abce} = 1 - \frac{\displaystyle\int_0^H u\mathrm{d}z}{\displaystyle\int_0^H \sigma_z \mathrm{d}z} \tag{3-46}$$

式中　$\int_0^H u\mathrm{d}z$、$\int_0^H \sigma_z\mathrm{d}z$——分别表示 t 时刻土层中超静孔隙水压力和固结压力的分布面积。

将式 $u=\frac{4p}{\pi}\sum_{m=1}^{\infty}\frac{1}{m}\sin\frac{m\pi z}{2H}\exp\left(-\frac{m^2\pi^2}{4}T_V\right)$ 代入式(3-46)得：

$$U_z=1-\frac{8}{\pi^2}\sum_{m=1,3}^{\infty}\frac{1}{m^2}\exp\left(-\frac{m^2\pi^2}{4}T_V\right) \tag{3-47}$$

或

$$U_z=1-\frac{8}{\pi^2}\left[\exp\left(-\frac{\pi^2}{4}T_V\right)+\frac{1}{9}\exp\left(-\frac{9\pi^2}{4}T_V\right)+\cdots\right] \tag{3-48}$$

当固结度大于30%时可近似取其中的第一项，即

$$U_z=1-\frac{8}{\pi^2}\exp\left(-\frac{\pi^2}{4}T_V\right) \tag{3-49}$$

由上式可以看出，土层的平均固结程度是时间因数 T_V 的单值函数，它与土层中附加应力的大小无关，但与附加应力的分布有关。

3) U_z-T_V 关系曲线

如果知道了 U_z 和 T_V，便可利用式(3-49)进行相关的计算，但是仍然比较麻烦。为了计算方便，按照式(3-49)绘制了 U_z-T_V 关系曲线，见图 3-24。其中曲线(1)、(2)、(3)分别适用于初始超静孔隙水压力不同分布的情况，见图 3-25、图 3-26，对于双面排水情况，取压缩土层厚度之半。

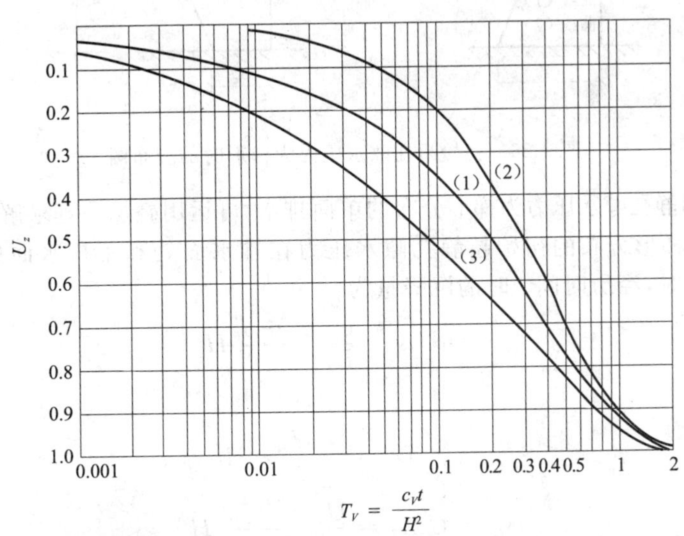

图 3-24　平均固结度与时间因数的关系曲线

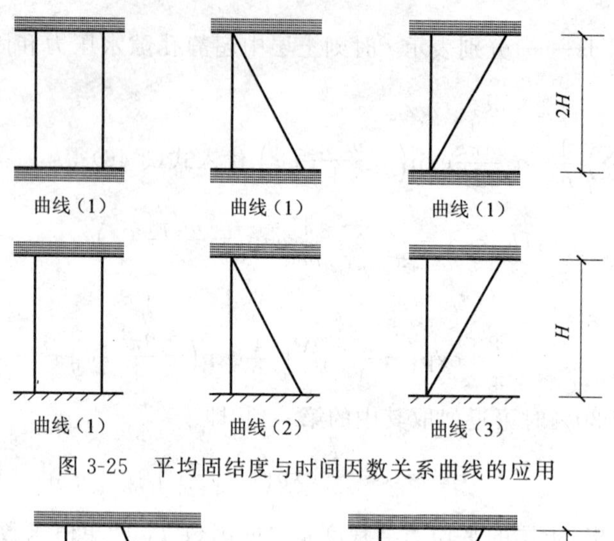

图 3-25　平均固结度与时间因数关系曲线的应用

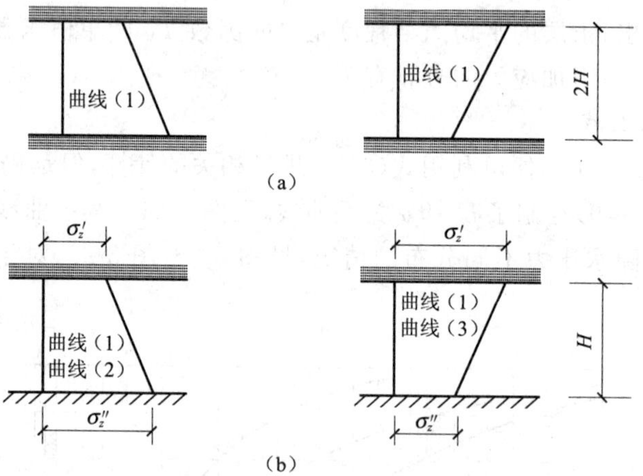

（a）

（b）

图 3-26　初始超孔隙水压力为梯形时的分布图

对于初始超静孔隙水压力为梯形分布的单面排水，可运用叠加原理求解。如图 3-26（b）所示的情况，设梯形分布的初始超静孔隙水压力在排水面处和不排水面处分别为 σ_z' 和 σ_z''。当 $\sigma_z' < \sigma_z''$ 时，经历时间 t 时的沉降量为：

$$s_t = U_z s = \frac{U_z}{E_s}\frac{\sigma_z' + \sigma_z''}{2}H \tag{3-50a}$$

令

$$s_{t1} = U_{z1} s_1 = \frac{U_{z1}}{E_s}\sigma_z' H \tag{3-50b}$$

$$s_{t2} = U_{z2} s_2 = \frac{U_{z2}}{E_s}\frac{\sigma_z'' - \sigma_z'}{2}H \tag{3-50c}$$

因为 $s_t = s_{t1} + s_{t2}$，则

$$U_z = \frac{2U_{z1}\sigma_z' + (\sigma_z'' - \sigma_z')U_{z2}}{\sigma_z' + \sigma_z''} \tag{3-50d}$$

同上，当 $\sigma'_z > \sigma''_z$ 时，有：

$$U_z = \frac{2U_{z1}\sigma''_z + (\sigma'_z - \sigma''_z)U_{z3}}{\sigma'_z + \sigma''_z} \tag{3-50e}$$

上式中，U_{z1}、U_{z2} 和 U_{z3} 可根据相同的 T_V，从图 3-24 中分别查曲线(1)、(2)、(3)得到。

4) 固结度的应用

根据土层的固结压力、排水条件及固结度计算公式，可解决下列两类问题。第一类问题是已知土层的最终沉降量 s，求经历时间 t 时的沉降量 s_t。解题步骤如下：

(1) 计算地基自重应力、附加应力沿深度的分布；

(2) 计算地基的最终固结沉降量；

(3) 计算土层的竖向固结系数和竖向固结时间因数；

(4) 查图 3-24 求平均固结度；

(5) 求解地基经历时间 t 时的沉降量。

第二类问题是已知土层的最终沉降量 s，求土层达到某一沉降 s_t 时所需的时间 t。解题步骤：

(1) 计算地基自重应力、附加应力沿深度的分布；

(2) 计算地基的最终固结沉降量；

(3) 计算平均固结度，查图 3-24 求相应的竖向固结时间因数；

(4) 计算竖向固结系数；

(5) 求解地基固结过程中达到任意沉降量所需的时间。

【例题 3-2】 某一饱和黏土层厚 6 m，顶、底面均为粗砂层，黏土层的初始孔隙比 $e = 1.0$，平均竖向固结系数 $c_V = 980\ \text{cm}^2/\text{a}$，压缩系数 $a = 0.3\ \text{MPa}^{-1}$，若在地面上施加大面积均布荷载 $p_0 = 160$ kPa。试求：

(1) 黏土层的最终沉降量；

(2) $t = 1$ a 时的竖向沉降量；

(3) 沉降量达到 100 mm 所需的时间。

【解】

(1) 黏土层的最终沉降量。

因为是大面积加载，所以黏土层中的附加应力沿深度方向均匀分布：$\sigma_z = p_0 = 160$ kPa；黏土层的最终沉降量：$s = \dfrac{a\sigma_z}{1+e}H = \dfrac{0.000\,3 \times 160}{1+1} \times 6\,000 = 144$ mm。

(2) $t = 1$ a 时的竖向沉降量。

根据已知条件知该土层为双面排水：竖向固结时间因数 $T_V = \dfrac{c_V t}{H^2} = \dfrac{980 \times 1}{300^2} = 0.011$，查曲线(1)得固结度：$U_z = 0.12$，则 $t = 1$ a 时的竖向沉降量为：$s_t = U_z s = 0.12 \times 144 = 17.28$ mm。

(3) 沉降量达到 100 mm 所需的时间。

平均固结度：$U_z = \frac{s_{ct}}{s_c} = \frac{100}{144} = 0.694$；查曲线(1)得竖向固结时间因数：$T_V = 0.39$；

双面排水需要时间：$t = \frac{T_V H^2}{c_V} = \frac{0.39 \times 300^2}{980} = 35.82\ \text{a}$。

第二节　土的抗剪强度

当土体受到外荷载作用时，土体中将会产生剪应力，土体本身具有抵抗这种剪应力的能力即抗剪力或剪阻力。土体的抗剪力随着剪应力的增加而增大，但不会无限增长。当某点的剪应力达到该点抗剪力的极限值时，将沿某一面发生与剪切方向一致的相对位移，此时称该点发生了剪切破坏，这个面称为剪切面或破坏面，该点抗剪力的极限值就是土的抗剪强度。随着外荷载的增大，土体内达到剪切破坏的点愈来愈多，最后将形成一个连续的滑动面，此时地基将发生整体剪切破坏而丧失稳定性。可见，土体的破坏通常是由剪切破坏引起的，土的强度问题实质上就是土的抗剪强度问题。

一、土的抗剪强度

土的抗剪强度是指土体抵抗剪切破坏的极限能力，或土体对外荷载所产生的剪应力的极限抵抗能力，它是土的重要力学性质之一，通常用 τ_f 表示。

1. 库仑定律

1773 年，法国学者库仑(C. A. Coulumb)根据砂土的剪切试验结果，提出了砂土的抗剪强度公式：

$$\tau_f = \sigma \cdot \tan \varphi \tag{3-51a}$$

后来库仑又提出了适合黏性土的抗剪强度公式：

$$\tau_f = \sigma \cdot \tan \varphi + c \tag{3-51b}$$

式中　τ_f——土的抗剪强度，kPa；

σ——剪切面的法向力，kPa；

φ——土的内摩擦角，(°)；

c——土的黏聚力，kPa。

以上两式统称为库仑定律或库仑公式。其中，φ、c 称为土的抗剪强度指标，因为剪切面的法向力 σ 是用总应力表示的，所以又称为总应力抗剪强度指标。

库仑定律还可用有效应力来表示，即

$$\tau_f = \sigma' \cdot \tan \varphi' \tag{3-52a}$$

$$\tau_f = \sigma' \cdot \tan \varphi' + c' \tag{3-52b}$$

式中　σ'——剪切面的法向有效力，kPa；

φ'——土的有效内摩擦角,(°);

c'——土的有效黏聚力,kPa。

抗剪强度指标一般由试验测定。有效应力强度指标与总应力强度指标的主要区别是前者可以反映试件中孔隙水压力对土的抗剪强度的影响,理论上比较严格。但是,由于有效应力或孔隙水压力的正确测定比较困难,所以用总应力强度指标来表达土体的抗剪强度,仍在工程中得到广泛应用。

2. 土体抗剪强度的来源

由库仑定律可以看出,土的抗剪强度一般由两部分构成:一部分与颗粒间的法向应力有关即 $\sigma\tan\varphi$,称为内摩擦力,另一部分与法向应力无关的土粒之间的黏结力即黏聚力。

1) 无黏性土抗剪强度的来源及影响因素

对于无黏性土,抗剪强度与剪切面上的法向应力成正比,比值为土的内摩擦系数 $\tan\varphi$。无黏性土的抗剪强度来源于土颗粒间的摩擦阻力即内摩擦力。内摩擦力包括由于土颗粒粗糙产生的表面滑动摩擦力和土颗粒凹凸面间的镶嵌作用所产生的咬合力两部分。无黏性土的抗剪强度受诸多因素影响,一般来讲,颗粒越大、级配越好、初始密度越大、颗粒表面越粗糙,内摩擦角越大;反之,土粒越均匀、含水量越高则内摩擦角越小。

2) 黏性土剪强度的来源及影响因素

黏性土的抗剪强度除了内摩擦力以外,还有土粒之间的黏聚力,它是由黏性土颗粒之间的胶结作用和静电引力效应等因素引起的。一般来讲,含水量越高、结构受到扰动越大,黏聚力越小;初始密度越大,黏聚力越大。

3. 莫尔-库伦强度理论

1910 年 Mohr 提出材料的破坏是剪切破坏,破坏面上的抗剪强度 τ_f 是该面上法向应力 σ 的函数,表达式为:

$$\tau_f = f(\sigma) \tag{3-53}$$

这个函数在 τ_f-σ 坐标系中是一条曲线,称为莫尔破坏包线或抗剪强度包线,如图 3-27 实线所示,它表示材料受到不同应力作用达到极限状态时,剪切破坏面上的法向应力与剪切强度之间的关系。土的莫尔包线可以近似地用一条直线来代替,如图 3-27 虚线所示,这条直线的方程就是库伦公式。由库伦公式表示莫尔破坏包线的强度理论称为莫尔-库伦强度理论。

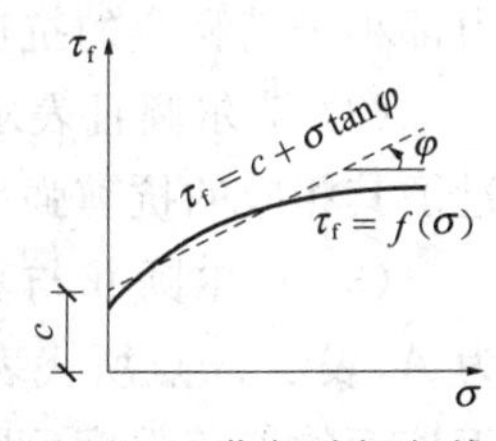

图 3-27 莫尔破坏包线

4. 土的极限平衡条件

当土体中任意一点在某一平面上的剪应力 τ 达到该面的抗剪强度 τ_f 时就发生剪切破坏,该点即处于极限平衡状态,因此,极限平衡状态也就是 $\tau = \tau_f$ 时的临界状态。当土体处于极限平衡状态时,土的应力状态和土的抗剪强度指标之间的关系式称为土的极限平衡条件或强度准则。它是判断土体是否出现剪切屈服的准则，也是地基承载力理论和土压力理论的基础。

土体中任意一点的应力状态可以莫尔应力圆表示，见图 3-28(c)，莫尔圆的方程为：$\left(\sigma-\dfrac{\sigma_1+\sigma_3}{2}\right)^2+\tau^2=\left(\dfrac{\sigma_1-\sigma_3}{2}\right)^2$，圆心为$\left(\dfrac{\sigma_1+\sigma_3}{2},0\right)$，圆半径等于$\dfrac{\sigma_1-\sigma_3}{2}$。

莫尔圆圆周上各点的坐标就表示该点在相应平面上的正应力和剪应力。从 DC(见图 3-28c)开始逆时针转动 2α，与圆周交于 A 点，则 A 点的横坐标为 mn 平面(见图 3-28b)上的正应力 σ，纵坐标为剪应力 τ，其大小分别为：

$$\sigma=\frac{1}{2}(\sigma_1+\sigma_3)+\frac{1}{2}(\sigma_1-\sigma_3)\cos 2\alpha \tag{3-54a}$$

$$\tau=\frac{1}{2}(\sigma_1-\sigma_3)\sin 2\alpha \tag{3-54b}$$

式中　α——mn 平面与大主应力 σ_1 作用面的夹角。

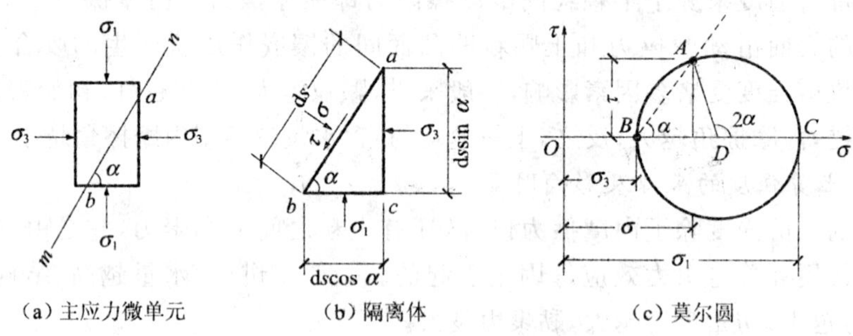

图 3-28　土体中任意点的应力状态

为了建立土的极限平衡条件，可将莫尔破坏包线与莫尔应力圆画在同一张坐标图上(见图 3-29)，比较二者之间的关系，有以下三种情况：

(1) 莫尔圆Ⅰ的整个圆都位于莫尔破坏包线的下方，表示该点在任何平面上的剪应力都小于其相应的抗剪强度，此时该点处于稳定平衡状态，不会发生剪切破坏。

(2) 莫尔圆Ⅲ表示莫尔破坏包线与莫尔圆相割，说明该点某些平面上的剪应力已超过了其相应的抗剪强度，这种情况是不可能存在的。

(3) 莫尔圆Ⅱ与莫尔破坏包线相切，切点为 A，表示 A 点所代表平面上的剪应力正好等于该面的抗剪强度，此时该点处于极限平衡状态，莫尔圆Ⅱ称为极限应力圆。因此，莫尔破坏包线实际上是土体在不同应力作用达到极限状态时，所对应极限应力圆的公切线。

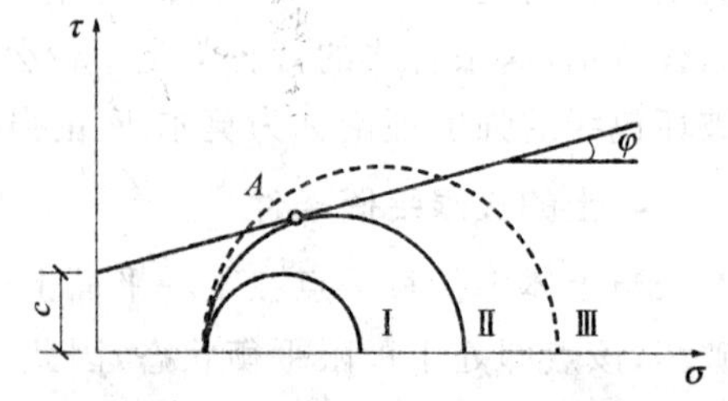

图 3-29　莫尔圆与莫尔破坏包线之间的关系

当土体处于极限平衡状态时，根据极限应力圆与莫尔破坏包线的相切关系，可建立土的极限平衡条件。

如图 3-30 所示，土单元在 σ_1、σ_3 作用下处于极限平衡状态，mn 平面为破裂面，与大主应力 σ_1 作用面的夹角为 α_f，相应的极限应力圆如图 3-30(b)所示，极限应力圆与莫尔破坏包线相切于 A 点。将莫尔破坏包线延长与 σ 轴相交于 R 点，由三角形 ARD 可知：

$$\overline{AD} = \overline{RD}\sin\varphi \tag{3-55}$$

其中：$\overline{AD} = \frac{1}{2}(\sigma_1 - \sigma_3)$，$\overline{RD} = c\cot\varphi + \frac{1}{2}(\sigma_1 + \sigma_3)$，将其代入式(3-55)得：

$$\sigma_1(1-\sin\varphi) = \sigma_3(1+\sin\varphi) + 2c\cos\varphi \tag{3-56}$$

根据三角函数关系，进一步整理得：

$$\sigma_1 = \sigma_3\tan^2\left(45^\circ + \frac{\varphi}{2}\right) + 2c\tan\left(45^\circ + \frac{\varphi}{2}\right) \tag{3-57a}$$

或

$$\sigma_3 = \sigma_1\tan^2\left(45^\circ - \frac{\varphi}{2}\right) - 2c\tan\left(45^\circ - \frac{\varphi}{2}\right) \tag{3-57b}$$

以上两式即为黏性土的极限平衡条件。对于无黏性土，极限平衡条件可写为：

$$\sigma_1 = \sigma_3\tan^2\left(45^\circ + \frac{\varphi}{2}\right) \tag{3-58a}$$

或

$$\sigma_3 = \sigma_1\tan^2\left(45^\circ - \frac{\varphi}{2}\right) \tag{3-58b}$$

由三角形 ARD 的外角和内角的关系可知，破坏面与大主应力 σ_1 作用面的夹角(破坏角)$\alpha_f = \left(45^\circ + \frac{\varphi}{2}\right)$。

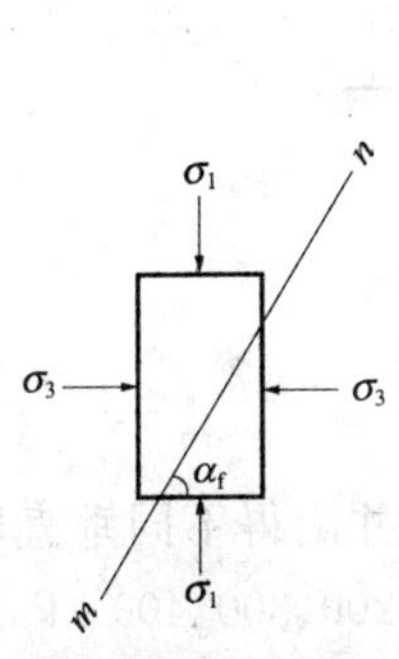

(a) 主应力微单元

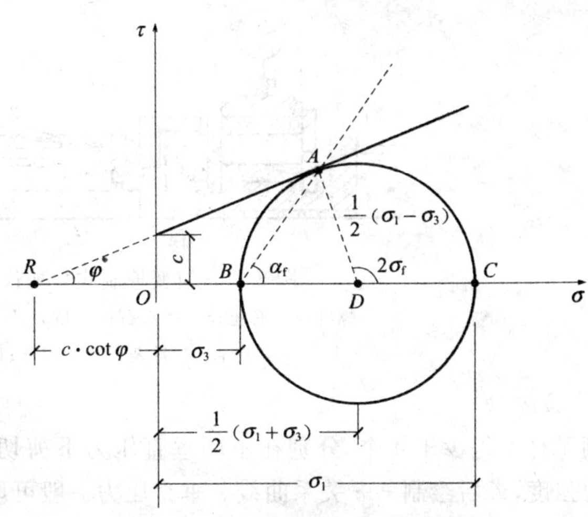

(b) 极限应力圆

图 3-30　极限平衡条件建立简图

二、抗剪强度指标的测定

地基承载力、挡土墙上的土压力、土坡稳定性等常需要根据土体的极限平衡原理来进行分析和求解，所以抗剪强度指标的准确测定，对工程造价和安全使用有重要意义。目前已有多种测定土的抗剪强度指标的仪器和方法，室内常用的有直接剪切试验、三轴压缩试验、无侧限抗压试验；现场原位测试有十字板剪切试验、大型直接剪切试验等。下面主要介绍室内常用的抗剪强度试验。

1. 直接剪切试验

直接剪切试验是测定土的抗剪强度指标的室内试验方法之一，适用于细粒土和砂类土。它可直接测出给定剪切面上土的抗剪强度。所用仪器为直接剪切仪（直剪仪），直接剪切仪分为应变控制式和应力控制式两种。应变控制式为等速推动试样产生位移，测定相应的剪应力。应力控制式是对试件分级施加水平剪应力测定相应的位移。我国普遍采用的是应变控制式直剪仪。

1）试验装置

如图 3-31 所示，直剪仪由剪切盒、垂直加压设备、剪切传动装置、测力计、位移量测系统组成。试验时，由杠杆系统通过传压板给试件施加某一垂直压力 σ，然后等速转动手轮对下盒施加水平推力，使试样在上下盒的水平接触面上产生剪切变形，直至破坏。剪应力的大小可由与上盒接触的量力环的变形值计算确定。在剪切过程中，随着上下盒相对剪切变形的发展，土样中的抗剪强度逐渐发挥出来，直到剪应力等于土的抗剪强度时，土样剪切破坏，所以土样的抗剪强度可用剪切破坏时的剪应力来量度。

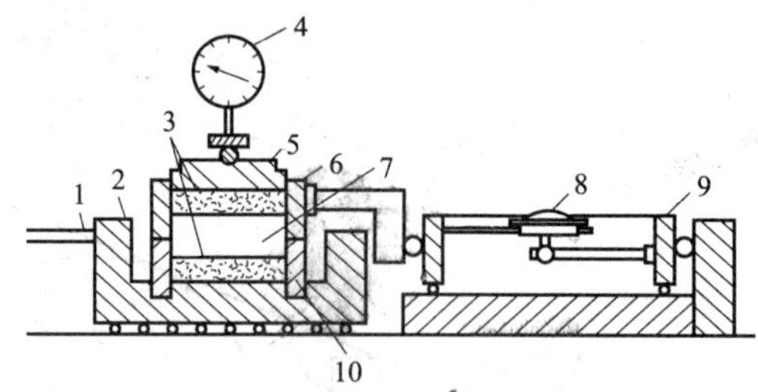

图 3-31　应变控制式直剪仪

1—螺杆；2—底座；3—透水石；4—量表；5—传压板；
6—上盒；7—土样；8—量表；9—量力环；10—下盒

2）试验方法

每组试样不得少于 4 个，分别在不同垂直压力下剪切破坏，并测得不同垂直压力所对应的抗剪强度，最后绘制 τ_f-σ 关系曲线。垂直压力一般可取 100、200、300、400 kPa。抗剪强度可通过剪切过程中剪应力与剪切位移之间的关系确定，如图 3-32 所示，一般取峰值或稳定值作为破坏点，破坏点出所对应的剪应力就是该垂直压力 σ 作用下试样的抗剪强度。

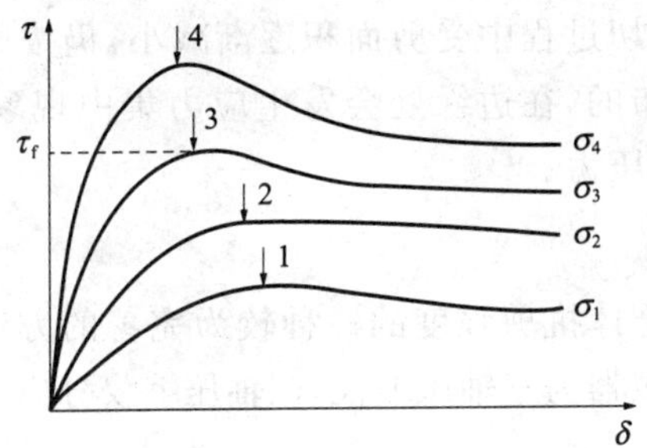

图 3-32 剪应力与剪切位移关系曲线

3）试验成果

根据 τ_f-σ 关系曲线（见图 3-33），可确定出土的抗剪强度指标。对于黏性土，τ_f、σ 基本呈线性关系，该直线与横轴的夹角为内摩擦角 φ，在纵轴上的截距为黏聚力 c，直线方程可表示为 $\tau_f=\sigma\cdot\tan\varphi+c$。对于无黏性土，$\tau_f$、$\sigma$ 关系曲线是一条通过原点的直线，表达式为 $\tau_f=\sigma\cdot\tan\varphi$。

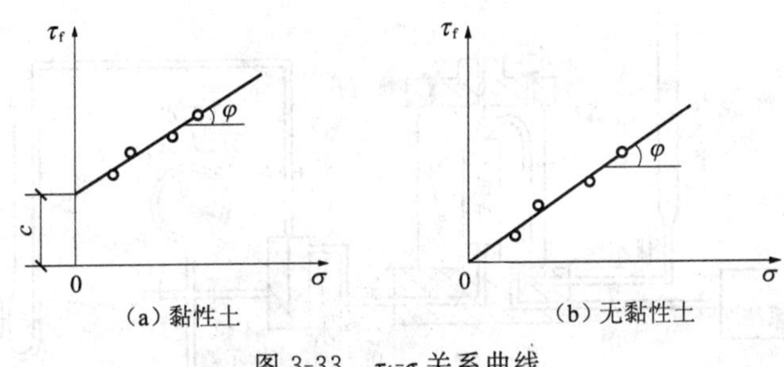

图 3-33 τ_f-σ 关系曲线

4）直接剪切试验分类

为了模拟土体现场实际的排水条件和固结程度，直接剪切试验根据排水条件可分为快剪、固结快剪和慢剪三种。

快剪试验（不排水剪）是在试样施加竖向压力后，立即快速施加水平剪应力使试样剪切破坏，试验全过程都不许有排水现象产生，适用于渗透系数小于 10^{-6} cm/s 的细粒土，所测抗剪强度指标用 c_q、φ_q 表示。固结快剪（固结不排水剪）是允许试样在竖向压力下充分排水固结，待固结稳定后，再快速施加水平剪应力使试样剪切破坏，适用于渗透系数小于 10^{-6} cm/s 的细粒土，所测抗剪强度指标用 c_{cq}、φ_{cq} 表示。慢剪试验（排水剪）是允许试样在竖向压力下排水，待固结稳定后，缓慢施加水平剪应力使试样剪切破坏，剪切过程中孔隙水可自由排出，适用于细粒土，所测抗剪强度指标用 c_s、φ_s 表示。一般情况下，快剪所得抗剪强度值最小，慢剪所得抗剪强度值最大，固结快剪居中。

5）直接剪切试验的优缺点

直接剪切试验具有仪器构造简单、操作方便、易于掌握等优点；但也存在如下主要缺点：① 人为地将剪切面限制在上下盒之间，使得土样不是沿最薄弱的面破坏；② 抗剪强度计算不准确，没有考虑剪切过程中受剪面积逐渐减小，仍按原截面面积计算；③ 剪切面上的剪应力并不是均匀分布的，在边缘处会发生应力集中现象；④ 试验时不能严格控制排水条件，不能测量孔隙水压力。

2. 三轴压缩试验

三轴压缩试验是测定土体抗剪强度的一种较为完善的方法，适用于细粒土和粒径小于 20 mm 的粗粒土。所用仪器为三轴压缩仪，三轴压缩仪分应变式（常用）和应力式两种。

1）试验装置

应变控制式三轴仪（见图 3-34）由压力室、轴向加压设备、周围压力系统、孔隙水压力量测系统、轴向变形和体积变化量测系统等组成。其中，压力室是三轴压缩仪的主要组成部分，它是一个由金属上盖、底座和透明有机玻璃圆筒组成的压密容器。

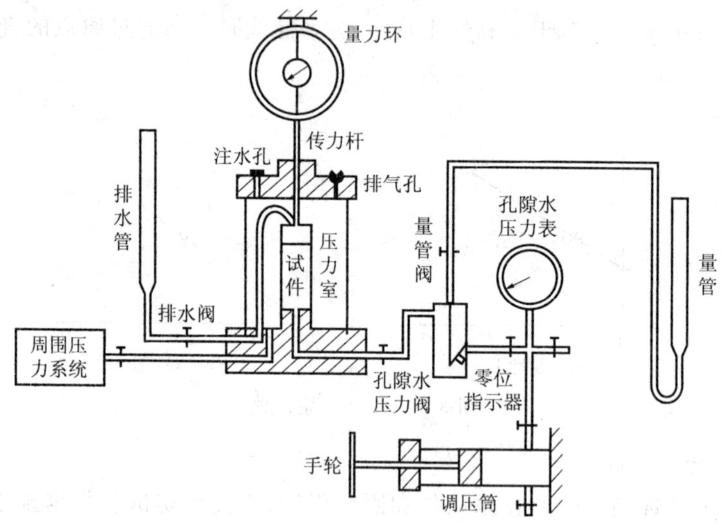

图 3-34　应变控制式三轴仪

2）试验步骤

制备 3 个以上性质相同的试样，在不同的周围压力下进行试验，围压大小宜根据工程实际荷重确定。对于填土，最大一级围压应与最大的实际荷重大致相等。主要步骤如下：

将试样切成圆柱形并套在橡胶膜内，然后放在密封的压力室中，再向压力室内注水对土样施加各向相等的围压 σ_3，并在整个试验过程中保持围压不变，如图 3-35(a)所示，此时试样内各向的三个主应力都相等，不会发生剪切破坏。最后，通过传力杆对试样逐渐施加竖向压力，直至试样剪切破坏。在试验过程中需要同时量测试样的压缩量，以便计算轴向应变。另外，根据试验要求，确定是否测定孔隙水压力。

如果试样剪切破坏时，由传力杆加在试样上的竖向压应力为 $\Delta\sigma_1$，则试样破坏时的大主应力 $\sigma_1=\sigma_3+\Delta\sigma_1$，小主应力为 σ_3，如图 3-35(b)所示。根据 σ_1、σ_3 可画出一个极限应力圆，如图 3-35(c)中的圆 A。按以上试验步骤，对每个试样施加不同的围压进行试验，可得出一组极限应力圆，作这组极限应力圆的公切线即莫尔破坏包线，从而可确定出土的内摩擦角 φ 和黏聚力 c。

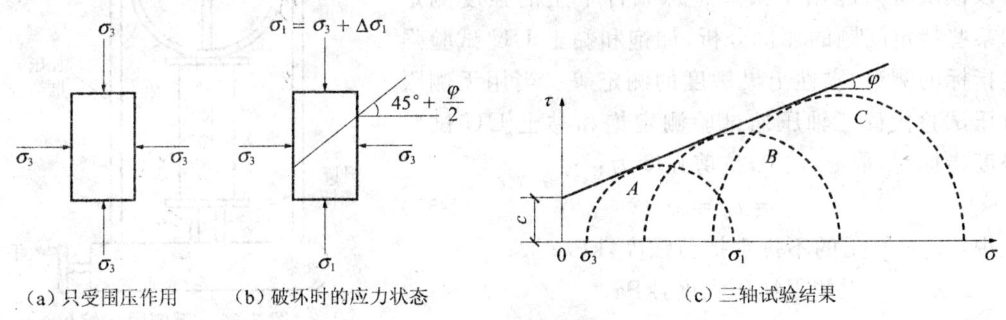

(a) 只受围压作用　(b) 破坏时的应力状态　(c) 三轴试验结果

图 3-35　三轴压缩试验原理

3) 三轴压缩试验分类

三轴压缩试验按剪切前的固结程度和剪切时的排水条件，可分为以下三类：

(1) 三轴压缩不固结不排水试验(UU)，简称不排水(剪)试验。

试样在施加围压 σ_3 和随后施加竖向压力直至剪切破坏的整个过程中都不允许排水，试验自始至终关闭排水阀门。所测抗剪强度指标记为 φ_u、c_u，与直接剪切试验的快剪试验相对应。

(2) 三轴压缩固结不排水试验(CU)，简称固结不排水(剪)试验。

试样在施加周围压力 σ_3 时打开排水阀门，允许排水固结，待固结稳定后关闭排水阀门，再施加竖向压力，使试样在不排水的条件下剪切破坏。所测抗剪强度指标记为 φ_{cu}、c_{cu}，与直接剪切试验的固结快剪试验相对应。

(3) 三轴压缩固结排水试验(CD)，简称排水(剪)试验。

试样在施加围压 σ_3 时允许排水固结，待固结稳定后，再在排水条件下施加竖向压力至试件剪切破坏。所测抗剪强度指标记为 φ_s、c_s，与直接剪切试验的慢剪试验相对应。

4) 三轴压缩试验的优缺点

在三轴压缩试验过程中能够严格控制试样排水条件，能够测定孔隙水压力，试样受力状态比较明确，并沿最薄弱的面产生剪切破坏。但是，三轴压缩试验操作过程相对复杂；在试验过程中主应力方向固定不变，且为轴对称状态即 $\sigma_2 = \sigma_3$，与实际工程中土体的受力情况尚不能完全符合。

3. 无侧限抗压试验

无侧限抗压试验适用于饱和黏土。所用仪器为无侧限压缩仪，应变控制式无侧限压缩仪由测力计、加压框架和升降设备组成(见图 3-36)。

试验时将试样放在无侧限压缩仪中，在不加任何侧向压力的情况下施加竖向压力，直到试样剪切破坏。剪切破坏时，试样所承受的最大轴向压力称为无侧向抗压强度，用 q_u 表示。

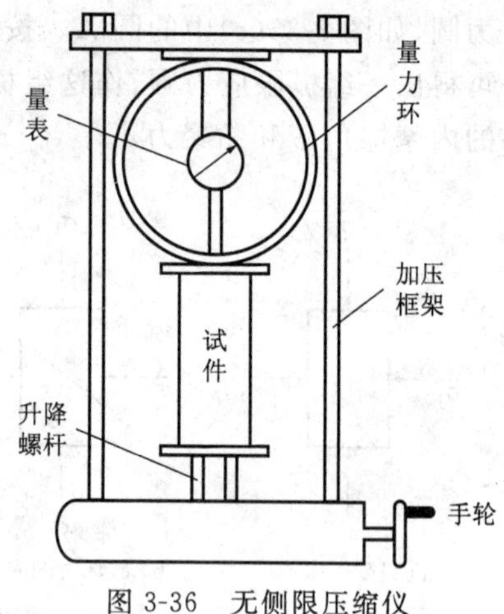

图 3-36　无侧限压缩仪

无侧限抗压试验只能作出一个极限应力圆，见图 3-37。因此，对于一般黏性土难以作出莫尔破坏包线，所以该试验只能用于某些特殊条件下土的强度测定和某些特定问题的评价分析，如饱和黏土 UU 试验强度指标的测定、黏性土灵敏度的测定等。当用无侧限抗压试验代替三轴压缩试验测定饱和黏土 UU 试验强度指标时，取 $\varphi_u = 0$，抗剪强度为：

$$\tau_f = c_u = q_u/2 \tag{3-59}$$

式中　c_u——土的不排水抗剪强度，kPa；

q_u——无侧限抗压强度，kPa。

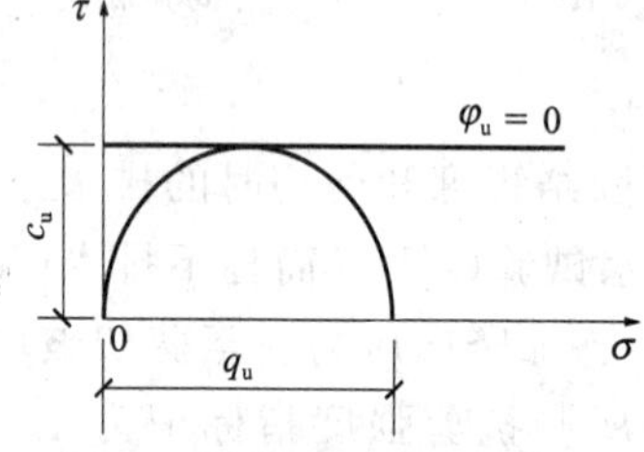

图 3-37　无侧限抗压强度试验结果

【例题 3-3】　某饱和黏性土试样在三轴仪中进行固结不排水试验，已知 $\sigma_1 = 470$ kPa，$\varphi' = 24°$，$c' = 70$ kPa，测得破坏时的超静孔隙水压力 $u = 150$ kPa，试求破坏时试件中施加的围压 σ_3 和试件中的最大剪应力。

【解】　由题意知：　$\sigma_1' = \sigma_1 - u = 320$ kPa

根据极限平衡条件：

$$\sigma_3' = \sigma_1' \tan^2\left(45° - \frac{24°}{2}\right) - 2c'\tan\left(45° - \frac{24°}{2}\right) = 44 \text{ kPa}$$

从而得到：　$\sigma_3 = \sigma_3' + u = 194$ kPa

最大剪应力为：

$$\tau_{max} = \frac{\sigma_1 - \sigma_3}{2} = 138 \text{ kPa}$$

【例题 3-4】　某砂土地基，已知 $\varphi = 30°$，$c = 0$。若在荷载作用下，计算得到地基土中某点的 $\sigma_1 = 160$ kPa，$\sigma_3 = 50$ kPa，问该点是否破坏？

【解】　方法一：

假定地基土在 $\sigma_3 = 50$ kPa 作用下达到极限应力状态时对应的大主应力为 σ_{1f}。

根据极限平衡条件：

$$\sigma_{1f} = \sigma_3 \tan^2\left(45° + \frac{\varphi}{2}\right) = 50 \times \tan^2\left(45° + \frac{30°}{2}\right) = 150 \text{ kPa}$$

因为 $\sigma_1 \geqslant \sigma_{1f}$，所以可判断该点已破坏。

方法二：

假定地基土在 $\sigma_1 = 160$ kPa 作用下达到极限应力状态时对应的小主应力为 σ_{3f}。根据极限平衡条件：

$$\sigma_{3f} = \sigma_1 \tan^2\left(45^\circ - \frac{\varphi}{2}\right) = 160 \times \tan^2\left(45^\circ - \frac{30^\circ}{2}\right) = 53.3 \text{ kPa}$$

因为 $\sigma_3 \leqslant \sigma_{3f}$，所以可判断该点已破坏。

方法三：

比较破坏面上的剪应力 τ 与该面所对应的抗剪强度 τ_f。

破坏面上的法向应力为：

$$\sigma = \frac{\sigma_1 + \sigma_3}{2} + \frac{\sigma_1 - \sigma_3}{2}\cos 2\alpha_f = \frac{160 + 50}{2} + \frac{160 - 50}{2}\cos 2\left(45^\circ + \frac{30^\circ}{2}\right) = 77.5 \text{ kPa}$$

破坏面上的剪应力为：

$$\tau = \frac{\sigma_1 - \sigma_3}{2}\sin 2\alpha_f = \frac{160 - 50}{2}\sin 2\left(45^\circ + \frac{30^\circ}{2}\right) = 47.63 \text{ kPa}$$

破坏面对应的抗剪强度为：

$$\tau_f = \sigma \tan \varphi = 77.5 \times \tan 30^\circ = 44.74 \text{ kPa}$$

因为 $\tau \geqslant \tau_f$，所以可判断该点已破坏。

第三节　地基承载力

地基承载力是指地基承担荷载的能力或地基土单位面积上所能承受荷载的能力。地基即将丧失稳定性时的承载能力称为极限承载力。合理地确定地基承载力不仅能保证上部结构的安全和正常使用，还能降低工程造价。

影响地基承载力的因素很多，主要包括地基土的性质、基础宽度、基础埋深等，因此，准确确定地基承载力比较困难。目前，常用的确定地基承载力的方法主要有以下几种：

(1) 根据塑性开展区深度确定地基承载力；

(2) 按照理论公式确定地基极限承载力，如太沙基极限承载力公式、汉森和魏锡克极限承载力公式等；

(3) 现行《建筑地基基础设计规范》(GB 50007—2011)推荐的地基承载力确定方法，包括通过原位试验确定地基承载力、根据土的抗剪强度指标确定地基承载力。

下面将主要介绍《规范》给出的地基承载力特征值确定方法。

一、由载荷试验确定地基承载力特征值

地基承载力特征值是指由载荷试验测定的地基土压力变形曲线线性变形内规定的变形所对应的压力值，其最大值为比例界限值。载荷试验是一种常用的现场测定地基土

压缩性指标和承载力的方法。根据载荷试验结果可绘制成各级荷载 p 与相应的沉降量 s 之间的关系曲线即 p-s 曲线，如图 3-38 所示。承载力特征值的确定应符合下列规定：

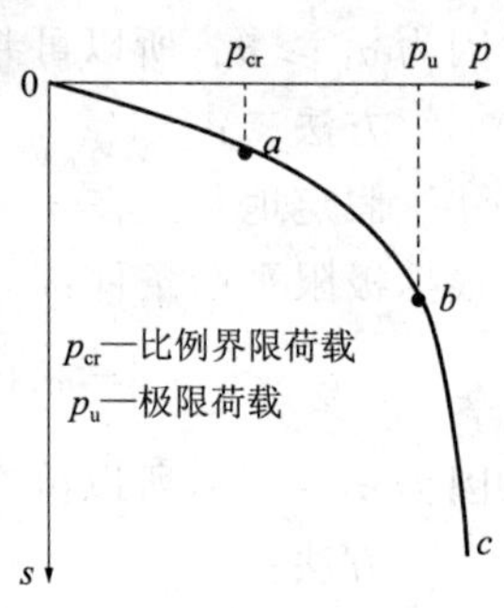

图 3-38　p-s 曲线

(1) 当 p-s 曲线上有比例界限时，取该比例界限所对应的荷载值；

(2) 当极限荷载小于对应比例界限的荷载值的 2 倍时，取极限荷载值的一半；

(3) 当不能按上述两款要求确定时，当压板面积为 0.25～0.50 m^2 时，可取 $s/b = 0.01 \sim 0.015$ 所对应的荷载（b 为承压板的宽度或直径），但其值不应大于最大加载量的一半，并且同一土层参加统计的试验点不应少于 3 个，当试验实测值的极差不超过其平均值的 30%时，取此平均值作为该土层的地基承载力特征值 f_{ak}。

由于原位试验确定地基承载力特征值时没有考虑基础埋深和宽度对承载力的影响，因此需要根据基础宽度和埋深对地基承载力特征值 f_{ak} 进行修正。《规范》规定：当基础宽度大于 3 m 或埋深大于 0.5 m 时，由载荷试验或其他原位测试、经验值等方法确定的地基承载力特征值，应按下式进行修正：

$$f_a = f_{ak} + \eta_b \gamma (b - 3) + \eta_d \gamma_m (d - 0.5) \tag{3-60}$$

式中　f_a——修正后的地基承载力特征值，kPa；

f_{ak}——地基承载力特征值，kPa；

η_b、η_d——基础宽度和埋深的地基承载力修正系数，按基底下土的类别查表 3-9 取值；

γ——基础底面以下土的重度，地下水位以下取浮重度，kN/m^3；

γ_m——基础底面以上土的加权平均重度，地下水位以下取浮重度，kN/m^3；

b——基础底面宽度，m，当基宽小于 3 m 按 3 m 取值，大于 6 m 按 6 m 取值。

d——基础埋置深度，m，一般自室外地面标高算起。

对于 d，在填方平整地区，可自填土地面标高算起，但填土在上部结构施工完成时，应从天然地面标高算起。对于地下室，如采用箱形基础或筏基时，基础埋置深度自室外地面标高算起；当采用独立基础或条形基础时应从室内地面标高算起。

二、由土的抗剪强度指标确定地基承载力特征值

当荷载偏心距小于等于 0.033 倍的基础底面宽度时，《规范》推荐根据土的抗剪强度指标确定地基承载力特征值的理论计算公式为：

$$f_a = M_b \gamma b + M_d \gamma_m d + M_c c_k \tag{3-61}$$

式中　f_a——由土的抗剪强度指标确定的地基承载力特征值，kPa；

M_b、M_d、M_c——承载力系数，按表 3-10 确定；

b——基础底面宽度，m，大于 6 m 时按 6 m 取值，对于砂土小于 3 m 时按 3 m 取值；

c_k——基底下一倍短边宽深度内土的黏聚力标准值，kPa。

表 3-9　承载力修正系数

土的类别		η_b	η_d
淤泥和淤泥质土		0	1.0
人工填土 e 或 I_L 大于等于 0.85 的黏性土		0	1.0
红黏土	含水比 $a_w > 0.8$	0	1.2
	含水比 $a_w \leqslant 0.8$	0.15	1.4
大面积压实填土	压实系数大于 0.95，黏粒含量 $\rho_c \geqslant 10\%$ 的粉土	0	1.5
	最大干密度大于 2.1 t/m³ 的级配砂石	0	2.0
粉　土	黏粒含量 $\rho_c \geqslant 10\%$ 的粉土	0.3	1.5
	黏粒含量 $\rho_c < 10\%$ 的粉土	0.5	2.0
e 及 I_L 均小于 0.85 的黏性土		0.3	1.6
粉砂、细砂(不包括很湿与饱和时的稍密状态)		2.0	3.0
中砂、粗砂、砾砂和碎石土		3.0	4.4

注：① 强风化和全风化的岩石，可参照所风化成的相应土类取值，其他状态下的岩石不修正。

② 地基承载力特征值按深层平板载荷试验确定时 η_d 取 0。

③ $a_w = w/w_L$。

表 3-10　承载力系数

土的内摩擦角标准值 φ_k/(°)	M_b	M_d	M_c
0	0	1.00	3.14
2	0.03	1.12	3.32
4	0.06	1.25	3.51
6	0.10	1.39	3.71
8	0.14	1.55	3.93
10	0.18	1.73	4.17
12	0.23	1.94	4.42
14	0.29	2.17	4.69
16	0.36	2.43	5.00
18	0.43	2.72	5.31
20	0.51	3.06	5.66
22	0.61	3.44	6.04
24	0.80	3.87	6.45
26	1.10	4.37	6.90
28	1.40	4.93	7.40
30	1.90	5.59	7.95
32	2.60	6.35	8.55
34	3.40	7.21	9.22
36	4.20	8.25	9.97
38	5.00	9.44	10.80
40	5.80	10.84	11.73

注：φ_k—基底下一倍短边宽度的深度范围内土的内摩擦角标准值。

第四节 土压力计算

挡土墙是指为了防止边坡坍塌失稳，维护边坡稳定而修筑的结构物。例如：支撑建筑物周围填土的挡土墙、地下室的侧墙、边坡挡土墙、桥台等（见图 3-39）。土压力是指挡土墙背后的填土因自重或外荷载作用而对墙背产生的侧向作用力。土压力是挡土墙所承受的主要外荷载，在挡土墙设计时，首先要确定土压力的大小、方向和作用位置。

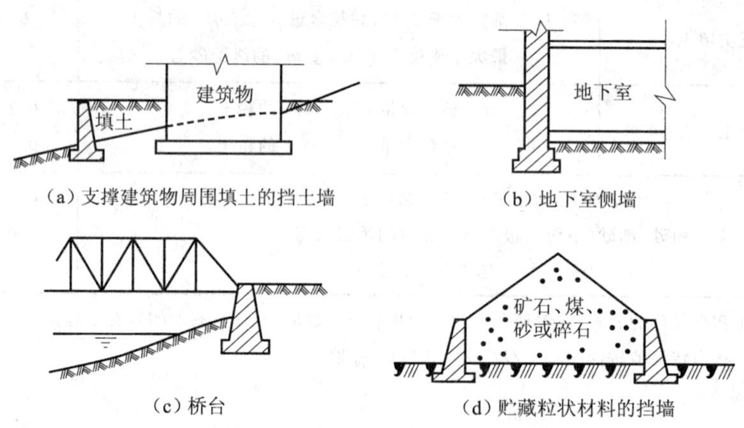

（a）支撑建筑物周围填土的挡土墙　（b）地下室侧墙

（c）桥台　（d）贮藏粒状材料的挡墙

图 3-39　挡土墙应用举例

土压力的计算十分复杂，它不仅与挡土墙的高度、墙背的形状和倾斜度以及粗糙度、墙背后填土的性质、填土面的坡度及受荷情况有关，还与挡土墙的位移情况、墙后土体所处的应力状态有关。

根据挡土墙的位移情况及墙后土体所处的应力状态，把土压力分为主动土压力、被动土压力和静止土压力三种（见图 3-40）。

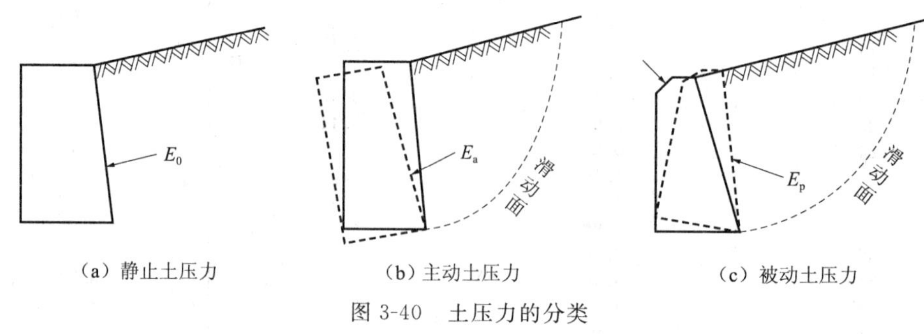

（a）静止土压力　（b）主动土压力　（c）被动土压力

图 3-40　土压力的分类

(1) 静止土压力 E_0。

挡土墙不发生任何方向的移动时，土体作用于墙背上的水平压力即为静止土压力。此时，墙后土体处于弹性平衡状态，没有破坏。

(2) 主动土压力 E_a。

挡土墙向着背离土体的方向移动或转动，使墙后土体达到极限平衡状态时的土压力称为主动土压力。此时，墙后土体处于极限平衡状态，形成滑动面。

(3) 被动土压力 E_p。

挡土墙在外力作用下向着土体的方向移动或转动，使墙后土体达到极限平衡状态时的土压力称为被动土压力。此时，墙后土体处于极限平衡状态，形成滑动面。例如：桥台受桥面上荷载推向土体时，土对桥台产生的侧压力即为被动土压力。

一般按平面应变问题对挡土墙进行受力分析。在土压力计算时，可取单位长度的墙体作为研究对象，求取该长度方向上土压力的大小、方向、分布规律及作用点的位置。土压力的单位是 kN/m。土压力沿墙背高度的分布值称为土压力强度，单位是 kPa。

土压力的计算理论主要有古典的朗肯土压力理论和库伦土压力理论，这两个理论基于不同的假定前提，具有各自的适用条件和范围。但是，由于它们概念明确、方法简便，至今仍被广泛采用。

一、静止土压力计算

对于均质土体，作用在挡土墙背面的静止土压力可视为天然土层的侧向自重应力。如图 3-41 所示，在填土面下任意深度 z 处取一微小单元体，其水平面和垂直面都是主应力面，由前面讲述的自重应力计算可知：

作用在水平面上的是土的竖向自重应力：

$$\sigma_z = \gamma \cdot z \tag{3-62a}$$

作用在竖直面上的是土的水平（侧向）自重应力：

$$\sigma_x = \sigma_0 = K_0 \cdot \gamma \cdot z \tag{3-62b}$$

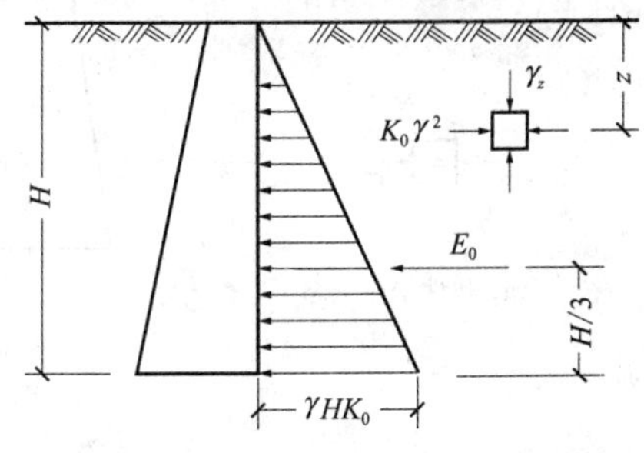

图 3-41　静止土压力强度的分布

式中　K_0——土的静止侧压力系数，可由试验确定或按经验公式 $K_0 = 1 - \sin\varphi'$ 近似计算；

γ——墙背后填土的重度，kN/m³；

σ_x——土的水平自重应力，kPa，即为作用在墙背上的静止土压力强度 σ_0。

由式(3-62b)可知，静止土压力强度 σ_0 沿墙高程三角形分布。取单位长度的墙体，则作用在墙背上的静止土压力为：

$$E_0 = \frac{1}{2}\gamma \cdot H^2 \cdot K_0 \tag{3-63}$$

式中　H——挡土墙的高度,m。

可见,静止土压力的大小即为静止土压力强度三角形分布图的面积,其作用点位于墙底以上 $H/3$ 处。

在实际工程中,地下室的侧墙、岩基上的挡土墙、拱座、水闸或船闸的边墙、地下水池侧壁、涵洞的侧壁等,这些墙体几乎不会发生位移,作用在墙背上的土压力可按静止土压力计算。

二、朗肯土压力理论

朗肯土压力理论是根据半空间的应力状态和土的极限平衡条件得出的土压力计算方法。

1. 基本原理

1) 半空间的应力状态

(1) 土体处于弹性平衡状态。

图 3-42(a)表示地表为水平面的均质弹性半空间,设土的重度为 γ。当整个土体处于静止状态时,各点都处于弹性平衡状态。在距地表 z 处取一单元体,则单元体水平截面上的法向应力等于该处土的竖向自重应力 $\sigma_z = \gamma \cdot z$,竖直截面上的法向应力等于该处土的侧向自重应力 $\sigma_x = K_0 \cdot \gamma \cdot z$,并且竖直和水平截面上的剪应力都为零。此时该点处的应力状态可用图 3-43 中的莫尔圆Ⅰ来表示。

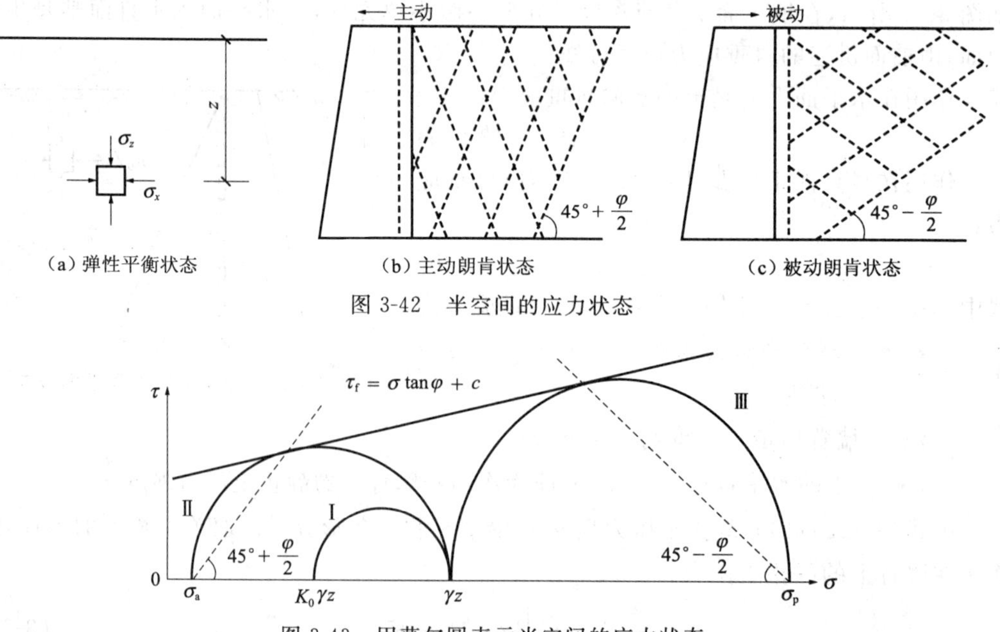

图 3-42　半空间的应力状态

图 3-43　用莫尔圆表示半空间的应力状态

(2) 主动朗肯状态。

假设用墙背垂直且光滑的挡土墙代替弹性半空间左边的土体(见图 3-42b)。如果挡土墙向左水平移动,则右半部分土体将沿水平方向伸展。在距地表 z 处所取单元体水平截面上的法向应力 σ_z 将保持不变而竖直截面上的法向应力 σ_x 将逐渐减少,直至满足极限平衡条件为止。此时,该单元的大主应力为 σ_z,小主应力为 σ_x,可用图 3-43 中的莫尔圆Ⅱ来表示,且莫尔圆与莫尔破坏包线相切。若墙体继续移动,只能造成塑性流动,而不改变其应力状态。该状态也称为主动朗肯状态,这时的 σ_x 达到最小值记为 σ_a。滑动面与水平面的夹角为 $45°+\varphi/2$。

(3) 被动朗肯状态。

如图 3-42(c)所示,如果挡土墙向右水平移动,则右半部分土体将沿水平方向压缩。在距地表 z 处所取单元体水平截面上的法向应力 σ_z 将保持不变而竖直截面上的法向应力 σ_x 将逐渐增大,直至满足极限平衡条件为止。此时,该单元的大主应力为 σ_x,小主应力为 σ_z,可用图 3-43 中的莫尔圆Ⅲ来表示。该状态也称为被动朗肯状态,这时的 σ_x 达到最大值记为 σ_p。滑动面与水平面的夹角为 $45°-\varphi/2$。

2) 朗肯理论的基本假定

显然,根据土压力的分类,当土体处于主动朗肯状态时,作用于挡土墙背上的土压力为主动土压力,σ_a 为主动土压力强度,其大小可由极限平衡条件求得。当土体处于被动朗肯状态时,作用于挡土墙背上的土压力为被动土压力,σ_p 为被动土压力强度,其大小同样也可由极限平衡条件求得。由此可以推导出主动和被动土压力的计算公式。为了满足墙背与土体接触面上剪应力为零的应力边界条件以及产生主动或被动朗肯状态的变形边界条件(水平应变为零),朗肯理论做了挡土墙墙背垂直、光滑、填土表面水平的基本假定。

2. 主动土压力计算

由土的强度理论可知,当土体中某点处于极限平衡状态时,黏性土的极限平衡条件为:

$$\sigma_1=\sigma_3\tan^2\left(45°+\frac{\varphi}{2}\right)+2c\tan\left(45°+\frac{\varphi}{2}\right) \tag{3-64a}$$

或

$$\sigma_3=\sigma_1\tan^2\left(45°-\frac{\varphi}{2}\right)-2c\tan\left(45°-\frac{\varphi}{2}\right) \tag{3-64b}$$

无黏性土的极限平衡条件为:

$$\sigma_1=\sigma_3\tan^2\left(45°+\frac{\varphi}{2}\right) \tag{3-65a}$$

或

$$\sigma_3=\sigma_1\tan^2\left(45°-\frac{\varphi}{2}\right) \tag{3-65b}$$

1）无黏性土的主动土压力计算

图 3-44 所示的挡土墙，假设墙背光滑、直立、填土面水平。当挡土墙向偏离土体的方向移动时，墙后土体中任意深度处的竖向应力不变，水平应力逐渐减少，直到达到主动朗肯状态。此时，大主应力 $\sigma_1=\sigma_z=\gamma\cdot z$，小主应力 $\sigma_3=\sigma_a$ 即主动土压力强度，由极限平衡条件式(3-65b)可得到作用于墙背的主动土压力强度为：

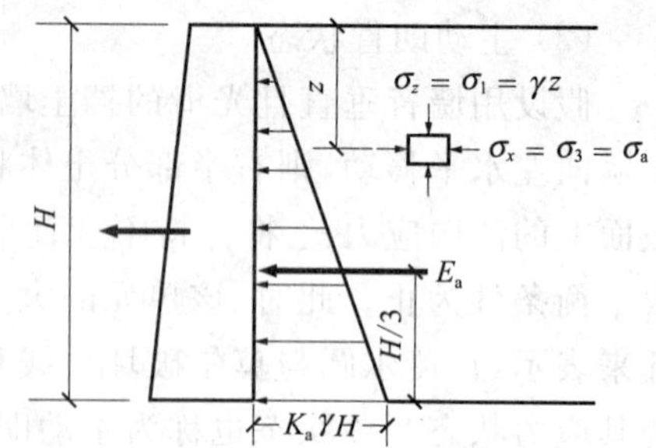

图 3-44　无黏性土的主动土压力强度分布

$$\sigma_a=\gamma z\tan^2\left(45°-\frac{\varphi}{2}\right)\tag{3-66a}$$

或

$$\sigma_a=K_a\gamma z\tag{3-66b}$$

式中　K_a—— 朗肯主动土压力系数，$K_a=\tan^2\left(45°-\frac{\varphi}{2}\right)$；

γ——墙后土体的重度，kN/m³；

z——计算点距离土体表面的距离，m；

φ——墙后土体内摩擦角，(°)。

由式(3-66)可知：无黏性土的主动土压力强度 σ_a 与深度 z 成正比，沿墙高呈三角形分布，作用于单位长度墙背上的主动土压力大小为：

$$E_a=\frac{\gamma H^2}{2}K_a\tag{3-67}$$

其中，E_a 垂直于墙背，通过三角形土压力强度分布图的形心，作用点在距墙底 $H/3$ 处。

2）黏性土的主动土压力计算

同无黏性土，当墙后土体为黏性土时，由式(3-64b)可知作用于墙背的主动土压力强度为：

$$\sigma_a=\gamma z\tan^2\left(45°-\frac{\varphi}{2}\right)-2c\tan\left(45°-\frac{\varphi}{2}\right)\tag{3-68a}$$

或

$$\sigma_a=K_a\gamma z-2c\sqrt{K_a}\tag{3-68b}$$

式中　c——墙后土的黏聚力，kPa。

由式(3-68)可知，黏性土的主动土压力强度可能为负值，即对墙背产生拉力作用。实际上墙与土在很小的拉力作用下就会分离，因此，在计算土压力时，这部分不应计算在内，如图 3-45 所示，土压力分布仅是 abc 部分。a 点离土体表面的深度 z_0 称为临界深度，可令(3-68b)中 $\sigma_a=0$ 求得，即由 $\sigma_a=K_a\gamma z-2c\sqrt{K_a}=0$ 得到：

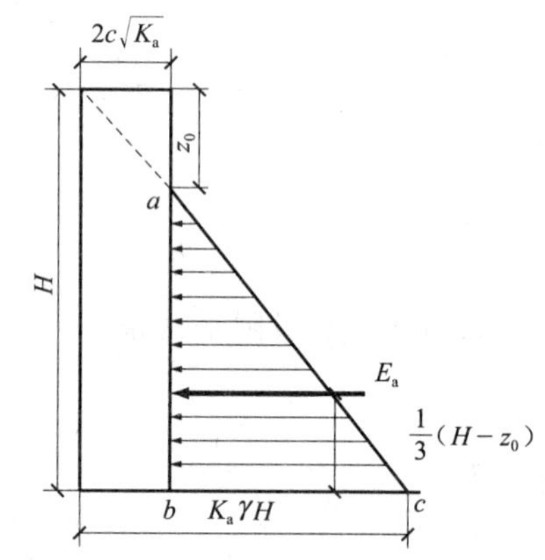

图 3-45　黏性土的主动土压力强度分布

$$z_0 = \frac{2c}{\gamma\sqrt{K_a}} \tag{3-69}$$

则作用于单位长度墙背上的主动土压力大小为：

$$E_a = \frac{1}{2}(\gamma H K_a - 2c\sqrt{K_a})(H - z_0) = \frac{1}{2}\gamma H^2 K_a - 2cH\sqrt{K_a} + \frac{2c^2}{\gamma} \tag{3-70}$$

其中，E_a 通过三角形土压力强度分布图 abc 的形心，作用点位于墙底以上 $\frac{1}{3}(H - z_0)$ 处。

3. 被动土压力计算

1）无黏性土的被动土压力计算

对图 3-46 所示的挡土墙，假设墙背光滑、直立、填土面水平。当挡土墙向土体方向移动时，墙后土体中任意深度处的竖向应力不变，水平应力逐渐增大，直到达到被动朗肯状态。此时，小主应力 $\sigma_3 = \sigma_z = \gamma \cdot z$，大主应力 $\sigma_1 = \sigma_p$ 即被动土压力强度，由极限平衡条件式(3-65a)可得到作用于墙背的被动土压力强度为：

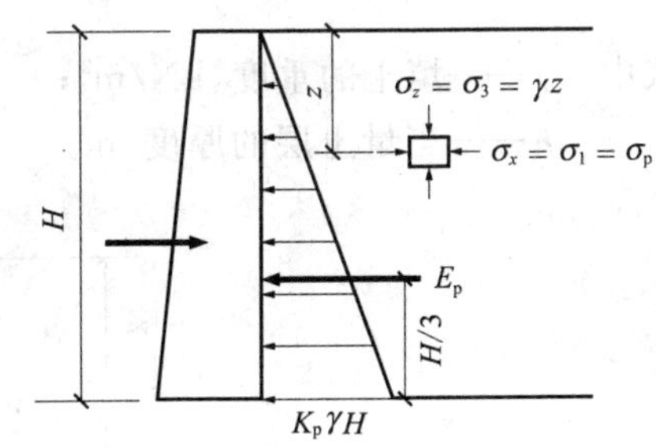

图 3-46　无黏性土的被动土压力强度分布

$$\sigma_p = \gamma z \tan^2\left(45° + \frac{\varphi}{2}\right) = \gamma z K_p \tag{3-71}$$

式中　K_p—— 朗肯被动土压力系数，$K_p = \tan^2\left(45° + \frac{\varphi}{2}\right)$。

由上式可知，无黏性土的被动土压力强度 σ_p 与深度 z 成正比，沿墙高呈三角形分布。作用于单位长度墙背上的主动土压力大小为：

$$E_p = \frac{\gamma H^2}{2} K_p \tag{3-72}$$

其中，E_p 垂直于墙背，通过三角形土压力强度的形心，作用点在距墙底 $\frac{H}{3}$ 处。

2）黏性土的被动土压力计算

同无黏性土，当墙后土体为黏性土时，由式(3-64a)可知作用于墙背的被动土压力强度为：

$$\sigma_p = \gamma z \tan^2\left(45° + \frac{\varphi}{2}\right) + 2c\tan\left(45° + \frac{\varphi}{2}\right) \tag{3-73}$$

$$= \gamma z K_p + 2c\sqrt{K_p}$$

由上式可知，黏性土的被动土压力强度 σ_p 沿墙高呈梯形分布(见图 3-47)。作用于单位长度墙背上的主动土压力大小为：

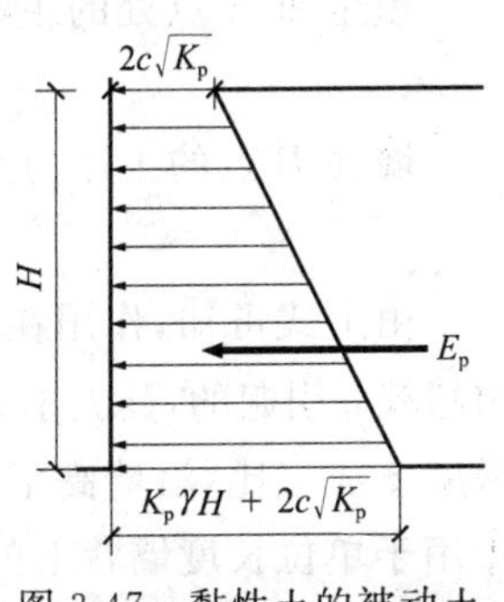

图 3-47　黏性土的被动土压力强度分布

$$E_p = \frac{1}{2}\gamma H^2 K_p + 2cH\sqrt{K_p} \tag{3-74}$$

其中，E_p 的作用方向垂直于墙背，作用点通过梯形土压力强度分布图的形心。

4. 特殊情况下的朗肯主动土压力计算

1）有超载时的主动土压力计算

当挡土墙后土体高于墙顶或墙后土体面上有分布荷载时，在土体面上形成了超载。当挡土墙后有连续均布超载 q 作用时，通常先将均布超载 q 换算成当量的土重，即用假想的土重代替均布超载（见图 3-48），再以 $A'B$ 为墙背，按填土面无荷载的情况计算土压力。当量土层的厚度为：

$$h = q/\gamma \tag{3-75}$$

式中 γ——填土的重度，kN/m^3；

h——当量土层的厚度，m。

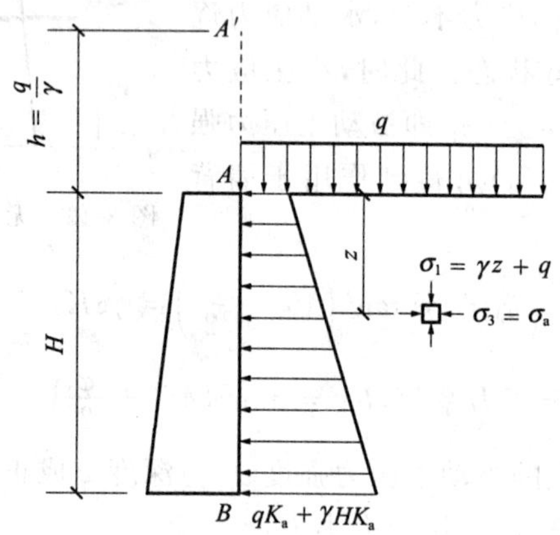

图 3-48　有超载时的主动土压力

假定墙后土体为无黏性土，墙背垂直、光滑、填土面水平，有超载 q 作用（见图 3-48），则填土面下任意深度 z 处的大主应力 $\sigma_1 = \sigma_z = \gamma(z+h) = \gamma z + q$，小主应力 $\sigma_3 = \sigma_a$，根据极限平衡条件可知：

填土面 A 点处的主动土压力强度：

$$\sigma_{aA} = \gamma \cdot (0+h)K_a = qK_a \tag{3-76a}$$

墙底 B 点的土压力强度：

$$\sigma_{aB} = \gamma(H+h)K_a = qK_a + \gamma HK_a \tag{3-76b}$$

由上式可知，作用在墙背上的主动土压力强度 σ_a 由两部分组成：一部分是由连续均匀超载 q 引起的，其大小 qK_a，沿墙高均匀分布；另一部分是由土重引起的，大小为 γzK_a，与深度 z 成正比，沿墙高呈三角形分布。因此，实际的主动土压力强度沿墙高呈梯形分布。作用于单位长度墙背上的主动土压力大小为：

$$E_a = qHK_a + \frac{1}{2}\gamma H^2 K_a \tag{3-76c}$$

其中，E_a 的作用方向垂直于墙背，作用点通过梯形土压力强度分布图的形心。

2）成层填土的主动土压力计算

很多情况下，挡土墙后的土体并非均质土而是成层土。如图 3-49 所示，墙后填土由物理力学性质不同的成层无黏性土构成，即 $c_1 = c_2 = 0$。在计算土压力时，对于第一层按均质土计算，与前面相同，即

第一层顶面 A 点处的主动土压力强度：

$$\sigma_{aA} = \gamma_1 \cdot 0 \cdot K_{a1} = 0 \tag{3-77a}$$

第一层底面 B 点处的土压力强度：

$$\sigma_{aB} = \gamma_1 h_1 K_{a1} \tag{3-77b}$$

式中　K_{a1}——第一层土的朗肯主动土压力系数，$K_{a1} = \tan^2\left(45° - \dfrac{\varphi_1}{2}\right)$；

γ_1——墙后第一层土的重度，kN/m³；

h_1——墙后第一层土的厚度，m；

φ_1——墙后第一层土的内摩擦角，(°)。

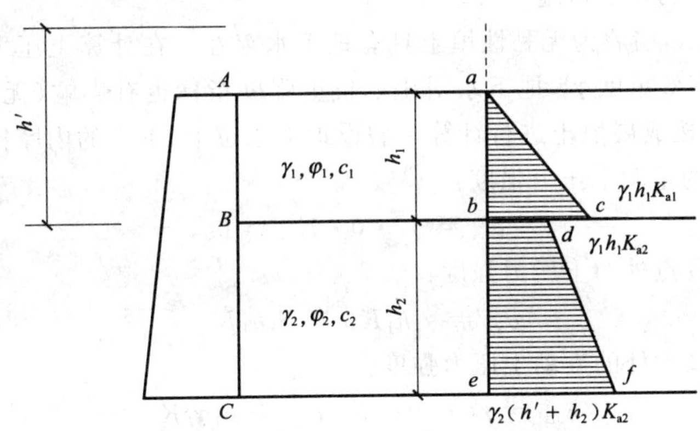

图 3-49　成层土的主动土压力

其中，第一层的土压力强度分布图为图 3-49 中的 abc 部分。计算第二层土压力时，先将第一层土看做作用在第二层土上的连续均布超载 $q = \gamma_1 h_1$，然后将超载换算成与第二层土相同的当量土层，当量土层的厚度为 $h' = h_1\gamma_1/\gamma_2$，再以 $h' + h_2$ 为墙高，按均质土进行计算，即

第二层顶面 B 点处的主动土压力强度：

$$\sigma_{aB} = \gamma_2 \cdot (0 + h')K_{a2} = qK_{a2} = h_1\gamma_1 K_{a2} \tag{3-77c}$$

第二层底面 C 点处的土压力强度：

$$\sigma_{aC} = \gamma_2(h' + h_2)K_{a2} = \gamma_1 h_1 K_{a2} + \gamma_2 h_2 K_{a2} \tag{3-77d}$$

式中　K_{a2}——第二层土的朗肯主动土压力系数，$K_{a2} = \tan^2\left(45° - \dfrac{\varphi_2}{2}\right)$；

γ_2——墙后第二层土的重度，kN/m³；

h_2——墙后第二层土的厚度，m；

φ_2——墙后第二层土的内摩擦角，(°)。

如果 $\varphi_1 < \varphi_2$，则 $h_1\gamma_1 K_{a1} > h_1\gamma_1 K_{a2}$，第二层的土压力强度分布图为图 3-49 中的 $befd$ 部分。则作用于单位长度墙背上的主动土压力大小为两部分面积之和，即

$$E_a = E_{a1} + E_{a2} = \frac{1}{2}\gamma_1 h_1^2 K_{a1} + \frac{1}{2}(2\gamma_1 h_1 K_{a2} + \gamma_2 h_2 K_{a2}) \cdot h_2 \tag{3-78}$$

其中，E_a 的作用方向垂直于墙背，作用点通过 $abefdc$ 土压力强度分布图的形心。

由式(3-77)可知，在计算成层土的主动或被动土压力系数时，应采用计算点所在土层的黏聚力和内摩擦角。由于各层填土的物理力学性质指标不同，使得土压力强度分布在土层交界面上出现转折。

3）墙后填土有地下水时的主动土压力计算

当挡土墙后土体部分位于地下水位以下时，应考虑地下水及其变化对土压力的影响。一般来说，地下水的存在将使土体的含水量增加、抗剪强度降低、侧压力增大，因此，挡土墙应该有良好的排水措施。

如图 3-50 所示，墙后为无黏性填土且有地下水存在。在计算土压力时，地下水位以下的土体应采用有效重度 γ'，地下水对土的抗剪强度指标也有影响（无黏性土可忽略）。此时，墙后土体可按成层填土进行计算。假设地下水位上、下土的内摩擦角 φ 相同，则第一层顶面 A 点处的主动土压力强度：

$$\sigma_{aA} = \gamma_1 \cdot 0 \cdot K_{a1} = 0 \tag{3-79a}$$

第一层底面 B 点处的土压力强度：

$$\sigma_{aB} = \gamma_1 h_1 K_{a1} = \gamma_1 h_1 K_a \tag{3-79b}$$

第二层顶面 B 点处的主动土压力强度：

$$\sigma_{aB} = \gamma_2' \cdot (0 + h')K_{a2} = h_1\gamma_1 K_a \tag{3-79c}$$

第二层底面 C 点处的土压力强度：

$$\sigma_{aC} = \gamma_2'(h' + h_2)K_{a2} = \gamma_1 h_1 K_a + \gamma_2' h_2 K_a \tag{3-79d}$$

式中 K_{a1}——第一层土的朗肯主动土压力系数，$K_{a1} = \tan^2\left(45° - \frac{\varphi}{2}\right) = K_a$；

K_{a2}——第二层土的朗肯主动土压力系数，$K_{a2} = \tan^2\left(45° - \frac{\varphi}{2}\right) = K_a$；

γ_1——墙后地下水位以上土的重度，kN/m³；

γ_2'——墙后地下水位以下土的浮重度，kN/m³；

h_1——墙后地下水位以上土的厚度，m；

h_2——墙后地下水位以下土的厚度，m；

φ——墙后填土的内摩擦角，(°)。

土压力强度分布图为图 3-50 中的 $abefc$ 部分，则作用于单位长度墙背上的主动土压

力大小为两部分面积之和，即

$$E_a = E_{a1} + E_{a2} = \frac{1}{2}\gamma_1 h_1^2 K_a + \frac{1}{2}(2\gamma_1 h_1 K_a + \gamma_2' h_2 K_a) h_2 \tag{3-80}$$

其中，E_a 的作用方向垂直于墙背，作用点通过 $abefc$ 土压力强度分布图的形心。

挡土墙除了受土压力作用外，还受静水压力的作用，静水压力的分布见图 3-50，则作用在挡土墙上的总侧压力为：

$$E = E_a + E_{a3} = \frac{1}{2}\gamma_1 h_1^2 K_a + \frac{1}{2}(2\gamma_1 h_1 K_a + \gamma_2' h_2 K_a) h_2 + \frac{1}{2}\gamma_w h_2^2 \tag{3-81}$$

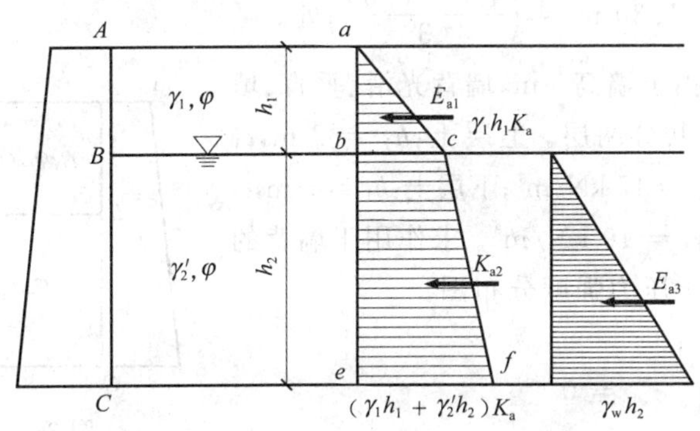

图 3-50　有地下水时的主动土压力

对于粉土和黏性土，一般采用水土合算的原则，地下水位以下采用饱和重度，抗剪强度指标采用固结不排水总应力抗剪强度指标标准值。

【例题 3-5】　有一挡土墙高 4.6 m，墙背竖直、光滑，水平填土面上有超载 $q = 18$ kPa，墙后填土黏聚力 $c = 10$ kPa，内摩擦角 $\varphi = 24°$，重度 $\gamma = 18.4$ kN/m^3，求作用于墙背的主动土压力强度分布，绘出分布图，并求 E_a 值。

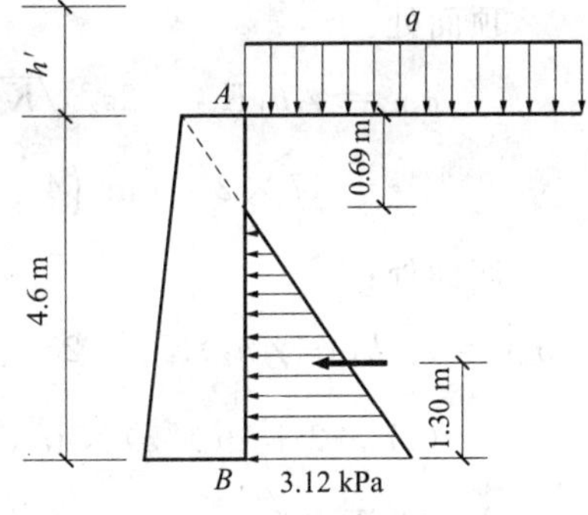

图 3-51　例题 3-5 用图

【解】　由题意知：

主动土压力系数为：

$$K_a = \tan^2\left(45° - \frac{\varphi}{2}\right) = \tan^2\left(45° - \frac{24°}{2}\right) = 0.42$$

当量土层的厚度为：

$$h' = \frac{q}{\gamma} = \frac{18}{18.4} = 0.98 \text{ m}$$

墙顶面处的土压力强度为：

$$\begin{aligned}\sigma_A &= \gamma(z + h')K_a - 2c\sqrt{K_a} \\ &= 18.4 \times (0 + 0.98) \times 0.42 - 2 \times 10 \times 0.65 = -5.43 \text{ kPa}\end{aligned}$$

墙底面处的土压力强度为：

$$\sigma_B = \gamma(z + h')K_a - 2c\sqrt{K_a}$$
$$= 18.4 \times (4.6 + 0.98) \times 0.42 - 2 \times 10 \times 0.65 = 30.12 \text{ kPa}$$

临界深度为：

$$z_0 = \frac{2c}{\gamma\sqrt{K_a}} - h' = \frac{2 \times 10}{18.4 \times 0.65} - 0.98 = 0.69 \text{ m}$$

主动土压力为：

$$E_a = \frac{1}{2} \times 30.12 \times (4.6 - 0.69) = 58.88 \text{ kN/m}$$

作用点在距墙底 1.30 m $= \left(\frac{4.6 - 0.69}{3}\right)$处。

【例题 3-6】 某挡土墙高 5 m，墙背光滑、垂直、填土面水平。墙后填土共分两层。上层土：$h_1 = 2$ m，$c_1 = 0$ kPa，$\varphi_1 = 32°$，$\gamma_1 = 17$ kN/m³；下层土：$h_1 = 3$ m，$c_2 = 10$ kPa，$\varphi_2 = 16°$，$\gamma_2 = 19$ kN/m³。求作用于墙背的主动土压力，并绘出土压力强度分布图。

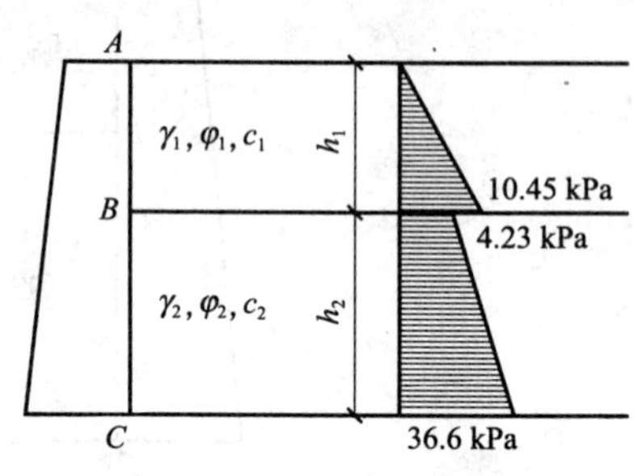

图 3-52　例题 3-6 用图

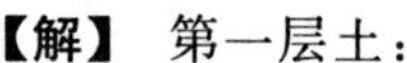

【解】 第一层土：

顶面处：　　$\sigma_{aA} = 0$

底面处：

$$\sigma_{aB} = \gamma_1 h_1 K_{a1} = 17 \times 2 \times \tan^2\left(45° - \frac{32°}{2}\right) = 10.45 \text{ kPa}$$

第二层土：

顶面处：

$$\sigma_{aB} = \gamma_1 h_1 K_{a2} - 2c_2\sqrt{K_{a2}}$$
$$= 17 \times 2 \times \tan^2\left(45° - \frac{16°}{2}\right) - 2 \times 10 \times \tan\left(45° - \frac{16°}{2}\right) = 4.24 \text{ kPa}$$

底面处：

$$\sigma_{aC} = (\gamma_1 h_1 + \gamma_2 h_2)K_{a2} - 2c_2\sqrt{K_{a2}}$$
$$= (17 \times 2 + 19 \times 3) \times \tan^2\left(45° - \frac{16°}{2}\right) - 2 \times 10 \times \tan\left(45° - \frac{16°}{2}\right) = 36.60 \text{ kPa}$$

主动土压力为：

$$E_a = \frac{1}{2} \times 2 \times 10.45 + \frac{1}{2} \times 3 \times (4.24 + 36.6) = 71.71 \text{ kN/m}$$

【例题 3-7】 已知挡土墙高 6 m，墙背垂直、光滑，填土面水平。墙后填土为中砂，重度 $\gamma = 18$ kN/m³，饱和度为 $\gamma_{sat} = 20$ kN/m³，$\varphi = 30°$，地下水位离墙顶 4 m。试计算作用于挡土墙墙背的总侧压力的大小。

【解】 总侧压力为土压力与水压力之和，分水上和水下两部分计算，水下部分包括水压力。

挡墙顶面处：$$\sigma_{aA}=0$$

分界面处：$$\sigma_{aB}=\gamma h_1 K_a=18\times4\times\tan^2\left(45^\circ-\frac{30^\circ}{2}\right)=24\ \text{kPa}$$

挡墙底面处：

$$\sigma_{aC}=\gamma h_1 K_a+\gamma' h_2 K_a$$

$$=18\times4\times\tan^2\left(45^\circ-\frac{30^\circ}{2}\right)+(20-10)\times2\times\tan^2\left(45^\circ-\frac{30^\circ}{2}\right)=30.7\ \text{kPa}$$

水上部分土压力：$$E_{a1}=\frac{1}{2}\times24\times4=48\ \text{kN/m}$$

水下部分土压力：$$E_{a2}=\frac{1}{2}\times2\times(24+30.7)=54.7\ \text{kN/m}$$

水下部分水压力：$$E_{a3}=\frac{1}{2}\times2\times10\times2=20\ \text{kN/m}$$

总侧压力：$$E_a=48+54.7+20=122.7\ \text{kN/m}$$

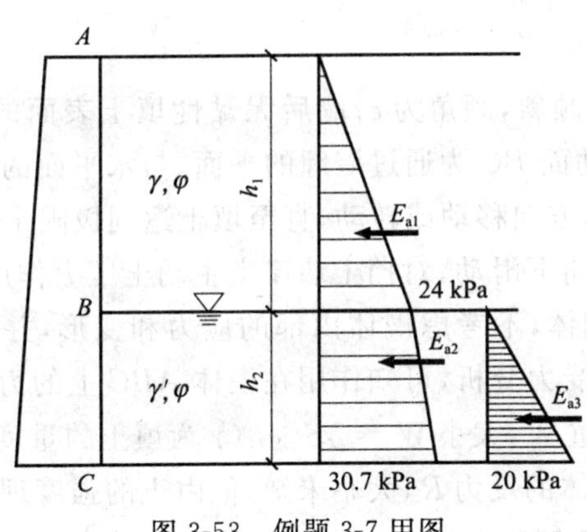

图 3-53　例题 3-7 用图

三、库伦土压力理论

库伦土压力理论是根据滑动楔体的静力平衡条件和土的极限平衡条件得出的另一种土压力计算方法。

1. 基本原理

如图 3-54 所示，墙后土体处于极限平衡状态，墙背 AB 与滑动面 BC 形成一滑动楔体 ABC，根据楔体的静力平衡条件，可求出挡土墙对滑动土楔的作用力 E，由作用力与反作用力原理可知，作用在墙背上的主动土压力 E_a 与 E 大小相等、方向相反。

库伦土压力理论基本假定：

(1) 墙后填土是均质的无黏性土；

(2) 挡土墙是刚性的；

(3) 滑动面为通过墙踵的平面；

(4) 滑动楔体视为刚体。

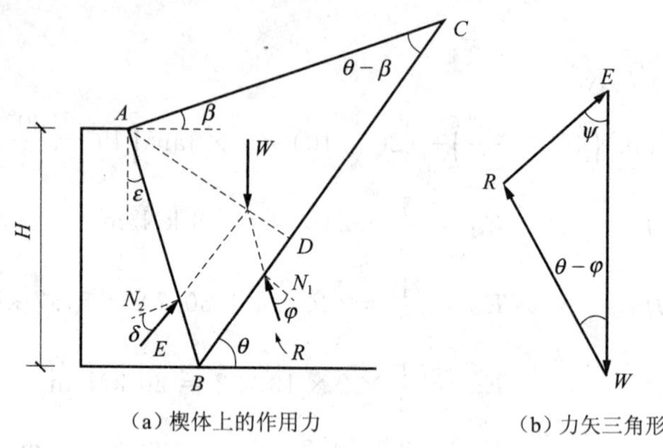

(a) 楔体上的作用力　　(b) 力矢三角形

图 3-54　库伦主动土压力计算简图

2. 主动土压力计算

由图 3-54 可知：墙背倾斜，倾角为 ε；墙后无黏性填土表面的倾角为 β；墙背粗糙，与填土间的摩擦角为 δ；滑动面 BC 为通过墙踵的平面，与水平面的夹角假定为 θ。

挡土墙向偏离土体的方向移动或转动，直至填土达到极限平衡状态，沿滑动面 BC 破坏，此时，滑动楔体 ABC 向下滑动，对挡土墙产生主动土压力作用。

若将滑动楔体视为刚体，不考虑楔体内部的应力和变形，并沿墙取单位长度滑动楔体 ABC 作为隔离体进行受力分析，可知作用在楔体 ABC 上的力有三个：

(1) 楔体 ABC 的自重 W，大小 $W=\gamma S_{\Delta ABC}$（γ 为填土的重度），方向向下；

(2) 滑动面 BC 对楔体的反力 R，大小未知，但由土的强度理论可以确定 R 与滑动面 BC 的法线 N_1 之间的夹角等于土的内摩擦角 φ，由于楔体向下滑动，R 位于 N_1 下方；

(3) 墙背对楔体的反力 E，大小未知，E 与墙背 AB 的法线 N_2 之间的夹角为 δ，位于 N_2 下方。

楔体 ABC 在以上三个力作用下处于静力平衡状态，则这三个力必定交于一点，并构成一个闭合的力矢三角形（见图 3-54b）。其中，W 与 E 之间的夹角 $\psi=90°-\delta-\varepsilon$；$W$ 与 R 之间的夹角为 $\theta-\varphi$。对于力矢三角形，由正弦定理可得：

$$\frac{E}{\sin(\theta-\varphi)}=\frac{W}{\sin[180°-(\theta-\varphi+\psi)]} \tag{3-82a}$$

楔体自重：

$$W=\gamma\cdot S_{\Delta ABC}=\frac{1}{2}\gamma\,\overline{BC}\cdot\overline{AD}$$

在三角形 ABC 中，利用正弦定理可得：

$$\overline{BC}=H\cos(\varepsilon-\beta)/[\sin(\theta-\beta)\cos\varepsilon]$$

$$\overline{AD}=H\cos(\theta-\varepsilon)/\cos\varepsilon$$

从而可以得到：

$$E=\frac{\gamma H^2}{2}\frac{\cos(\varepsilon-\beta)\cdot\cos(\theta-\varepsilon)\sin(\theta-\varphi)}{\cos^2\varepsilon\cdot\sin(\theta-\beta)\sin(\theta-\varphi-\psi)} \tag{3-82b}$$

在上式中，θ 是假设的滑动面与水平面的夹角，它不一定是真正的滑动面。当土体滑动时，土压力应该对应 E 的最大值，所以对上式求极值，即 $\frac{dE}{d\theta}=0$，可求出 E 为最大值时的破坏角 θ_{cr}，再将 θ_{cr} 代入式(3-82b)，即可求出 E_{max}，它与土压力大小相等、方向相反，从而得出库伦主动土压力的一般表达式。

若令

$$K_a=\frac{\cos^2(\varphi-\varepsilon)}{\cos^2\varepsilon\cdot\cos(\varepsilon+\delta)\left[1+\sqrt{\frac{\sin(\varphi+\delta)\cdot\sin(\varphi-\beta)}{\cos(\varepsilon+\delta)\cdot\cos(\varepsilon-\beta)}}\right]^2}$$

则

$$E_a=\frac{1}{2}\gamma H^2K_a \tag{3-83}$$

式中　K_a——库伦主动土压力系数，可查表 3-11 确定。

表 3-11　库伦主动土压力系数 K_a 值

δ	ε	β \ φ	15°	20°	25°	30°	35°	40°	45°	50°
0°	−20°	0°	0.497	0.380	0.287	0.212	0.153	0.106	0.070	0.043
		5°	0.535	0.405	0.302	0.222	0.159	0.110	0.072	0.044
		10°	0.595	0.439	0.323	0.234	0.166	0.114	0.074	0.045
		15°	0.809	0.494	0.352	0.250	0.175	0.119	0.076	0.046
		20°		0.707	0.401	0.274	0.188	0.125	0.080	0.047
		25°			0.603	0.316	0.206	0.134	0.084	0.049
		30°				0.498	0.239	0.147	0.090	0.051
		35°					0.396	0.172	0.099	0.055
		40°						0.301	0.116	0.060
	−10°	0°	0.540	0.433	0.344	0.270	0.209	0.158	0.117	0.083
		5°	0.581	0.461	0.364	0.284	0.218	0.164	0.120	0.085
		10°	0.644	0.500	0.389	0.301	0.229	0.171	0.125	0.088
		15°	0.860	0.562	0.425	0.322	0.243	0.180	0.130	0.090
		20°		0.785	0.482	0.353	0.261	0.190	0.136	0.094
		25°			0.703	0.405	0.287	0.205	0.144	0.098
		30°				0.614	0.331	0.226	0.155	0.104
		35°					0.523	0.263	0.171	0.111
		40°						0.433	0.200	0.123

续表 3-11

δ	ε	β \ φ	15°	20°	25°	30°	35°	40°	45°	50°
		0°	0.589	0.490	0.406	0.333	0.271	0.217	0.172	0.132
		5°	0.635	0.524	0.431	0.352	0.284	0.227	0.178	0.137
		10°	0.704	0.569	0.462	0.374	0.300	0.238	0.186	0.142
		15°	0.933	0.639	0.505	0.402	0.319	0.251	0.194	0.147
	0°	20°		0.883	0.573	0.441	0.344	0.267	0.204	0.154
		25°			0.821	0.505	0.379	0.288	0.217	0.162
		30°				0.750	0.436	0.318	0.235	0.172
		35°					0.671	0.369	0.260	0.186
		40°						0.587	0.303	0.206
		0°	0.652	0.560	0.478	0.407	0.343	0.288	0.238	0.194
		5°	0.705	0.601	0.510	0.431	0.362	0.302	0.249	0.202
		10°	0.784	0.655	0.550	0.461	0.384	0.318	0.261	0.211
		15°	1.039	0.737	0.603	0.498	0.411	0.337	0.274	0.221
0°	10°	20°		1.015	0.685	0.548	0.444	0.360	0.291	0.231
		25°			0.977	0.628	0.491	0.391	0.311	0.245
		30°				0.925	0.566	0.433	0.337	0.262
		35°					0.860	0.502	0.374	0.284
		40°						0.785	0.437	0.316
		0°	0.736	0.648	0.569	0.498	0.434	0.375	0.322	0.274
		5°	0.801	0.700	0.611	0.532	0.461	0.397	0.340	0.288
		10°	0.896	0.768	0.663	0.572	0.492	0.421	0.358	0.302
		15°	1.196	0.868	0.730	0.621	0.529	0.450	0.380	0.318
	20°	20°		1.205	0.834	0.688	0.576	0.484	0.405	0.337
		25°			1.196	0.791	0.639	0.527	0.435	0.358
		30°				1.169	0.740	0.586	0.474	0.385
		35°					1.124	0.683	0.529	0.420
		40°						1.064	0.620	0.469
		0°	0.457	0.352	0.267	0.199	0.144	0.101	0.067	0.041
		5°	0.496	0.376	0.282	0.208	0.150	0.104	0.068	0.042
		10°	0.557	0.410	0.302	0.220	0.157	0.108	0.070	0.043
		15°	0.787	0.466	0.331	0.236	0.165	0.112	0.073	0.044
5°	−20°	20°		0.688	0.380	0.259	0.178	0.119	0.076	0.045
		25°			0.586	0.300	0.196	0.127	0.080	0.047
		30°				0.484	0.228	0.140	0.085	0.049
		35°					0.386	0.165	0.094	0.052
		40°						0.293	0.111	0.058

续表 3-11

δ	ε	β \ φ	15°	20°	25°	30°	35°	40°	45°	50°
5°	−10°	0°	0.503	0.406	0.324	0.256	0.199	0.151	0.112	0.080
		5°	0.546	0.434	0.344	0.269	0.208	0.157	0.116	0.082
		10°	0.612	0.474	0.369	0.286	0.219	0.164	0.120	0.085
		15°	0.850	0.537	0.405	0.308	0.232	0.172	0.125	0.087
		20°		0.776	0.463	0.339	0.250	0.183	0.131	0.091
		25°			0.695	0.390	0.276	0.197	0.139	0.095
		30°				0.607	0.321	0.218	0.149	0.100
		35°					0.518	0.255	0.166	0.108
		40°						0.428	0.195	0.120
	0°	0°	0.556	0.465	0.387	0.319	0.260	0.210	0.166	0.129
		5°	0.605	0.500	0.412	0.337	0.274	0.219	0.173	0.133
		10°	0.680	0.547	0.444	0.360	0.289	0.230	0.180	0.138
		15°	0.937	0.620	0.488	0.388	0.308	0.243	0.189	0.144
		20°		0.886	0.558	0.428	0.333	0.259	0.199	0.150
		25°			0.825	0.493	0.369	0.280	0.212	0.158
		30°				0.753	0.428	0.311	0.229	0.168
		35°					0.674	0.363	0.255	0.182
		40°						0.589	0.299	0.202
	10°	0°	0.622	0.536	0.460	0.393	0.333	0.280	0.233	0.191
		5°	0.680	0.579	0.493	0.418	0.352	0.294	0.243	0.199
		10°	0.767	0.636	0.534	0.448	0.374	0.311	0.255	0.207
		15°	1.060	0.725	0.589	0.486	0.401	0.330	0.269	0.217
		20°		1.035	0.676	0.538	0.436	0.354	0.286	0.228
		25°			0.996	0.622	0.484	0.385	0.306	0.242
		30°				0.943	0.563	0.428	0.333	0.259
		35°					0.877	0.500	0.371	0.281
		40°						0.801	0.436	0.314
	20°	0°	0.709	0.627	0.553	0.485	0.424	0.368	0.318	0.271
		5°	0.781	0.680	0.597	0.520	0.452	0.391	0.335	0.285
		10°	0.887	0.755	0.650	0.562	0.484	0.416	0.355	0.300
		15°	1.240	0.866	0.723	0.614	0.523	0.446	0.376	0.316
		20°		1.250	0.835	0.684	0.571	0.480	0.402	0.335
		25°			1.240	0.794	0.639	0.525	0.434	0.357
		30°				1.212	0.746	0.587	0.474	0.385
		35°					1.166	0.689	0.532	0.421
		40°						1.103	0.627	0.472

续表 3-11

δ	ε	β \ φ	15°	20°	25°	30°	35°	40°	45°	50°
10°	−20°	0°	0.427	0.330	0.252	0.188	0.137	0.096	0.064	0.039
		5°	0.466	0.354	0.267	0.197	0.143	0.099	0.066	0.040
		10°	0.529	0.388	0.286	0.209	0.149	0.103	0.068	0.041
		15°	0.772	0.445	0.315	0.225	0.158	0.108	0.070	0.042
		20°		0.675	0.364	0.248	0.170	0.114	0.073	0.044
		25°			0.575	0.288	0.188	0.122	0.077	0.045
		30°				0.475	0.220	0.135	0.082	0.047
		35°					0.378	0.159	0.091	0.051
		40°						0.288	0.108	0.056
	−10°	0°	0.477	0.385	0.309	0.245	0.191	0.146	0.109	0.078
		5°	0.521	0.414	0.329	0.258	0.200	0.152	0.112	0.080
		10°	0.590	0.455	0.354	0.275	0.211	0.159	0.116	0.082
		15°	0.847	0.520	0.390	0.297	0.224	0.167	0.121	0.085
		20°		0.773	0.450	0.328	0.242	0.177	0.127	0.088
		25°			0.692	0.380	0.268	0.191	0.135	0.093
		30°				0.605	0.313	0.212	0.146	0.098
		35°					0.516	0.249	0.162	0.106
		40°						0.426	0.191	0.117
	0°	0°	0.533	0.447	0.373	0.309	0.253	0.204	0.163	0.127
		5°	0.585	0.483	0.398	0.327	0.266	0.214	0.169	0.131
		10°	0.664	0.531	0.431	0.350	0.282	0.225	0.177	0.136
		15°	0.947	0.609	0.476	0.379	0.301	0.238	0.185	0.141
		20°		0.897	0.549	0.420	0.326	0.254	0.195	0.148
		25°			0.834	0.487	0.363	0.275	0.209	0.156
		30°				0.762	0.423	0.306	0.226	0.166
		35°					0.681	0.359	0.252	0.180
		40°						0.596	0.297	0.201
	10°	0°	0.603	0.520	0.448	0.384	0.326	0.275	0.230	0.189
		5°	0.665	0.566	0.482	0.409	0.346	0.290	0.240	0.197
		10°	0.759	0.626	0.524	0.440	0.369	0.307	0.253	0.206
		15°	1.089	0.721	0.582	0.480	0.396	0.326	0.267	0.216
		20°		1.064	0.674	0.534	0.432	0.351	0.284	0.227
		25°			1.024	0.622	0.482	0.382	0.304	0.241
		30°				0.969	0.564	0.427	0.332	0.258
		35°					0.901	0.503	0.371	0.281
		40°						0.823	0.438	0.315

续表 3-11

δ	ε	β \ φ	15°	20°	25°	30°	35°	40°	45°	50°
		0°	0.695	0.615	0.543	0.478	0.419	0.365	0.316	0.271
		5°	0.773	0.674	0.589	0.515	0.448	0.388	0.334	0.285
		10°	0.890	0.752	0.646	0.558	0.482	0.414	0.354	0.300
		15°	1.298	0.872	0.723	0.613	0.522	0.444	0.377	0.317
10°	20°	20°		1.308	0.844	0.687	0.573	0.481	0.403	0.337
		25°			1.298	0.806	0.643	0.528	0.436	0.360
		30°				1.268	0.758	0.594	0.478	0.388
		35°					1.220	0.702	0.539	0.426
		40°						1.155	0.640	0.480
		0°	0.458	0.371	0.298	0.237	0.186	0.142	0.106	0.076
		5°	0.503	0.400	0.318	0.251	0.195	0.148	0.110	0.078
		10°	0.576	0.442	0.344	0.267	0.205	0.155	0.114	0.081
		15°	0.850	0.509	0.380	0.289	0.219	0.163	0.119	0.084
	−10°	20°		0.776	0.441	0.320	0.237	0.174	0.125	0.087
		25°			0.695	0.374	0.263	0.188	0.133	0.091
		30°				0.607	0.308	0.209	0.143	0.097
		35°					0.518	0.246	0.159	0.104
		40°						0.428	0.189	0.116
		0°	0.405	0.314	0.240	0.180	0.132	0.093	0.062	0.038
		5°	0.445	0.338	0.255	0.189	0.137	0.096	0.064	0.039
		10°	0.509	0.372	0.275	0.201	0.144	0.100	0.066	0.040
		15°	0.763	0.429	0.303	0.216	0.152	0.104	0.068	0.041
15°	−20°	20°		0.667	0.352	0.239	0.164	0.110	0.071	0.042
		25°			0.568	0.280	0.182	0.119	0.075	0.044
		30°				0.470	0.214	0.131	0.080	0.046
		35°					0.374	0.155	0.089	0.049
		40°						0.284	0.105	0.055
		0°	0.518	0.434	0.363	0.301	0.248	0.201	0.160	0.125
		5°	0.571	0.471	0.389	0.320	0.261	0.211	0.167	0.130
		10°	0.656	0.522	0.423	0.343	0.277	0.222	0.174	0.135
		15°	0.966	0.603	0.470	0.373	0.297	0.235	0.183	0.140
	0°	20°		0.914	0.546	0.415	0.323	0.251	0.194	0.147
		25°			0.850	0.485	0.360	0.273	0.207	0.155
		30°				0.777	0.422	0.305	0.225	0.165
		35°					0.695	0.359	0.251	0.179
		40°						0.608	0.298	0.200

续表 3-11

δ	ε	β \ φ	15°	20°	25°	30°	35°	40°	45°	50°
15°	10°	0°	0.592	0.511	0.441	0.378	0.323	0.273	0.228	0.189
		5°	0.658	0.559	0.476	0.405	0.343	0.288	0.240	0.197
		10°	0.760	0.623	0.520	0.437	0.366	0.305	0.252	0.206
		15°	1.129	0.723	0.581	0.478	0.395	0.325	0.267	0.216
		20°		1.103	0.679	0.535	0.432	0.351	0.284	0.228
		25°			1.062	0.628	0.484	0.383	0.305	0.242
		30°				1.005	0.571	0.430	0.334	0.260
		35°					0.935	0.509	0.375	0.284
		40°						0.853	0.445	0.319
	20°	0°	0.690	0.611	0.540	0.476	0.419	0.366	0.317	0.273
		5°	0.774	0.673	0.588	0.514	0.449	0.389	0.336	0.287
		10°	0.904	0.757	0.649	0.560	0.484	0.416	0.357	0.303
		15°	1.372	0.889	0.731	0.618	0.526	0.448	0.380	0.321
		20°		1.383	0.862	0.697	0.579	0.486	0.408	0.341
		25°			1.372	0.825	0.655	0.536	0.442	0.365
		30°				1.341	0.778	0.606	0.487	0.395
		35°					1.290	0.722	0.551	0.435
		40°						1.221	0.609	0.492
20°	−20°	0°			0.231	0.174	0.128	0.090	0.061	0.038
		5°			0.246	0.183	0.133	0.094	0.062	0.038
		10°			0.266	0.195	0.140	0.097	0.064	0.039
		15°			0.294	0.210	0.148	0.102	0.067	0.040
		20°			0.344	0.233	0.160	0.108	0.069	0.042
		25°			0.566	0.274	0.178	0.116	0.073	0.043
		30°				0.468	0.210	0.129	0.079	0.045
		35°					0.373	0.153	0.087	0.049
		40°						0.283	0.104	0.054
	−10°	0°			0.291	0.232	0.182	0.140	0.105	0.076
		5°			0.311	0.245	0.191	0.146	0.108	0.078
		10°			0.337	0.262	0.202	0.153	0.113	0.080
		15°			0.374	0.284	0.215	0.161	0.117	0.083
		20°			0.437	0.316	0.233	0.171	0.124	0.086
		25°			0.703	0.371	0.260	0.186	0.131	0.090
		30°				0.614	0.306	0.207	0.142	0.096
		35°					0.524	0.245	0.158	0.103
		40°						0.433	0.188	0.115

续表 3-11

δ	ε	β \ φ	15°	20°	25°	30°	35°	40°	45°	50°
20°	0°	0°			0.357	0.297	0.245	0.199	0.160	0.125
		5°			0.384	0.317	0.259	0.209	0.166	0.130
		10°			0.419	0.340	0.275	0.220	0.174	0.135
		15°			0.467	0.371	0.295	0.234	0.183	0.140
		20°			0.547	0.414	0.322	0.251	0.193	0.147
		25°			0.874	0.487	0.360	0.273	0.207	0.155
		30°				0.798	0.425	0.306	0.225	0.166
		35°					0.714	0.362	0.252	0.180
		40°						0.625	0.300	0.202
	10°	0°			0.438	0.377	0.322	0.273	0.229	0.190
		5°			0.475	0.404	0.343	0.289	0.241	0.198
		10°			0.521	0.438	0.367	0.306	0.254	0.208
		15°			0.586	0.480	0.397	0.328	0.269	0.218
		20°			0.690	0.540	0.436	0.354	0.286	0.230
		25°			1.111	0.639	0.490	0.388	0.309	0.245
		30°				1.051	0.582	0.437	0.338	0.264
		35°					0.978	0.520	0.381	0.288
		40°						0.893	0.456	0.325
	20°	0°			0.543	0.479	0.422	0.370	0.321	0.277
		5°			0.594	0.520	0.454	0.395	0.341	0.292
		10°			0.659	0.568	0.490	0.423	0.363	0.309
		15°			0.747	0.629	0.535	0.456	0.387	0.327
		20°			0.891	0.715	0.592	0.496	0.417	0.349
		25°			1.467	0.854	0.673	0.549	0.453	0.374
		30°				1.434	0.807	0.624	0.501	0.406
		35°					1.379	0.750	0.569	0.448
		40°						1.305	0.685	0.509
25°	−20°	0°				0.170	0.125	0.089	0.060	0.037
		5°				0.179	0.131	0.092	0.061	0.038
		10°				0.191	0.137	0.096	0.063	0.039
		15°				0.206	0.146	0.100	0.066	0.040
		20°				0.229	0.157	0.106	0.069	0.041
		25°				0.270	0.175	0.114	0.072	0.043
		30°				0.470	0.207	0.127	0.078	0.045
		35°					0.374	0.151	0.086	0.048
		40°						0.284	0.103	0.053

续表 3-11

δ	ε	β \ φ	15°	20°	25°	30°	35°	40°	45°	50°
25°	−10°	0°				0.228	0.180	0.139	0.104	0.075
		5°				0.242	0.189	0.145	0.108	0.078
		10°				0.259	0.200	0.151	0.112	0.080
		15°				0.281	0.213	0.160	0.117	0.083
		20°				0.314	0.232	0.170	0.123	0.086
		25°				0.371	0.259	0.185	0.131	0.090
		30°				0.620	0.307	0.207	0.142	0.096
		35°					0.534	0.246	0.159	0.104
		40°						0.441	0.189	0.116
	0°	0°				0.296	0.245	0.199	0.160	0.126
		5°				0.316	0.259	0.209	0.167	0.130
		10°				0.340	0.275	0.221	0.175	0.136
		15°				0.372	0.296	0.235	0.184	0.141
		20°				0.417	0.324	0.252	0.195	0.148
		25°				0.494	0.363	0.275	0.209	0.157
		30°				0.828	0.432	0.309	0.228	0.168
		35°					0.741	0.368	0.256	0.183
		40°						0.647	0.306	0.205
	10°	0°				0.379	0.325	0.276	0.232	0.193
		5°				0.408	0.346	0.292	0.244	0.201
		10°				0.443	0.371	0.311	0.258	0.211
		15°				0.488	0.403	0.333	0.273	0.222
		20°				0.551	0.443	0.360	0.292	0.235
		25°				0.658	0.502	0.396	0.315	0.250
		30°				1.112	0.600	0.448	0.346	0.270
		35°					1.034	0.537	0.392	0.295
		40°						0.944	0.471	0.335
	20°	0°				0.488	0.430	0.377	0.329	0.284
		5°				0.530	0.463	0.403	0.349	0.300
		10°				0.582	0.502	0.433	0.372	0.318
		15°				0.648	0.550	0.469	0.399	0.337
		20°				0.740	0.612	0.512	0.430	0.360
		25°				0.894	0.699	0.569	0.469	0.387
		30°				1.553	0.846	0.650	0.520	0.421
		35°					1.494	0.788	0.594	0.466
		40°						1.414	0.721	0.532

当墙背垂直、光滑、填土水平面($\varepsilon=0$、$\delta=0$、$\beta=0$)时，式(3-83)变为：

$$E_a=\frac{1}{2}\gamma H^2\tan^2\left(45^\circ-\frac{\varphi}{2}\right) \tag{3-84}$$

由此可见，朗肯主动土压力理论是库伦主动土压力理论的一个特例。

离墙顶任意深度 z 处的库伦主动土压力由式(3-83)可写为：

$$E_a=\frac{1}{2}\gamma z^2 K_a \tag{3-85}$$

若要求库伦主动土压力强度，可将上式对 z 求导得到：

$$\sigma_a=\frac{\mathrm{d}E_a}{\mathrm{d}z}=\frac{\mathrm{d}}{\mathrm{d}z}\left(\frac{1}{2}\gamma z^2 K_a\right)=\gamma z K_a \tag{3-86}$$

可见，主动土压力强度沿墙高呈三角形分布(作用方向与 E_a 的作用方向相同)。E_a 的作用点在距离墙底 $H/3$ 处，作用方向与墙背法线的夹角为 δ(见图 3-55)。

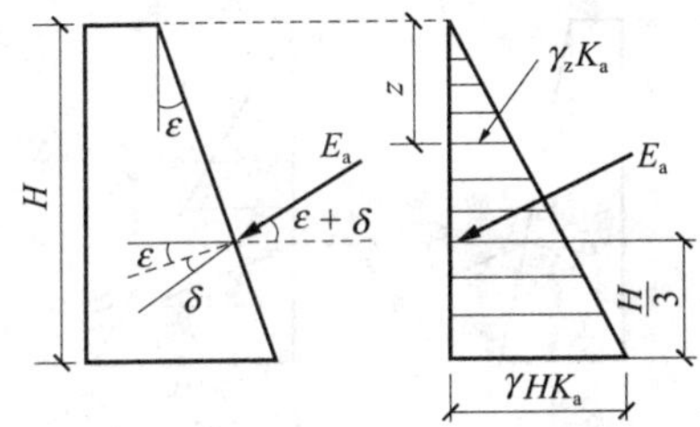

图 3-55　库伦主动土压力强度分布图

3. 被动土压力计算

库伦被动土压力的计算方法与主动土压力相同，如图 3-56 所示，可求得库伦被动土压力的计算公式为：

$$E_p=\frac{1}{2}\gamma H^2 K_p \tag{3-87}$$

式中　K_p—— 库伦被动土压力系数，

$$K_p=\frac{\cos^2(\varphi+\varepsilon)}{\cos^2\varepsilon\cdot\cos(\varepsilon-\delta)\left[1-\sqrt{\frac{\sin(\varphi+\delta)\cdot\sin(\varphi+\beta)}{\cos(\varepsilon-\delta)\cdot\cos(\varepsilon-\beta)}}\right]^2}$$

当墙背垂直、光滑、填土水平面($\varepsilon=0$、$\delta=0$、$\beta=0$)时，式(3-87)变为：

$$E_p=\frac{1}{2}\gamma H^2\tan^2\left(45^\circ+\frac{\varphi}{2}\right) \tag{3-88}$$

可见，朗肯被动土压力理论是库伦被动土压力理论的一个特例。

同上，库伦被动土压力强度为：

$$\sigma_p=\frac{\mathrm{d}E_p}{\mathrm{d}z}=\frac{\mathrm{d}}{\mathrm{d}z}\left(\frac{1}{2}\gamma z^2 K_p\right)=\gamma z K_p \tag{3-89}$$

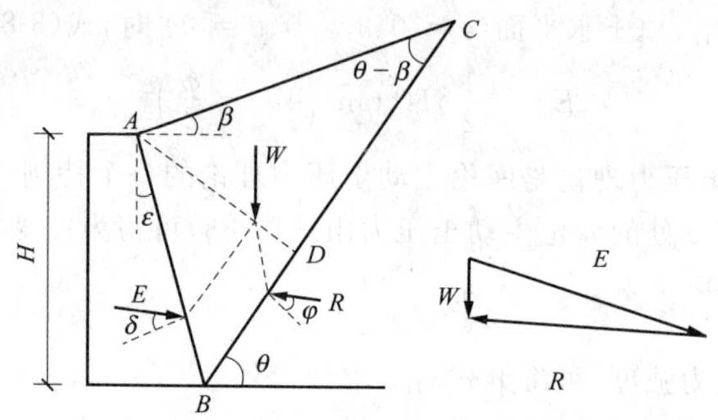

图 3-56　库伦被动土压力计算简图

由式(3-89)可知，被动土压力强度沿墙高呈三角形分布(作用方向与 E_a 的作用方向相同)。E_a 的作用点在距墙底 $H/3$ 处，作用方向与墙背法线的夹角为 δ(见图 3-57)。

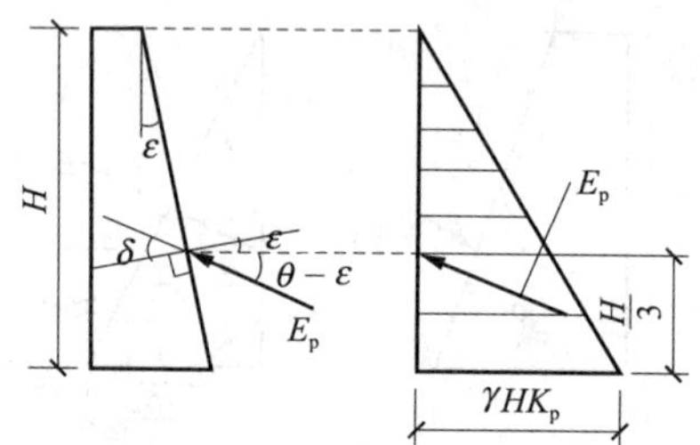

图 3-57　库伦被动土压力强度分布图

4. 黏性土与粉土的库伦主动土压力计算

由于库伦土压力理论考虑了墙背与土之间的摩擦，对填土面和墙背是否倾斜也没有限制，因此比较符合工程实际情况，但是它只适用于无黏性土。为了将库伦土压力理论应用于黏性土或粉土，人们进行了大量研究并提出了许多方法。《建筑地基基础设计规范》(GB 50007—2011)采用与楔体试算法相似的平面滑裂面假定，得到了黏性土和粉土的库伦主动土压力(见图 3-58)计算公式为：

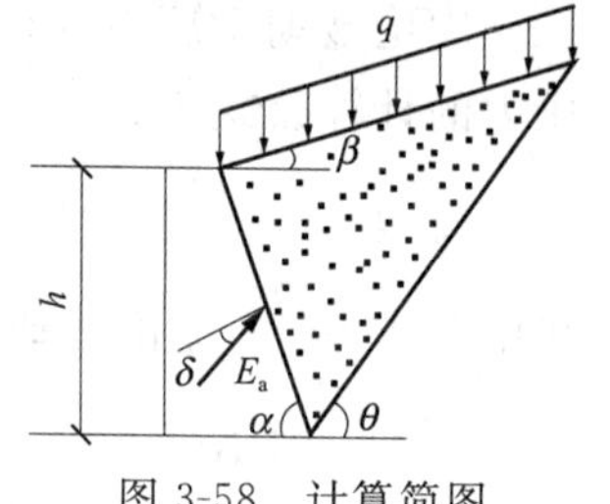

图 3-58　计算简图

$$E_a = \psi_c \frac{1}{2}\gamma H^2 K_a \tag{3-90}$$

式中　q——地表的均布荷载(以单位水平投影面上的荷载强度计)，kPa；

φ——填土的内摩擦角，(°)；

c——填土的黏聚力，kPa；

γ——墙后土体的重度，kN/m³；

h——挡土墙的高度，m；

ψ_c——主动土压力增大系数，土坡高度<5 m 时取 1.0，高度 5～8 m 时取 1.1，高

度>8 m 取 1.2；

K_a——规范规定的主动土压力系数。

$$K_a=\frac{\sin(\alpha+\beta)}{\sin^2\alpha\sin^2(\alpha+\beta-\varphi-\delta)}\{k_q[\sin(\alpha+\beta)\sin(\alpha-\delta)+\sin(\varphi+\delta)\sin(\varphi-\beta)]2\eta\sin\alpha\cos\varphi\times\cos(\alpha+\beta-\varphi-\delta)-2[k_q\sin(\alpha+\beta)\sin(\varphi-\beta)+\eta\sin\alpha\cos\varphi\times k_q\sin(\alpha-\delta)\sin(\varphi+\delta)+\eta\sin\alpha\cos\varphi)]^{1/2}\}$$

$$k_q=1+2q\sin\alpha\cos\beta/[\gamma H\sin(\alpha+\beta)];\quad \eta=2c/\gamma h$$

第五节 土坡的稳定分析

土坡是指具有倾斜坡面的土体。土坡分为天然土坡和人工土坡两大类。天然土坡是由长期自然地质应力作用形成的，如江、河、湖、海坡，山、岭、丘坡等。人工土坡是由于人为挖方或填方而形成的边坡，如沟、渠、基坑、池边坡，填方路堤、土坝、路基、堆料边坡等。简单土坡是指坡顶面和坡底面都水平并延伸至无穷，且由均质土组成的边坡，见图 3-59。

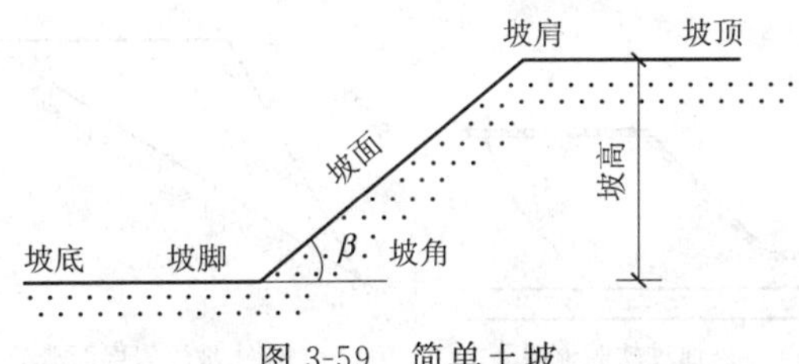

图 3-59 简单土坡

土坡上的部分岩石或土体在自然或人为因素的影响下，沿某一明显界面发生剪切破坏而向坡下运动的现象称为滑坡或土坡失稳，即一部分土体对另一部分土体产生相对位移，以至丧失原有稳定性的现象。

导致土坡失稳的因素很多也很复杂，但根本原因在于土体内部某个面上的剪应力达到其抗剪强度，土体的稳定平衡遭到破坏。所以引起土坡失稳的原因可概括为两个方面：一方面是外荷载作用或土坡环境的变化导致土体内部剪应力增大，另一方面是在外界各种因素作用下导致土体自身的抗剪强度降低。

一、无黏性土坡的稳定性

由于无黏性土没有黏聚力，所以无黏性土坡的滑动面常常近似于平面，且位于坡面浅层。如图 3-60 所示的一简单无黏性土土坡，处于干燥或完全浸水条件下（即不存在渗流）。对于这类土坡，只要坡面上的土

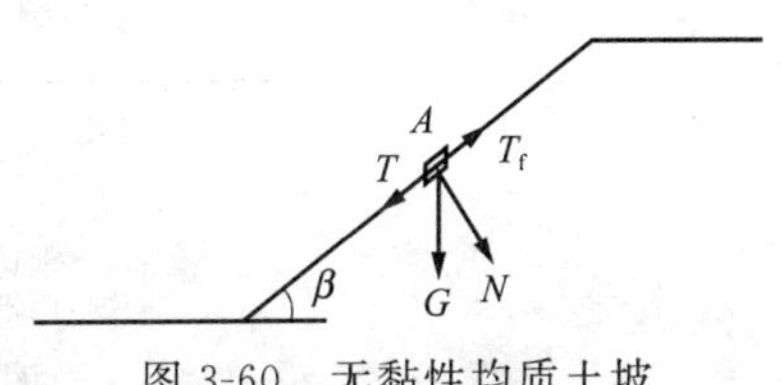

图 3-60 无黏性均质土坡

单元能保持稳定，那么整个土坡便是稳定的。在坡面上取一微小土单元 A，其重量为 G。则使单元下滑的剪切力 $T=G\sin\beta$，阻止单元下滑的抗剪力 $T_f=N\tan\varphi=G\cos\beta\tan\varphi$，其中，$\varphi$ 为土的内摩擦角。无黏性土坡的稳定安全系数 K（抗滑力与滑动力的比值）为：

$$K=\frac{T_f}{T}=\frac{G\cos\beta\tan\varphi}{G\sin\beta}=\frac{\tan\varphi}{\tan\beta} \tag{3-91}$$

式中　β——坡角，(°)。

由上式可知，在理论上无黏性土坡的稳定性与坡高无关，当 $\beta<\varphi$ 时，$K>1$，土坡稳定；当 $\beta=\varphi$ 时，$K=1$，土坡处于极限平衡状态，此时的坡角 β 称为自然休止角。为了保证土坡具有足够的安全储备，通常取 $K\geqslant1.3\sim1.5$。

二、黏性土坡的稳定性

黏性土坡的破坏与无黏性土坡不同，由于存在黏聚力，滑动面常位于土坡深处，并总是发生在受力情况最不利或土性最薄弱的地方。如图 3-61 所示，如果土坡下存在软弱土层，滑动面很大部分将通过软弱土层而形成曲折的复合滑动面；如果土坡位于倾斜岩层面上，土坡往往沿岩层面滑动。

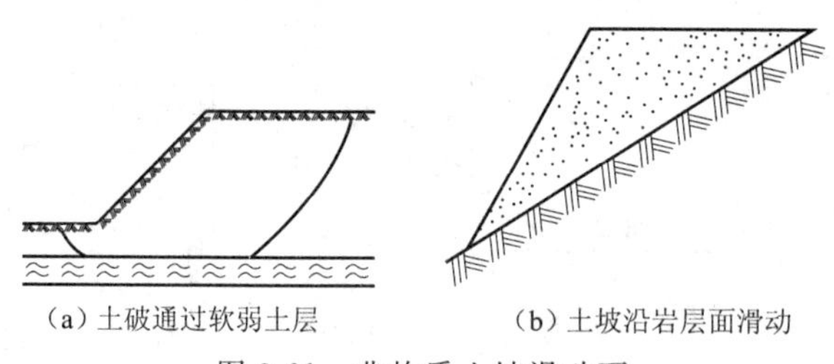

(a) 土破通过软弱土层　　(b) 土坡沿岩层面滑动

图 3-61　非均质土坡滑动面

对于均匀黏土坡，其滑动破坏面大多为一曲面，并且在破坏前，常常在坡顶先出现张拉裂缝，然后沿某一曲面整体滑动。为了便于稳定分析，一般假定滑动面为圆柱面，并按平面应变问题处理，见图 3-62。

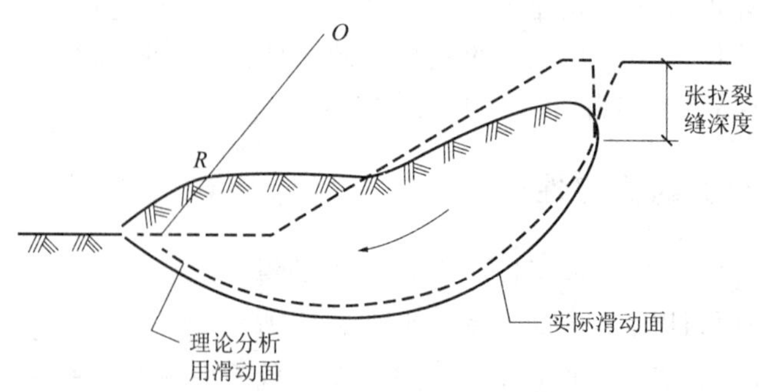

图 3-62　均质黏性土坡滑动面

常用的黏性土坡稳定分析方法有：整体圆弧滑动法、瑞典条分法、Bishop 条分法、Janbu 分条法、不平衡推力传递法、有限元法等。下面将主要介绍整体圆弧滑动法。

1. 基本假设

整体圆弧滑动法首先是由瑞典的彼得森提出的，所以也称瑞典圆弧法。整体圆弧滑动法作了如下假设：均质简单黏性土坡；滑动面近似为圆柱面，在土坡断面上的投影为圆弧；滑动面以上的土体为刚性体，即不考虑滑动土体内部的相互作用；滑动面上土体处于极限平衡状态。

2. 基本公式

整体圆弧滑动法是以滑动面以上的土体作为隔离体，对其进行受力分析，并以整个滑动面上的平均抗剪强度 τ_f 与平均剪应力 τ 之比来定义土坡的稳定安全系数，即

$$K=\frac{\tau_f}{\tau} \tag{3-92}$$

根据假条件，土坡的稳定安全系数也可以用滑动面上的最大抗滑力矩 M_R 与滑动力矩 M_S 之比来定义，其结果与式(3-92)完全相同，即

$$K=\frac{M_R}{M_S}=\frac{\tau_f\times\widehat{L}\times R}{\tau\times\widehat{L}\times R} \tag{3-93}$$

式中　$\widehat{L}$——滑动圆弧长度，m；

R——滑动圆弧半径，m。

对于如图 3-63 所示的简单黏性土坡，假定$\widehat{AC}$为滑动圆弧，圆心为 O，半径为 R。在重力作用下土体绕圆心下滑的滑动力矩 $M_S=Gd$，阻止土体滑动的力是滑弧$\widehat{AC}$上的抗滑力，由于土体处于极限平衡状态，故滑动圆弧上的抗滑应力即为土的抗剪强度 τ_f，所以抗滑力的大小为 τ_f 与滑弧$\widehat{AC}$长度$\widehat{L}_{AC}$的乘积，则最大抗滑力矩为 $M_R=\tau_f\widehat{L}_{AC}R$。从而得到土坡稳定安全系数的表达式为：

$$K=\frac{M_R}{M_S}=\frac{\tau_f\widehat{L}_{AC}R}{Gd} \tag{3-94}$$

式中　d——滑动土体重心离滑动圆弧圆心的水平距离，m。

对于饱和黏土，抗剪强度一般由摩擦力 $\sigma\tan\varphi$ 和黏聚力 c 两部分组成，其中法向应力 σ 随滑动面的不同位置而变化，并非常数，因此抗剪强度 τ_f 沿滑动面也不是常数，所以式(3-94)多数情况下并不能确定 K。但是在不排水剪条件下 $\varphi_u=0$，抗剪强度 τ_f 等于土的不排水强度 c_u，是常数，此时式(3-94)可改写为：

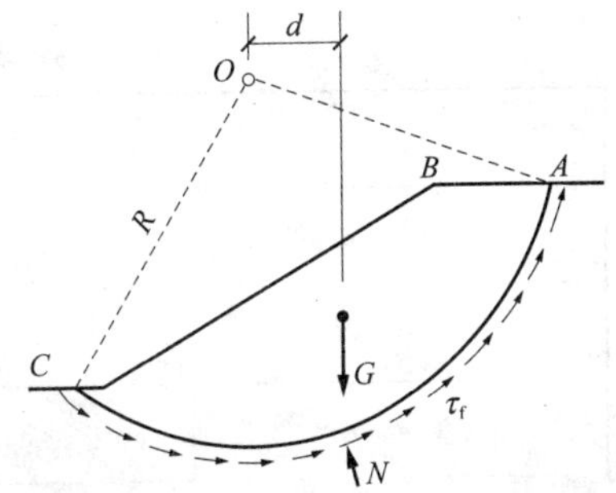

图 3-63　均质黏土坡镇体圆弧滑动

$$K = \frac{M_R}{M_S} = \frac{c_u \widehat{L}_{AC} R}{Gd} \tag{3-95}$$

上式可直接计算出土坡的稳定安全系数，此分析方法通常称为 φ_u 等于零分析法。

3. 最危险滑动面圆心的确定

在上式计算安全系数时，滑动面为任意假定的，即 K 是任意假定的某个滑动面的稳定安全系数，但是这个滑动面并不一定是最危险的滑动面，即所求的结果并非是最小的安全系数。一般的做法是假定系列的滑动面进行试算，求出最小的安全系数，但这样做工作量较大。

费伦纽斯提出了一个确定简单土坡最危险滑动面的经验方法。对于均质黏性土土坡，当内摩擦角 $\varphi = 0$ 时，最危险滑动面常通过坡脚，其圆心 O 是图 3-64(a)中 CO 与 BO 两线的交点，β_1、β_2 可查表 3-12 确定。当 $\varphi > 0$ 时，由坡顶垂直向下取 $2H$，由坡脚水平取 $4.5H$，两者的交点为 E(见图 3-64b)，则最危险滑动面的圆心可能在 EO 的延长线上。自 O 点向外取圆心 O_1，O_2，…，并分别作圆弧，求出相应的安全系数 K_1，K_2，…，其中最小的安全系数 K_{min} 所对应的圆心即为所求最危险滑动面的圆心 O_m。当土坡为非均质边坡时或坡面形状及荷载情况比较复杂时，还需从 O_m 点作 OE 线的垂线，并在垂线上取若干个圆心进行计算，以求出最危险滑动面的圆心和土坡的稳定安全系数。对于更复杂情况，可以用电算。

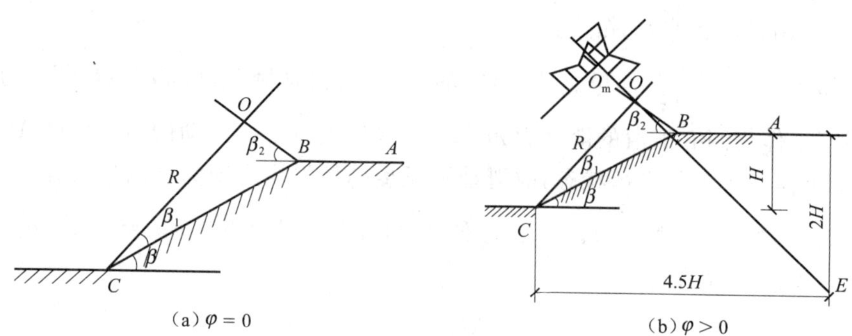

图 3-64　最危险滑动面圆心位置的确定

表 3-12　不同边坡的 β_1、β_2 值

坡　比	坡　角	β_1	β_2
1∶0.58	60°	29°	40°
1∶1	45°	28°	37°
1∶1.5	33.79°	26°	35°

续表 3-12

坡　比	坡　角	β_1	β_2
1∶2	26.57°	25°	35°
1∶3	18.43°	25°	35°
1∶4	14.04°	25°	37°
1∶5	11.32°	25°	37°

第六节　土的压实性

一、击实试验

在实际工程中，如场地平整、基坑回填、修筑路堤、对软土地基进行换填垫层等，都需要对填土压实以达到提高承载力、减小沉降量、降低渗透性的目的。土的压实性是指土体在短暂重复荷载作用下密度增加的性状。土的压实性指标一般通过室内击实试验测定。

1. 击实试验

击实试验是指用标准击实方法，测定某一击实功能作用下土的密度和含水率的关系，以确定该功能时土的最大干密度与相应的最优含水量的试验。击实试验分轻型击实试验（适用于粒径小于 5 mm 的黏性土）和重型击实试验（适用于粒径不大于 20 mm 的土）。

击实试验所用的主要设备为击实仪，如图 3-65 所示。轻型击实试验的击实筒容积为 947.4 cm^3，击锤质量为 2.5 kg，落高为 305 mm；重型击实试验的击实筒容积为 2 103.9 cm^3，击锤质量为 4.5 kg，落高为 457 mm。

试验步骤：制备 5 个不同含水量的一组试样，相邻 2 个含水量的差值宜为 2%。称取一定量试样，倒入击实筒内，分层击实，轻型击实试样为 25 kg，分 3 层，每层 25 击；重型击实试样为 4～10 kg，分 5 层，每层 56 击，若分 3 层，每层 94 击。击实后，测出土样的含水量 w 和密度 ρ，并计算出相应的干密度 ρ_d。

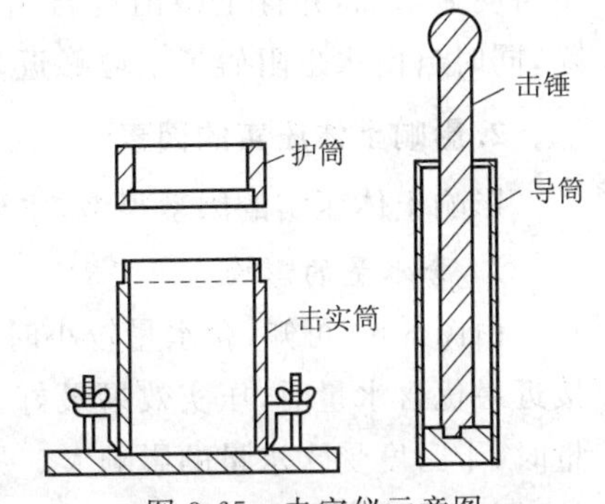

图 3-65　击实仪示意图

2. 击实曲线

以含水量 w 为横坐标，干密度 ρ_d 为纵坐标，绘制含水量与干密度之间的关系曲线，即为击实曲线，如图 3-66 所示。击实曲线上峰值点所对应的含水量为最优含水量 w_{op}，所对应的干密度为最大干密度 ρ_{dmax}。可以看出，对于某一土样，在一定击实功作用下，当含水量为最优含水量时，土样才能达到最大干密度，压实效果会最好。

实际工程中，填土的压实标准常以压实系数 λ_c 来控制。压实系数是指土的控制干密度与相应的试验室标准击实试验所得最大干密度的比值，即

$$\lambda_c = \rho_d / \rho_{dmax} \tag{3-96}$$

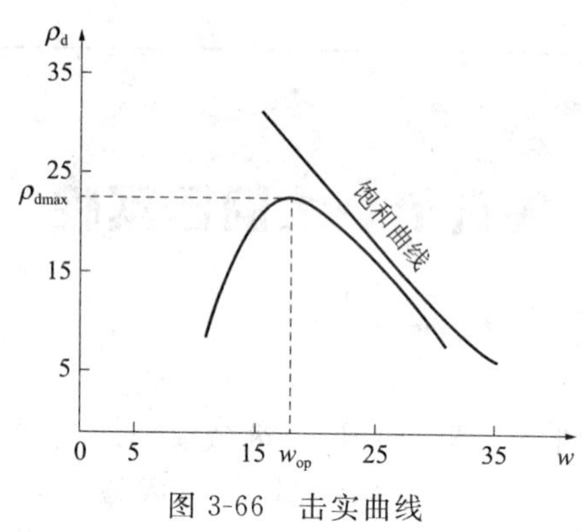

图 3-66　击实曲线

二、土的压实机理

1. 压实机理

土的压实机理可用结合水膜润滑和电化学性质等理论来解释。当土样含水量较低时，颗粒表面的结合水膜很薄，土粒靠得较近，粒间电作用力以引力占优势，土粒之间的摩擦力、黏结力较大，击实过程中土粒的相对移动困难，不易压实，干密度较小。随着含水量增加，结合水膜变厚，粒间引力减小、斥力增大，水膜还起到一定润滑作用，土粒容易移动，易被压实。当含水量达到最优含水量后，如果含水量继续增大，水膜的润滑作用将不再明显增加，并且土中出现自由水，使得土中气体以封闭气泡的形式存在，不易被排除，同时自由水也阻碍了土粒靠近，压实效果反而不好。

2. 影响土体压实的因素

影响土体压实的因素很多，主要有以下三种。

1）含水量的影响

由图 3-66 可知，含水量较小时，不易压实；含水量较大，易形成橡皮土；只有当含水量接近最优含水量时，压实效果最好。击实曲线左段比右段陡，说明含水量低于最优含水量时，干密度受含水量的影响大。另外，击实曲线位于饱和曲线（根据击实曲线计算绘制的，用以校核击实曲线正确性的试样干密度和饱和含水量之间的关系曲线）以下，说明土

体不可能被压实到完全饱和状态。这是因为，击实是通过挤出土中的气体而不是土中的水达到压实的目的，即使是压实最好的，也还有部分封闭气体留在土中，土体被击实到完全饱和状态是不可能的。

2）击实功能的影响

击实功能是指击实单位体积土所消耗的能量。对于同一种土，不同的击实功能，可得到不同的击实曲线，见图 3-67。加大击实功能，可得到较小的最优含水量和较大的最大干密度，这是因为较大的击实功能可以克服土粒间的阻力，使土粒在含水量较小时也容易靠近。另外，当含水量较低时，击实功能的影响较显著；当含水量超过最优含水量以后，击实功能的影响随含水量的增加而逐渐减小，含水量与干密度关系曲线趋近于饱和曲线，这时靠提高击实功能来提高土体的压实度是无效的。

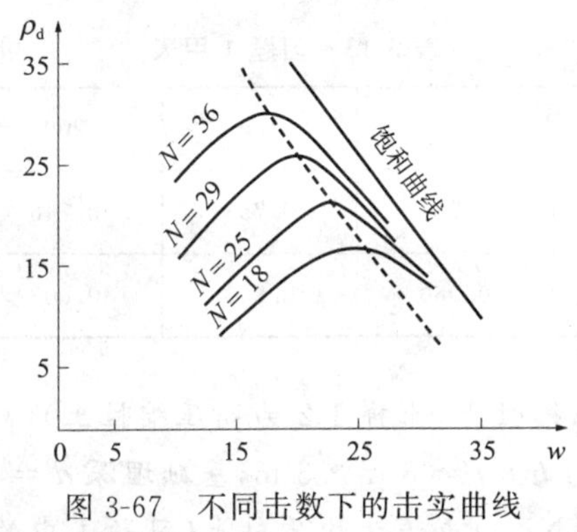

图 3-67　不同击数下的击实曲线

3）土的类型和级配的影响

土的颗粒粗细、级配、黏土矿物及有机质含量等因素对压实效果也有影响。含水量相同的情况下，黏粒含量越高或塑性指数越大，越难压实。有机质含量越高，压实效果越差。级配良好的土易于压实，反之则不易于压实。

【思考题】

1. 固结试验可以测定土的哪些压缩性指标？如何判断土的压缩性？
2. 压缩曲线的横坐标为何种应力？为什么？
3. 土的应力历史对土的压缩性有何影响？如何考虑？
4. 如何区分土的固结状态？如何确定先期固结压力？
5. 分层总和单向压缩法与分层总和《规范》推荐法的基本步骤有哪些？有何区别？
6. 太沙基一维固结理论的适用范围是什么？
7. 试述土体抗剪强度来源和影响因素。
8. 何谓土体极限平衡条件，如何表达？
9. 如何测定土的抗剪强度指标？

10. 简述三轴压缩试验的分类及各试验过程。

11. 如何根据规范确定地基的承载力？

12. 朗肯土压力理论和库伦土压力理论的假设及适用范围等有何异同？

13. 何为整体圆弧滑动法？如何确定最危险滑动面的圆心？

14. 什么是最优含水量？为什么细颗粒土在压实时存在最优含水量？

15. 影响土体压实的因素有哪些？

【习　题】

1. 某工程钻孔取样进行室内固结试验的数据见下表3-13。试绘制土的压缩曲线，并判断其压缩性。

表 3-13　习题 1 用表

竖向压力/kPa	0	50	100	200	300	400
土样 1-1	0.831	0.785	0.753	0.746	0.735	0.721
土样 1-2	1.085	0.960	0.890	0.803	0.748	0.707

（答案：土样 1-1 为低压缩性土；土样 1-2 为高压缩性土）

2. 某基础底面积尺寸为 $b \times l = 3\ \mathrm{m} \times 3\ \mathrm{m}$，基础埋深 $d = 2$ m，上部结构施加于基础顶面的中心荷载 $F = 610$ kN。地表下为均质黏土（习题 1 中的土样 1-1），土的重度 $\gamma = 18.3\ \mathrm{kN/m^3}$。若地下水位距离地表 1.5 m，地下水位以下土的饱和重度为 $\gamma_{sat} = 19.5\ \mathrm{kN/m^3}$。试分别按分层总和单向压缩法、分层总和《规范》修正法计算基础底面中心点的沉降量。

3. 某一饱和黏土层厚 10 m，单面排水，黏土层的初始孔隙比 $e = 0.9$，渗透系数 $k = 1.6$ cm/a，压缩系数 $a = 0.25\ \mathrm{MPa^{-1}}$，若在地面上作用大面积均布荷载 $p_0 = 120$ kPa。试求：

（1）黏土层的最终沉降量，$t = 1$ a 时的竖向沉降量；

（2）若为双面排水，沉降量达到 96 mm 所需的时间。

（答案：最终沉降量 157.9 mm；历时 1 a 的沉降量 56.8 mm；需要 0.6 a）

4. 某土层厚 5 m，双面排水，从土层中心取一土样进行室内固结试验，土样厚 2 cm，在 1 h 内固结度达到 60%。试求：

（1）如果在该土层上施加 100 kPa 的大面积荷载，达到 60%固结度需要多长时间？

（2）假定其他条件不变，现场条件改为单面排水，达到 60%固结度需要多长时间？

（答案：7.1 a，28.2 a）

5. 某饱和土样的抗剪强度指标为 $c' = 0$，$\varphi' = 28°$。现用该土样在常规三轴仪中进行固结不排水剪切试验。施加压力 $\sigma_3 = 150$ kPa，$\sigma_1 = 200$ kPa 时，测得土样的孔隙水压力 $u = 100$ kPa，问土样是否破坏？

（答案：不破坏）

6. 对某砂土样进行直剪试验，当施加的法向应力为 400 kPa 时，土的抗剪强度为 280 kPa。试确定砂土破坏时的大小主应力及大主应力作用方向与剪切面的夹角。

（答案：大主应力：937.77 kPa；小主应力：254.14 kPa；夹角：27.5°）

7. 某黏性土样由固结不排水试验测得 $c' = 24$ kPa，$\varphi' = 22°$。如果该试样在围压 $\sigma_3 = 200$ kPa 下进行固结排水试验至破坏，试求破坏时的大主应力 σ_1。

（答案：$\sigma_1 = 510$ kPa）

8. 某挡土墙高 5 m，墙背光滑、直立、填土面水平。墙后填土面上均布荷载 $q = 10$ kPa。填土有关指标：上层砂土：$h_1 = 2$ m，$c_1 = 0$，$\varphi_1 = 20°$，$\gamma_1 = 19$ kN/m^3；下层黏土：$h_1 = 3$ m，$c_2 = 10$ kPa，$\varphi_2 = 18°$，$\gamma_2 = 18$ kN/m^3。试计算作用于挡土墙墙背上的主动土压力强度，并绘出分布图。

（答案：挡墙底面处的主动土压力强度为 39.3 kPa）

9. 某挡土墙高 6 m，墙背光滑、垂直、填土面水平。墙后填土平均分为两层。上层土：$c_1 = 0$ kPa，$\varphi_1 = 30°$，$\gamma_1 = 18$ kN/m^3；下层土：$c_2 = 10$ kPa，$\varphi_2 = 20°$，$\gamma_2 = 19.2$ kN/m^3。求作用于墙背的主动土压力，并绘出土压力强度分布图。

（答案：挡墙底面处的主动土压力强度为 40.7 kPa）

10. 某挡土墙高 8 m，墙背直立、光滑、墙后填土面水平，作用有均布荷载 $q = 20$ kPa，填土物理力学指标为 $\gamma = 19.0$ kN/m^3，$\varphi = 35°$，$c = 0$ kPa。地下水位在离墙顶 4 m 处，水下填土的饱和重度为 $\gamma_{sat} = 20.0$ kN/m^3。试计算作用在该挡土墙上的总主动土压力和水压力的大小。

（答案：$E_a = 188.6$ kN/m）

第四章 储罐基础设计

第一节 概 述

储罐按其使用功能,分为储气罐和储液(油、水或其他液体)罐两大类。储气罐根据采用的压力分为低压、中压和高压储气罐,其中,大型储气罐一般为低压储气罐。低压储气罐按照其工艺和结构特性,又划分为湿式储气罐(采用水作密封)和干式储气罐。储油罐按其几何形状和结构形式可分为固定顶储罐(罐顶周边与罐壁顶端刚性连接,顶盖多采用拱形)和浮顶储罐(浮顶随液面变化而上下升降)。浮顶储罐又分为外浮顶储罐和内浮顶储罐(在拱形顶盖内设置一层活动顶盖)两类。

储罐基础具有面积大(储罐直径可达 80～100 m)、基底附加压力大、沉降量大、压缩层影响深、对不均匀沉降要求高等特点。因此,储罐基础必须满足以下基本要求:① 基底压力小于地基承载力特征值以防地基土发生强度破坏;② 地基变形值小于储罐地基变形允许值,以防影响储罐的正常使用和安全;③ 储罐基础沉降基本稳定后,基础顶面应高出周围地面,以免积水。另外,当储罐基础坐落在静流水源地及储存不可降解介质且储罐泄漏物有可能污染地下水及附近环境时,储罐基础应采取防渗漏措施。

由于储罐种类很多,并且各类储罐的结构型式和使用功能有很大差别,因此对储罐基础沉降量和沉降差的限值要求也有所不同。在进行储罐基础设计时,应该根据储罐的类型、容积、场地地质条件、地基处理方法、施工条件和经济合理性等各方面的要求,综合确定基础设计方案。

一、储罐基础设计的一般规定

现行《钢制储罐地基基础设计规范》(GB 50473—2008)规定:

(1) 储罐地基基础工程在设计前,应对建筑场地进行岩土工程勘察。

(2) 储罐地基基础设计等级应符合现行《建筑地基基础设计规范》(GB 50007—2011)的有关规定。

(3) 当储罐基础地基为特殊土及受地震作用地基土有液化，或地基承载力及沉降差不能满足设计要求时，应对地基进行处理或采取深基础等措施；当有不良地质作用和地质灾害时，应进行专门的岩土工程勘察。

(4) 储罐基础不宜建在部分坚硬、部分松软的地基上，当无法避免时，应采取有效的地基处理措施。

(5) 储罐基础下的耕土层、软弱土、暗塘、暗沟以及生活垃圾等均应清除，并应采用素土、级配砂石或灰土分层压(夯)实，压(夯)实后地基土的力学性质宜与同一基础下未经处理的土层相一致，当清除困难时，应采取有效的处理措施。

(6) 当储罐不设置锚固螺栓时，可不计入风荷载作用，对于非桩基基础设计时可不计入地震作用，但应满足抗震措施要求。

(7) 当场地土、地下水对混凝土有腐蚀作用时，应对储罐基础采取防腐蚀措施，并应符合现行《工业建筑防腐蚀设计规范》(GB 50046)的有关规定。

二、荷载及荷载效应取值

1. 荷载

储罐基础上的荷载分为永久荷载和可变荷载两类。永久荷载包括储罐自重(包括保温及附件自重)、基础自重和基础上的土重等。可变荷载包括储罐中的储液重或储罐中充水试压的水重、风荷载等。

2. 荷载效应取值

地基基础设计时，所采用的荷载效应最不利组合与相应的抗力限值应按下列规定：

(1) 验算地基承载力或按单桩承载力确定桩数时，传至基础或承台底面上的荷载效应应按正常使用极限状态下荷载效应的标准组合。相应的抗力应采用地基承载力特征值或基桩(或复合基桩)承载力特征值。正常使用极限状态下，荷载效应的标准组合值 S_k 应用下式表示：

$$S_k = S_{G_k} + S_{Q_{1k}} + \sum_{i=2}^{n} \psi_{ci} S_{Q_{ik}} \tag{4-1}$$

式中 S_{G_k}——按永久荷载标准值 G_k 计算的荷载效应值；

$S_{Q_{ik}}$——按可变荷载标准值 Q_{ik} 计算的荷载效应值，其中，$S_{Q_{1k}}$ 为诸可变荷载效应中起控制作用者；

ψ_{ci}——可变荷载 Q_i 的标准值系数，按现行《建筑结构荷载规范》(GB 50009—2001)(2006 版)的规定取值。

(2) 计算地基变形时，传至基础底面上的荷载效应应按正常使用极限状态下荷载效应的准永久组合，不应计入风荷载和地震作用。相应的限值应为储罐地基变形允许值。荷载效应的准永久组合值 S 应用下式表示：

$$S = S_{G_k} + \sum_{i=1}^{n} \psi_{qi} S_{Q_{ik}} \tag{4-2}$$

式中 ψ_{qi}——可变荷载 Q_i 的准永久值系数，储罐中的储液取1.0，储罐充水试压时水重取0.85。

(3) 计算基础环墙环向力或承台内力、确定配筋和验算材料强度时，上部结构传至基础的荷载效应组合应按承载能力极限状态下荷载效应的基本组合，并采用相应的分项系数。当需要验算基础裂缝宽度时，应按正常使用极限状态荷载效应的标准组合。

由永久荷载效应控制的基本组合设计值 S 的表达式为：

$$S = \gamma_G S_{G_k} + \sum_{i=1}^{n} \gamma_{Q_i} \psi_{ci} S_{Q_{ik}} \tag{4-3a}$$

由可变荷载效应控制的基本组合设计值 S 的表达式为：

$$S = \gamma_G S_{G_k} + \gamma_{Q_1} S_{Q_{1k}} + \sum_{i=2}^{n} \gamma_{Q_i} \psi_{ci} S_{Q_{ik}} \tag{4-3b}$$

式中 γ_G—永久荷载的分项系数，取1.2；

γ_{Q_i}——第 i 个可变荷载的分项系数，储罐中储液取1.3，储罐充水试压时水重取1.1，储罐风荷载应符合现行《建筑结构荷载规范》(GB 50009—2001)(2006版)的有关规定；

ψ_{ci}——可变荷载 Q_i 的组合值系数，按现行《建筑结构荷载规范》(GB 50009—2001)(2006版)的规定取值。

(4) 地基稳定验算时，荷载效应应按承载能力极限状态下荷载效应的基本组合，但其分项系数均为1.0。

三、地基承载力验算

对于天然地基或处理后的地基上的储罐基础(桩基础设计要求见第四节)，基础底面的压力应符合下式要求：

$$p_k \leqslant f_a \tag{4-4}$$

式中 f_a——修正后的地基承载力特征值，kPa；

p_k——相应于荷载效应标准组合时，基础底面处的平均压力，kPa，按式(4-5)计算：

$$p_k = \frac{F_k + G_k}{A} \tag{4-5}$$

式中 F_k——相应于荷载效应标准组合时，上部结构传至基础顶面的竖向力，kN；

G_k——基础自重及基础上的土重，kN，计算方法见式(2-7)；

A——储罐基础底面面积，m^2，对于环墙式基础，计算直径应取环墙外直径，对于护坡式、外环墙式基础，计算直径应取储罐罐壁底圈内直径。

四、稳定性验算

对于采用预压法加固的软土地基和位于斜坡、陡坎边坡、已填塞的旧河道以及深基坑边缘地带的地基，应对整体和局部地基进行抗滑稳定性验算。

地基抗滑稳定性可采用圆弧滑动面法验算。最危险的滑动面上诸力对滑动中心所产生的抗滑力矩与滑动力矩应符合下式要求：

$$\frac{M_R}{M_S} \geqslant 1.2 \tag{4-6}$$

式中　M_R——抗滑力矩，kN·m

　　　M_S——滑动力矩，kN·m。

五、地基变形验算

储罐地基设计不仅要满足承载力的要求，地基变形值还不应大于地基变形允许值，否则会影响储罐的正常使用，如差异沉降引起的罐壁、底板、罐壁与底板连接处破坏、罐壁扭曲导致的浮顶失灵等。储罐地基变形按其特征可分为四种：储罐基础沉降、储罐基础整体倾斜（平面倾斜）、储罐基础周边不均匀沉降（非平面倾斜）、储罐中心与储罐周边的沉降差（储罐基础锥面坡度），见图 4-1。当储罐基础处于下列情况之一时，应做变形量计算：

(1) 当储罐地基基础设计等级为甲级或乙级时；

(2) 当天然地基承载力不能满足要求或地基土有软弱土层时；

(3) 当储罐基础有可能发生倾斜时；

(4) 当储罐基础持力层有厚薄不均匀的地基土时。

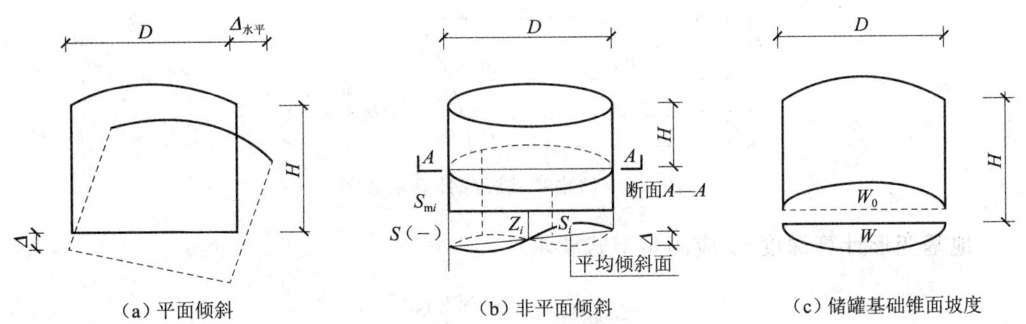

图 4-1　储罐基础地基变形

S_{mi}—在点 i 的总的实测沉降量，即自罐建成时起测出的该点高程变化；Δ—直径方向上点间沉降之差；Z_i—点 i 由平面倾斜引起的沉降分量；S_i—点 i 由平面外扭曲倾斜引起的沉降分量；D—罐直径；H—罐高度；W_0—罐底原始中心与边缘高度差；W—罐底实际中心与边缘高度差。

1. 变形计算

储罐基础最终沉降量的计算可采用分层总和法，计算公式如下：

$$s = \psi_s s' = \psi_s \sum_{i=1}^{n} (z_i \bar{\alpha}_i - z_{i-1} \bar{\alpha}_{i-1}) \frac{p_0}{E_{si}} \tag{4-7}$$

式中 s——地基最终沉降量，mm；

s'——按分层总和法计算的地基沉降量，mm；

ψ_s——沉降计算经验系数，按现行《建筑地基基础设计规范》(GB 50007—2011)的有关规定采用；

n——储罐基础沉降计算深度范围内所划分的层数(见图 4-2)；

z_i、z_{i-1}——储罐基础底面至第 i 层土和第 $i-1$ 层土底面的距离，m；

E_{si}——储罐基础底面下第 i 层土的压缩模量，MPa，应取土的自重应力至自重应力与附加应力之和的压力段计算；

p_0——对应于荷载效应准永久组合时储罐基础计算底面的附加压力，MPa；

$\bar{\alpha}_i$、$\bar{\alpha}_{i-1}$——基础底面计算点至第 i 层土和第 $i-1$ 层土底面范围内的平均附加应力系数，可查表 4-1。

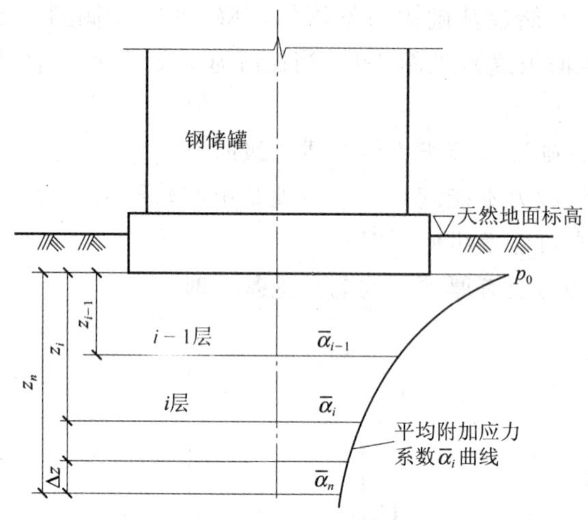

图 4-2 储罐基础沉降计算示意图

地基变形计算深度 z_n 应满足下式要求：

$$\Delta s_n' \leqslant 0.025 \sum_{i=1}^{n} \Delta s_i' \tag{4-8}$$

式中 $\Delta s_i'$——第 i 层土的沉降量，mm；

$\Delta s_n'$——由计算深度 z_n 处向上取厚度为 Δz 的土层的计算沉降量，Δz 的取值见表 4-2(其中，D_t 为储罐罐壁底圈内直径)。

对于地基变形计算深度 z_n，当为环墙式基础时，储罐周边和储罐中心处均自环墙底面算起，p_0 值为环墙底面处的附加压力，当环墙底至填料层之间的原土层较厚时，尚应计算该土层的附加变形值；当为护坡式、外环墙式储罐基础时，储罐周边和储罐中心处均自填料层底面算起，p_0 值为填料层底面处的附加压力。当确定沉降计算深度下有较软土层时，尚应向下继续计算。

表 4-1 圆形面积上均布荷载作用下各点的平均附加应力系数

z/R	r/R										
	0.0	0.1	0.2	0.3	0.4	0.5	0.6	0.7	0.8	0.9	1.0
0.0	1.000 00	1.000 00	1.000 00	1.000 00	1.000 00	1.000 00	1.000 00	1.000 00	1.000 00	1.000 00	0.500 00
0.1	0.999 75	0.999 74	0.999 71	0.999 65	0.999 65	0.999 32	0.998 84	0.997 62	0.993 34	0.966 98	0.491 86
0.2	0.998 08	0.998 01	0.997 78	0.997 32	0.996 50	0.994 96	0.991 84	0.984 61	0.964 39	0.891 80	0.483 91
0.3	0.993 81	0.993 59	0.992 91	0.991 57	0.989 20	0.984 97	0.976 97	0.960 56	0.923 02	0.825 77	0.475 80
0.4	0.986 23	0.985 78	0.984 39	0.971 73	0.977 15	0.969 33	0.955 58	0.930 14	0.880 05	0.773 23	0.467 59
0.5	0.975 08	0.974 35	0.972 08	0.967 84	0.960 75	0.949 16	0.929 99	0.897 37	0.839 59	0.730 70	0.459 27
0.6	0.960 53	0.959 79	0.956 30	0.950 44	0.940 88	0.925 85	0.902 22	0.864 51	0.802 59	0.695 18	0.450 88
0.7	0.943 02	0.941 69	0.937 62	0.930 25	0.918 52	0.900 64	0.873 67	0.832 66	0.768 94	0.664 67	0.442 42
0.8	0.923 13	0.921 54	0.916 71	0.908 05	0.894 55	0.874 50	0.845 19	0.802 26	0.738 24	0.637 86	0.433 93
0.9	0.901 49	0.899 68	0.894 22	0.884 55	0.869 69	0.848 09	0.817 29	0.773 46	0.710 09	0.613 86	0.425 42
1.0	0.878 68	0.876 70	0.870 76	0.860 33	0.844 51	0.821 89	0.790 27	0.746 26	0.684 12	0.592 07	0.416 93
1.1	0.855 20	0.853 10	0.846 82	0.835 87	0.819 42	0.796 20	0.764 27	0.720 58	0.660 04	0.572 07	0.408 49
1.2	0.831 47	0.829 29	0.822 79	0.811 51	0.794 71	0.771 24	0.739 36	0.696 34	0.637 59	0.553 53	0.400 12
1.3	0.807 82	0.805 60	0.798 97	0.787 52	0.770 58	0.747 12	0.715 70	0.673 44	0.626 59	0.536 25	0.391 84
1.4	0.784 50	0.782 25	0.775 57	0.764 09	0.747 18	0.723 92	0.692 87	0.651 80	0.596 88	0.520 04	0.383 68
1.5	0.761 68	0.759 44	0.752 77	0.741 34	0.724 59	0.701 66	0.671 25	0.631 31	0.578 32	0.504 77	0.375 65
1.6	0.739 50	0.737 28	0.730 67	0.719 36	0.702 86	0.680 36	0.650 68	0.611 91	0.560 80	0.490 35	0.367 76
1.7	0.718 04	0.715 85	0.709 33	0.698 20	0.682 00	0.660 00	0.631 09	0.593 52	0.544 24	0.476 69	0.360 04

续表 4-1

z/R	r/R										
	0.0	0.1	0.2	0.3	0.4	0.5	0.6	0.7	0.8	0.9	1.0
1.8	0.697 35	0.695 19	0.688 79	0.677 88	0.662 03	0.640 56	0.612 46	0.576 07	0.528 54	0.463 72	0.352 49
1.9	0.677 45	0.675 34	0.669 07	0.658 40	0.642 92	0.622 02	0.594 50	0.559 50	0.513 66	0.451 38	0.345 12
2.0	0.658 36	0.656 29	0.650 17	0.639 75	0.624 85	0.604 33	0.577 84	0.543 75	0.499 52	0.439 52	0.337 93
2.1	0.640 06	0.638 04	0.632 07	0.621 91	0.607 22	0.587 46	0.561 76	0.528 77	0.486 07	0.428 42	0.330 93
2.2	0.622 54	0.620 58	0.614 75	0.604 86	0.590 57	0.571 37	0.546 45	0.514 51	0.473 26	0.417 72	0.324 11
2.3	0.605 78	0.603 86	0.598 19	0.588 56	0.574 67	0.556 02	0.531 85	0.500 92	0.461 06	0.407 49	0.317 49
2.4	0.589 74	0.587 88	0.582 36	0.572 99	0.559 49	0.541 38	0.517 93	0.487 97	0.449 41	0.397 70	0.311 06
2.5	0.574 41	0.572 60	0.567 23	0.558 12	0.544 99	0.527 40	0.504 65	0.475 61	0.438 30	0.388 34	0.304 82
2.6	0.559 75	0.557 98	0.552 76	0.543 90	0.531 13	0.514 04	0.491 96	0.463 81	0.427 67	0.379 35	0.298 76
2.7	0.545 72	0.544 28	0.538 92	0.530 30	0.517 89	0.501 29	0.479 85	0.452 54	0.417 51	0.370 74	0.292 88
2.8	0.532 30	0.530 63	0.525 68	0.517 30	0.505 23	0.489 09	0.468 26	0.441 76	0.407 79	0.362 48	0.287 18
2.9	0.519 46	0.517 84	0.513 02	0.504 86	0.493 12	0.477 42	0.457 18	0.431 44	0.398 48	0.354 55	0.281 66
3.0	0.507 16	0.505 58	0.500 89	0.492 95	0.481 52	0.466 26	0.446 25	0.421 56	0.389 55	0.346 93	0.276 30
3.1	0.495 39	0.493 85	0.489 28	0.481 54	0.470 42	0.455 56	0.436 42	0.412 09	0.380 99	0.339 61	0.271 11
3.2	0.484 10	0.486 20	0.4787 15	0.470 61	0.459 78	0.445 31	0.426 68	0.403 02	0.372 78	0.332 57	0.266 08
3.3	0.473 27	0.471 81	0.467 47	0.460 13	0.449 57	0.435 48	0.417 34	0.394 31	0.364 89	0.325 79	0.261 20
3.4	0.462 89	0.461 46	0.457 23	0.450 07	0.439 78	0.426 05	0.408 37	0.385 94	0.357 30	0.319 26	0.256 48
3.5	0.452 92	0.451 53	0.447 40	0.440 42	0.430 39	0.417 00	0.399 77	0.377 91	0.350 01	0.311 40	0.251 90
3.6	0.443 35	0.441 99	0.437 96	0.431 15	0.421 36	0.408 30	0.391 50	0.370 19	0.343 00	0.306 92	0.247 45
3.7	0.434 15	0.432 82	0.428 89	0.422 24	0.412 68	0.399 94	0.383 54	0.362 75	0.336 24	0.301 07	0.243 15
3.8	0.425 30	0.424 00	0.420 16	0.413 67	0.404 34	0.391 89	0.375 89	0.355 60	0.329 73	0.295 43	0.238 97

续表 4-1

z/R	r/R										
	0.0	0.1	0.2	0.3	0.4	0.5	0.6	0.7	0.8	0.9	1.0
3.9	0.416 78	0.415 52	0.411 77	0.405 42	0.396 31	0.384 15	0.368 52	0.348 71	0.323 46	0.289 99	0.234 92
4.0	0.408 59	0.407 35	0.403 69	0.397 48	0.388 58	0.376 70	0.361 43	0.342 08	0.317 41	0.287 43	0.230 98
4.1	0.400 70	0.399 49	0.395 90	0.389 84	0.381 13	0.369 51	0.354 59	0.335 67	0.311 58	0.279 65	0.227 17
4.2	0.393 09	0.391 91	0.388 40	0.382 47	0.373 95	0.362 59	0.347 99	0.329 50	0.305 94	0.274 74	0.223 47
4.3	0.385 75	0.384 60	0.381 16	0.375 36	0.367 02	0.355 91	0.341 63	0.323 54	0.300 50	0.269 99	0.219 87
4.4	0.378 68	0.377 54	0.374 18	0.368 50	0.360 34	0.349 46	0.335 48	0.317 78	0.295 24	0.265 39	0.216 38
4.5	0.371 84	0.370 74	0.367 44	0.361 88	0.353 89	0.343 23	0.329 55	0.312 22	0.290 15	0.260 94	0.212 99
4.6	0.365 25	0.364 16	0.360 94	0.355 48	0.347 65	0.337 22	0.323 81	0.306 84	0.285 23	0.256 63	0.209 69
4.7	0.358 87	0.357 81	0.354 65	0.349 30	0.341 63	0.331 40	0.318 27	0.301 64	0.280 47	0.252 45	0.206 49
4.8	0.352 71	0.351 66	0.348 56	0.343 32	0.335 80	0.325 78	0.312 90	0.296 60	0.275 86	0.248 40	0.203 30
4.9	0.346 74	0.345 72	0.342 68	0.337 54	0.330 17	0.320 34	0.307 71	0.291 73	0.271 39	0.244 48	0.200 35
5.0	0.340 97	0.339 97	0.336 99	0.331 95	0.324 71	0.315 07	0.302 68	0.287 01	0.267 06	0.240 67	0.197 41
5.1	0.335 39	0.334 40	0.331 48	0.326 53	0.319 43	0.309 97	0.277 81	0.282 43	0.262 87	0.236 97	0.194 54
5.2	0.329 98	0.329 01	0.326 14	0.321 28	0.314 31	0.305 02	0.293 90	0.278 00	0.258 79	0.233 38	0.191 76
5.3	0.324 73	0.323 78	0.320 96	0.316 19	0.309 35	0.300 23	0.288 52	0.273 70	0.254 84	0.229 90	0.189 04
5.4	0.319 65	0.318 72	0.315 95	0.311 26	0.304 54	0.295 58	0.284 08	0.269 52	0.251 00	0.226 51	0.186 40
5.5	0.314 72	0.313 80	0.311 08	0.306 48	0.299 87	0.291 07	0.279 77	0.265 47	0.247 28	0.223 22	0.183 83
5.6	0.309 93	0.909 03	0.306 36	0.301 83	0.295 34	0.286 69	0.248 89	0.261 53	0.243 66	0.220 02	0.181 32
5.7	0.305 29	0.304 40	0.301 77	0.297 33	0.290 94	0.282 44	0.271 52	0.257 71	0.240 14	0.216 91	0.178 88
5.8	0.300 78	0.299 91	0.297 32	0.292 95	0.286 67	0.278 31	0.267 58	0.254 00	0.236 72	0.213 89	0.176 50
5.9	0.296 40	0.295 54	0.293 00	0.288 70	0.282 52	0.274 30	0.263 74	0.250 39	0.233 40	0.210 94	0.174 18

续表 4-1

z/R	r/R										
	0.0	0.1	0.2	0.3	0.4	0.5	0.6	0.7	0.8	0.9	1.0
6.0	0.292 14	0.291 30	0.288 80	0.284 56	0.278 49	0.270 40	0.260 01	0.246 87	0.230 16	0.208 07	0.171 91
6.1	0.288 00	0.287 17	0.284 71	0.280 54	0.274 57	0.266 61	0.256 39	0.243 46	0.227 01	0.205 28	0.169 70
6.2	0.283 97	0.283 16	0.280 73	0.276 63	0.270 75	0.262 92	0.252 86	0.240 13	0.223 94	0.202 55	0.167 55
6.3	0.280 06	0.279 26	0.276 87	0.272 83	0.267 04	0.259 32	0.249 42	0.236 89	0.220 96	0.199 90	0.165 45
6.4	0.276 25	0.275 46	0.273 10	0.269 13	0.263 43	0.255 83	0.246 07	0.233 74	0.218 05	0.197 32	0.163 39
6.5	0.272 53	0.271 76	0.269 44	0.265 52	0.259 91	0.252 42	0.242 82	0.230 67	0.215 21	0.194 80	0.161 39
6.6	0.268 92	0.268 15	0.265 87	0.262 01	0.256 48	0.249 11	0.239 64	0.227 67	0.212 45	0.192 34	0.159 43
6.7	0.265 40	0.264 64	0.262 39	0.258 59	0.253 14	0.245 87	0.236 55	0.224 75	0.209 76	0.189 94	0.157 52
6.8	0.261 97	0.261 22	0.259 01	0.255 26	0.249 88	0.242 72	0.233 53	0.221 91	0.207 13	0.187 60	0.155 65
6.9	0.258 62	0.257 89	0.255 70	0.252 01	0.246 71	0.239 65	0.230 59	0.219 13	0.204 56	0.185 31	0.153 82
7.0	0.255 36	0.254 64	0.252 48	0.248 84	0.243 61	0.236 66	0.227 72	0.216 42	0.202 06	0.182 29	0.152 04

z/R	r/R									
	1.1	1.2	1.3	1.4	1.5	1.6	1.7	1.8	1.9	2.0
0.0	0.000 00	0.000 00	0.000 00	0.000 00	0.000 00	0.000 00	0.000 00	0.000 00	0.000 00	0.000 00
0.1	0.027 97	0.004 86	0.001 48	0.000 60	0.000 30	0.000 16	0.000 10	0.000 06	0.000 04	0.000 03
0.2	0.088 70	0.025 35	0.003 98	0.004 20	0.002 15	0.001 21	0.000 74	0.000 47	0.000 32	0.000 22
0.3	0.137 79	00.530 6	0.023 38	0.011 56	0.003 26	0.003 68	0.002 29	0.001 50	0.001 02	0.000 72
0.4	0.172 84	0.079 79	0.040 09	0.021 67	0.012 50	0.007 64	0.004 89	0.032 60	0.002 25	0.001 60
0.5	0.197 74	0.102 79	0.056 85	0.033 06	0.020 14	0.012 79	0.008 44	0.005 75	0.004 04	0.002 91
0.6	0.215 58	0.121 78	0.072 33	0.044 60	0.028 46	0.018 75	0.012 72	0.008 87	0.006 33	0.004 62
0.7	0.228 39	0.137 17	0.086 02	0.055 60	0.036 91	0.025 11	0.017 49	0.012 46	0.009 05	0.006 70

续表 4-1

z/R	r/R									
	1.1	1.2	1.3	1.4	1.5	1.6	1.7	1.8	1.9	2.0
0.8	0.237 52	0.149 51	0.097 85	0.065 70	0.045 08	0.031 55	0.022 51	0.016 35	0.012 07	0.009 06
0.9	0.243 91	0.159 34	0.107 91	0.074 75	0.052 74	0.037 84	0.027 57	0.020 39	0.015 30	0.011 63
1.0	0.248 19	0.167 09	0.116 37	0.082 37	0.059 78	0.043 81	0.032 53	0.024 47	0.018 63	0.014 34
1.1	0.250 89	0.173 13	0.123 42	0.089 69	0.066 13	0.049 37	0.038 29	0.028 47	0.021 96	0.017 12
1.2	0.252 21	0.177 75	0.129 24	0.095 69	0.071 80	0.054 49	0.041 77	0.032 33	0.025 25	0.019 89
1.3	0.252 56	0.181 21	0.133 99	0.100 81	0.076 81	0.059 13	0.045 93	0.035 99	0.028 43	0.022 63
1.4	0.252 11	0.183 69	0.137 81	0.105 15	0.081 19	0.063 30	0.049 76	0.039 42	0.031 56	0.025 28
1.5	0.251 00	0.185 36	0.140 85	0.108 79	0.085 00	0.067 02	0.053 25	0.042 61	0.034 33	0.027 82
1.6	0.249 38	0.186 35	0.143 19	0.111 81	0.088 28	0.070 31	0.056 41	0.045 55	0.037 01	0.030 24
1.7	0.247 35	0.186 77	0.144 96	0.114 28	0.090 18	0.073 19	0.059 23	0.048 23	0.039 50	0.032 51
1.8	0.244 99	0.186 72	0.146 21	0.116 27	0.093 44	0.075 71	0.061 76	0.050 67	0.041 79	0.034 64
1.9	0.242 37	0.186 28	0.147 04	0.117 84	0.095 42	0.077 89	0.063 99	0.052 87	0.043 89	0.036 61
2.0	0.239 56	0.185 52	0.147 49	0.119 03	0.097 06	0.079 76	0.065 95	0.054 83	0.045 81	0.038 43
2.1	0.236 60	0.184 48	0.147 63	0.119 90	0.098 38	0.081 34	0.067 67	0.056 59	0.047 54	0.040 11
2.2	0.233 52	0.183 22	0.147 49	0.120 49	0.099 43	0.082 67	0.069 16	0.058 15	0.049 11	0.041 64
2.3	0.230 37	0.181 78	0.147 13	0.120 84	0.100 24	0.093 78	0.070 44	0.059 52	0.050 51	0.043 03
2.4	0.227 16	0.180 18	0.146 56	0.120 96	0.100 83	0.084 67	0.071 52	0.060 71	0.051 75	0.044 28
2.5	0.223 92	0.178 47	0.145 84	0.120 91	0.101 23	0.085 38	0.072 44	0.061 75	0.052 86	0.045 41
2.6	0.220 67	0.176 66	0.144 97	0.120 69	0.101 46	0.085 93	0.073 20	0.062 65	0.053 83	0.046 43
2.7	0.217 42	0.174 77	0.143 98	0.120 33	0.101 55	0.086 33	0.073 81	0.063 41	0.054 69	0.047 33
2.8	0.214 19	0.172 82	0.142 90	0.119 85	0.101 51	0.086 59	0.074 30	0.064 04	0.055 43	0.048 13

续表 4-1

z/R	r/R									
	1.1	1.2	1.3	1.4	1.5	1.6	1.7	1.8	1.9	2.0
2.9	0.210 98	0.170 84	0.141 73	0.119 27	0.101 35	0.086 74	0.074 67	0.064 57	0.056 06	0.048 84
3.0	0.207 81	0.168 82	0.140 50	0.118 60	0.101 09	0.086 79	0.074 93	0.065 00	0.056 60	0.049 45
3.1	0.204 67	0.166 78	0.139 22	0.117 86	0.100 74	0.086 74	0.075 10	00.065 33	0.057 05	0.049 99
3.2	0.201 58	0.164 74	0.137 89	0.117 05	0.100 32	0.086 61	0.075 19	0.065 58	0.057 42	0.050 44
3.3	0.198 54	0.162 69	0.136 52	0.116 18	0.099 84	0.086 41	0.075 21	0.065 76	0.057 72	0.050 83
3.4	0.195 55	0.160 64	0.135 13	0.115 28	0.099 29	0.086 14	0.075 15	0.065 87	0.057 95	0.051 15
3.5	0.192 62	0.158 60	0.133 72	0.114 33	0.098 70	0.085 82	0.075 04	0.065 91	0.058 12	0.051 42
3.6	0.189 74	0.156 58	0.132 30	0.113 36	0.098 06	0.085 44	0.074 87	0.065 90	0.058 23	0.051 63
3.7	0.186 91	0.154 58	0.130 87	0.112 36	0.097 39	0.085 03	0.074 65	0.065 84	0.058 30	0.051 79
3.8	0.184 15	0.152 60	0.129 44	0.112 34	0.096 69	0.084 57	0.074 39	0.065 74	0.058 32	0.051 90
3.9	0.181 44	0.150 64	0.128 01	0.110 30	0.095 96	0.084 09	0.074 10	0.065 60	0.058 29	0.051 97
4.0	0.178 80	0.148 70	0.126 58	0.109 26	0.095 21	0.083 57	0.073 77	0.065 42	0.058 23	0.052 00
4.1	0.176 21	0.146 79	0.125 16	0.108 20	0.094 45	0.083 03	0.073 41	0.065 20	0.058 14	0.052 00
4.2	0.173 67	0.144 92	0.123 75	0.107 15	0.093 67	0.082 47	0.073 03	0.064 96	0.058 01	0.051 97
4.3	0.171 20	0.143 07	0.122 35	0.106 09	0.092 88	0.081 89	0.072 62	0.064 69	0.057 86	0.051 91
4.4	0.168 78	0.141 25	0.120 97	0.105 03	0.092 08	0.081 30	0.072 19	0.064 40	0.057 68	0.051 82
4.5	0.166 41	0.139 46	0.119 59	0.103 98	0.091 27	0.080 70	0.071 75	0.064 09	0.057 48	0.051 71
4.6	0.164 10	0.137 71	0.118 24	0.102 93	0.090 46	0.080 08	0.071 29	0.063 77	0.057 25	0.051 57
4.7	0.161 84	0.135 98	0.116 90	0.101 88	0.089 65	0.079 46	0.070 83	0.063 42	0.057 01	0.051 42
4.8	0.159 64	0.134 29	0.115 57	0.100 84	0.088 84	0.078 83	0.703 4	0.063 07	0.056 76	0.051 25
4.9	0.157 47	0.132 63	0.114 27	0.099 81	0.088 03	0.078 19	0.069 86	0.062 70	0.056 49	0.051 06
5.0	0.155 37	0.131 00	0.112 98	0.098 79	0.087 22	0.077 56	0.069 36	0.062 32	0.056 21	0.050 86

续表 4-1

z/R	r/R									
	1.1	1.2	1.3	1.4	1.5	1.6	1.7	1.8	1.9	2.0
5.1	0.153 31	0.129 40	0.111 72	0.097 78	0.086 41	0.076 92	0.068 86	0.061 93	0.055 91	0.050 65
5.2	0.151 30	0.127 83	0.110 47	0.096 78	0.085 61	0.078 28	0.068 35	0.061 53	0.055 61	0.050 42
5.3	0.149 34	0.126 26	0.109 24	0.095 80	0.084 81	0.075 64	0.067 84	0.061 13	0.055 30	0.050 19
5.4	0.147 42	0.124 78	0.108 03	0.094 82	0.084 02	0.075 00	0.067 33	0.060 72	0.054 98	0.049 94
5.5	0.145 54	0.123 30	0.106 84	0.093 85	0.083 24	0.074 36	0.066 81	0.060 31	0.054 65	0.496 9
5.6	0.014 371	0.121 85	0.105 67	0.062 90	0.082 46	0.073 73	0.066 30	0.059 89	0.054 32	0.049 43
5.7	0.141 91	0.120 43	0.104 52	0.091 96	0.081 69	0.073 09	0.065 78	0.059 47	0.053 99	0.049 19
5.8	0.140 16	0.119 03	0.103 39	0.091 03	0.080 93	0.072 47	0.065 26	0.059 05	0.053 65	0.048 89
5.9	0.138 44	0.117 67	0.102 28	0.090 12	0.080 17	0.071 84	0.064 75	0.058 63	0.053 30	0.048 62
6.0	0.136 77	0.116 33	0.101 18	0.089 22	0.079 43	0.071 22	0.064 24	0.058 21	0.052 96	0.048 34
6.1	0.135 13	0.115 01	0.100 11	0.088 33	0.078 69	0.070 61	0.063 73	0.057 79	0.052 61	0.048 05
6.2	0.133 57	0.113 72	0.099 05	0.087 46	0.077 96	0.070 00	0.063 22	0.057 37	0.052 26	0.047 77
6.3	0.131 95	0.112 46	0.098 02	0.086 59	0.077 24	0.069 40	0.062 72	0.056 94	0.051 91	0.047 48
6.4	0.130 42	0.111 22	0.097 00	0.085 75	0.076 53	0.068 80	0.062 21	0.056 52	0.051 56	0.047 18
6.5	0.128 91	0.110 01	0.095 99	0.084 91	0.075 83	0.068 21	0.061 72	0.056 10	0.012 1	0.046 89
6.6	0.127 44	0.108 82	0.095 01	0.084 09	0.075 13	0.067 63	0.061 22	0.055 69	0.050 85	0.046 60
6.7	0.126 00	0.107 65	0.094 04	0.083 27	0.074 45	0.067 05	0.060 73	0.055 27	0.050 50	0.046 30
6.8	0.124 59	0.106 51	0.093 09	0.082 48	0.073 78	0.066 48	0.060 25	0.054 86	0.050 15	0.046 01
6.9	0.123 21	0.105 38	0.092 16	0.081 69	0.073 11	0.065 91	0.059 76	0.054 45	0.049 80	0.045 71
7.0	0.121 86	0.104 28	0.091 24	0.080 92	0.072 45	0.065 35	0.059 29	0.054 04	0.049 26	0.045 42

注：① R 为圆形面积的半径，m。

② z 为计算点离基础底面的垂直距离，m。

③ r 为计算点距圆形面积中心的水平距离，m。

表 4-2　计算厚度 Δz 值

D_t/m	$8 < D_t \leqslant 15$	$15 < D_t \leqslant 30$	$30 < D_t \leqslant 60$	$60 < D_t \leqslant 80$	$80 < D_t \leqslant 100$	$D_t > 100$
Δz/m	0.92～1.11	1.11～1.32	1.32～1.53	1.53～1.62	1.62～1.68	1.68

2. 储罐地基变形允许值

在计算地基变形时，应符合下列规定：

(1) 由于地基不均匀、荷载等因素引起的地基变形，对于不同类型与容积的储罐应按不同允许变形值来控制。

(2) 应根据在充水预(试)压期间和使用期间的地基变形值，确定储罐基础预抬高后的标高及与管线的连接形式和施工顺序。对于外环墙式基础，应验算地基变形稳定的储罐罐壁底端标高，储罐罐壁底端标高应高于外环墙顶标高，且走道向外坡度不应小于0.1。

第二节　储罐基础类型

一、储罐基础分类

储罐基础主要分护坡式基础、环墙式基础、外环墙式基础和桩基础几种类型。

1. 护坡式基础

护坡式基础是由罐壁外的混凝土护坡或碎石护坡和护坡内的填料层、砂垫层、沥青砂绝缘层等共同组成的储罐基础，见图 4-3。根据护坡材料的不同，护坡式基础分混凝土护坡、石砌护坡和碎石灌浆护坡等类型。

护坡式基础一般用于硬或中硬场地，多用于固定顶罐。该类基础具有节省材料(钢材、水泥)、造价较低等优点。但是由于基础的平面抗弯刚度差，不利于调整地基的不均匀沉降，且占地面积较大。因此，当建造场地不受限，地基承载力和地基变形满足要求时，宜采用护坡式基础。

2. 环墙式基础

环墙式基础是由罐壁下的钢筋混凝土环墙和环墙内的填料层、砂垫层、沥青砂绝缘层等共同组成的储罐基础，见图 4-4(b 为环墙厚度，h 为环墙高度)。根据环墙采用的材料，环墙式基础分为钢筋混凝土环墙式、石砌环墙式、砖砌环墙式和碎石环墙式等类型。

环墙式基础的优点如下[2]：① 可减小罐周的不均匀沉降。钢筋混凝土环墙平面抗弯刚度较大，能很好地调整地基下沉过程中出现的不均匀沉降，从而减小罐壁的变形，避免浮顶罐与内浮顶罐发生浮顶不能上浮的现象。② 罐体荷载传递给地基的压力分布较为均匀。③ 增加基础的稳定性，抗震性能较好。防止由于冲刷、侵蚀、地震等造成环墙内各填料层的流失，保持罐底填料层基础的稳定。④ 有利于罐壁的安装。环墙为罐壁底端提供了一个平整而坚实的表面，并为校平储罐基础面和保持外形轮廓提供了有利条件。⑤ 有利于事故的处理。当罐体出现较大的倾斜时，可用环墙进行顶升调整，或采用半圆周挖沟纠偏法。⑥ 起防潮作用。钢筋混凝土环墙顶面不积水，减少罐底的潮气和对罐底板的腐蚀。⑦ 比护坡式基础占地面积小。缺点是由于环墙的竖向抗力刚度与环墙内填料层的相差较大，因此罐壁和罐底的受力状态较外环墙式基础差，钢筋和水泥耗量较多。

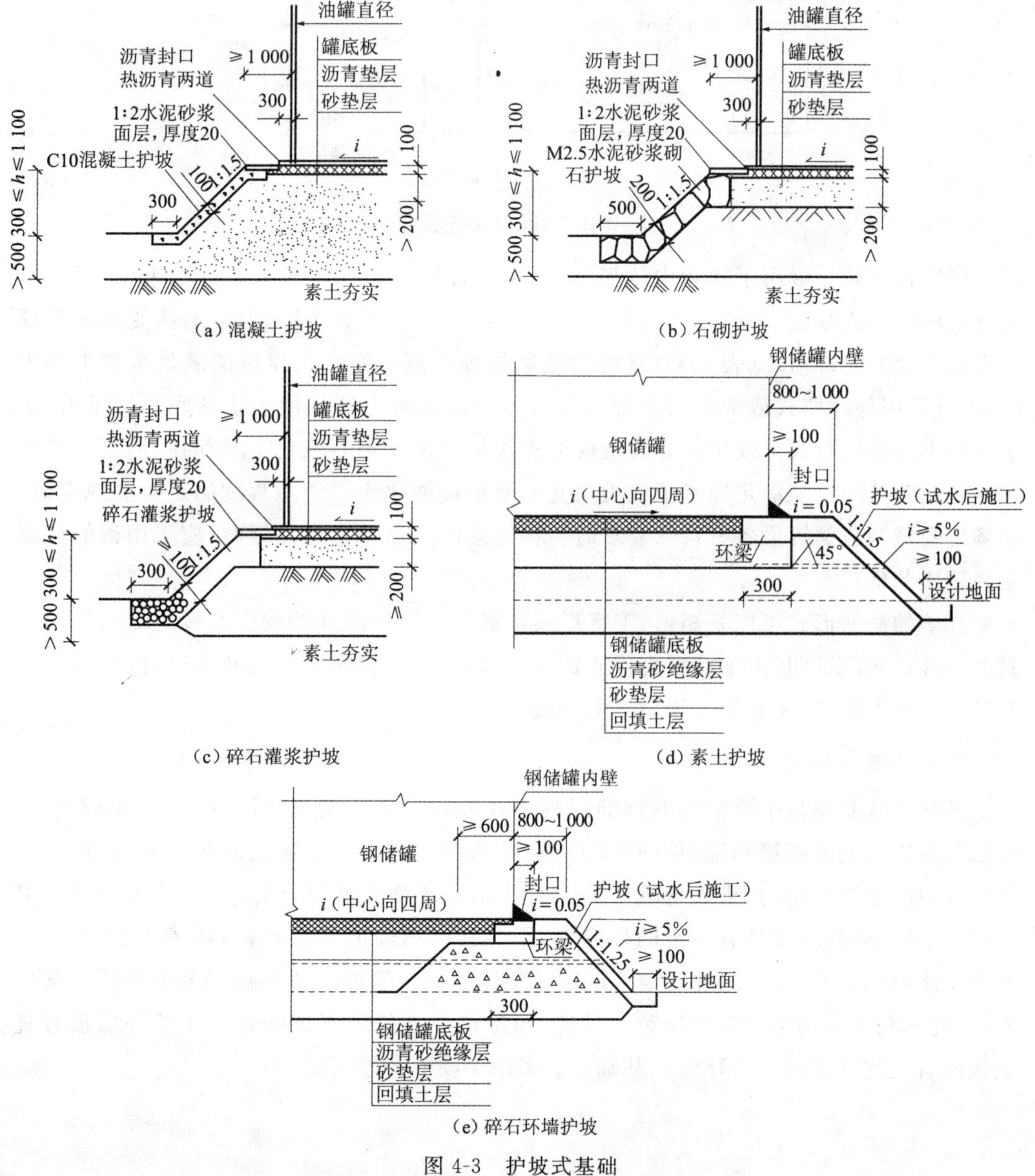

图 4-3　护坡式基础

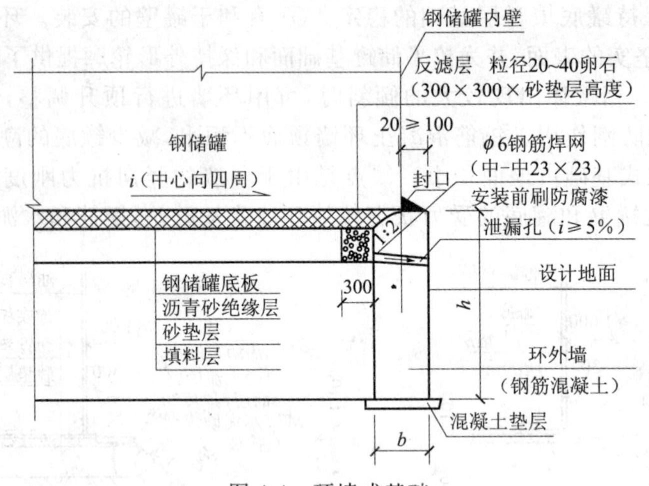

图 4-4 环墙式基础

环墙式基础一般用于软和中软场地，多用于浮顶罐和内浮顶罐。一般来说，下述情况宜采用环墙式基础：当天然地基承载力特征值小于基底平均压力，但地基变形满足现行规范规定的允许值（见表 4-3），且经过地基处理后或经充水预压后能满足承载力要求时（也可采用外环墙式或护坡式基础）；当天然地基承载力特征值小于基底平均压力、地基变形不满足现行规范规定的允许值或地震作用时地基土有液化土层存在，但经过充水预压或地基处理后能满足地基承载力与变形要求或液化土层消除程度满足有关规定时；当场地受限制或储罐设备有特殊要求时。在地震区或软基上建储罐时，应采用钢筋混凝土环墙式基础。

环墙的截面形式可以是矩形、工字形或箱形等。设计时环墙的中心线应尽量与储罐直径一致。实践证明，由于储罐直接放置在环墙上，便于储罐的安装和维修，因此环墙式基础对于大型储罐，尤其是浮顶储罐更为适用。

3. 外环墙式基础

外环墙式基础是由罐壁外的钢筋混凝土环墙和环墙内的填料层、砂垫层、沥青砂绝缘层等共同组成的储罐基础（见图 4-5）。这类基础把储罐直接建在砂垫层上，使得基底竖向抗力刚度比较均匀，罐壁与罐底的受力状态比环墙式基础要好；外环墙可以挡护填砂；由于设置外环墙式具有一定的稳定性，因此其抗震性能也较好；与环墙式基础相比，节省了水泥和钢筋。但是，外环墙式基础的整体平面抗弯刚度较钢筋混凝土环墙式基础差，因此不利于不均匀沉降的调整。另外，当罐壁节点处的下沉降量低于外环墙顶时宜造成两者之间的凹陷。外环墙式基础一般多用于硬或中硬场地。

表 4-3　储罐地基变形允许值

储罐地基变形特征	储罐型式	储罐底圈内直径/m	沉降差允许值
整体倾斜（任意直径方向）	浮顶与内浮顶储罐	$D_t \leqslant 22$	$0.007\,0D_t$
		$22 < D_t \leqslant 30$	$0.006\,0D_t$
		$30 < D_t \leqslant 40$	$0.005\,0D_t$
		$40 < D_t \leqslant 60$	$0.004\,0D_t$
		$60 < D_t \leqslant 80$	$0.003\,5D_t$
		$80 < D_t \leqslant 100$	$0.003\,0D_t$
	固定顶储罐	$D_t \leqslant 22$	$0.015D_t$
		$22 < D_t \leqslant 30$	$0.010D_t$
		$30 < D_t \leqslant 40$	$0.009D_t$
		$40 < D_t \leqslant 60$	$0.008D_t$
储罐周边不均匀沉降	浮顶与内浮顶储罐		$\Delta S/l \leqslant 0.002\,5$
	固定顶储罐		$\Delta S/l \leqslant 0.004\,0$
储罐中心与储罐周边的沉降差	沉降稳定后 $\geqslant 0.008$		

注：ΔS 为储罐周边相邻测点的沉降差，mm；l 为储罐周边相邻测点的间距，mm。

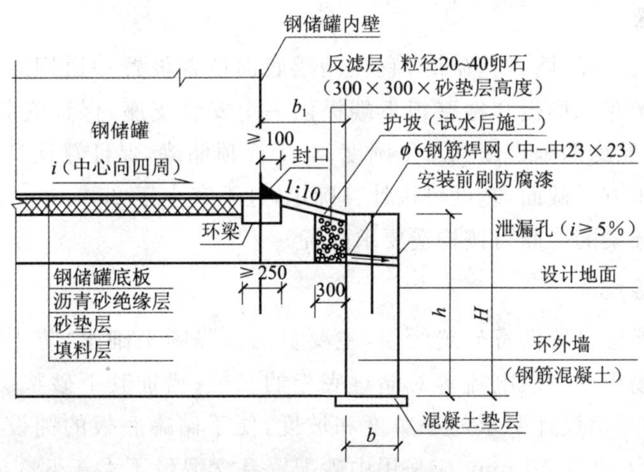

图 4-5　外环墙式基础

总体来讲，钢筋混凝土环墙式基础调整不均匀沉降的作用较大，对土方压实技术要求一般，但耗费三材较多，造价较高。外环墙式基础和护坡式基础对土方压实技术要求较高，但造价相对较低。

4. 桩基础

由灌注桩或预制桩和连接于桩顶的钢筋混凝土承台及承台上的填料层、砂垫层、沥青砂绝缘层等共同组成的储罐基础，见图 4-6。当地基处理有困难或不作地基处理时，宜采用桩基础。

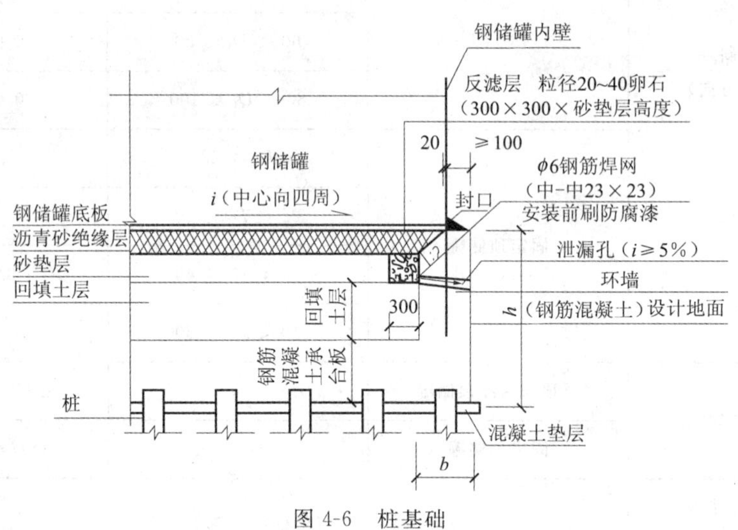

图 4-6 桩基础

二、储罐基础构造与材料

1. 钢筋砼环梁

当选用护坡式、外环墙式基础时，宜在储罐底面位置设置一道钢筋砼环梁。环梁的主要作用包括为罐底环形板和罐壁板下端提供一个安装支座，保证安装精度；调整地基不均匀沉降，保证储罐的垂直度和水平圆度；对于浮顶储罐，保证浮顶升降功能正常。环梁可采用矩形或正方形截面，宽度可按计算确定，且不宜小于 250 mm。环梁高可同环梁宽。钢筋混凝土环梁的配筋可按构造要求配置。

2. 沥青砂绝缘层

储罐基础顶面应设置沥青砂绝缘层，主要目的是隔断毛细水、防止潮气以及砂石填料层中有害化学物质及杂散电流等对储罐底板的腐蚀；增加其下砂垫层的稳定性，减少渗透性；保证基础顶面设计要求的平整度和坡度，便于储罐底板的铺设和安装。沥青砂绝缘层的厚度宜为 80～150 mm，应采用中砂配置且含泥量不大于 5%，中砂与石油沥青的重量配合比宜为 93∶7，压实系数不应小于 0.95；基础表面的沥青砂绝缘层在任意方向上不应有突起的棱角,从中心点向周边拉线测量基础表面凹凸度不应超过 25 mm。

3. 砂垫层

沥青砂绝缘层下应铺设中粗砂垫层,其主要作用是承受上部储罐和罐液荷载以及地震作用并将其传给地基,使压力分布均匀,调整和减少地基的不均匀沉降。当其厚度不小于 300 mm 时,还可以防止毛细水的渗入;当底板泄漏时,也可作为漏油信号的通道。砂垫层宜采用中、粗砂,也可采用最大粒径不大于 20 mm 的砂石混合料,不得含有草根等有机杂质,含泥量不得大于 5%,不得采用粉砂和冰结砂。砂垫层的厚度不宜小于 300 mm,压实系数不应小于 0.96。在湿陷性黄土地基上建储罐时,可改用灰土垫层。

4. 填料层

填料层的回填土宜采用黏性土,不得采用淤泥、膨胀土、冻土以及有机杂质含量超过 5%的土料。回填土层的压实系数不应小于 0.96。

5. 封口

储罐底板外周边应封口,主要是为了防止雨水渗入腐蚀储罐底板。封口应具有防水性、耐候性、黏结性和可挠性,以适应罐底板变形,并且封口应在储罐充水试压完毕和罐体未保温的进行。

6. 护坡

护坡式基础的护坡坡度宜为 1∶1.5,当采用混凝土或碎石灌浆护坡时,护坡厚度不宜小于 100 mm;当采用浆砌毛石护坡时,护坡厚度不应小于 200 mm。因为储罐充水预压时会产生大量的沉降,为了避免护坡开裂,无论采用何种结构的护坡,均应在储罐充水试压后进行施工。

7. 泄漏孔

储罐基础应设泄漏孔,万一罐底漏油,油将沿泄漏孔流出,安检人员能及时发现并采取相应措施。泄漏孔应沿储罐周均匀设置,间距宜为 10～15 m,孔径宜为 50 mm(可埋设 *D*50 钢管)。泄漏孔进口处宜与砂垫层底标高相同,并以不小于 5%的坡度坡向环墙外侧,进口处应设置由砾石和粒径为 20～40 mm 的卵石组成的反滤层和钢筋滤网(见图 4-4、图 4-5、图 4-6),出口处应高于设计地面。

8. 环墙式基础埋深

除基岩地基外,环墙式基础的埋深(以沉降基本稳定为准)不宜小于 600 mm,在地震区,当地基土有液化可能时,埋深不宜小于 1 000 mm;在寒冷地区,储罐基础埋深宜满足冻土深度要求,否则需采取防冻胀措施。

9. 钢筋混凝土环墙

钢筋混凝土环墙厚度不宜小于 250 mm,环墙顶面应在罐内壁向中心 20 mm 处做成 1∶2 的坡度,罐内壁至环墙外缘尺寸不宜小于 100 mm(见图 4-7)。

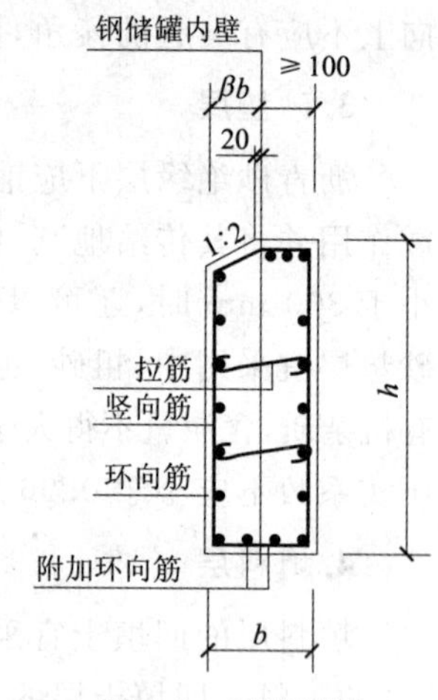

图 4-7　环墙配筋

钢筋混凝土环墙顶面上宜设置 20～30 mm 厚的 1∶2 水泥砂浆或 50 mm 厚的 C30 细混凝土找平层；环墙顶面的水平度在表面任意 10 m 弧长上不应超过±3.5 mm，在整个圆周上，从平均的标高计算不应超过±6.5 mm。

钢筋混凝土环墙不宜开缺口，当罐体安装要求必须留施工口时，环向钢筋应错开截断，待罐体安装结束后，应采用比环墙混凝土强度等级高一级的微膨胀混凝土立即将缺口堵实，钢筋应采用焊接。

储罐基础环墙的混凝土等级不应小于 C25，环向钢筋宜采用 HRB335 级或 HRB400 级钢筋，竖向钢筋宜采用 HPB235 级或 HRB335 级钢筋。

钢筋混凝土环墙的环向受力钢筋的混凝土保护层最小厚度不应小于 40 mm。环向受力钢筋的截面最小总配筋率不应小于 0.4%，且应按环墙的全截面面积计算。对于公称容积不小于 10 000 m^3 或建在软土、软硬不一地基上的储罐，环墙顶端和底端宜各增加两根附加环向钢筋，其直径应与环墙的环向受力筋相同。环墙每侧竖向钢筋的最小配筋率不应小于 0.15%，钢筋直径宜为 12～18 mm，间距宜为 150～200 mm，竖向钢筋宜为封闭式(见图 4-7)。

第三节　环墙基础设计

环墙基础(包括外环墙基础)设计的主要内容包括确定环墙的高度、宽度以及环墙的配筋。下面将主要介绍现行国家行标(或国标)规范中环墙基础的计算方法。

一、环墙的高度

在确定环墙高度时，除了考虑输油工艺要求的最低标高以及基础最终沉降量而采取的预抬高安装的高度要求外，为了防止地面积水倒灌，在地基沉降稳定后，储罐基础顶面应高出周边设计地面不小于 30 cm(不含预抬高的高度)。另外，环墙式基础的埋深还应满足下列要求：除基岩地基外，环墙式基础的埋深(以沉降基本稳定为准)不宜小于 60 cm；在地震区，当地基有液化可能时埋深不宜小于 100 cm；在寒冷地区，基础埋深宜满足冻土深度要求，否则应采取抗冻措施。

二、环墙的厚度

环墙的厚度与诸多因素有关，如储罐容积、储罐类型、地基土性质、环墙高度等。当储罐壁位于环墙顶面时，为了减少储罐基础的不均匀沉降，假定环墙底面 A 点的压强与

环墙内侧同一深度地基土 B 点的压强相等(标准值)(见图 4-8),从而得到:

$$\frac{\gamma_L h_L \beta b + g_k + \gamma_c hb}{b} = \gamma_L h_L + \gamma_m h \tag{4-9}$$

式中 b——环墙厚度,m;

g_k——储罐底端传至环墙顶端的竖向线分布荷载标准值(当有保温层时,应包括保温层的荷载标准值),kN/m,当为浮顶罐时,仅为罐壁的重量,当为固定顶罐(包括内浮顶罐时),应为罐壁和罐顶的重量;

β——罐壁伸入环墙顶面宽度系数,可取 0.4～0.6;

γ_c——环墙的重度,kN/m³;

γ_L——储罐使用阶段储存介质的重度,kN/m³;

γ_m——环墙内各层材料的平均重度,kN/m³;

h_L——环墙顶面到罐内最高液面的高度,m;

h——环墙高度,m。

整理后可得到环墙式基础厚度的计算公式为:

$$b = \frac{g_k}{(1-\beta)\gamma_L h_L - (\gamma_c - \gamma_m)h} \tag{4-10}$$

计算时,可先假定 β 值,按式(4-10)求出 b 值,再根据 b 值适当调整 β 值;也可先假定 b 值求出 β 值。

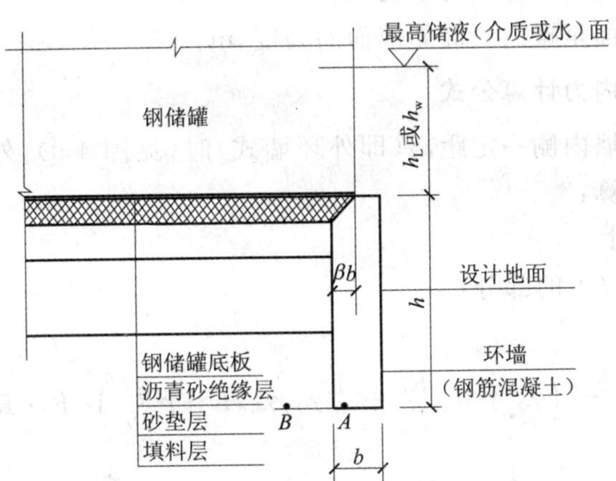

图 4-8 环墙设计示意图

三、环墙的内力计算

环墙除了承受罐壁等传来的竖向荷载作用外,还承受环墙内外侧侧压力以及环基内侧大面积储液产生的侧压力和环基底面基底反力的作用。目前,环墙内力的计算公式很多,如根据朗肯主动压力理论得到的计算公式、根据圆柱壳的有矩理论得到的计算公式、根据有限差分法计算等,不同计算公式得到的计算结果有较大差距。下面将主要介绍目前工程设计中常用的计算公式，该公式是基于朗肯主动土压力理论建立的。

1. 环墙式基础内力计算公式

如图 4-8 所示，环墙单位高度环向力设计值可按下式计算。

(1) 充水试压时，计算公式为：

$$F_t = (\gamma_{Q_w}\gamma_w h_w + \frac{1}{2}\gamma_{Q_m}\gamma_m h)\cdot K\cdot R \tag{4-11}$$

式中 F_t——环墙单位高度环向力设计值，kN/m；

K——侧压力系数，一般地基可取 0.33，软土地基可取 0.5；

γ_{Q_w}、γ_{Q_m}——水、环墙内各层材料自重分项系数，γ_{Q_w} 可取 1.1，γ_{Q_m} 可取 1.2；

γ_w——水的重度，kN/m^3；

γ_m——环墙内各层材料的平均重度，kN/m^3，宜取 18 kN/m^3；

h_w——环墙顶面至罐内最高储水面的高度，m；

R——环墙中心线半径，m。

(2) 正常使用时，计算公式为：

$$F_t = \left(\gamma_{Q_L}\gamma_L h_L + \frac{1}{2}\gamma_{Q_m}\gamma_m h\right)\cdot K\cdot R \tag{4-12}$$

式中 γ_{Q_L}——使用阶段储存介质分项系数，取 1.3；

γ_L——使用阶段储存介质的重度，kN/m^3；

h_L——环墙顶面至罐内最高储液面的高度，m。

2. 外环墙式基础内力计算公式

当储罐壁位于环墙内侧一定距离（即外环墙式）时（见图 4-9），外环墙单位高度环向力设计值可按下式计算：

(1) 当 $b_1 \leqslant H$ 时

① 在 45°扩散角以下的部分：

充水预压时：

$$F_{t0} = \left(\gamma_{Q_w}\gamma_w h_w\frac{R_t^2}{R_h^2} + \frac{1}{2}\gamma_{Q_m}\gamma_m H + \gamma\frac{g_k}{2b_1}\right)\cdot K\cdot R \tag{4-13a}$$

正常使用时：

$$F_{t0} = \left(\gamma_{Q_L}\gamma_L h_L\frac{R_t^2}{R_h^2} + \frac{1}{2}\gamma_{Q_m}\gamma_m H + \gamma\frac{g_k}{2b_1}\right)\cdot K\cdot R \tag{4-13b}$$

② 在 45°扩散角以上的部分：

$$F_{t0} = \frac{1}{2}\gamma_{Q_m}\gamma_m b_1\cdot K\cdot R \tag{4-13c}$$

(2) 当 $b_1 > H$ 时

$$F_{t0} = \frac{1}{2}\gamma_{Q_m}\gamma_m H\cdot K\cdot R \tag{4-13d}$$

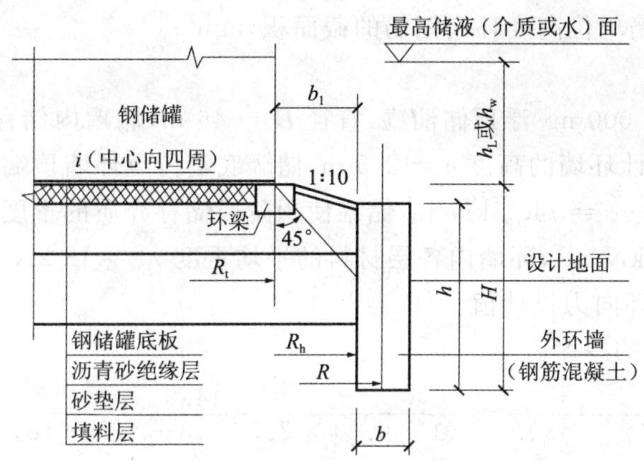

图 4-9 外环墙设计示意图

式中 F_{t0}——外环墙单位高度环向力设计值，kN/m；

γ——储罐自重分项系数，可取 1.2；

b_1——外环墙内侧至罐壁内侧距离，m；

R_h——外环墙内侧半径，m；

R_t——储罐底圈内半径，m；

H——罐底至外环墙底高度，m；

R——外环墙中心线半径，m；

其他同上。

四、环墙截面配筋计算

1. 环墙式基础截面配筋计算

环墙单位高度环向钢筋的截面面积可按下式计算：

$$A_s = \frac{\gamma_0 F_t}{f_y} \tag{4-14}$$

式中 F_t——环墙单位高度环向力设计值，kN/m，取式(4-11)和式(4-12)的较大值；

γ_0——重要性系数，取 1.0；

A_s——环墙单位高度环向钢筋的截面面积，mm^2；

f_y——钢筋的抗拉强度设计值，kN/mm^2。

2. 外环墙式基础截面配筋计算

外环墙单位高度环向钢筋的截面面积可按下式计算：

$$A_{s0} = \frac{\gamma_0 F_{t0}}{f_y} \tag{4-15}$$

式中 F_{t0}——外环墙单位高度环向力设计值，kN/m，当 $b_1 \leqslant H$ 时，在 45°扩散角以下的部分取式(4-13a)和式(4-13b)的较大值；

A_{s0}——外环墙单位高度环向钢筋的截面积，mm^2；

其他同上。

【例题 4-1】 已知 30 000 m^3 浮顶储油罐，直径 $D=46$ m，储罐内储存介质的高度 $h_L=15$ m，取 $\beta=0.5$，设计环墙的高度 $h=2.5$ m，储罐底端传至环墙顶端的竖向线分布荷载标准值（包括保温层）$g_k=14.0$ kN/m，储罐使用阶段储存介质的重度 $\gamma_L=7.5$ kN/m^3，环墙的重度 $\gamma_c=25$ kN/m^3，环墙内各层材料的平均重度 $\gamma_m=18$ kN/m^3。试确定环墙的厚度、正常使用时的环向力设计值。

【解】 (1) 环墙的厚度。

$$b=\frac{g_k}{(1-\beta)\gamma_L h_L-(\gamma_c-\gamma_m)h}=\frac{14.0}{(1-0.5)\times 7.5\times 15-(25-18)\times 2.5}=0.361\text{ m}$$

取 $b=0.4$ m。

(2) 正常使用时的环向力设计值。

取 $K=0.33$，$R=23$ m，则

$$\begin{aligned}F_t&=\left(\gamma_{Q_L}\gamma_L h_L+\frac{1}{2}\gamma_{Q_m}\gamma_m h\right)\cdot K\cdot R\\&=\left(1.3\times 7.5\times 15+\frac{1}{2}\times 1.2\times 18\times 2.5\right)\times 0.33\times 23\\&=1\ 314.97\text{ kN/m}\end{aligned}$$

第四节　桩基础设计

桩是将建（构）筑物的荷载全部或部分传递给地基土（或岩层）的设置于土中的竖直或倾斜的具有一定刚度和抗弯能力的柱型基础构件。设置于岩土中的桩和与桩顶连接的承台共同组成的基础或由柱与桩直接连接的单桩基础，称为桩基。由不止一根桩所组成的桩基称为群桩基础，群桩基础中的每一根桩称为基桩。

桩基础的主要作用表现在以下几个方面：① 将上部结构荷载传至地基深部；② 具有很大的侧向刚度和抗拔承载力，可以承受上拔荷载、水平荷载和力矩；③ 改变基础和地基的动力特性，提高基础与地基的自振频率，减小振幅；④ 提供很大的竖向刚度，在自身荷载及相邻荷载影响下，不会产生过大的沉降量和沉降差，通常能满足建筑物对沉降变形的各种严格要求；⑤ 作为地震区的抗震措施。

一、桩基设计内容

(1) 选择桩的类型和几何尺寸；

(2) 初步确定承台底面标高；

(3) 确定单桩竖向和水平向承载力；

(4) 确定桩的数量、间距和平面布置;
(5) 桩基承载力和沉降验算;
(6) 桩身结构设计;
(7) 承台设计;
(8) 绘制桩基施工图。

二、桩的分类

桩的分类方法很多,下面主要介绍常见的几种分类方法。

1. 按桩身材料分类

1) 木桩

木桩常用松木、杉木等做成,是较古老的一种桩型。由于资源限制、处理不好易腐蚀等缺陷,除非个别临时工程或应急工程,目前已很少使用。

2) 混凝土桩

混凝土桩一般由素混凝土、钢筋混凝土或预应力钢筋混凝土制成,是目前应用最广泛的一类桩。按照施工工艺又分为预制桩和灌注桩两类。

3) 钢桩

目前常用的钢桩有钢管桩、H 型桩及其他异型钢材桩等。钢桩的分段长度宜为 12~15 m。钢桩具有强度高,自重轻,抗冲击疲劳和贯入能力强,施工质量易于保证,便于割接、运输和接桩等优点。但是钢桩耗钢量大、造价高、耐腐蚀性较差,一般只用于少数重要或特殊工程中。

4) 组合材料桩

组合材料桩由两种或两种以上材料组成,一般是根据工程条件,为发挥不同材料的特性组合而成的桩。

2. 按施工工艺分类

按施工工艺不同,可分为预制桩和灌注桩两大类。

1) 预制桩

预制桩是指在施工前预先制作成型,再利用各种机械设备把它沉入地基至设计标高的桩。预制桩按桩身材料不同分为钢筋混凝土预制桩、钢桩和木桩。其中,钢筋混凝土预制桩按制作地点不同又分为工厂预制和现场预制两种,按是否施加预应力还可分为非预应力预制桩和预应力预制桩。

钢筋混凝土预制桩的横截面有方形、圆形等,可作成实心或空心,最常用的为实心方桩,截面边长一般为 300~500 mm,且不应小于 200 mm。现场预制桩的长度一般为 25~30 m;受运输条件的限制,工厂预制桩的分节长度一般不超过 12 m,沉桩时在现场连接到所需的长度。连接方法有焊接连接(焊接两节桩接头部位已预埋的钢板及角钢,焊好后宜涂沥青以防锈)、法兰连接(用螺栓连接两节桩接头部位的法兰盘)和硫黄胶泥锚连接(将 140～145 ℃的硫黄胶泥灌满两节桩节点平面及下节桩的锚筋孔内,再将上节桩底的锚筋插入锚孔内,并停歇一定时间即可)。

预应力钢筋混凝土预制桩是预先对桩身的部分或全部主筋施加预拉应力,以提高桩身起吊、运输、吊立和沉桩等各阶段的承载能力,减小钢筋用量,改善抗裂性。预应力钢筋混凝土实心桩的截面边长不宜小于 350 mm。预应力钢筋混凝土空心桩可分为管桩和空心方桩,按混凝土强度等级可分为预应力高强混凝土管桩(PHC,混凝土强度等级≥C80)和空心方桩(PHS)以及预应力混凝土管桩(PC,混凝土强度等级 C60～C80)和空心方桩(PS)。

2) 灌注桩

灌注桩是指在施工现场通过机械或人工在设计桩位处直接成孔,并在孔内放置钢筋笼,再灌注混凝土而成的桩。灌注桩的横截面形状为圆形,可做成大直径或扩底桩。与钢筋混凝土预制桩相比,无需考虑桩身起吊、运输、吊立和沉桩等过程可能出现的内力,耗钢量较少。

3. 按承载性状分类

1) 摩擦型桩

在竖向极限荷载作用下,桩所发挥的承载力全部或主要以桩侧阻力为主时称为摩擦型桩。摩擦型桩又可进一步分为摩擦桩和端承摩擦桩两类。

摩擦桩:在承载力极限状态下,桩顶竖向荷载由桩侧阻力承受,桩端阻力小到可忽略不计。一般处于下列情况下的桩可视为摩擦桩:① 长径比很大的桩,桩顶荷载只通过桩侧阻力传递给桩周土,即使桩端置于坚实土层上,其分担的荷载也很小;② 桩端下无坚实持力层且为不扩底的桩;③ 尽管桩端有坚实的持力层,但是由于残渣较厚使得持力层承载力难以发挥的灌注桩;④ 由于施工顺序不合理等,使得先打入的桩被抬起,甚至桩端出现脱空的打入桩等。

端承摩擦桩:在承载力极限状态下,桩顶竖向荷载主要由桩侧阻力承受。当长径比不是很大、桩端持力层为较坚实的粉土、黏性土或砂类土时,桩顶荷载将由桩侧阻力和桩端阻力共同承担,且以桩侧阻力承担为主。

2) 端承型桩

在竖向极限荷载作用下,桩所发挥的承载力全部或主要以桩端阻力为主时称为端承型桩。端承型桩又可进一步分为端承桩和摩擦端承桩两类。

端承桩:在承载力极限状态下,桩顶竖向荷载由桩端阻力承受,桩侧阻力小到可忽略不计。当长径比较小且桩端置于坚硬黏土层、碎石类土、密实砂类土或基岩顶面时,由于这类桩的端阻承担绝大部分荷载,侧阻可忽略不计,属于端承桩。

摩擦端承桩:在承载力极限状态下,桩顶竖向荷载主要由桩端阻力承受。当桩端置于碎石类土、中密以上砂类土或基岩顶面时,桩顶荷载将由桩侧阻力和桩端阻力共同承担，且桩端阻力承担大部分荷载，桩侧阻力不可忽略，属于摩擦端承桩。

4. 按成桩对土层的影响分类

桩在成型过程中会对桩周土产生扰动和挤土作用，不同的成桩方式对桩周土的挤土作用也不同。挤土作用将会直接引起桩周土的天然结构、应力状态和性质发生变化，进而影响桩的承载力、成桩质量及周围环境。根据成桩方法对桩周土的影响把桩分为挤土桩、非挤土桩和部分挤土桩三类。

1）挤土桩

挤土桩是指在成桩过程中将桩孔中的土全部挤压到桩的四周，使桩周围土体受到严重扰动的桩。常见的挤土桩有木桩、实心混凝土预制桩、下端封闭的钢管桩或预应力钢筋混凝土管桩、沉管灌注桩、沉管夯扩灌注桩等。由于这类桩在成桩过程中大量排土，对桩周土的工程性质影响很大。对于饱和黏性土可能会引起灌注桩断桩、缩颈等质量问题；当沉入的挤土预制桩较多、较密时可能会导致已入土的桩上浮、承载力降低、沉降量增大、周边房屋及市政工程受损等；对于松散的砂土和非饱和的填土，则由于振动挤密使承载力提高。

2）非挤土桩

成桩过程中对桩周土无挤土作用的桩称为非挤土桩。非挤土桩主要有干作业钻（挖）孔灌注桩、泥浆护壁钻（挖）孔灌注桩、套管护壁法钻（挖）孔灌注桩等。由于成桩过程对周围土没有挤土作用，又具有穿越各种硬夹层、嵌岩和进入各类硬持力层的能力，桩的几何尺寸和单桩承载力可调空间大，因此钻（挖）孔灌注桩的适用范围大，尤其以高层建筑更为合适。但是，非挤土桩可能因为桩周土向孔内移动而产生应力松弛现象，因此，这类桩的桩侧摩阻力常有减小。

3）部分挤土桩

成桩过程中对周围土稍有排挤作用的桩称为部分挤土桩。主要包括冲孔灌注桩、钻孔挤扩灌注桩、搅拌劲芯桩、预钻孔打入（静压）预制桩、开口预应力钢筋混凝土空心桩、H型钢桩、钢板桩，打入（静压）开口钢管桩等。由于成桩过程对桩周土稍有挤土作用，桩周土的工程性质变化不大。一般可用原状土测得的物理力学性质指标估算部分挤土桩的承载力和沉降量。

三、桩基承载力

1. 承压单桩竖向承载力特征值的确定

1）单桩竖向荷载的传递机理

要确定承压单桩的竖向承载力，首先必须了解桩-土之间的荷载传递关系。关于这方面的理论分析方法主要有荷载传递法、弹性理论法、剪切位移法和有限单元法等。下面主要介绍荷载传递法。

当单桩桩顶受到逐步施加的竖向荷载时，桩身因为轴向压力作用产生压缩，相对于桩周土而言产生了向下的位移，同时桩侧表面受到土向上的摩阻力作用，桩顶荷载即通过桩侧摩阻力传递到桩周土层中。在荷载作用下，桩顶轴力最大，产生的压缩量和相对位移也最大，随深度增加桩身内力和桩身压缩变形递减，在桩土相对位移等于零处，桩侧摩阻力尚未开始发挥作用而等于零。随着荷载逐渐增大，桩身压缩量和位移量也逐渐增大，深部的桩侧摩阻力随之逐步发挥作用，当荷载增大到一定程度，桩底持力层也因受压产生桩端阻力，桩端土层的压缩进一步加大了桩身各截面的位移，从而使桩侧摩阻力进一步发挥出来。当桩侧摩阻力全部发挥出来后，若继续增加荷载，荷载增量将全部由桩端阻力承担，直至桩端阻力达到极限，若此时再增加荷载，桩端持力层将因承载力不足而出现剪切破坏，此时桩顶所承受的荷载就是桩的极限承载力，即承压单桩的竖向极限承载力 Q_u 由桩侧总极限摩阻力 Q_s 和桩端总极限阻力 Q_b 组成，若忽略两者之间的相互影响可表示为：$Q_u = Q_s + Q_b$。因此，单桩竖向荷载的传递过程实质上是桩侧摩阻力和桩端阻力的发挥过程，一般桩侧摩阻力先于桩端阻力发挥作用。

2）承压单桩的破坏模式

承压单桩在竖向荷载作用下的破坏模式与桩周土及桩端土的性质、桩的类型、桩的形状和尺寸、成桩工艺和质量等因素有关。大致可分为以下几种。

（1）桩身屈曲破坏。

当桩端持力层强度较高，桩周土极软弱以致对桩身无约束或侧向抵抗力很小时，桩往往先于土发生挠曲破坏，此时桩的承载力取决于桩身材料的强度。一般如细长的嵌岩桩、超长摩擦桩、超长薄壁钢管桩及 H 型钢桩、桩身有缺陷的桩等多属于此种破坏。破坏特征如图 4-10(a)所示，沉降曲线 Q-s 呈“急进破坏”的陡降型，具有明显的转折点，桩的沉降量较小。

（2）桩端整体剪切破坏。

当桩端穿过抗剪强度较低的土层进入较坚硬的持力层，但是在荷载作用下，桩端压力超过了持力层的极限承载力，而上部较软土层又不能阻止其滑动时，持力层将形成连续的滑动面而出现整体剪切破坏，此时桩的承载力取决于桩端土的强度。破坏特征如图 4-10(b)所示，沉降曲线 Q-s 也呈陡降型，具有明显的转折点。一般打入式短桩、钻入式短桩均属于此类。

（3）刺入破坏。

当桩端土为非密实砂类土或粉土以及清孔不净残留虚土时，在荷载作用下，桩侧阻较大，端阻很小，将出现刺入破坏。破坏特征如图 4-10(c)所示，沉降曲线 Q-s 呈“渐进破坏”的缓变型，没有明显的转折点，极限荷载难以判断，桩的沉降量较大。因此，这类桩的承载力主要由上部结构所能承受的沉降变形确定。一般均质土中的摩擦桩、孔底沉渣较厚的灌注桩均属于此类。

另外，当持力层不坚硬、桩径不大时，随荷载的增加端阻也很快进入极限状态，其 Q-s 曲线呈陡降型；对于支撑于黏性土、砂土、砾类土上的扩底桩，达到极限端阻所需的位移量很大，Q-s曲线可能呈缓变型。

由以上分析可知，承压单桩的竖向极限承载力是指单桩在竖向荷载作用下达到破坏状态或出现不适于继续承载的变形时所对应的最大荷载，它的大小主要取决桩身材料的强度和桩周土及桩端土的阻力，设计时应考虑两方面取小值。单桩竖向极限承载力可通过计算或原位试验确定。

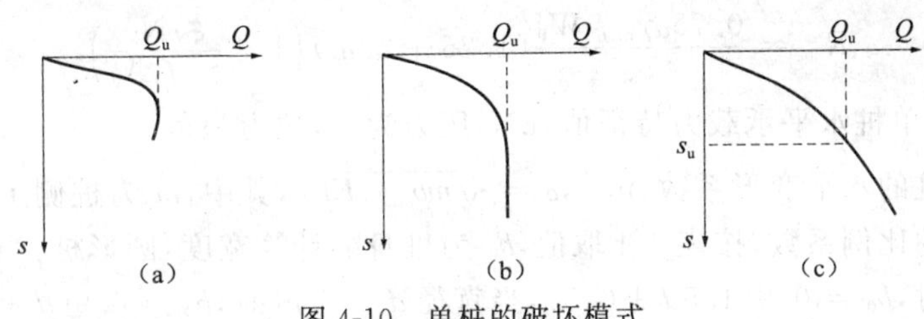

图 4-10　单桩的破坏模式

3）单桩竖向承载力特征值的确定

现行《建筑地基基础设计规范》(GB 50007—2011)规定单桩竖向承载力特征值 R_a 可按以下方法确定。

(1) 原位试验。

$$R_a = \frac{Q_u}{K} \tag{4-16}$$

式中　Q_u——单桩竖向极限承载力，kN，由单桩竖向抗压静载试验确定，参看《建筑基桩检测技术规范》(JGJ 106—2003)

K——安全系数，取 $K = 2$。

(2) 单桩竖向承载力特征值的估算。

初步设计时，单桩竖向承载力特征值可按下式估算：

$$R_a = q_{pa}A_p + u\sum q_{sia}l_i \tag{4-17}$$

式中　q_{pa}、q_{sia}——分别为桩端阻力、桩侧阻力特征值，由当地静载试验结果统计分析算得，kPa；

A_p——桩底端横截面积，m^2；

u——桩身周长，m；

l_i——第 i 土层的厚度，m。

另外，《建筑地基基础设计规范》(GB 50007—2011)规定：地基基础设计等级为丙级的建筑物，可采用静力触探及标贯试验参数结合工程经验确定 R_a 值。

2. 单桩水平承载力特征值的确定

水平荷载作用下桩的工作性状非常复杂，影响单桩水平承载力的因素主要包括桩身抗弯刚度、材料强度、桩侧土质条件、桩的入土深度、桩顶水平位移允许值和桩顶的约束条件等。一般情况下，土质越好，桩入土愈深，土的抗力越大，桩的水平承载力也越大。

确定单桩水平承载力特征值的方法主要有水平静载试验法、计算分析法和公式估算法。其中，水平静载试验是确定单桩水平承载力特征值最可靠的方法。现行《建筑桩基技术规范》(JGJ 94—2008)规定：对于受水平荷载较大的甲级、乙级的建筑桩基，单桩的水平承载力特征值应通过单桩静力水平荷载试验确定，参看《建筑基桩检测技术规范》(JGJ 106—2003)。

(1) 当缺少单桩水平静载试验资料时，可按下式估算桩身配筋率小于0.65%的灌注桩的单桩水平承载力特征值：

$$R_{ha} = \frac{0.75\alpha\gamma_m f_t W_0}{v_M}(1.25 + 22\rho_g)\left(1 \pm \frac{\xi_N N_k}{\gamma_m f_t A_n}\right) \tag{4-18}$$

式中 R_{ha}——单桩水平承载力特征值，kN，压力为正，拉力为负；

α——桩的水平变形系数，m^{-1}，$\alpha = \sqrt[5]{mb_0/(EI)}$，其中，$m$ 为桩侧土水平抗力系数的比例系数，按表4-4取值，b_0 为桩身的计算宽度，圆形桩：当直径 $d \leqslant 1$ m 时，$b_0 = 0.9(1.5d + 0.5)$，当直径 $d > 1$ m 时，$b_0 = 0.9(d+1)$，方形桩：当边长 $b \leqslant 1$ m 时，$b_0 = 1.5b + 0.5$，当边长 $b > 1$ m 时，$b_0 = b+1$；EI 为桩身抗弯刚度，对于钢筋混凝土桩，$EI = 0.85E_c I_0$，E_c 为混凝土弹性模量，I_0 为桩身换算截面惯性矩，圆形截面 $I_0 = W_0 d_0/2$，矩形截面 $I_0 = W_0 b_0/2$；

γ_m——桩截面模量塑性系数，圆形截面取2，矩形截面取1.75；

f_t——桩身混凝土抗拉强度设计值，kPa；

ρ_g——桩身配筋率；

W_0——桩身换算截面受拉边缘的截面模量，圆形截面 $W_0 = \frac{\pi d}{32}[d^2 + 2(\alpha_E - 1)\rho_g d_0^2]$，方形截面 $W_0 = \frac{b}{6}[b^2 + 2(\alpha_E - 1)\rho_g b_0^2]$，$d$ 为桩直径，d_0 为扣除保护层厚度的桩直径，b 为方形截面边长，b_0 为扣除保护层厚度的桩截面宽度，α_E 为钢筋弹性模量与混凝土弹性模量的比值；

v_M——桩身最大弯矩系数，按表4-5取值，当单桩基础和单排桩基纵向轴线与水平方向垂直时，按桩顶铰接考虑；

A_n——桩身换算面积，圆形截面 $A_n = \frac{\pi d^2}{4}[1 + (\alpha_E - 1)\rho_g]$，方形截面 $A_n = b^2[1 + (\alpha_E - 1)\rho_g]$；

ξ_N——桩顶竖向力影响系数，竖向压力取0.5，竖向拉力取1.0；

N_k——在荷载效应标准组合下桩顶的竖向力，kN。

(2) 当桩的水平承载力由水平位移控制，且缺少单桩水平静载试验资料时，可按下式估算预制桩、钢桩、桩身配筋率不小于0.65%的灌注桩单桩水平承载力特征值：

$$R_{ha} = 0.75\frac{\alpha^3 EI}{v_x}\chi_{0a} \tag{4-19}$$

式中 χ_{0a}——桩顶允许水平位移；

v_x——桩顶水平位移系数，按表4-5取值，取值方法同 v_M。

表 4-4　地基土水平抗力系数的比例系数 m

序　号	地基土类别	预制桩、钢桩		灌注桩	
		m /(MN·m^{-4})	相应单桩在地面处的水平位移/mm	m /(MN·m^{-4})	相应单桩在地面处的水平位移/mm
1	淤泥，淤泥质土，饱和湿陷性黄土	2～4.5	10	2.5～6	6～12
2	流塑($I_L>1$)、软塑状黏土($0.75<I_L\leqslant 1$)；$e>0.9$粉土；松散粉细砂；松散、稍密填土	4.5～6.0	10	6～14	4～8
3	可塑状黏土($0.25<I_L\leqslant 0.75$)、湿陷性黄土；$e=0.75\sim 0.9$粉土；中密填土；稍密细砂	6.0～10	10	14～35	3～6
4	硬塑($0<I_L\leqslant 0.25$)、坚硬状黏土($I_L\leqslant 0$)；湿陷性黄土；$e<0.75$粉土；中密的中粗砂；密实老填土	10～22	10	35～100	2～5
5	中密、密实的砾砂、碎石类土			100～300	1.5～3

注：① 当桩顶水平位移大于表列数值或灌注桩配筋率较高(≥0.65%)时，m值应适当降低；当预制桩的水平位移小于10 mm时，m值可适当提高。

② 当水平荷载为长期荷载或经常出现的荷载时，应将表列数值乘以0.4降低采用。

表 4-5　桩顶(身)最大弯矩系数 v_M 和桩顶水平位移系数 v_x

桩顶约束情况	桩的换算埋深(αh)	v_M	v_x
铰接、自由	4.0	0.768	2.441
	3.5	0.750	2.502
	3.0	0.703	2.727
	2.8	0.675	2.905
	2.6	0.639	3.163
	2.4	0.601	3.526
固　结	4.0	0.926	0.940
	3.5	0.934	0.970

续表 4-5

桩顶约束情况	桩的换算埋深(αh)	v_M	v_x
固结	3.0	0.967	1.028
	2.8	0.990	1.055
	2.6	1.018	1.079
	2.4	1.045	1.095

注:① 铰接(自由)的 v_M 系桩身的最大弯矩系数,固接的 v_M 系桩顶的最大弯矩系数。

② 当 $\alpha h > 4$ 时,取 $\alpha h = 4.0$,h 为桩的人土长度。

3. 基桩竖向承载力的确定

1) *群桩效应*

群桩基础在竖向荷载作用下,由于承台、桩和土之间相互作用,群桩的工作性状趋于复杂,使得基桩的工作性状与相同条件下单桩的工作性状有较大差别,这种现象称为群桩效应。群桩效应往往会使基桩的承载力降低或提高,从而使得群桩的承载力往往不等于各单桩承载力之和。常用群桩效应系数来衡量群桩基础中各基桩的平均承载力比独立单桩增强或削弱的幅度。群桩效应系数是指群桩基础竖向承载力与群桩中各单桩竖向承载力总和之比:

$$\eta = \frac{\text{群桩基础的竖向承载力}}{n \times \text{单桩承载力}} = \frac{Q_g}{\sum Q_i} \tag{4-20}$$

显然,η 越小,表示群桩效应越强,群桩基础承载力越低,沉降越大。

群桩效应主要表现在群桩中基桩的侧阻及端阻、承台底土的反力、群桩桩顶荷载的分布、群桩的沉降、群桩的破坏模式等方面与单桩不同。群桩效应的大小受桩周土与桩端土的性质、桩间距(一般当桩间距大于 $6d$ 时,以上各项影响趋于消失)、桩数、桩的长细比、桩长与承台宽度之比、承台刚度及成桩方法等因素的影响。

(1) 端承型群桩基础。

由端承桩组成的群桩基础,由于桩端持力层刚硬,各桩桩顶荷载主要由桩身通过桩端传递给持力层,并近似地按某一压力扩散角向下扩散,虽然在距桩底深度 $h = (s_a - d)/(2\tan\alpha)$ 之下产生应力重叠(见图 4-11),但并不足以引起持力层明显的竖向附加变形,因而端承型群桩基础中各基桩的工作性状接近于单

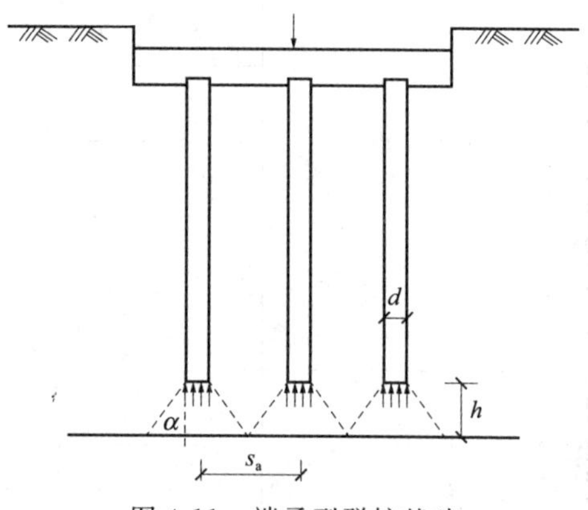

图 4-11　端承型群桩基础

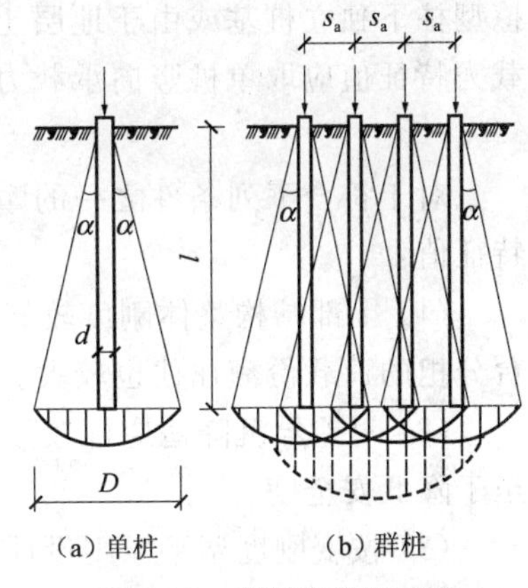

(a) 单桩　　(b) 群桩

图 4-12　摩擦型群桩基础

桩，群桩基础的承载力等于各单桩承载力之和，即群桩效应系数可近似取为 1，群桩的沉降量也与单桩基本相同。

(2) 摩擦型群桩基础。

由摩擦桩组成的群桩基础，桩顶竖向荷载主要通过桩侧摩阻力传递到桩周土层中。一般假定侧阻在桩周土中引起的附加应力按一定角度沿桩长向下扩散分布(见图 4-12a)，当桩距较小时，桩端处平面上的应力将因相互重叠而增大(见图 4-12b)，所以摩擦型群桩基础中基桩的工作性状往往与单桩不同。群桩效应系数可能大于 1，也可能小于 1。

2) 承台效应

对于低承台摩擦型群桩，在竖向荷载作用下，由于桩土存在相对位移，地基土对承台产生一定的抗力，成为桩基竖向承载力的一部分而分担荷载，此种效应称为承台效应。承台底地基土承载力特征值的发挥率称为承台效应系数。

(1) 复合桩基。

承台底面与桩间土保持接触，由桩和承台底桩间土共同承担竖向荷载，这类群桩基础称为复合桩基，复合桩基中的基桩称为复合基桩。确定复合基桩承载力时应考虑承台效应。

承台效应受桩间距大小、地基土性质、承台宽度与桩长之比、桩的排列方式、桩顶荷载大小等因素的影响。一般来说，桩顶荷载水平高、桩端持力层可压缩、承台底土质好、桩身细而短、布桩少而疏等情况有利于承台底土抗力的发挥。

由于承台底桩间土分担荷载是以桩基础的整体下沉为前提，只有在桩基础沉降不会危及建筑物的安全和使用的正常条件下，才可以按复合桩基设计。

(2) 非复合桩基。

承台底面与桩间土脱离，承台下土体不产生反力，这类群桩基础称为非复合桩基。判断桩基础是否为非复合桩基的关键在于承台底与桩间土是接触还是脱离。根据实际观测，在下列条件下，将会出现承台底与桩间土脱离的情况，应属于非复合桩基：经常受动力作用的桩基础；承台下桩间土为湿陷性黄土、欠固结土、新填土、高灵敏度软土或可液化土等土层；在饱和软土中沉入密集群桩，引起超静孔隙水压力和土体隆起，或基础周围地面有大量堆载，随时间推移，桩间土固结下沉而与承台脱离；地下水位下降，导致地基土下沉而与承台脱离。

总之，群桩基础承载力的确定极为复杂，它受桩距、承台刚度、地基土性质、桩的类型以及桩的个数等诸多因素的影响。

3) 基桩竖向承载力特征值

现行《建筑桩基技术规范》(JGJ 94—2008)规定：对于端承型桩基、桩数少于 4 根的摩

擦型柱下独立桩基或由于地层土性、使用条件等因素不宜考虑承台效应时，基桩竖向承载力特征值应取单桩竖向承载力特征值，即

$$R = R_a \tag{4-21}$$

对于符合下列条件之一的摩擦型桩基，宜考虑承台效应确定复合基桩的竖向承载力特征值：

(1) 上部结构整体刚度较好、体型简单的建(构)筑物。由于其可适应较大的变形，承台分担的荷载份额往往也较大。

(2) 对差异沉降适应性较强的排架结构和柔性结构。该类结构桩基考虑承台效应不至于降低安全度。

(3) 按变刚度调平原则设计的桩基刚度相对弱化区。按变刚度调平原则设计的核心筒外围框架柱桩基，适当增加沉降、降低基桩支撑刚度，可达到减小差异沉降、降低承台外围基桩反力、减小承台整体弯矩的目的。

(4) 软土地基的减沉复合疏桩基础。考虑承台效应按复合桩基设计是该方法的核心。

考虑承台效应的复合基桩竖向承载力特征值为：

不考虑地震作用

$$R = R_a + \eta_c f_{ak} A_c \tag{4-22}$$

考虑地震作用

$$R = R_a + \frac{\xi_a}{1.25}\eta_c f_{ak} A_c \tag{4-23}$$

$$A_c = (A - nA_{ps})/n$$

式中 η_c——承台效应系数，可按表 4-6 取值，当承台底下为可液化土、湿陷性土、高灵敏度软土、欠固结土、新填土时，沉桩引起超孔隙水压力和土体隆起时，不考虑承台效应，取 $\eta_c = 0$；

f_{ak}——承台下 1/2 承台宽且不超过 5 m 深度范围内各层土的地基承载力特征值按厚度加权的平均值，kPa；

A_c——计算基桩所对应的承台底净面积，m^2；

A_{ps}——桩身截面积，mm^2；

n——总桩数；

A——承台计算域面积，m^2，对于柱下独立桩基 A 为承台总面积，对于桩筏基础 A 为柱、墙筏板的 1/2 跨距和悬臂边 2.5 倍筏板厚度所围成的面积，桩集中布置于单片墙下的桩筏基础，取墙边各 1/2 跨距围成的面积，按条形承台计算 η_c；

ξ_a——地基抗震承载力调整系数，按《建筑抗震设计规范》(GB 50011—2010)采用。

表 4-6　承台效应系数

B_c/l \ s_a/d	3	4	5	6	>6
≤0.4	0.06～0.08	0.14～0.17	0.22～0.26	0.32～0.38	0.50～0.80
0.4～0.8	0.08～0.10	0.17～0.20	0.26～0.30	0.38～0.44	
>0.8	0.10～0.12	0.20～0.22	0.30～0.34	0.44～0.50	
单排桩条形承台	0.15～0.18	0.25～0.30	0.38～0.45	0.50～0.60	

注：① s_a/d 为桩中心距与桩径之比；B_c/l 为承台宽度与桩长之比。当计算基桩为非正方形布桩时，$s_a=\sqrt{A/n}$。

② 对于桩布置于墙下的箱、筏承台，η_c 可按单排桩条形承台取值；对于单排桩条形承台，当承台宽度小于 1.5d 时，η_c 按非条形承台取值；对于采用后注浆灌注桩的承台，η_c 宜取低值；对于饱和黏土中的挤土桩基、软土地基上的桩基承台，η_c 宜取低值的 0.8 倍。

4. 基桩水平承载力的确定

群桩基础(不含水平力垂直于单排桩基纵向轴线和力矩较大的情况)的基桩水平承载力特征值应考虑由承台、桩群、土相互作用产生的群桩效应，可按下式确定：

$$R_h=\eta_h R_{ha} \tag{4-24}$$

考虑地震作用且 $s_a/d\leqslant 6$ 时有：

$$\eta_h=\eta_i\eta_r+\eta_l$$

$$\eta_i=\frac{\left(\dfrac{s_a}{d}\right)^{0.015n_2+0.45}}{0.15n_1+0.10n_2+1.9}$$

$$\eta_l=\frac{m\chi_{0a}B_c'h_c^2}{2n_1n_2R_{ha}}$$

$$\chi_{0a}=\frac{R_{ha}v_x}{\alpha^3EI}$$

其他情况下有：

$$\eta_h=\eta_i\eta_r+\eta_l+\eta_b$$

$$\eta_b=\frac{uP_c}{n_1n_2R_h}$$

$$B_c'=B_c+1$$

$$P_c=\eta_c f_{ak}(A-nA_{ps})$$

式中　η_h——群桩效应综合系数；

η_i——桩的相互影响效应系数；

η_r——桩顶约束效应系数(桩顶嵌入承台长度 50～100 mm 时)，按表 4-7 取值；

η_l——承台侧向土水平抗力效应系数(承台外围回填土为松散状态时取 1.0);

η_b——承台底摩阻效应系数;

s_a/d——沿水平荷载方向的距径比;

n_1、n_2——分别为沿水平荷载方向与垂直水平荷载方向每排桩中的桩数;

m——承台侧向土水平抗力系数的比例系数,当无试验资料时可按表 4-4 取值;

χ_{0a}——桩顶(承台)的水平位移允许值,mm,当以位移控制时,可取 $\chi_{0a}=10$ mm(对水平位移敏感的结构取 6 mm),当以桩身强度控制(低配筋率灌注桩)时,可按 $\chi_{0a}=\dfrac{R_{ha}v_x}{\alpha^3 EI}$ 确定;

B'_c——承台受侧向土抗力一边的计算宽度,m;

B_c——承台宽度,m;

h_c——承台高度,mm;

μ——承台底与地基土间的摩擦系数,按表 4-8 取值;

P_c——承台底地基土分担的竖向总荷载标准值,kN;

η_c——承台效应系数,可按表 4-6 取;

A_{ps}——桩身截面积,m^2;

A——承台总面积,m^2。

表 4-7　桩顶约束效应移系数 η_r

换算深度(αh)	2.4	2.6	2.8	3.0	3.5	≥4.0
位移控制	2.58	2.34	2.2	2.13	2.07	2.05
强度控制	1.44	1.57	1.71	1.82	2.00	2.07

注:α 为桩的水平变形系数;h 为桩的入土长度。

表 4-8　承台底与地基土间的摩擦系数 μ

土的类别		摩擦系数 μ
黏性土	可　塑	0.25～0.30
	硬　塑	0.30～0.35
	坚　塑	0.35～0.45
粉　土	密实、中密(稍湿)	0.30～0.40
中砂、粗砂、砾砂		0.40～0.50
碎石土		0.40～0.60

续表 4-8

土的类别	摩擦系数 μ
软岩、软质岩	0.40～0.60
表面粗糙的较硬岩、坚硬岩	0.65～0.75

四、桩基沉降

储罐桩基础的沉降可按现行国家标准《建筑地基基础设计规范》(GB 50007—2011)的相关规定进行计算。计算桩基础沉降时，最终沉降量宜按单向压缩分层总和法计算：

$$s = \psi_p \sum_{j=1}^{m} \sum_{i=1}^{n_j} \frac{\sigma_{j,i} \Delta h_{j,i}}{E_{sj,i}} \tag{4-25}$$

式中 s——桩基最终计算沉降量，mm；

m——桩端平面以下压缩层范围内土层总数；

$E_{sj,i}$——桩端平面下第 j 层土第 i 个分层在自重应力至自重应力加附加应力作用段的压缩模量，MPa；

n_j——桩端平面下第 j 层土的计算分层数；

$\Delta h_{j,i}$——桩端平面下第 j 层土的第 i 个分层厚度，m；

$\sigma_{j,i}$——桩端平面下第 j 层土第 i 个分层的竖向附加应力，kPa；

ψ_p——桩基沉降计算经验系数，各地区应根据当地的工程实测资料统计对比确定。

地基内的应力分布宜采用各向同性均质线性变形体理论，按实体深基础（桩距不大于 $6d$）或其他方法（包括明德林应力公式，参看相关规范）计算。对于桩中心距小于或等于 6 倍桩径的桩基，将桩基看作实体深基础，如图 4-13 所示，可按公式(3-22)、(3-23)和(3-24)进行计算。计算时将沉降经验系数 ψ_s 改为实体深基础桩基沉降计算经验系数 ψ_{ps}，ψ_{ps}应根据地区桩基础沉降观测资料及经验统计确定，在不具备条件时，按表 4-9 选用。

表 4-9 实体深基础计算桩基沉降计算经验系数ψ_{ps}

$\overline{E}_s$/MPa	≤15	25	35	≥45
ψ_{ps}	0.5	0.4	0.35	0.25

注：$\overline{E}_s$ 为沉降计算深度范围内压缩模量的当量值；表内数值可以内插。

公式(3-24)中的附加压力 p_0，应为桩底平面处的附加压力，实体基础的支承面积可按图 4-13 采用。

(1) 考虑扩散作用。

$$p_0 = p - \sigma_c = \frac{N+G}{A} - \sigma_c \tag{4-26}$$

式中 p_0——对应于荷载效应准永久组合时,实体深基础底面处的附加压力,kPa;

p——对应于荷载效应准永久组合时,实体深基础底面处的基底压力,kPa;

σ_c——实体深基础底面处原有的自重应力,kPa;

N——对应于荷载效应准永久组合时,作用于桩基承台顶面的竖向力,kN;

G——实体深基础自重,kN,包括承台自重、承台上土重及承台底面至实体深基础范围内的土重和桩重。

$$G \approx \gamma A(d+l)$$

γ——承台、土和桩的平均重度,一般取 19 kN/m^3,地下水位以下应扣除浮力;

d、l——分别为承台埋深和自承台底面算起的桩长,m;

A——实体深基础基底面积,m^2,$A=\left(a_0+2l\tan\frac{\varphi}{2}\right)\left(b_0+2l\tan\frac{\varphi}{2}\right)$,$a_0$、$b_0$ 为桩群外围桩边包络线内矩形面积的长和宽,m。

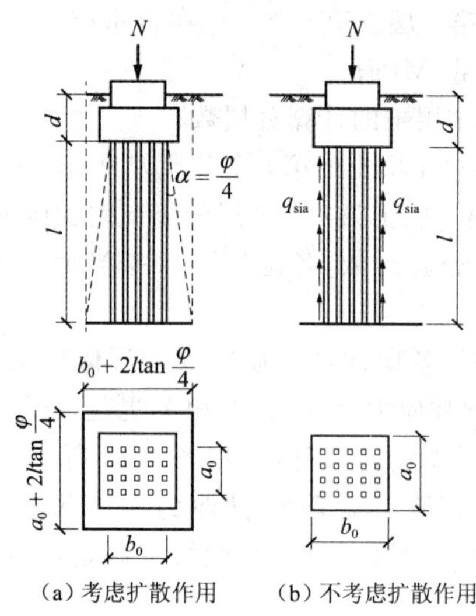

(a) 考虑扩散作用　(b) 不考虑扩散作用

图 4-13 桩基沉降计算示意图

(2) 不考虑扩散作用。

$$p_0 = p - \sigma_c = \frac{N+G+G_f-2(a_0+b_0)\sum q_{sia}l_i}{a_0 b_0} - \gamma_m(d+l) \tag{4-27}$$

式中 G——承台及承台上土的总重,kN;

G_f——实体深基础桩及桩间土自重,kN;

γ_m——实体深基础底面以上各土层的加权平均重度,kN/m^3。

五、桩基设计

1.构造要求

1）基桩构造

混凝土预制桩的截面边长不应小于 200 mm；预应力混凝土预制实心桩的截面边长不宜小于 350 mm。预制桩的混凝土强度等级不宜低于 C30，预应力混凝土实心桩的混凝土强度等级不宜低于 C40。预制桩纵向钢筋的混凝土保护层厚度不宜小于 30 mm。预制桩的桩身配筋应按吊运、打桩及桩在使用中的受力等条件计算确定。采用锤击法沉桩时，预制桩的最小配筋率不宜小于 0.8%；采用静压法沉桩时，最小配筋率不宜小于 0.6%，主筋直径不宜小于 14 mm，打入桩柱顶以下(4～5)d 长度范围内箍筋应加密，并设置钢筋网片。

灌注桩当桩身直径为 300～2 000 mm 时，正截面配筋率可取 0.65%～0.2%(小直径桩取高值)；对受荷特别大的桩、抗拔桩和嵌岩端承桩，应根据计算确定配筋率，并不应小于上述规定值。

端承型灌注桩和位于坡地、岸边的灌注基桩应沿桩身等截面或变截面通长配筋；抗拔灌注桩及因地震作用、冻胀或膨胀力作用而受拔力的灌注桩应等截面或变截面通长配筋；摩擦型灌注桩配筋长度不应小于 2/3 桩长，当受水平荷载时配筋长度不宜小于 $4.0/a$(a 为桩的水平变形系数)；受负摩阻力的灌注桩、因先成桩后开挖基坑而随地基土回弹的灌注桩，配筋长度应穿过软弱土层并进入稳定土层，进入的深度不应小于(2～3)d；对于受地震作用的灌注桩，桩身配筋长度应穿过可液化土层和软弱土层，进入稳定土层的深度对于碎石土、砾砂、粗砂、中砂、密实粉土、坚硬黏土不应小于(2～3)d，对其他非岩石土不宜小于(4～5)d。

灌注桩的混凝土强度等级不得低于 C25，混凝土预制桩尖强度等级不得低于 C30，主筋的混凝土保护层厚度不应小于 35 mm，水下灌注桩主筋的混凝土保护层厚度不得小于 50 mm。

桩嵌入承台内的长度，对于大直径桩不宜小于 100 mm，对于中等直径桩不宜小于 50 mm。

2）承台构造

桩基承台的尺寸，除应满足抗冲切、抗剪切、抗弯承载力和上部结构要求外，尚应满足以下构造要求。

柱下独立承台的最小宽度不应小于 500 mm，边桩中心至承台边缘的距离不应小于桩的直径或边长，且桩的外边缘至承台边缘的距离不应小于 150 mm。对于墙下条形承台梁，桩的外边缘至承台梁边缘的距离不应小于 75 mm。承台的最小厚度不应小于 300 mm。

承台底面钢筋的混凝土保护层厚度，当有混凝土垫层时不应小于 50 mm，无垫层时不应小于 70 mm，且不应小于桩头嵌入承台内的长度。

柱下独立桩基承台钢筋应通长配置，对于四桩及四桩以上宜按双向均匀布置，见图

4-14(a)。对于三桩的三角形承台应按三向板带均匀布置，且最里面的三根钢筋围成的三角形应在柱截面范围内，见图 4-14(b)。承台纵向受力钢筋直径不应小于 12 mm，间距不应大于 200 mm。柱下独立桩基承台的最小配筋率不应小于 0.15%。钢筋锚固长度自边桩内侧(当为圆桩时，应将其直径乘以 0.8 等效成方桩)算起，不应小于 $35d_g$(d_g 为钢筋直径)；当不满足时应将钢筋向上弯折，此时水平段的长度不应小于 $25d_g$，弯折长度不应小于 $10d_g$。

条形承台梁的纵向主筋应符合现行《混凝土结构设计规范》GB 50010 关于最小配筋率的规定(见图 4-14c)，主筋直径不应小于 12 mm；架立筋直径不应小于 10 mm；箍筋直径不应小于 6 mm。承台梁端部纵向受力钢筋的锚固长度及构造应与柱下多桩承台的规定相同。

承台混凝土材料及其强度等级应符合结构混凝土耐久性的要求和抗渗要求。

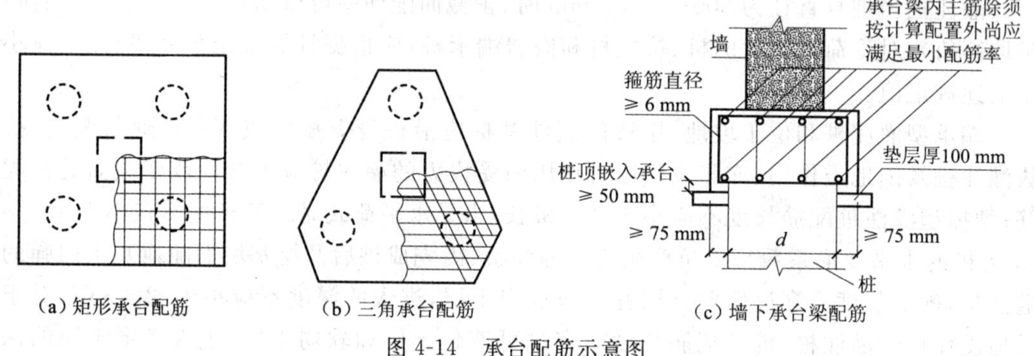

图 4-14 承台配筋示意图

2. 基桩选型

桩型与成桩工艺应根据建筑结构类型、荷载性质、桩的使用功能、穿越土层、桩端持力层土类、地下水位、施工设备、施工环境、施工经验、制桩材料供应条件等，按经济合理、安全适用的原则选择。

桩的截面尺寸主要根据成桩工艺、荷载大小、桩的类型等因素确定。例如，当荷载较小时，可采用截面不大的预制桩(如 400 mm×400 mm)或直径 500 mm 左右的灌注桩；荷载较大时，可选用直径 800～1 200 mm 的灌注桩或边长大于 500 mm 预应力管桩等。

桩的设计长度主要取决于桩端持力层的选择，还应满足相应的构造要求。一般应选择较硬土层作为桩端持力层。桩端全断面进入持力层的深度，对于黏性土、粉土不宜小于 $2d$，砂土不宜小于 $1.5d$，碎石类土不宜小于 d。当存在软弱下卧层时，桩端以下硬持力层厚度不宜小于 $3d$。

3. 初步确定承台底面标高

承台的埋深应根据工程地质条件、上部结构的使用要求、荷载的性质以及桩的承载力等因素综合考虑确定。在满足桩基稳定的前提下承台宜浅埋，且埋深不宜小于 600 mm，承台顶面低于室外地面不应小于 100 mm。承台应尽可能埋在地下水位以上，当必须埋在地下水位以下时，除了在施工时应采取必要的降水措施外，还应考虑地下水对承台材料是否有侵蚀作用。在季节性冻土地区，承台埋深应考虑地基土冻胀性的影响，并应考虑是否采取防冻害措施。对于膨胀土地区，可根据土的膨胀性、胀缩等级等选择承台埋深及进行防膨胀处理。

4. 确定基桩承载力及桩的根数

根据前面所述确定基桩的竖向和水平承载力特征值。根据基桩承载力初步确定桩的根数，当桩基为轴心受压时，桩数 n 应满足下式要求：

$$n \geqslant \frac{F_k}{R} \tag{4-28}$$

式中　F_k——荷载效应标准组合下，作用于承台顶面的竖向力，kN；

R——基桩或复合基桩竖向承载力特征值，kN。

对于偏心受压的桩基，若桩的布置能使群桩横截面中心与荷载合力作用点重合，则仍按轴心受压考虑，根据式(4-28)估算桩数；否则，桩的根数应在式(4-28)估算的基础上增加 10%～20%。当桩基也承受水平荷载时，桩数除满足上式要求以外，还应满足水平承载力要求。

5. 基桩布置原则

布桩时，宜使群桩承载力合力点与竖向永久荷载合力作用点重合，并使基桩受水平力和力矩较大方向有较大抗弯截面模量。常见的布桩方式有对称式、梅花式、行列式、环状排列等(见图 4-15)。为了有效发挥桩的承载力、减小挤土负面效应，基桩的最小中心距应符合表 4-10 的规定；当施工中采取减小挤土效应的可靠措施时，基桩最小中心距可根据当地经验适当减小。对于储罐的摩擦型桩基，宜按内强外弱原则布桩。

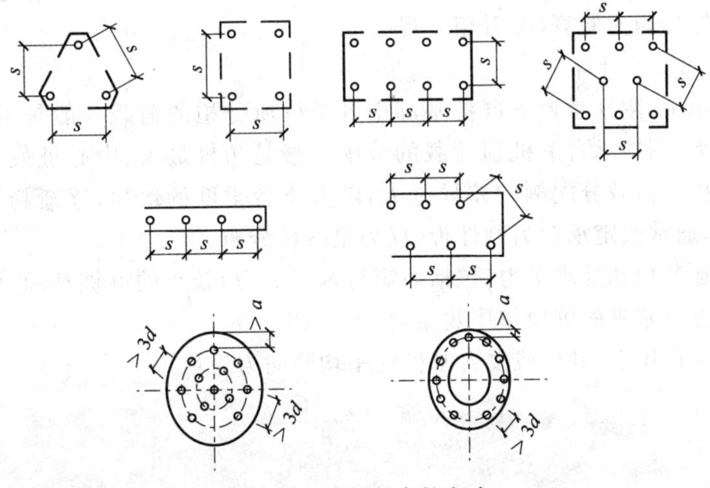

图 4-15　常用的布桩方式

表 4-10　基桩的最小中心距

土类与成桩工艺		排数不少于 3 排且桩数不少于 9 根的摩擦型桩桩基	其他情况
非挤土灌注桩		$3.0d$	$3.0d$
部分挤土桩	非饱和土、饱和非黏性土	$3.5d$	$3.0d$
	饱和黏性土	$4.0d$	$3.5d$
挤土桩	非饱和土、饱和非黏性土	$4.0d$	$3.5d$
	饱和黏性土	$4.5d$	$4.0d$
钻、挖孔扩底桩		$2D$ 或 $D+2.0$ m（当 $D>2.0$ m）	$1.5D$ 或 $D+1.5$ m（当 $D>2$ m）
沉管夯扩、钻孔挤扩桩	非饱和土、饱和非黏性土	$2.2D$ 且 $4.0d$	$2.0D$ 且 $3.5d$
	饱和黏性土	$2.5D$ 且 $4.5d$	$2.2D$ 且 $4.0d$

注：① d—圆桩设计直径或方桩设计边长；D—扩大段设计直径。

② 当纵横向桩距不相等时，其最小中心距应满足“其他情况”一栏的规定。

③ 当为端承桩时，非挤土灌注桩的“其他情况”一栏可减小至 $2.5d$。

6. 桩基承载力验算

桩基一般只按承载能力进行计算。当满足本章第一节中地基变形验算所列要求时，尚应对桩基进行沉降验算，计算方法见第四节桩基沉降中相关公式。当桩端平面以下受力层范围内存在软弱下卧层时，还应进行软弱层的承载力验算。另外，根据具体情况，确定是否进行负摩擦阻力验算（参看相关规范）。

1）桩顶作用效应计算

在荷载作用下，刚性承台下群桩基础中各基桩所分担的荷载一般是不均匀的，如在轴心荷载作用下，刚性承台下桩顶荷载的分配一般是角桩最大、中心桩最小、边桩居中，并且桩数越多桩顶荷载分配额的差异越大，随着承台柔度的增加，逐渐趋于一致。在实际工程设计中，通常假定承台为刚性板、反力呈线性分布。

对于一般建筑物和受水平力（包括力矩与水平剪力）较小的群桩基础，可按下式计算群桩中复合基桩或基桩的桩顶作用效应，见图 4-16。

轴心竖向力作用下，基桩或复合基桩的平均竖向力为：

$$N_k = \frac{F_k + G_k}{n} \tag{4-29}$$

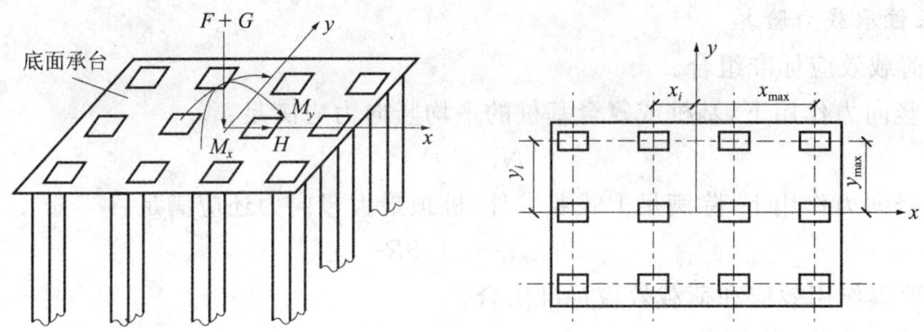

图 4-16　桩顶作用计算简图

偏心竖向力作用下，第 i 基桩或复合基桩的平均竖向力为：

$$N_{ik}=\frac{F_k+G_k}{n}\pm\frac{M_{xk}y_i}{\sum y_j^2}\pm\frac{M_{yk}x_i}{\sum x_j^2}\tag{4-30}$$

水平力作用下，作用于第 i 基桩或复合基桩的水平力为：

$$H_{ik}=\frac{H_k}{n}\tag{4-31}$$

式中　F_k——荷载效应标准组合下，作用于承台顶面的竖向力，kN；

G_k——桩基承台及承台上土自重标准值，对稳定的地下水位以下部分应扣除水的浮力，kN；

N_k——荷载效应标准组合轴心竖向力作用下，基桩或复合基桩的平均竖向力，kN；

N_{ik}——荷载效应标准组合偏心竖向力作用下，第 i 基桩或复合基桩的竖向力，kN；

M_{xk}、M_{yk}——荷载效应标准组合下，作用于承台底面，绕通过桩群形心的 x、y 主轴的力矩，kN·m；

x_i、x_j、y_i、y_j——第 i、j 基桩或复合基桩至 y、x 轴的距离，m；

H_k——荷载效应标准组合下，作用于桩基承台底面的水平力，kN；

H_{ik}——荷载效应标准组合下，作用于第 i 基桩或复合基桩的水平力，kN；

n——桩基中的桩数。

另外要注意，属于下列情况之一的桩基，计算各基桩的作用效应、桩身内力和位移时，宜考虑承台（包括地下墙体）与基桩共同工作和土的弹性抗力作用。

（1）位于 8 度和 8 度以上抗震设防区和其他受较大水平力的高大建筑物，当其桩基承台刚度较大或由于上部结构与承台的协同作用能增强承台的刚度时；

（2）受较大水平力作用的高承台桩基，为使基桩桩顶竖向力、剪力、弯矩分配符合实际，应考虑承台与基桩的相互作用和土的弹性抗力作用，尤其是当桩径、桩长不等时更为重要。

2）基桩承载力验算

(1) 荷载效应标准组合。

轴心竖向力作用下，基桩或复合基桩的平均竖向力应满足：

$$N_k \leqslant R \tag{4-32}$$

偏心竖向力作用下，除满足上式要求外，桩顶最大竖向力还应满足：

$$N_{kmax} \leqslant 1.2R \tag{4-33}$$

(2) 地震作用效应和荷载效应标准组合。

轴心竖向力作用下有：

$$N_{Ek} \leqslant 1.25R \tag{4-34}$$

偏心竖向力作用下，除满足上式要求外，尚应满足下式要求：

$$N_{Ekmax} \leqslant 1.5R \tag{4-35}$$

(3) 水平承载力验算。

作用于第 i 基桩桩顶处的水平力应满足：

$$H_{ik} \leqslant R_h \tag{4-36}$$

式中 N_{Ek}——地震作用效应和荷载效应标准组合下，基桩或复合基桩的平均竖向力，kN；

N_{Ekmax}——地震作用效应和荷载效应标准组合下，基桩或复合基桩的最大竖向力，kN；

R——基桩或复合基桩竖向承载力特征值，kN；

H_{ik}——荷载效应标准组合下，作用于第 i 基桩柱顶处的水平力；

R_h——单桩基础或群桩基础中基桩的水平承载力特征值，对于单桩基础，可取单桩的水平承载力特征值 R_{ha}。

3）桩基软弱下卧层承载力验算

当桩端平面以下受力层范围内存在软弱下卧层时，若设计不当，可能导致该层发生整体冲切破坏或基桩冲切破坏，故应验算软弱下卧层的承载力（见图 4-17）。

一般情况下，对于桩距 $s \leqslant 6d$ 的群桩基础，当桩端以下软弱层承载力与桩端持力层相差过大（低于持力层的 1/3）时，易引起整体冲剪破坏，此时将桩与桩间土视为实体深基础，按下列公式验算软弱下卧层的承载力：

$$\sigma_z + \gamma_m z \leqslant f_{az} \tag{4-37}$$

$$\sigma_z = \frac{(F_k + G_k) - \frac{3}{2}(A_0 + B_0)\sum q_{sik} l_i}{(A_0 + 2t\tan\theta)(B_0 + 2t\tan\theta)} \tag{4-38}$$

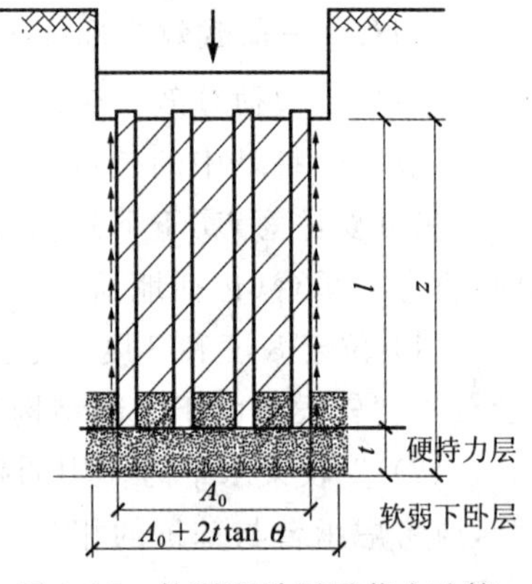

图 4-17 软弱下卧层承载力验算

式中 σ_z——作用于软弱下卧层顶面的附加应力，kPa；

γ_m——软弱下卧层顶面各土层重度（地下水位以下取浮重度）按厚度加权平均值，kN/m³；

t——硬持力层厚度，m，见图 4-17；

f_{az}——软弱下卧层经深度 z 修正的地基承载力特征值，kPa；

A_0、B_0——桩群外缘矩形底面的长、短边边长，m；

q_{sik}——桩周第 i 层土的极限侧阻力标准值，kPa；

θ——桩端硬持力层压力扩散角，(°)，按表 4-11 取值。

表 4-11 桩端硬持力层压力扩散角 θ

E_{s1}/E_{s2}	$t = 0.25B_0$	$t \geqslant 0.5B_0$
1	4°	12°
3	6°	23°
5	10°	25°
10	20°	30°

注：① E_{s1}—持力层的压缩模量；E_{s2}—软弱下卧层的压缩模量。

② $t/B_0 < 0.25$ 时取 $\theta = 0°$，必要时，宜由试验确定；$0.25B_0 < t < 0.5B_0$ 时，可内插取值。

4）桩身承载力验算

除以上对桩基进行承载力验算外，还应对桩身进行承载力和裂缝控制计算，计算时应考虑桩身材料强度、成桩工艺、吊运与沉桩、约束条件、环境类别等因素的影响，并应符合相关规范的要求。

钢筋混凝土轴心受压桩正截面受压承载力应符合下式要求：当桩顶以下 $5d$ 范围的桩身螺旋式箍筋间距不大于 100 mm，且符合灌注桩配筋构造要求时，应满足：

$$N \leqslant A_{ps} f_c \psi_c + 0.9 f'_y A'_s \tag{4-39}$$

当桩身配筋不符合上述规定时，应满足下式要求：

$$N \leqslant A_{ps} f_c \psi_c \tag{4-40}$$

式中 N——荷载效应基本组合下桩顶轴向压力设计值，kN；

f_c——混凝土轴心抗压强度设计值，kPa；

f'_y——纵向主筋抗压强度设计值，kPa；

A'_s——纵向主筋截面面积，mm²；

ψ_c——基桩成桩工艺系数。

混凝土预制桩、预应力混凝土空心桩：$\psi_c = 0.85$；干作业非挤土灌注桩：$\psi_c = 0.90$；泥浆护壁和套管护壁非挤土灌注桩、部分挤土灌注桩、挤土灌注桩：$\psi_c = (0.7 \sim 0.8)$；软土地区挤土灌注桩：$\psi_c = 0.6$。

计算轴心受压混凝土桩正截面受压承载力时，对于低承台基桩，不考虑纵向压曲的影响，一般稳定系数 $\varphi = 1.0$。对于高承台基桩、桩身穿越可液化土或不排水抗剪强度小于 10 kPa 的软弱土层的基桩，应考虑压曲影响，可按式(4-39)、式(4-40)计算所得桩身正截面受压承载力乘以 φ 折减。其稳定系数 φ 可根据桩身压曲计算长度 l_c 和桩身的设计直径 d(或矩形桩短边尺寸 b)确定。

桩身压曲计算长度可根据桩顶的约束情况、桩身露出地面的自由长度 l_0、桩的入土长度 h、桩侧和桩底的土质条件按表 4-12 确定。桩身稳定系数 φ 按表 4-13 确定。

表 4-12 桩身压曲计算长度

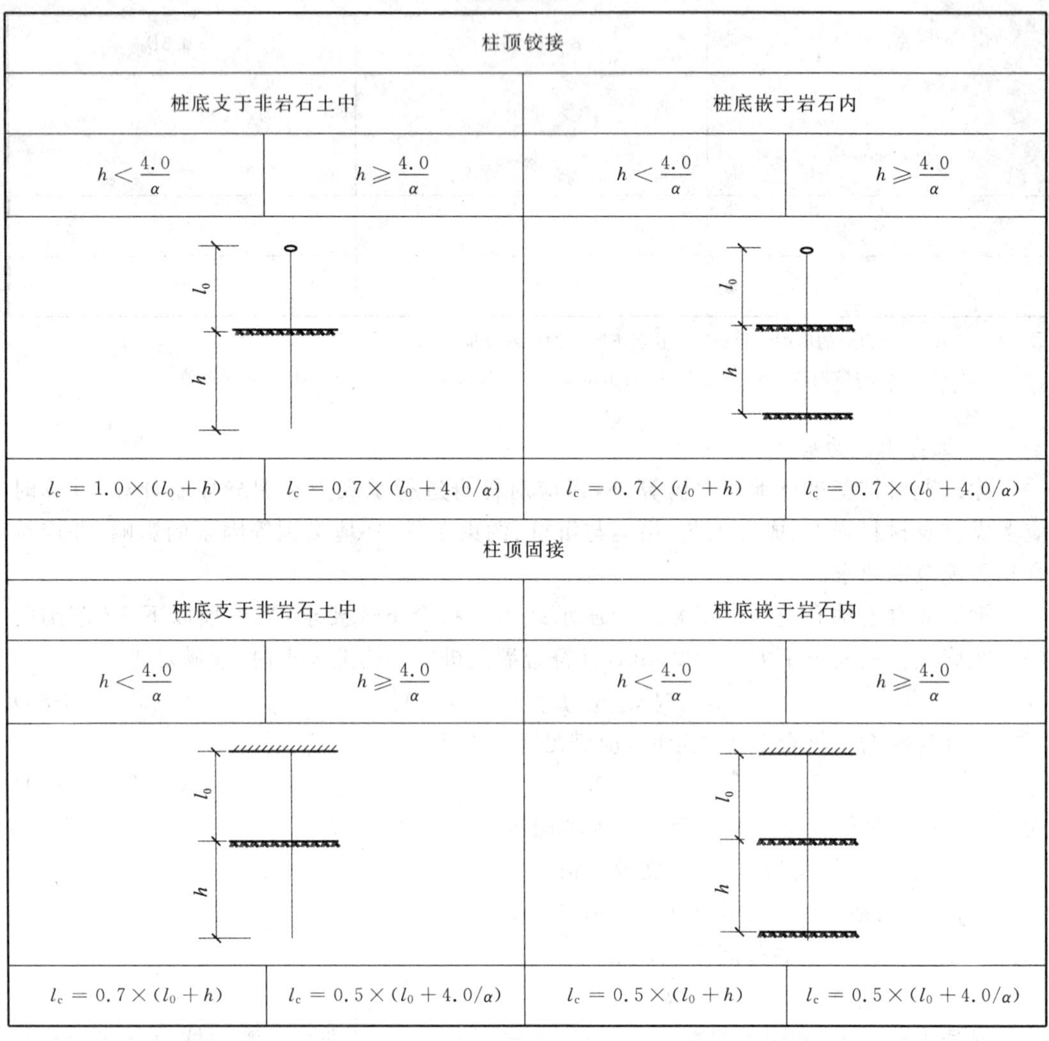

柱顶铰接			
桩底支于非岩石土中		桩底嵌于岩石内	
$h < \frac{4.0}{\alpha}$	$h \geqslant \frac{4.0}{\alpha}$	$h < \frac{4.0}{\alpha}$	$h \geqslant \frac{4.0}{\alpha}$
$l_c = 1.0 \times (l_0 + h)$	$l_c = 0.7 \times (l_0 + 4.0/\alpha)$	$l_c = 0.7 \times (l_0 + h)$	$l_c = 0.7 \times (l_0 + 4.0/\alpha)$
柱顶固接			
桩底支于非岩石土中		桩底嵌于岩石内	
$h < \frac{4.0}{\alpha}$	$h \geqslant \frac{4.0}{\alpha}$	$h < \frac{4.0}{\alpha}$	$h \geqslant \frac{4.0}{\alpha}$
$l_c = 0.7 \times (l_0 + h)$	$l_c = 0.5 \times (l_0 + 4.0/\alpha)$	$l_c = 0.5 \times (l_0 + h)$	$l_c = 0.5 \times (l_0 + 4.0/\alpha)$

注：① 表中 $\alpha = \sqrt[5]{\frac{mb_0}{EI}}$。

② l_0— 高承台基桩露出地面的长度，对于低承台桩基，$l_0 = 0$。

③ h— 桩的入土长度，当桩侧有厚度为 d_1 的液化土层时，桩露出地面长度 l_0 和桩的入土长度 h 分别调整为：$l_0' = l_0 + \psi_l d_1$，$h' = h - \psi_l d_1$，ψ_l 取值参看规范。

表 4-13　桩身稳定系数 φ

l_c/d	≤7	8.5	10.5	12	14	15.5	17	19	21	22.5	24
l_c/b	≤8	10	12	14	16	18	20	22	24	26	28
φ	1.00	0.98	0.95	0.92	0.87	0.81	0.75	0.70	0.65	0.60	0.56
l_c/d	26	28	29.5	31	33	34.5	36.5	38	40	41.5	43
l_c/b	30	32	34	36	38	40	42	44	46	48	50
φ	0.52	0.48	0.44	0.40	0.36	0.32	0.29	0.26	0.23	0.21	0.19

注：表中 b 为矩形桩短边尺寸，d 为桩直径。

7. 承台设计

承台的作用是将各桩连成一个整体，把上部结构传来的荷载转换、调整、分配于各桩。承台设计包括确定承台材料、承台埋深、几何形状和尺寸、承台配筋以及强度验算等，并满足相应的构造要求。除承台配筋和强度验算外，上述各项均可根据前面叙述的有关内容初步拟定，经验算后若不能满足要求，须调整设计，直至满足为止。

1）受弯计算

大量实验资料表明，当承台配筋不足时将发生弯曲破坏，其破坏特征为梁式破坏（见图 4-18）。所谓梁式破坏是指挠曲裂缝在平行于柱边两个方向交替出现，承台在两个方向交替呈梁式承担荷载，最大弯矩产生在平行于柱边两个方向的屈服线处。柱下三桩三角形承台分等腰和等边两种形式，破坏模式有所不同，但也为梁式破坏。由于三桩承台的钢筋一般均平行于承台边呈三角形配置，因而等边三桩承台具有代表性的破坏模式，见图 4-18(b)。

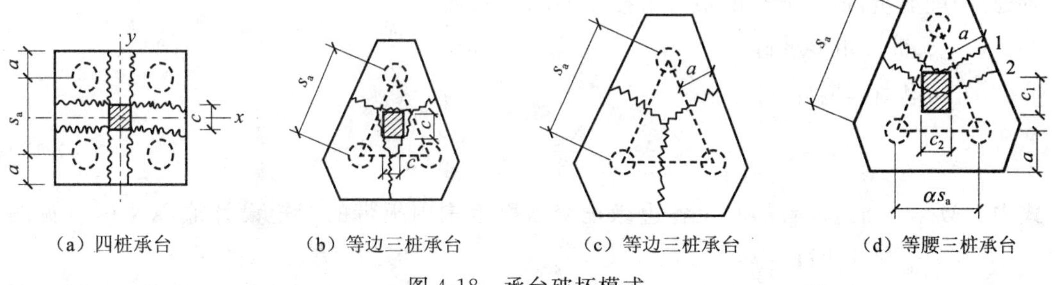

（a）四桩承台　（b）等边三桩承台　（c）等边三桩承台　（d）等腰三桩承台

图 4-18　承台破坏模式

桩基规范规定，柱下独立桩基承台的正截面弯矩设计值可按如下规定计算：

(1) 两桩条形承台和多桩矩形承台。

两桩条形承台和多桩矩形承台的弯矩计算截面取在柱边和承台变阶处，可按下式计算：

$$M_x = \sum N_i y_i \tag{4-41}$$

$$M_y = \sum N_i x_i \tag{4-42}$$

式中 M_x、M_y——分别为绕 x 轴和绕 y 轴方向计算截面处的弯矩设计值，kN·m（见图 4-19a）；

N_i——扣除承台和其上填土自重后，相应于荷载效应基本组合下第 i 基桩或复合基桩竖向反力设计值，kN；

x_i、y_i——垂直 y 轴和 x 轴方向自桩轴线到相应计算截面的距离，m。

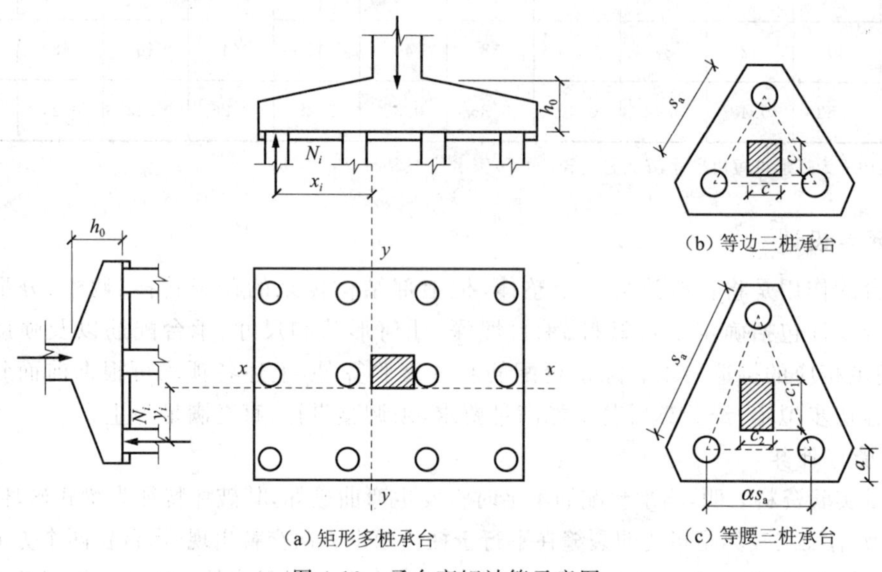

（a）矩形多桩承台

（b）等边三桩承台

（c）等腰三桩承台

图 4-19　承台弯矩计算示意图

根据计算所得的柱边截面和承台变阶截面处的弯矩，按现行《混凝土结构设计规范》（GB 50010—2010）验算其正截面受弯承载力，分别计算出同一方向各截面（柱边、承台变阶处）的配筋量，取各方向的最大值按双向均布配置。

（2）三桩三角形承台。

① 等边三桩承台。

$$M = \frac{N_{\max}}{3}\left(s_a - \frac{\sqrt{3}}{4}c\right) \tag{4-43}$$

式中 M——通过承台形心至各边缘正交截面范围内板带的弯矩设计值，kN·m（见图 4-19b）；

$N_{\max}$——扣除承台和其上填土自重后，相应于荷载效应基本组合下三桩中最大基桩或复合基桩竖向反力设计值，kN；

s_a——桩中心矩，m；

c——方柱边长，圆柱时 $c = 0.8d$（d 为圆柱直径），m。

② 等腰三桩承台。

$$M_1=\frac{N_{\max}}{3}\left(s_a-\frac{0.75}{\sqrt{4-\alpha^2}}c_1\right) \tag{4-44}$$

$$M_2=\frac{N_{\max}}{3}\left(\alpha s_a-\frac{0.75}{\sqrt{4-\alpha^2}}c_2\right) \tag{4-45}$$

式中 M_1、M_2——分别为由承台形心到承台两腰边缘和底边边缘正交截面范围内板带的弯矩设计值，kN · m(见图 4-19c)；

s_a——长向桩中心矩，m；

α——短向桩中心矩与长向桩中心矩之比，当 α 小于 0.5 时，应按变截面的二桩承台设计；

c_1、c_2——分别为垂直、平行于承台底边的柱截面边长，m。

2) 强度计算

承台的高度应满足冲切和剪切承载力要求，一般先按构造要求及经验初步设计承台高度，然后进行冲切和剪切强度验算。

(1) 受冲切计算。

当桩基承台的有效高度不足时，承台将产生冲切破坏。承台的冲切破坏包括：柱(墙)对承台的冲切破坏和角桩对承台的冲切破坏两种。

冲切破坏锥体应采用自柱(墙)边或承台变阶处至相应桩顶边缘连线所构成的锥体，锥体斜面与承台底面夹角大于或等于 45°。柱边冲切破坏锥体的顶面在柱边与承台交界处或承台变阶处，底面在桩顶平面处(见图 4-20)；角桩冲切破坏锥体的顶面在角桩内边缘处，底面在承台上方(见图 4-21)。

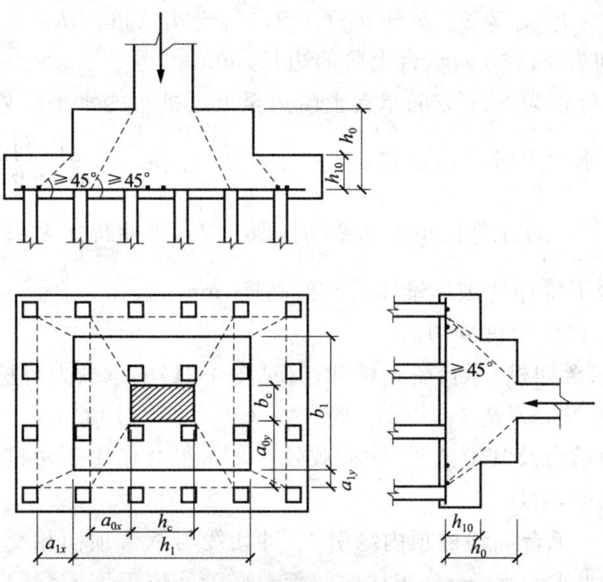

图 4-20 柱对承台的冲切计算示意图

① 承台受柱冲切。

对于柱下矩形独立承台受柱冲切的承载力可按下式计算(见图 4-20):

$$F_l \leqslant 2[\beta_{0x}(b_c + a_{0y}) + \beta_{0y}(h_c + a_{0x})]\beta_{hp} f_t h_0 \tag{4-46}$$

式中 F_l——扣除承台及其上土重,在荷载效应基本组合下作用于冲切破坏锥体上的冲切力设计值,kN,$F_l = F - \sum N_i$,F 为扣除承台及其上土重,在荷载效应基本组合下作用于柱(墙)底的竖向荷载设计值,kN,$\sum N_i$ 为扣除承台及其上土重,在荷载效应基本组合下冲切破坏锥体内各基桩或复合基桩的反力设计值之和,kN;

h_0——承台冲切破坏锥体的有效高度,mm;

β_{hp}——承台受冲切承载力截面高度影响系数,当承台高 $h \leqslant 800$ mm时,取1.0,当 $h \geqslant 2\,000$ mm 时,取 0.9,其间按线性内插法取值;

h_c、b_c—分别为 x、y 方向柱截面的边长,mm;

a_{0x}、a_{0y}——分别为 x、y 方向柱边至最近桩边的水平距离,mm;

β_{0x}、β_{0y}——柱冲切系数,$\beta_{0x} = \dfrac{0.84}{\lambda_{0x} + 0.2}$,$\beta_{0y} = \dfrac{0.84}{\lambda_{0y} + 0.2}$,$\lambda_{0x}$、$\lambda_{0y}$ 分别为冲跨比,$\lambda_{0x} = \dfrac{a_{0x}}{h_0}$,$\lambda_{0y} = \dfrac{a_{0y}}{h_0}$,当冲跨比小于 0.25 时,取 0.25,当冲跨比大于 1.0 时,取 1.0;

f_t——承台混凝土抗拉强度设计值,kN/m^2。

② 阶形承台受上阶冲切。

$$F_l \leqslant 2[\beta_{1x}(b_1 + a_{1y}) + \beta_{1y}(h_1 + a_{1x})]\beta_{hp} f_t h_{10} \tag{4-47}$$

式中 h_1、b_1—分别为 x、y 方向承台上阶的边长,mm;

a_{1x}、a_{1y}——分别为 x、y 方向承台上阶边至最近桩边的水平距离,mm;

β_{1x}、β_{1y}—— 承台上阶冲切系数,$\beta_{1x} = \dfrac{0.84}{\lambda_{1x} + 0.2}$,$\beta_{1y} = \dfrac{0.84}{\lambda_{1y} + 0.2}$,$\lambda_{1x} = \dfrac{a_{1x}}{h_{10}}$,$\lambda_{1y} = \dfrac{a_{1y}}{h_{10}}$,当冲跨比小于 0.25 时,取 0.25,当冲跨比大于 1.0 时,取 1.0;

h_{10}——承台下阶冲切破坏锥体的有效高度,mm。

③ 多桩矩形承台受角桩冲切。

对于四桩以上(含四桩)承台受角桩冲切(见图 4-21)的承载力可按下式计算:

$$N_l \leqslant [\beta_{1x}(c_2 + a_{1y}/2) + \beta_{1y}(c_1 + a_{1x}/2)]\beta_{hp} f_t h_0 \tag{4-48}$$

式中 N_l——扣除承台及其上土重,在荷载效应基本组合作用下角桩(含复合基桩)反力设计值,kN;

a_{1x}、a_{1y}——从承台底角桩顶内缘引 45°冲切线与承台顶面相交点至角桩内边缘的水平距离,mm,当柱边或承台变阶处位于该 45°线以内时,取由柱边或承台变阶处与桩内边缘连线为冲切锥体的锥线;

β_{1x}、β_{1y}—— 角桩冲切系数，$\beta_{1x}=\dfrac{0.56}{\lambda_{1x}+0.2}$，$\beta_{1y}=\dfrac{0.56}{\lambda_{1y}+0.2}$；

λ_{1x}、λ_{1y}—— 角桩冲跨比，$\lambda_{1x}=\dfrac{a_{1x}}{h_0}$，$\lambda_{1y}=\dfrac{a_{1y}}{h_0}$，其值均应满足 0.25～1.0 的要求；

h_0——承台外边缘的有效高度，mm。

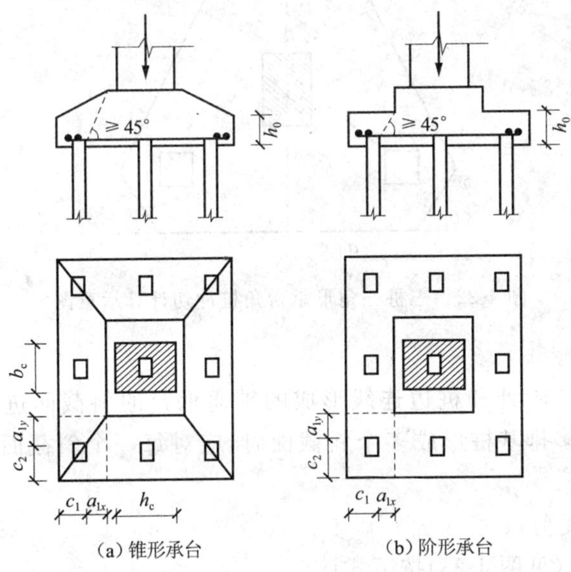

图 4-21　四桩以上(含四桩)承台角桩冲切计算示意图

④ 角桩对三桩三角形承台冲切。

底部角桩(见图 4-22)：

$$N_l \leqslant \beta_{11}(2c_1+a_{11})\beta_{hp}\frac{\theta_1}{2}f_t h_0 \tag{4-49a}$$

$$\beta_{11}=\frac{0.56}{\lambda_{11}+0.2}$$

顶部角桩(见图 4-22)：

$$N_l \leqslant \beta_{12}(2c_2+a_{12})\beta_{hp}\frac{\theta_2}{2}f_t h_0 \tag{4-49b}$$

$$\beta_{12}=\frac{0.56}{\lambda_{12}+0.2}$$

式中　a_{11}、a_{12}——从承台底角桩顶内缘引 45°冲切线与承台顶面相交点至角桩内边缘的水平距离，mm，当柱边或承台变阶处位于该 45°线以内时，取由柱边或承台变阶处与桩内边缘连线为冲切锥体的锥线；

λ_{11}、λ_{12}—— 角桩冲跨比，$\lambda_{11}=\dfrac{a_{11}}{h_0}$，$\lambda_{12}=\dfrac{a_{12}}{h_0}$，其值均应满足 0.25～1.0 的要求。

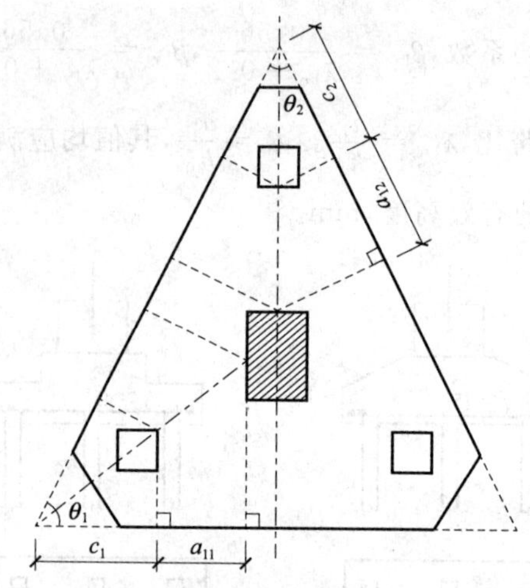

图 4-22　三桩三角形承台角桩冲切计算示意图

(2) 受剪切计算。

应分别对柱边、变阶处和桩边连线形成的贯通承台的斜截面进行受剪切承载力验算，当承台悬挑边由多排基桩形成多个斜截面时，应对每一个斜截面进行受剪承载力验算。

① 承台斜截面受剪。

承台斜截面受剪(见图 4-23)按下式计算：

$$V \leqslant \beta_{hs} \alpha f_t b_0 h_0 \tag{4-50}$$

$$\alpha = \frac{1.75}{\lambda + 1.0} \tag{4-51}$$

$$\beta_{hs} = \left(\frac{800}{h_0}\right)^{1/4} \tag{4-52}$$

式中　V——扣除承台及其上土重，在荷载效应基本组合下斜截面的最大剪力设计值，kN；

h_0——承台计算截面处的有效高度，mm；

b_0——承台计算截面处的计算宽度，mm；

β_{hs}——承台受剪切承载力截面高度影响系数，当承台高 $h_0 < 800$ mm 时，取 $h_0 = 800$ mm，当 $h_0 > 2\,000$ mm 时，取 $h_0 = 2\,000$ mm，其间按线性内插法取值；

α——承台剪切系数；

λ——计算截面的剪跨比，$\lambda_x = \frac{a_x}{h_0}$，$\lambda_y = \frac{a_y}{h_0}$，当剪跨比小于 0.25 时，取 0.25，当剪跨比大于 3.0 时，取 3.0，a_x，a_y 为柱边或承台变阶处至 y、x 方向计算一排桩的桩边的水平距离，mm；

f_t——混凝土轴心抗拉强度设计值，kN/m²。

② 阶梯形承台斜截面受剪。

对于阶梯形承台应分别在变阶处（$A_1—A_1$、$B_1—B_1$）及柱边处（$A_2—A_2$、$B_2—B_2$）进行斜截面受剪承载力计算，见图 4-24。

计算变阶斜截面（$A_1—A_1$、$B_1—B_1$）的斜截面受剪承载力时，其截面有效高度均为 h_{10}，截面计算宽度分别为 b_{y1} 和 b_{x1}。

计算柱边截面（$A_2—A_2$、$B_2—B_2$）的斜截面受剪承载力时，其截面有效高度均为 $h_{10}+h_{20}$，截面计算宽度分别为：

对 $A_2—A_2$：
$$b_{0y}=\frac{b_{y1}h_{10}+b_{y2}h_{20}}{h_{10}+h_{20}}$$

对 $B_2—B_2$：
$$b_{0x}=\frac{b_{x1}h_{10}+b_{x2}h_{20}}{h_{10}+h_{20}}$$

另外，当承台的混凝土强度等级低于柱或桩的混凝土强度等级时，尚应验算柱下或桩上承台的局部受压承载力（参见现行《混凝土结构设计规范》GB 50010）。

对于圆柱或圆桩，计算时应将其截面换算成方柱或方桩，换算柱的截面边长 $b_c=0.8d_c$（d_c 为圆柱的直径），换算桩的截面边长 $b_p=0.8d$（d 为圆桩的直径）。

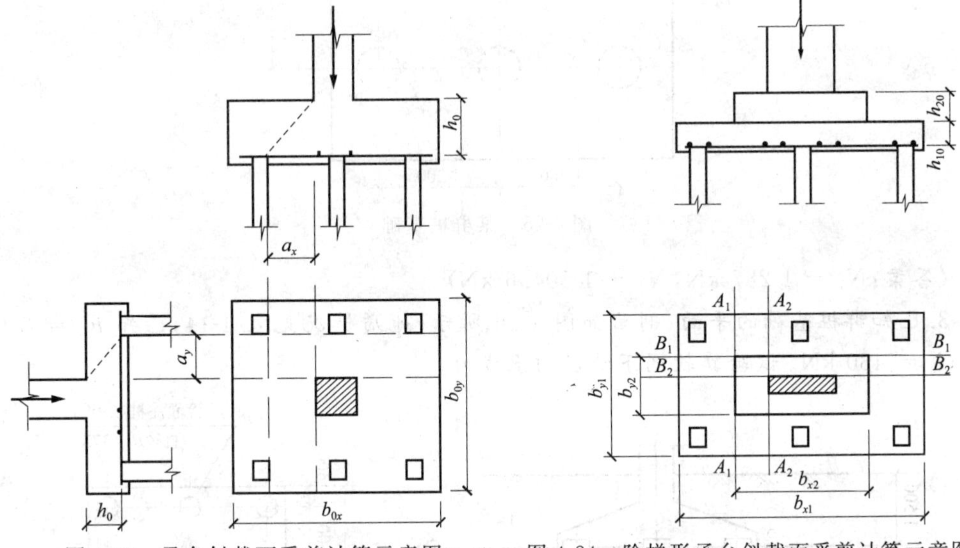

图 4-23 承台斜截面受剪计算示意图　　图 4-24 阶梯形承台斜截面受剪计算示意图

【思考题】

1. 储罐基础设计时，荷载效应如何取值？
2. 储罐基础分为几类，各适用于何种工况？
3. 简述桩基础的设计内容。
4. 简述单桩在竖向荷载作用下的荷载传递机理。
5. 承压单桩有几种破坏模式？如何确定其竖向承载力特征值？

6. 承台设计时应做哪些验算？

【习 题】

1. 已知某钢筋混凝土柱底荷载效应标准组合值为：$F_k = 2\ 000$ kN，$M_{yk} = 250$ kN·m。地基表层为杂填土，厚 1.5 m；第二层为软塑黏土，厚 9.0 m，桩侧阻力特征值为 16.6 kPa；第三层为可塑粉质黏土，厚 5 m，桩侧阻力特征值为 35 kPa，桩端阻力特征值为 870 kPa。试设计所需钢筋混凝土预制桩的截面尺寸、桩长、桩数，并确定单桩的竖向承载力值。

2. 某群桩基础，见图 4-25。上部结构荷载和承台及上覆土重标准值为 8 000 kN，$M_{xk} = 250$ kN·m，$M_{yk} = 600$ kN·m。试计算 1# 和 2# 桩桩顶所承受荷载的大小。

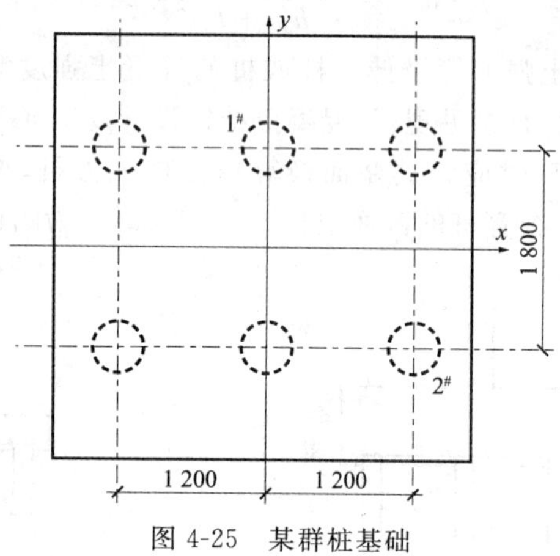

图 4-25 某群桩基础

（答案：$N_1 = 1\ 287$ kN，$N_2 = 1\ 504.6$ kN）

3. 已知群桩基础的平面、剖面如图 4-26 所示，地质情况见表 4-14，已知 $F_k = 3\ 600$ kN，$G_k = 480$ kN。试验算软弱下卧层的承载力。

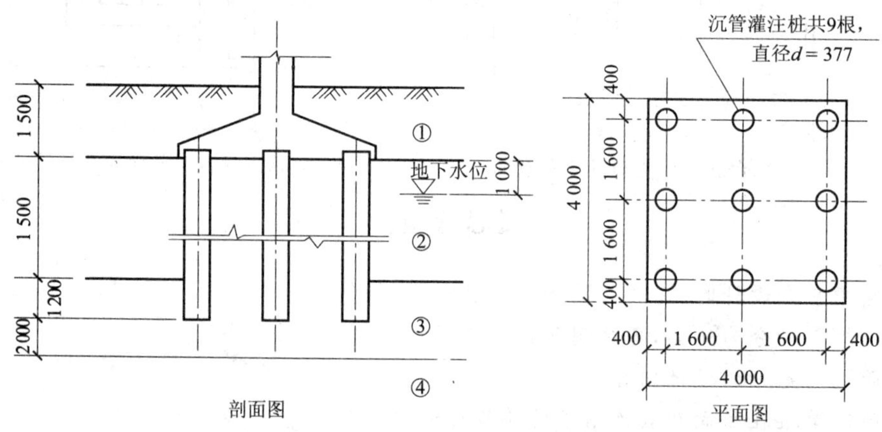

图 4-26 群桩基础的平面、剖面图

表 4-14 地基土的土层分布及主要物理力学指标

土层编号	名 称	天然重度 /$(kN \cdot m^{-3})$	压缩模量 /MPa	承载力特征值 /kPa	桩侧阻力特征值/kPa	桩端阻力特征值/kPa
①	杂填土	17.8				
②	淤泥质粉质黏土	17.8	2.54	60	20	
③	黏 土	19.5	8.0	220	50	2 700
④	淤泥质土	16.8	1.6	70	21	

4. 已知某场地土层分布为：第一层杂填土(含生活垃圾)，厚 1.2 m；第二层淤泥，软塑状态，厚 6.0 m，桩侧阻力特征值为 9 kPa；第三层粉土，中密，厚度较大，桩侧阻力特征值为 35 kPa，桩端阻力特征值为 1 200 kPa。现设计一框架内柱的预制桩基础。已知柱的截面尺寸为 300 mm × 450 mm，柱底荷载效应标准组合值为：$F_k = 1\,865$ kN，$M_{xk} = 127$ kN·m，$M_{yk} = 85$ kN·m，$H_k = 70$ kN，荷载效应基本组合值为荷载效应标准组合值的 1.35 倍。试设计该桩基础。

5. 某受压灌注桩桩径为 1.2 m，桩端入土深度为 20 m，桩身配筋率为 0.6%，桩顶铰接。桩顶竖向荷载为 $N_k = 5\,000$ kN，水平变形系数为 0.301 m^{-1}，桩身换算截面面积为 1.2 m^2，换算截面受拉边缘的截面模量为 0.2 m^2，桩身混凝土抗拉强度设计值为 1.5 N/mm^2。试计算单桩水平承载力特征值。

(答案：413 kN)

第五章

储罐地基处理

第一节 概 述

当在软弱地基或特殊地基上修建储罐时，天然地基往往不能满足储罐基础对强度和变形等方面的要求。为了保证储罐的安全和正常运营，需要进行地基处理。所谓地基处理是指为提高地基承载力、改善其变形性质或渗透性而采取的人工处理地基的方法。处理后的地基称为人工地基。

一、地基处理的目的

地基处理的主要目的是针对工程建设中地基所面临的主要问题，通过相应的加固措施，改善土体的工程特性以满足工程要求。主要表现在以下几个方面：

(1) 提高地基土的抗剪强度。

当地基土的抗剪强度较低，不足以支撑上部结构传来的荷载时，地基可能会发生局部或整体剪切破坏，从而导致上部结构失稳、开裂甚至倒塌，影响其安全和正常使用。因此，为了防止地基剪切破坏，需要采取相应的处理措施，提高地基土的抗剪强度，增加地基的稳定性。

(2) 降低地基土的压缩性。

在储罐产生的附加应力作用下，地基土将会压缩变形，从而引起储罐基础沉降。当基础沉降量或不均匀沉降过大时，可能引起储罐倾斜甚至倒塌或造成与储罐连接的管道断裂等问题。因此，需要采取相应的措施，降低地基土的压缩性，减少基础的沉降量或不均匀沉降。

(3) 改善地基土的透水特性。

改善地基土的透水特性主要表现在两个方面：一方面是增加软土等渗透性差的地基土的透水性，以加快其固结，满足工程对承载力和变形的要求；另一方面是降低地基土的透水性或减少其上的水压力，以防出现管涌、流砂、渗漏、溶蚀等工程问题。

(4) 改善地基土的动力特性。

地基土在地震、波浪、交通荷载、打桩等动荷载作用下，可能会出现液化、震陷、振动下沉等问题，因此，需要采取一定的措施，改善地基土的动力特性，提高地基的抗震性能。

(5) 改善特殊土的不良工程特性。

当需要在特殊土地基上修建储罐时，为了保证储罐的安全和正常使用，需要采取相应的地基处理措施，以消除黄土的湿陷性、膨胀土的胀缩性等。

二、地基处理方法分类

地基处理方法的分类多种多样，按照地基处理的加固原理，主要分为如下几类：

(1) 置换。

置换是指用物理力学性质较好的岩土材料换掉天然地基中部分或全部的软弱土或不良土，形成双层地基或复合地基，以提高地基承载力、减小地基沉降量。常见的有：换填垫层法、强夯置换法、石灰桩法、砂石桩(置换)法、挤淤置换法、水泥粉煤灰碎石桩法、EPS超轻质料填土法等。

(2) 预压。

预压也称排水固结，是指在建(构)筑物修建之前，预先使地基土在一定荷载作用下排水固结，使得土体中的孔隙减小，抗剪强度提高，以达到提高地基承载力、加速土体固结、减小沉降的目的。如堆载预压法、真空预压法、降低地下水位法、电渗法等。

(3) 化学加固。

也称胶结、灌入固化物，是指向土体中灌入或拌入水泥、石灰等化学固化材料，在地基中形成复合土体，以达到地基处理的目的。如深层搅拌法、渗入注浆法、劈裂注浆法、压密注浆法、电动化学注浆法、高压喷射注浆法等。

(4) 振密、挤密。

是指采用振密、挤密的方法使土体进一步密实，相对密度增大、孔隙比减小，以达到提高承载力、减小沉降量的目的。如表层压实法、强夯法、振冲挤密法、土桩与灰土桩法、挤密砂石桩法、夯实水泥土桩法、水泥粉煤灰碎石桩法、柱锤冲扩桩法等。

(5) 加筋。

在地基中铺设强度较高、模量比较大的筋材，以达到提高地基承载力、减小沉降量、提高土体抗拉性能的目的。如加筋土垫层法、土钉法、树根桩法、土层锚杆法等。

(6) 冷热处理。

是指通过冻结或焙烧加热地基土，以改变土体的物理力学性质，达到地基处理的目的。如冻结法、烧结法等。

(7) 托换。

这类方法是对既有建(构)筑物地基基础进行加固处理，以满足地基承载力要求或有效减小沉降。如桩式托换法、加大基础面积法、加深基础法等。

(8) 纠倾与迁移。

纠倾是对由于沉降不均匀造成倾斜的建(构)筑物进行矫正,迁移是指将建(构)筑物整体移动位置。如加载纠倾法、迫降纠倾法、顶升纠倾法等。

值得注意的是,很多地基处理方法同时具有多种不同作用,如砂石桩具有置换、挤密、排水和加筋的多重作用,振冲法不仅具有挤密作用同时还具有置换作用。因此,对地基处理方法进行严格精确的分类是十分困难的。另外,尽管地基处理的方法很多,但没有一种方法是万能的,每种地基处理方法都有一定的适用范围,在选择时要特别注意。

三、地基处理的步骤

地基处理方法的确定,宜按下列步骤进行:

(1) 根据储罐对地基的要求和地基条件,确定需要处理的范围和要求,结合现场实际情况选择几个可行的地基处理方案;

(2) 对初步选定的几个地基处理方案,分别从加固机理、适用范围、预期处理效果、材料供应及消耗、施工机具、施工工期及环境保护等多方面进行技术经济指标分析,选择最佳的地基处理方案,必要时,也可选择由多种地基处理方法组成的综合处理方案;

(3) 对选定的地基处理方案,宜按储罐大小和场地复杂程度,在有代表性的场地上进行现场试验和补充调查,以检验设计参数和处理效果,如不能满足设计要求,应采取措施或重新选择处理方案。

第二节 换填垫层法

一、概 述

1. 定义

当地表浅层比较软弱或不均匀不能满足上部结构对地基的要求,而土层厚度又不很大时,可将其部分或全部挖除,然后回填其他性能稳定、无侵蚀性、强度较高的材料,并分层压(或夯、振)实,形成垫层的地基处理方法称为换填垫层法。由于换填垫层法具有就地取材、施工方便、不需要特殊的机械设备、缩短工期、降低造价等优点,在工程中得到较为普遍的应用。

2. 适用范围

换填垫层法适用于各类浅层软弱地基及不均匀地基的处理。如淤泥、淤泥质土、湿陷性黄土、素填土、杂填土等的浅层地基处理。对于建筑范围内局部存在松填土、暗沟、暗塘、古井、古墓或拆除旧基础后的坑穴,也可采用该方法进行处理,但是在这种局部的换填处理中,必须保持地基的整体变形均匀。

换填垫层法的处理深度通常控制在 3 m 以内较为经济合理。对于较深厚的软弱土层,当仅用垫层局部置换上层软弱土时,一般可提高持力层的承载力,但是下卧软弱土层在荷载作用下的长期变形可能依然很大,会对上部结构产生有害影响,所以此时不应采用浅层局部置换处理。

垫填垫层法的选择,还应考虑垫层材料的来源和造价。垫层材料可选用中粗砂、碎石、素土和灰土等。在有充分依据或成功经验时,也可采用其他质地坚硬、性能稳定、透水性强、无侵蚀性的材料。

二、加固机理

换填垫层法的加固机理主要表现在以下几个方面:

(1) 提高地基承载力。

将基础底面以下的软弱土部分或全部挖除,换填上较为密实的材料,可以提高地基的承载力,增强地基的稳定性。

(2) 减少沉降量。

一般地基浅层部分的沉降量在总沉降量中所占的比例较大,如以密实材料代替原来的软弱土层,则可减少这部分的沉降量。同时由于垫层对应力的扩散作用,使得作用在下卧土层上的压力较小,这样下卧土层的沉降量也会相应减少。

(3) 加速软弱土层的排水固结。

用透水性大的材料作为垫层,可以成为软弱下卧层的排水面,使软弱土层受压后的超静孔隙水压力容易消散,从而加速了软弱土层的固结并提高了地基土的强度,避免了地基的塑性破坏。

(4) 防止冻胀。

因为粗颗粒垫层材料的孔隙大,不易产生毛细管现象,因此可以防止寒冷地区土中结冰所造成的冻胀现象。这时,砂垫层的底面应满足当地冻结深度的要求。

(5) 消除膨胀土的胀缩。

在膨胀土地基上可选用砂、碎石、块石、煤渣、二灰或灰土等材料作为垫层以消除膨胀土的胀缩。垫层的厚度应依据变形计算确定,一般不少于 0.3 m,且垫层宽度应大于基础宽度,而基础的两侧宜用与垫层相同的材料回填。

(6) 消除湿陷性黄土的湿陷。

常用素土垫层或灰土垫层处理湿陷性黄土,以消除基础底面以下 1～3 m 厚湿陷性黄土的湿陷量。必须指出,砂垫层不易处理湿陷性黄土地基,这是由于砂垫层的透水性大反而容易引起黄土的湿陷。

三、设计计算

垫层的设计不但要满足储罐对地基强度、稳定性及变形方面的要求,还要符合技术经济的合理性。垫层设计的主要内容是确定垫层的厚度和宽度。对于垫层，既要有足够的厚度以置换可能被剪切破坏的软弱土层，又要求有足够大的宽度以防止垫层向两侧挤出。

1. 垫层的厚度

垫层厚度 z 应根据需置换软弱土的深度或下卧土层的承载力确定，见图 5-1，并符合下式要求：

$$p_z + p_{cz} \leqslant f_{az} \tag{5-1}$$

式中 p_z——相应于荷载效应标准组合时，垫层底面处的附加压力值，kPa；

p_{cz}——垫层底面处土的自重压力值，kPa；

f_{az}——垫层底面处经深度修正后的地基承载力特征值，kPa。

垫层底面处的附加压力值 p_z 可按压力扩散角 θ 进行简化计算。当为条形基础时有：

$$p_z = \frac{b(p_k - p_c)}{b + 2z\tan\theta} \tag{5-2}$$

式中 b——条形基础底面的宽度，m；

p_k——相应于荷载效应标准组合时，基础底面处的平均压力值，kPa；

p_c——基础底面处土的自重压力值，kPa；

z——基础底面下垫层的厚度，m；

θ——垫层的压力扩散角，(°)，可按表 5-1 采用。

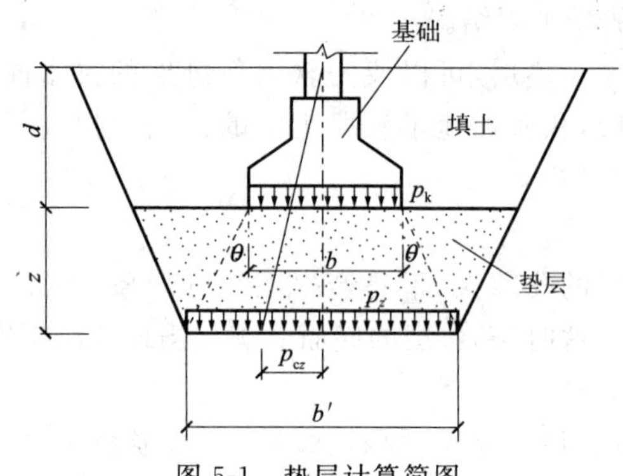

图 5-1 垫层计算简图

表 5-1 压力扩散角 θ

z/b ＼ 换填材料	中砂、粗砂、砾砂、圆砾、角砾、石屑、卵石、碎石、矿渣	粉质黏土、粉煤灰	灰 土
0.25	20°	6°	28°
≥0.50	30°	23°	

注：当 $z/b < 0.25$ 时，除灰土仍取 $\theta = 28°$ 外，其余材料均取 $\theta = 0°$，必要时，宜由试验确定；当 $0.25 < z/b < 0.5$ 时，θ 值可内插求得。

另外，作为储罐基础持力层的垫层厚度应符合储罐的变形要求，并且一般不宜大于 3 m，也不宜小于 0.5 m。

2. 垫层的宽度

垫层的宽度，应满足基础底面应力扩散的要求，可由储罐环墙基础外缘向下作 45°的直线扩大确定，或按下式确定：

$$b' \geqslant b + 2z\tan\theta \tag{5-3}$$

式中　b'——垫层底面宽度，m；

θ——垫层的压力扩散角，(°)，可按表 5-1 采用，当 $z/b < 0.25$ 时，仍按 $z/b = 0.25$ 取值。

整片垫层底面的宽度可根据施工的要求适当加宽。垫层顶面宽度可从垫层底面两侧向上，按基坑开挖期间保持边坡稳定的当地经验放坡确定。垫层顶面超出罐基外缘不应小于 500 mm。

3. 垫层的承载力

垫层的承载力宜通过现场试验确定，并应验算下卧层的承载力。对于一般不太重要的、小型、轻型或对沉降要求不高的工程，在无试验资料或经验且施工达到规范要求的压实标准时，可参照表 5-2 选用。

表 5-2　各种垫层的压实标准及承载力特征值[38]

施工方法	换填材料	压实系数 λ_c	承载力特征值 f_{ak}/kPa
碾压、振密或夯实	碎石、卵石	0.94～0.97	200～300
	砂夹石(其中碎石、卵石占全重的 30%～50%)		200～250
	土夹石(其中碎石、卵石占全重的 30%～50%)		150～200
	中砂、粗砂、砾砂、圆砾、角砾	0.94～0.97	150～200
	石　屑		120～150
	粉质黏土		130～180
	灰　土	0.95	200～250
	粉煤灰	0.90～0.95	120～150
	矿　渣		200～300

注：① 压实系数小的垫层，承载力特征值取低值，反之取高值。

② 压实系数 λ_c 是土的控制干密度 ρ_d 与最大干密度 ρ_{dmax} 之比，土的最大干密度宜采用击实试验确定，碎石或卵石的最大干密度可取 2.0～2.2 t/m³。

③ 当采用轻型击实试验时，压实系数宜取高值，采用重型击实试验时，压实系数可取低值。

4. 沉降计算

采用换填垫层进行局部处理后，往往由于软弱下卧层的变形，地基仍将产生过大的沉降量及差异沉降量。因此，为了保证地基处理效果及上部结构的安全使用，应进行沉降计算。

垫层地基的变形由垫层自身变形和下卧层变形两部分组成：

$$s = s_1 + s_2 \tag{5-4}$$

式中 s——地基计算的最终总沉降量，mm；

s_1——垫层自身的沉降量，mm；

s_2——垫层以下计算深度范围内下卧层的沉降量，mm。

在换填垫层满足垫层厚度、垫层宽度和压实标准（见表 5-2）的条件下，垫层地基的变形可仅考虑其下卧层的变形。对沉降要求严或垫层较厚的建筑，应计算垫层自身的变形。

当垫层下存在软弱下卧层时，在进行地基变形计算时应考虑邻近基础对软弱下卧层顶面应力叠加的影响。当超出原地面标高的垫层或换填材料的重度高于天然土层重度时，地基下卧层将产生较大的变形，如工程条件许可，宜尽早换填，以使由此引起的大部分地基变形在上部结构施工之前完成，并应考虑其附加的荷载对建（构）筑本身及其邻近建（构）筑的影响。

由于粗粒换填材料垫层自身的压缩变形在施工期间已基本完成，且量值很小，因而对于碎石、卵石、砂夹石、砂和矿渣垫层，在地基变形计算中，可以忽略垫层自身部分的变形值，但是对于细粒材料尤其是厚度较大的换填垫层，则应计入垫层自身的变形，有关垫层的模量应根据试验或当地经验确定。

垫层下卧层的变形量可按现行国家标准《建筑地基基础设计规范》（GB 50007—2011）的有关规定进行计算。

四、垫层施工与质量检验

1. 垫层施工

1）施工机械

应根据不同的换填材料选择垫层施工机械。一般情况下，粉质黏土、灰土宜采用平碾、振动碾或羊足碾；中小型工程也可采用蛙式夯、柴油夯；砂石等宜用振动碾；粉煤灰宜采用平碾、振动碾、平板振动器、蛙式夯。矿渣宜采用平板振动器或平碾，也可采用振动碾。

2）施工参数

换填垫层的施工参数应根据垫层材料、施工机械设备及设计要求等通过现场试验确定，以求获得最佳夯压效果。

（1）最优含水量。

为获得最佳夯压效果，宜采用垫层材料的最优含水量作为施工控制含水量。

最优含水量可按现行国家标准《土工试验方法标准》(GB/T 50123—1999)中轻型击实试验的要求求得。在缺乏试验资料时，也可近似取 0.6 倍液限值；或按照经验采用塑限 $w_p \pm 2\%$ 的范围值作为施工含水量的控制值。

对于粉质黏土和灰土垫层土料的施工含水量宜控制在最优含水量 $w_{op} \pm 2\%$ 的范围内，当使用振动碾压时，可适当放宽下限范围值，即控制在最优含水量的 $-6\% \sim +2\%$ 范围内。粉煤灰垫层的施工含水量宜控制在 $w_{op} \pm 4\%$ 的范围内。

对于砂石料可根据不同的施工方法按经验控制适宜的施工含水量，即当用平板式振动器时可取 15%～20%；当用平碾或蛙式夯时可取 8%～12%；当用插入式振动器时宜为饱和。对于碎石及卵石应充分浇水湿透后夯压。

(2) 铺填厚度和压实遍数。

垫层的施工方法、分层铺填厚度、每层压实遍数等宜通过试验确定。在不具备试验条件的场合，也可参照表 5-3 选用。一般情况下，垫层的分层铺填厚度可取 200～300 mm。对于存在软弱下卧层的垫层，应针对不同施工机械设备的重量、碾压强度、振动力等因素，确定垫层底层的铺填厚度，使其既能满足该层的压密条件，又能防止破坏及扰动下卧软弱土的结构。为了保证分层压实的质量，应控制机械碾压的速度。

表 5-3　垫层的每层铺填厚度及压实遍数[38]

施工设备	每层铺填厚度/m	每层压实遍数
平碾(8～12 t)	0.2～0.3	6～8
羊足碾(5～16 t)	0.2～0.35	8～16
蛙式夯(200 kg)	0.2～0.25	3～4
振动碾(8～15 t)	0.6～1.3	6～8
插入式振动器	0.2～0.5	
平板式振动器	0.15～0.25	

另外，在施工时严禁扰动垫层下的软弱土层，防止其被践踏、受冻或受水浸泡。通常的做法是开挖时预留约 200 mm 厚的保护层，待做好铺填垫层的准备后，对保护层挖一段随即用换填材料铺填一段，直到完成全部垫层，以此来保护下卧土层的结构不被破坏。在碎石或卵石垫层底部宜设置 150～300 mm 厚的砂垫层或铺一层土工织物，以防止软弱土层表面的局部破坏，同时必须防止边坡坍土混入垫层。

垫层底面宜设在同一标高上，如深度不同，基坑底土面应挖成阶梯或斜坡搭接，并按先深后浅的顺序进行垫层施工；在垫层较深部位施工时，应注意控制该部位的压实系数，以防止或减少由于地基处理厚度不同所引起的差异变形；垫层搭接处应夯压密实。

垫层竣工验收合格后，应及时进行基础施工与基坑回填。

当夯击或碾压振动对邻近建(构)筑物产生有害影响时，必须采取有效的预防措施。

2. 质量检验

垫层的质量检验包括施工质量检验和竣工验收两个方面。《石油化工钢储罐地基与基础施工及验收规范》(SH/T 3528—2005)对灰土、砂石地基的质量检验标准见表5-4。

表5-4 灰土、砂和砂石地基质量标准

项	序	检查项目	允许偏差或允许值	检验方法
主控项目	1	地基承载力	设计文件要求	按规定方法
	2	配合比	设计文件要求	按拌和时的体积比(或重量比)
	3	压实系数	设计文件要求	现场实测
一般项目	1	有机质含量	≤5%	焙烧法
	2	石灰粒径(石料粒径)	≤5 mm(50 mm)	筛分法
	3	土颗粒粒径	≤15mm	筛分法
	4	含水量(与要求的最优含水量比较)	±2%	烘干法
	5	分层厚度偏差(与设计要求比较)	±50	水准仪
	6	砂石料含泥量	≤5%	水洗法

注:括号内值适用于砂和砂石地基。

1) 施工质量检验

对粉质黏土、灰土、粉煤灰和砂石垫层的施工质量可用环刀法、贯入仪、静力触探、轻型动力触探或标准贯入试验检验;对砂石、矿渣垫层可用重型动力触探检验，并均应通过现场试验以设计压实系数所对应的贯入度为标准检验垫层的施工质量。压实系数也可采用环刀法、灌砂法、灌水法或其他方法检验。

垫层的施工质量检验必须分层进行，应在每层的压实系数符合设计要求后铺填上层土。

填料压实后宜采用环刀法取样测定干密度，取样点应选择位于每层垫层厚度的2/3深度处;采用贯入仪或动力触探检验垫层的施工质量时，每分层平面上检验点的间距不应大于4 m。

对素土地基、灰土地基、砂和砂石地基、石屑地基、级配碎石地基等，地基承载力应达到设计文件要求。检验数量:每台罐基不应少于3点;1 000 m^2 以上，每100 m^2 至少应有1点;3 000 m^2 以上，每300 m^2 至少应有1点。

2）竣工验收

当竣工验收采用载荷试验检验垫层承载力时，每个单体工程不宜少于3点；对于大型工程则应按单体工程的数量或工程的面积确定检验点数。

五、30 000 m³ 浮顶油罐碎石垫层基础实例[10]

1. 工程地质概况

罐基主要持力层为可塑性粉质黏土或含砾粉质黏土及密室粉砂土（$[R]=400$ kPa，$E_s=15$ MPa），其下软弱土层（软弱透镜体）呈局部性无规律分布，基岩起伏较大。

2. 基础构造

30 000 m³ 油罐内径 $D=46$ m；传到地基的荷载为196 kPa。对基础要求：地基沉降稳定后，沿罐壁圆周每10 m长度内的沉降差不大于25 mm，任意直径方向上的沉降差不得大于0.004D。基础构造见图5-2。

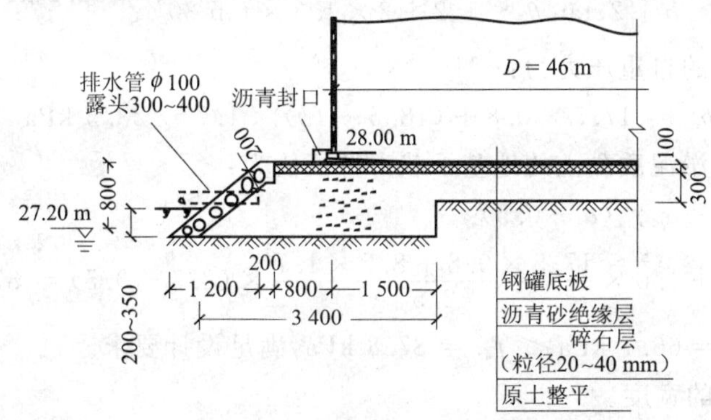

图5-2 油罐基础及垫层剖面图

3. 基础施工概况

基坑开挖后，发现部分土层较软弱，需挖除回填，约占全罐底面积的5/8，有1.0～3.6 m不同厚度的回填。原设计为素填土，因现场受雨天影响，最后改为砂夹石回填，采用水撼法和平板式振动器振实。回填至距罐底80 cm处，其上为碎石环箍基础。

4. 地基沉降观测

该油罐充水预压后，通过75 d观测，罐周最大沉降量为26 mm，平均沉降量为16 mm，最大不均匀沉降为15 mm，罐顶倾斜为0.000 35，远小于规范规定的标准。投产四年多来，使用情况良好。

【例题5-1】 某条形基础，基础底面宽1.2 m，基础埋深1.2 m，基础顶面作用荷载$F=100$ kN/m，地下水位距地表为0.8 m。地基土表层为淤泥，厚2.5 m，天然重度为17.5 kN/m³，饱和重度为18.5 kN/m³；第二层为淤泥质黏土，厚15 m，重度为18 kN/m³，地基承载力特征值为 65 kPa。因地基土较软弱，不能承受上部荷载，拟采用砂垫层处理地基，试设计砂垫层的尺寸。

【解】 (1) 确定砂垫层的厚度并验算。

设砂垫层厚度为 1.3 m，并要求分层碾压夯实，其干密度要求大于 1.6 t/m³。

基础底面的平均压力设计值为：

$$p_k = \frac{F + \gamma_G A d}{A} = \frac{100 + 1.2 \times 0.8 \times 20 + 1.2 \times 0.4 \times 10}{1.2} = 103.3 \text{ kPa}$$

基础底面处土的自重压力为：

$$p_c = 17.5 \times 0.8 + (18.5 - 10) \times 0.4 = 17.4 \text{ kPa}$$

因为$\frac{z}{b} = \frac{1.3}{1.2} = 1.1$，所以查表 5-1 可得：$\theta = 30°$。

砂垫层底面处的附加压力为：

$$p_z = \frac{b(p_k - p_c)}{b + 2z\tan\theta} = \frac{1.2 \times (103.3 - 17.4)}{1.2 + 2 \times 1.3 \times \tan 30°} = 38.2 \text{ kPa}$$

垫层底面处土的自重压力为：

$$p_{cz} = 17.5 \times 0.8 + (18.5 - 10) \times 1.7 = 28.5 \text{ kPa}$$

经深度修正后淤泥质黏土的地基承载力特征值为：

$$\begin{aligned} f_{az} &= f_{ak} + \eta_d \gamma_m (d - 0.5) \\ &= 65 + 1.0 \times \frac{17.5 \times 0.8 + 8.5 \times 1.7}{2.5} \times (2.5 - 0.5) = 87.8 \text{ kPa} \end{aligned}$$

$p_z + p_{cz} = 66.7 \text{ kPa} < f_{az} = 87.8 \text{ kPa}$，满足设计要求。

(2) 确定垫层的宽度。

$b' \geqslant b + 2z\tan\theta = 1.2 + 2 \times 1.3 \times \tan 30° = 2.701$ m，取砂垫层宽度为 2.8 m。

第三节　预压法

一、概　述

1. 定义

预压法是指对地基预先施加一定压力使土中水排出，以实现预先固结，减小地基后期沉降的一种地基处理方法，也称为排水固结法。即先对天然地基或先在地基中设置砂井、袋装砂井或塑料排水带等竖向排水体，然后利用结构物本身的重量分级逐渐加载或在结构物建造前对场地先行加载预压，使土体中的孔隙水排出，逐渐固结，地基发生沉降，同时强度逐步提高。

预压法常用于解决软黏土地基的沉降和稳定问题，可使地基的沉降在加载预压期间基本完成或大部分完成，从而使结构物在使用期间不致产生过大的沉降和沉降差。同时，可增加地基土的抗剪强度，提高地基的承载力和稳定性。

2. 预压法的组成

预压法是由排水系统和加压系统两部分组合而成的，见图 5-3。

1）加压系统

加压系统是指对地基施行预压的荷载，它使地基土中的固结压力增加而产生固结。加压材料可以是固体（填土、砂石等）、液体或真空负压等，特别是储罐可通过逐级充水对地基进行预压，同时还可以检验储罐本身有无渗漏。

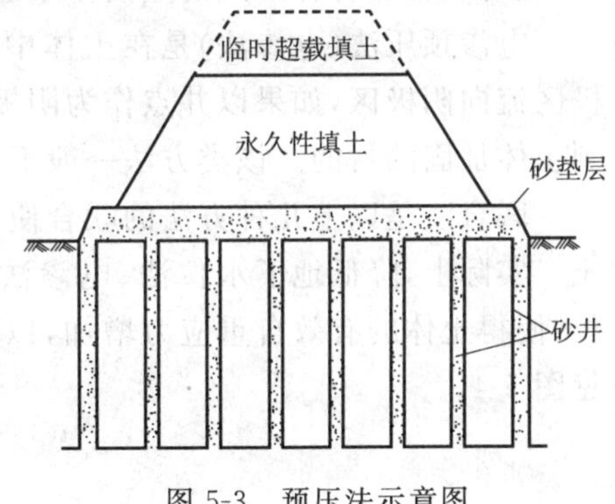

图 5-3 预压法示意图

2）排水系统

排水系统的主要作用是改变地基土原有的排水边界条件，增加孔隙水排出的途径，缩短排水的距离，以加速土体的固结。

排水系统包括水平排水垫层和竖向排水体两部分。当软土层厚度较薄（小于 4.0 m）或渗透性较好（如夹有薄粉砂层等）并且施工期允许时，可仅在地面铺设一定厚度的砂垫层，然后加载预压。当遇到透水性很差的深厚软土层时，应在土体中打设砂井或塑料排水带等竖向排水体，并与地面铺设的排水砂垫层相连，构成排水系统。

在预压法中，加压系统是必要的，如果没有加压系统，孔隙水因为没有压力差不会自然排出，地基也就得不到加固。对于透水性很差的深厚软土层，如果只增加预压荷载，则会因为孔隙水排出速度缓慢而不能在预压期间尽快完成设计所要求的沉降量，强度不能及时得到提高，加载也就不能顺利进行。所以上述两个系统，在预压法设计时应该联系起来综合考虑。

3. 预压法的分类

根据预压荷载的大小，预压法可分为等效预压和超载预压。等效预压是指预压荷载与建（构）筑物的使用荷载相等。当预压荷载大于实际使用荷载时称为超载预压。土体经过超载预压后，将由原来的正常固结状态变为超固结状态，从而使得土层在使用荷载作用下的变形大为减小。理论上，超载预压可以完全消除工后沉降，但是由于卸载后土体回弹，所以适当延长预压时间是必要的。

根据加压系统的不同，预压法可分为堆载预压法、真空预压法、联合预压法、降水预压法和电渗排水预压法等。

堆载预压法是在建（构）筑物建造以前，对建筑场地预先施加一定的荷载，使地基强度增加、沉降量减小的地基处理方法。根据排水系统的不同，堆载预压法又可分为天然地基堆载预压和塑料排水带（或砂井）地基堆载预压两大类，两者的区别在于前者的排水系统以天然地基土层本身为主，而后者在天然地基中还人为地增设了竖向排水体。

真空预压法是通过对覆盖于竖井地基表面的不透气薄膜抽真空，而使地基固结的处理方法。对真空预压工程，必须在地基内设置竖向排水体。

降水预压法(降低地下水位法)是通过降低地下水位、增加土体自重应力，来达到提高地基承载力、减小沉降量和增加稳定性的地基处理方法。该类方法一般不设排水系统，也可以辅以各种形式的竖向排水通道。

电渗预压法(电渗法)是在土体中插入两个电极，通上直流电，土体中的水就会从阳极区流向阴极区，如果以井点作为阴极，还可以将流向阴极区的水通过井点抽出去，以达到土体加固的目的。该类方法一般不设排水系统。

联合法是以上几种方法的联合使用，如真空-堆载联合预压法等。

实际上，降低地下水位法、电渗法等并没有施加荷载，而是通过降低原来的地下水位，使得土体的有效自重应力增加，以达到预压的目的，所以也把它们归属于加压系统，见图 5-4。

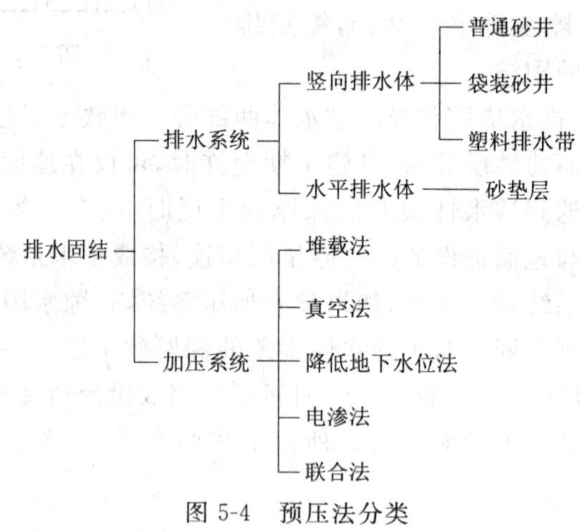

图 5-4　预压法分类

4. 预压法的适用范围

预压法适用于处理淤泥质土、淤泥和冲填土等饱和黏性土地基。对于在持续荷载作用下体积会发生很大压缩、强度会明显增长的土，这种方法特别适用。对超固结土，只有当土层的有效上覆压力与预压荷载所产生的应力水平明显大于土的先期固结压力时，土层才会发生明显的压缩。

另外，真空预压法、降低地下水位法和电渗法由于不增加剪应力，地基不会产生剪切破坏，所以它们可以适用于很软弱的黏土地基。

二、加固机理

1. 堆载预压法的加固机理

在堆载作用下，土体中产生了超静孔隙水压力，随着超静孔隙水压力的消散，孔隙水被逐渐排出，地基发生固结变形，土中有效应力逐渐提高，地基承载力也随之增加。待堆载卸除以后，场地土的结构与堆载前相比产生了变化（孔隙比减小），再在上面修筑建（构）筑物时，地基土将不再沿原始压缩曲线而是沿原始再压缩曲线进行压缩变形，即在相同外荷载作用下，地基的沉降量将比堆载前小。

堆载预压法的加固机理也可以通过室内固结试验加以说明，见图 5-5，土样的天然状态为 e-p 曲线上的 A 点，此时天然固结压力为 p_0，施加外荷载 Δp，当土样固结完成时变化到 C 点，由图可以看出孔隙比减小了 Δe，曲线 ABC 即为压缩曲线。与此同时，在抗剪强度包络线上，土样的抗剪强度也由 A 点提高到了 C 点。所以，土样在受压固结时，一方面孔隙比减小产生压缩，另一方面抗剪强度提高。如果从 C 点卸除压力 Δp，可发现土样沿 CEF 曲线回到 F 点，曲线 CEF 称为回弹曲线。如果从 F 点再加压 Δp，土样将沿再压缩曲线 FGC' 产生压缩并变化到 C'，固结压力同样从 p_0 增加 Δp，而孔隙比减小值为 $\Delta e'$，$\Delta e'$ 比 Δe 小得多。

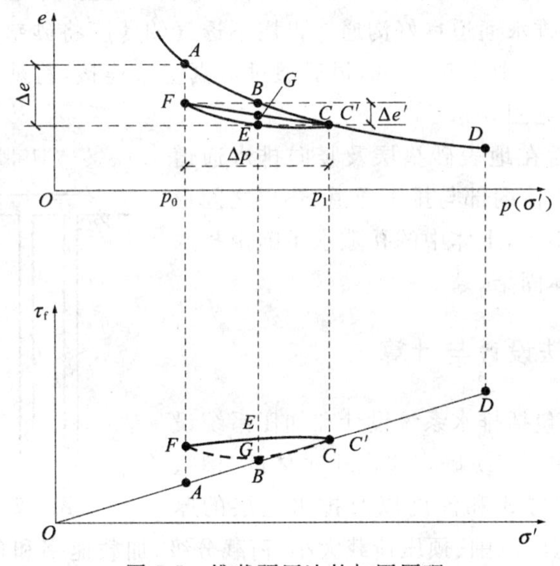

图 5-5　堆载预压法的加固原理

同理，如果在建筑场地先加上一个预压荷载使土体固结，相当于从压缩曲线的 A 点变化到 C 点，然后卸载，相当于从回弹曲线的 C 点变化到 F 点，再建造建（构）筑物，相当于从再压缩曲线的 F 点变化到 C' 点，这样建（构）筑物所引起的沉降量将大为减小。

排水系统的作用如图 5-6 所示，增加了天然土层的排水途径，缩短了排水距离，使得地基能在短期内达到较好的固结效果，并使沉降提前完成，同时加速地基土强度的增长，使地基承载力提高的速率始终大于施工荷载的速率，以保证地基的稳定性，这一点无论从理论还是实践上都得到了证实。

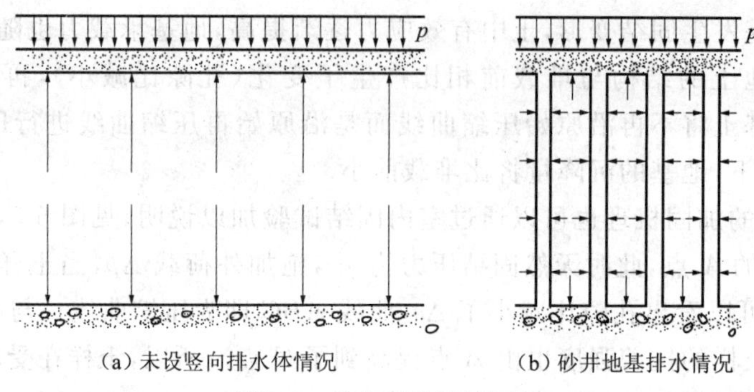

(a) 未设竖向排水体情况　　(b) 砂井地基排水情况

图 5-6　排水系统设置原理

2. 真空预压法的加固机理

采用真空预压法处理地基时，通常在需要加固的软土地基内设置砂井或塑料排水带等竖向排水体，然后在地基表面铺设一定厚度的砂垫层，砂垫层中埋设渗水管道，并保证竖向排水通道与水平排水通道良好沟通。再用不透气的薄膜将砂垫层密封好，使之与大气隔绝，薄膜四周埋入土中 1.5～2 m，最后通过与真空泵连接，将薄膜下土体中的气、水抽出，使其形成真空，见图 5-7。

当抽真空时，先后在地表砂垫层及竖向排水通道内逐步形成真空，使土体内部与排水通道、垫层之间形成压差，在此压差作用下，土体中的孔隙水不断由排水通道排出，从而使土体固结。

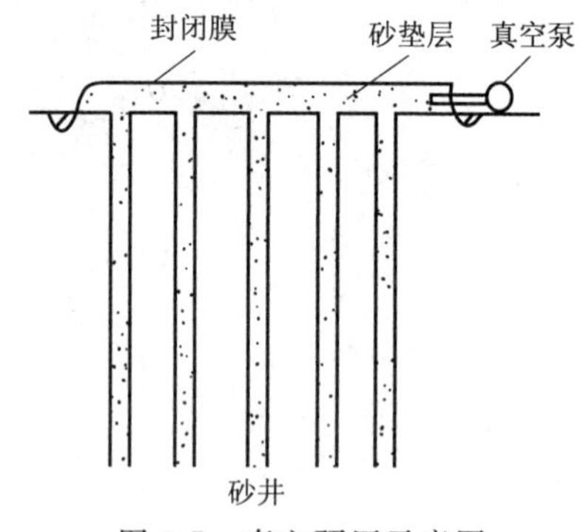

图 5-7　真空预压示意图

三、堆载预压法设计与计算

堆载预压法设计包括排水系统设计和加压系统设计两部分，主要内容包括：① 确定竖向排水体的材料、断面尺寸、间距、排列方式和深度以及排水垫层的厚度、材料；② 确定预压区范围、预压荷载大小、荷载分级、加载速率和预压时间；③ 计算地基土的固结度、强度增长，抗滑稳定性验算和变形计算。

1. 排水系统设计

1）竖向排水体的材料

竖向排水体可采用普通砂井、袋装砂井和塑料排水带。若需要设置的竖向排水体长度超过 20 m，建议采用普通砂井。

砂井的砂料应选用中粗砂，砂料的粒径必须能保证砂井具有良好的透水性，不被黏土颗粒堵塞，所以砂料应洁净，没有草根等杂物，且其含泥量不能超过 3%。

2）竖向排水体的深度

竖向排水体的深度，应根据土层分布、储罐对地基稳定性和变形的要求以及工期来确定。对以地基稳定性控制为主的储罐，竖向排水体的深度至少应超过最危险滑动面 2.0 m；对以地基变形控制为主的储罐，竖向排水体深度应根据在限定的预压时间内需完成的变形量确定，一般宜穿透受压缩土层。当深厚的高压缩性土层内有砂层或砂层透镜体时，竖向排水体应尽可能打至砂层或砂层透镜体；当无砂层时，按压缩层深度考虑，一般情况下竖向排水体长度为 10～25 m。

3）竖向排水体的直径

普通砂井直径可取 300～500 mm，袋装砂井直径可取 70～120 mm。塑料排水带的当量换算直径可按下式计算：

$$d_p = \frac{2(b+\delta)}{\pi} \tag{5-5}$$

式中 d_p——塑料排水带当量换算直径，mm；

b——塑料排水带宽度，mm；

δ——塑料排水带厚度，mm。

4）竖向排水体的间距

竖向排水体间距可根据地基土的固结特性、预定时间内所要求达到的固结度和施工期限确定。设计时，竖井的间距可按井径比 n 选用（$n = d_e/d_w$，d_e 为有效排水直径，d_w 为竖井直径，对塑料排水带可取 $d_w = d_p$）。塑料排水带或袋装砂井的井径比 n 为 15～22，普通砂井的井径比 n 为 6～8。

实际上，排水体截面的大小只要满足及时排水固结就行，由于软土的渗透性比砂性土的小，所以排水体的理论直径可很小，但直径过小施工困难，直径过大对增加固结速率并不显著。从原则上讲，为达到同样的固结度，缩短排水体间距比增加排水体直径效果要好，即井径和井间距之间的关系“细而密”比“粗而稀”为佳。

5）竖向排水体的平面布置

排水竖井的平面布置可采用等边三角形或正方形排列，见图 5-8。以等边三角形排列较为紧凑和有效。正方形排列的每个砂井，其影响范围为一个正方形；等边三角形排列的每个砂井，其影响范围为一个正六边形。竖井的有效排水直径 d_e 与间距 l 的关系为：

正方形排列： $$d_e = \sqrt{\frac{4}{\pi}} \cdot l = 1.13l$$

等边三角形排列： $$d_e = \sqrt{\frac{2\sqrt{3}}{\pi}} \cdot l = 1.05l$$

竖向排水体的布置范围，应根据储罐容量、场地工程地质条件确定，一般在基础外缘扩大 3 排或由基础的轮廓线向外增大约 2～4 m。

6）水平排水砂垫层

预压法处理地基必须在地表铺设与排水竖井相连的砂垫层，以连通各竖向排水体将水排到工程场地以外。砂垫层的厚度不应小于 500 mm，对表层土松软的软土地基应加厚。砂垫层的宽度应大于堆载宽度或建(构)筑物的底宽,并伸出砂井区外边线 2 倍的砂井直径。在预压区边缘应设置排水沟,在预压区内宜设置与砂垫层相连的排水盲沟。

砂垫层砂料宜用中粗砂,黏粒含量不宜大于 3%,砂料中可混有少量粒径小于 50 mm 的砾石。砂垫层分层捣实后的干密度应不小于 1.6 g/cm^3,渗透系数宜大于 1×10^{-2} cm/s。

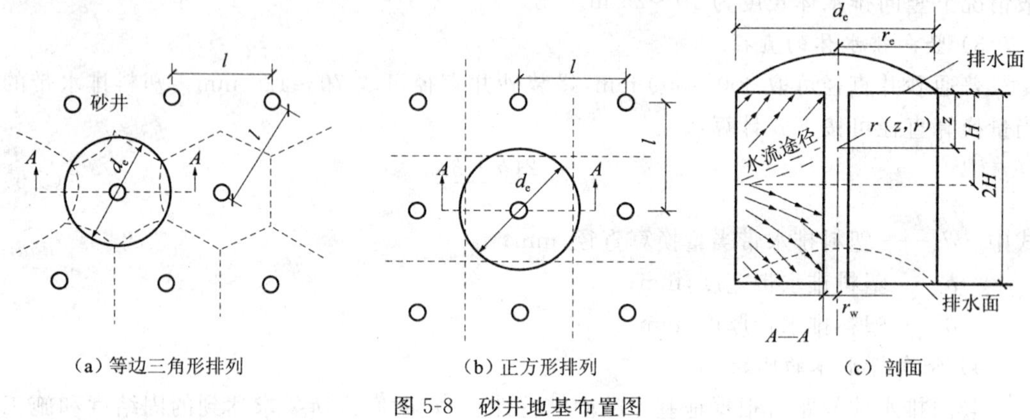

(a) 等边三角形排列　(b) 正方形排列　(c) 剖面

图 5-8　砂井地基布置图

2. 地基固结度计算

地基固结度计算是预压法设计的一个重要内容。地基固结度计算包括瞬时加荷条件下的固结度计算和逐级加荷条件下的固结度计算。

1) 瞬时加荷条件下地基固结度的计算

1940—1942 年,Barron 根据太沙基固结理论,提出砂井法的设计计算理论,即砂井固结理论。砂井固结理论作了如下假定:

(1) 每个砂井的有效影响范围为一圆柱体;

(2) 砂井地基表面受均布荷载作用,地基中附加应力分布不随深度而变化,地基仅产生竖向变形;

(3) 荷载一次施加上去;

(4) 在整个压密过程中,地基土的渗透系数保持不变;

(5) 不计井壁受砂井施工所引起的涂抹作用的影响。

在一定压力作用下,每个砂井的渗流包括径向渗流和竖向渗流两部分(见图 5-8c),砂井的渗流固结属于三维轴对称问题。若以柱坐标表示,设任意点 $r(r,z)$ 处的超静孔隙水压力为 u,可得到固结微分方程为:

$$\frac{\partial u}{\partial t}=c_{V}\frac{\partial^{2}u}{\partial z^{2}}+c_{H}\left(\frac{\partial^{2}u}{\partial r^{2}}+\frac{1}{r}\cdot\frac{\partial u}{\partial r}\right)\tag{5-6}$$

$$c_{V}=\frac{k_{V}(1+e)}{a\cdot\gamma_{w}},\quad c_{H}=\frac{k_{H}(1+e)}{a\gamma_{w}}$$

式中　c_V—— 竖向固结系数,m^2/s;

k_V——竖向渗透系数,m/s;

a——土的压缩系数，kPa^{-1}；

γ_w——水的重度，kN/m^3；

e——土的孔隙比；

c_H——径向固结系数（或称水平向固结系数）；

k_H——水平向渗透系数，m/s。

根据分离变量法，式(5-6)可表达为：

$$\frac{\partial u_z}{\partial t}=c_V\frac{\partial^2 u_z}{\partial z^2} \tag{5-7a}$$

$$\frac{\partial u_r}{\partial t}=c_H\left(\frac{\partial^2 u_r}{\partial r^2}+\frac{1}{r}\cdot\frac{\partial u_r}{\partial r}\right) \tag{5-7b}$$

对于式(5-7a)可由太沙基一维理论计算，得到竖向固结度：

$$\overline{U}_z=1-\frac{8}{\pi^2}\exp\left(-\frac{\pi^2}{4}T_V\right) \tag{5-8}$$

$$T_V=\frac{c_V t}{H^2}$$

式中　T_V——竖向固结时间因数，无量纲；

t——固结时间，s；

H——最远的排水距离，m，单面排水为压缩土层的厚度，双面排水为压缩土层厚度的一半。

在等应变条件下，求解式(5-7b)得到径向固结度为：

$$\overline{U}_r=1-\exp\left(-\frac{8}{F}T_H\right) \tag{5-9}$$

式中　T_H——径向固结时间因数，无量纲，$T_H=\frac{c_H t}{d_e^2}$；

n——井径比，$n=\frac{d_e}{d_w}$。

$$F=\frac{n^2}{n^2-1}\ln n-\frac{3n^2-1}{4n^2}$$

瞬时加荷条件下砂井地基的平均固结度可表示为：

$$\overline{U}_{rz}=1-(1-\overline{U}_r)(1-\overline{U}_z) \tag{5-10}$$

对于排水竖井未穿透受压土层的地基，应分别计算竖井范围土层的平均固结度和竖井底面以下受压土层的平均固结度，通过预压使这两部分的固结度和所完成的变形量满足设计要求。排水竖井未穿透受压土层时的平均固结度也可按下式计算：

$$\overline{U}=Q\overline{U}_{rz}+(1-Q)\overline{U}_z \tag{5-11}$$

式中　Q——砂井打入深度与整个压缩层厚度之比，$Q=\frac{H_1}{H_1+H_2}$，H_1、H_2分别为砂井部分和砂井下压缩层厚度。

瞬时加荷条件下砂井地基的平均固结度计算公式汇总，见表5-5。

表 5-5　不同条件下平均固结度计算公式

序　号	条　件	平均固结度计算公式	α	β	备　注
1	竖向排水固结（>30%）	$\overline{U}_z=1-\frac{8}{\pi^2}e^{\frac{-\pi^2 c_V}{4H^2}t}$	$\frac{8}{\pi^2}$	$\frac{\pi^2 c_V}{4H^2}$	Tezaghi 解
2	向内径向排水固结	$\overline{U}_r=1-e^{-\frac{8}{F(n)}\frac{c_H}{d_e^2}t}$	1	$\frac{8c_H}{F(n)d_e^2}$	Barron 解
3	竖向和向内径向排水固结（砂井地基平均固结度）	$\overline{U}_{rz}=1-\frac{8}{\pi^2}\cdot e^{-\left(\frac{8}{F(n)}\frac{c_H}{d_e^2}+\frac{\pi^2 c_V}{4H^2}\right)t}$ $=1-(1-\overline{U}_r)(1-\overline{U}_z)$	$\frac{8}{\pi^2}$	$\frac{8c_H}{F(n)d_e^2}+\frac{\pi^2 c_V}{4H^2}$	$F(n)=\frac{n^2}{n^2-1}\ln n-\frac{3n^2-1}{4n^2}$　$n=\frac{d_e}{d_w}$
4	砂井未贯穿受压土层的平均固结度	$\overline{U}=Q\overline{U}_{rz}+(1-Q)\overline{U}_z$ $\approx 1-\frac{8Q}{\pi^2}e^{-\frac{8}{F(n)}\frac{c_H}{d_e^2}t}$	$\frac{8}{\pi^2}Q$	$\frac{8c_H}{F(n)d_e^2}$	$Q=\frac{H_1}{H_1+H_2}$
5	普遍表达式	$\overline{U}=1-\alpha\cdot e^{-\beta t}$			瞬时加荷情况下

注：d_e—每一个砂井有效影响范围的直径；d_w—砂井直径。

2）逐渐加荷条件下地基固结度的计算

以上计算固结度的理论公式都是假定荷载是一次瞬间加足的。在实际工程中，荷载总是分级逐渐施加的。因此，必须对上述理论求得的结果加以修正才能与实际相符合。常见的修正方法有改进的太沙基法和改进的高木俊介法等，《建筑地基处理技术规范》（JGJ 79—2012）采用的是改进的高木俊介法。

改进的高木俊介法在考虑逐级加荷使地基在径向和竖向同时排水的条件下，根据巴伦理论，推导出了砂井地基的平均固结度。该公式理论可得到精确解，不需要求得瞬时加荷条件下地基的固结度，而是直接求出修正后的平均固结度，适用于多种排水条件，还可用于考虑井阻及涂抹作用的径向平均固结度计算。修正后的平均固结度计算公式为：

$$\overline{U}_t=\sum_{i=1}^{n}\frac{\dot{q}_i}{\sum\Delta p}\left[(T_i-T_{i-1})-\frac{\alpha}{\beta}e^{-\beta t}(e^{\beta T_i}-e^{\beta T_{i-1}})\right] \tag{5-12}$$

式中　$\overline{U}_t$——t 时间地基的平均固结度；

$\sum\Delta p$——各级荷载的累计值，kPa；

$\dot{q}_i$——第 i 级荷载的加速度率，kPa/d；

T_{i-1}、T_i——分别为第 i 级荷载加载的起始和终止时间（从零点起算），d，当计算第 i 级荷载加载过程中某时间 t 的固结度时，T_i 改为 t；

α、β——参数，取值见表 5-6，对于竖井地基，表中所列 β 为不考虑涂抹和井阻影响的参数值。

表 5-6　α、β 的取值

参数 \ 排水固结条件	竖向排水固结 $\overline{U}_z > 30\%$	向内径向排水固结	竖向和向内径向排水固结（竖井穿透压缩土层）	说　明
α	$\frac{8}{\pi^2}$	1	$\frac{8}{\pi^2}$	$F(n)=\frac{n^2}{n^2-1}\ln n-\frac{3n^2-1}{4n^2}$
β	$\frac{\pi^2 c_V}{4H^2}$	$\frac{8c_H}{F(n)d_e^2}$	$\frac{8c_H}{F(n)d_e^2}+\frac{\pi^2 c_V}{4H^2}$	c_H—— 土的径向排水固结系数； c_V—— 土的竖向排水固结系数； H—— 土层竖向排水距离； $\overline{U}_z$—— 双面排水层或固结应力均匀分布的单面排水土层平均固结度。

影响砂井固结度的几个因素：

(1) 初始孔隙水压力。

上述计算砂井固结度的公式都是假定初始孔隙水压力等于地面荷载强度，并且在整个砂井地基中应力分布相同。实际上，只有当荷载面的宽度足够大时，这些假设才与实际基本符合。一般认为当荷载面的宽度等于砂井的长度时，采用这样的假定所产生的误差可以忽略不计。

(2) 涂抹作用。

用底端封闭的套管打砂井时，井管的打入会对周围土产生扰动，井管上下还会对井壁产生涂抹作用，这都会降低土的径向渗透性。从考虑涂抹作用的理论分析，涂抹作用有如缩小了砂井的直径。

(3) 砂料的阻力。

砂井中的砂料对渗流也有阻力，会产生水头损失。由巴伦理论解得到，当井径比为 7～15，砂井的有效影响直径小于砂井深度时，其阻力影响很小。另外，透水性较好的中粗砂阻力作用很小，所以选择砂料时要选用中粗砂，同时尽量降低其中泥质、有机质等杂质的含量。

【例题 5-2】 已知地基为淤泥质黏土层，固结系数 $c_H = c_V = 1.8\times10^{-3}\ \mathrm{cm^2/s}$，受压土层厚 20 m，拟采用堆载预压法进行地基处理，袋装砂井直径 $d_w = 70$ mm，袋装砂井为等边三角形布置，间距 $l = 1.4$ m，深度 $H = 20$ m，砂井底部为不透水层，砂井打穿受压土层。预压荷载总压力 $p = 100$ kPa，分两级等速加载，见图 5-9。

求：加荷开始后 120 d 时受压土层的平均固结度（不考虑竖井井阻和涂抹影响）。

【解】 受压土层平均固结度包括两部分：径向排水平均固结度和向上竖向排水平均固结度。按公式(5-12)计算。其中，由表 5-6 可知：

$$\alpha=\frac{8}{\pi^2}=0.81$$

$$\beta=\frac{8c_{\mathrm{H}}}{F(n)d_{\mathrm{e}}^2}+\frac{\pi^2 c_{\mathrm{V}}}{4H^2}$$

砂井的有效排水圆柱体直径：

$$d_{\mathrm{e}}=1.05l=1.05\times 1.4=1.47\ \mathrm{m}$$

井径比：$n=\dfrac{d_{\mathrm{e}}}{d_{\mathrm{w}}}=\dfrac{1.47}{0.07}=21$ 则：

$$F(n)=\frac{n^2}{n^2-1}\ln n-\frac{3n^2-1}{4n^2}=\frac{21^2}{21^2-1}\ln 21-\frac{3\times 21^2-1}{4\times 21^2}=2.3$$

$$\beta=\frac{8\times 1.8\times 10^{-3}}{2.3\times 147^2}+\frac{3.14^2\times 1.8\times 10^{-3}}{4\times 2\,000^2}=0.025\,1\ (\mathrm{d}^{-1})$$

第一级荷载加荷速率：　$\dot{q}_1=60/10=6\ \mathrm{kPa/d}$

第二级荷载加荷速率：　$\dot{q}_2=40/10=4\ \mathrm{kPa/d}$

固结度计算：

$$\begin{aligned}\overline{U}_{\mathrm{t}}&=\sum_{i=1}^{n}\frac{\dot{q}_i}{\sum\Delta p}\left[(T_i-T_{i-1})-\frac{\alpha}{\beta}\mathrm{e}^{-\beta t}(\mathrm{e}^{\beta T_i}-\mathrm{e}^{\beta T_{i-1}})\right]\\&=\frac{\dot{q}_1}{\sum\Delta p}\left[(T_1-T_0)-\frac{\alpha}{\beta}\mathrm{e}^{-\beta t}(\mathrm{e}^{\beta T_1}-\mathrm{e}^{\beta T_0})\right]+\\&\quad\frac{\dot{q}_2}{\sum\Delta p}\left[(T_3-T_2)-\frac{\alpha}{\beta}\mathrm{e}^{-\beta t}(\mathrm{e}^{\beta T_3}-\mathrm{e}^{\beta T_2})\right]\\&=\frac{6}{100}\left[(10-0)-\frac{0.81}{0.025\,1}\mathrm{e}^{-0.025\,1\times 120}(\mathrm{e}^{0.025\,1\times 10}-\mathrm{e}^{0.025\,1\times 0})\right]+\\&\quad\frac{4}{100}\left[(40-30)-\frac{0.81}{0.025\,1}\mathrm{e}^{-0.025\,1\times 120}(\mathrm{e}^{0.025\,1\times 40}-\mathrm{e}^{0.025\,1\times 30})\right]=0.93\end{aligned}$$

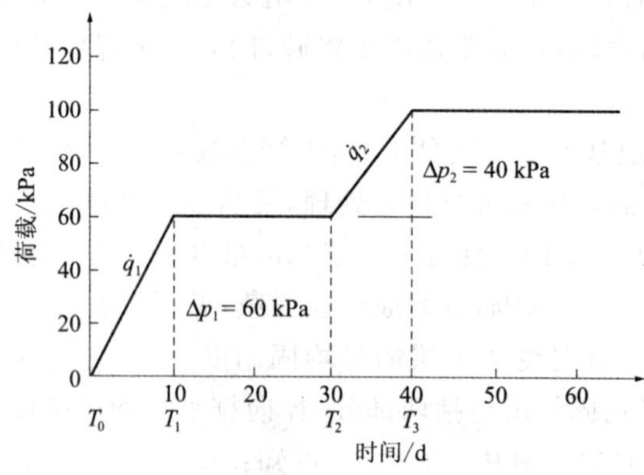

图 5-9　例题 5-2 加荷曲线

3. 加压系统设计

加压系统的设计内容包括：堆载材料、堆载范围、堆载大小和加载速率等。

堆载预压，根据堆载材料分为自重预压、加荷预压和加水预压。堆载材料一般用填土、砂石等散粒材料，油罐通常利用罐体充水对地基进行预压。

预压荷载顶面的范围应等于或大于建筑物的基础外缘。

预压荷载的大小应根据设计要求确定。对于沉降有严格限制的建筑，应采用超载预压法处理。超载量的大小应根据预压时间内要求完成的变形量确定，并宜使预压荷载下受压土层各点的有效竖向应力大于建(构)筑物荷载引起的相应点的附加应力。

加载速率应根据地基土的强度确定。当天然地基土的强度满足预压荷载下地基的稳定性要求时，可一次性加载，否则应分级逐渐加载。

由于软黏土地基抗剪强度低，无论直接建造建(构)筑物还是进行堆载预压往往都不可能快速加载，必须分级逐渐加荷，待前期荷载下地基强度增加到足已加下一级荷载时方可加下一级荷载。一般情况下，先用简便的方法确定初步加荷的大小，然后校核初步加荷下的地基的稳定性和沉降量。具体计算步骤如下：

(1) 利用天然地基的抗剪强度计算第一级容许施加的荷载 p_1。Fellennius 估算公式为：

$$p_1 = \frac{5.52\tau_{f0}}{K} \tag{5-13}$$

式中 K——安全系数，建议采用 1.1～1.5；

τ_{f0}——天然地基土的不排水抗剪强度，kPa，由三轴不排水试验或原位十字板剪切试验测定。

(2) 计算第一级荷载作用下的地基强度。在 p_1 荷载作用下，经过一段时间预压地基强度会提高，提高以后的地基强度为：

$$\tau_{f1} = \eta(\tau_{f0} + \Delta\tau_{fc}) \tag{5-14}$$

式中 $\Delta\tau_{fc}$——p_1 作用下地基因固结而增长的强度，它与土层的固结度有关，一般可先假定一固结度，通常可假定为 70%，然后求出强度增量 $\Delta\tau_{fc}$；

η——考虑剪切蠕动的强度折减系数。

(3) 计算 p_1 作用下达到要求的固结度所需要的时间，以确定第二级荷载开始施加的时间和第一级荷载停歇的时间。

(4) 根据第二步所得到的地基强度 τ_{f1} 计算第二级所施加的荷载 p_2。

$$p_2 = \frac{5.52\tau_{f1}}{K} \tag{5-15}$$

重复(3)、(4)可依次计算出各级加荷荷载和停歇时间。

(5) 按以上步骤确定的加荷计划，进行每一级荷载下地基的稳定性验算。如稳定性不满足要求，则调整加荷大小或加荷速率。

(6) 计算预压荷载下地基的最终沉降量和预压期间的沉降量，以确定预压荷载的卸除时间，这时在预压荷载作用下所完成的沉降量已达到设计要求，所残余的沉降量为建(构)筑物所允许。

4. 地基土抗剪强度计算

在预压荷载作用下，随着排水固结的进行，地基土的抗剪强度逐渐增长；另一方面，剪应力也随着外荷载的增加而加大，并且剪应力在某种条件(剪切蠕动)下，还可能导致体土的强度衰减。因此，地基中某点某一时间的抗剪强度 τ_f 可表示为：

$$\tau_f = \tau_{f0} + \Delta\tau_{fc} - \Delta\tau_{fr} \tag{5-16}$$

式中　τ_{f0}——地基中某点在加荷之前的天然地基抗剪强度，用十字板或三轴不排水剪切试验测定；

$\Delta\tau_{fc}$——由于固结而增长的抗剪强度增量；

$\Delta\tau_{fr}$——由于剪切蠕动而引起的抗剪强度衰减量。

目前，推算预压荷载作用下地基强度增长的方法很多，常用的有有效应力法、规范推荐法和利用天然地基十字板强度推算法三种方法。

1) 有效应力法

考虑到由于剪切蠕动所引起强度衰减部分 $\Delta\tau_{fr}$ 目前尚难提出合适的计算方法，故式(5-16)改写为：

$$\tau_f = \eta(\tau_{f0} + \Delta\tau_{fc}) \tag{5-17}$$

式中　η——考虑剪切蠕变及其他因素对强度影响的一个综合性的折减系数。

η 值与地基土在附加剪应力作用下可能产生的强度衰减作用有关。根据国内一些地区的实测反算结果，η 值为 0.8～0.85。如果判定地基土没有强度衰减可能，$\eta = 1.0$。

由于固结而增长的抗剪强度增量 $\Delta\tau_{fc}$ 可按以下方法预估：

对于正常固结黏土，$c' = 0$，其抗剪强度用 σ_1'、σ_3' 表示为：

$$\tau_f = \frac{\sigma_1' - \sigma_3'}{2} \cdot \cos\varphi' \tag{5-18a}$$

由极限平衡条件可知：

$$\sigma_1'(1 - \sin\varphi') = \sigma_3'(1 + \sin\varphi') \tag{5-18b}$$

联立以上两式，可得：

$$\tau_f = \frac{\sin\varphi'\cos\varphi'}{1 + \sin\varphi'} \cdot \sigma_1' \tag{5-18c}$$

令 $k = \dfrac{\sin\varphi'\cos\varphi'}{1 + \sin\varphi'}$，则

$$\tau_f = k \cdot \sigma_1' \tag{5-18d}$$

因此，由于 σ_1' 的增量 $\Delta\sigma_1'$ 而产生的抗剪强度增量 $\Delta\tau_{fc}$ 为：

$$\Delta\tau_f = k \cdot \Delta\sigma_1' = k \cdot (\Delta\sigma_1 - \Delta u) \tag{5-18e}$$

或

$$\Delta\tau_{fc} = k \cdot \Delta\sigma_1 \left(1 - \frac{\Delta u}{\Delta\sigma_1}\right) = k \cdot \Delta\sigma_1 \cdot U_t \tag{5-18f}$$

从而按照有效应力法得到土的抗剪强度值为：

$$\tau_f = \eta(\tau_{f0} + k \cdot \Delta\sigma_1 \cdot U_t) \tag{5-19}$$

式中　$\Delta\sigma_1$——预压荷载在地基中某一点引起的最大主应力增量，kPa；

U_t——t 时刻该点土的固结度；

φ'——土的有效内摩擦角，(°)。

2）规范推荐法

实际上，计算预压荷载下饱和黏性土地基中某点的抗剪强度时，应考虑土体原来的固结状态。饱和软黏土根据其天然固结状态可分成正常固结土、超固结土和欠固结土。对于不同固结状态的土，在相同预压荷载作用下强度的增长是不同的。由于超固结土和欠固结土强度增长缺乏实测资料，《建筑地基处理技术规范》(JGJ 79—2012)仅给出了正常固结饱和黏性土地基，某点某一时刻的抗剪强度 τ_f 计算公式为：

$$\tau_{ft} = \tau_{f0} + \Delta\sigma_z \cdot U_t \cdot \tan\varphi_{cu} \tag{5-20}$$

式中　τ_{ft}——t 时刻该点土的抗剪强度，kPa；

$\Delta\sigma_z$——预压荷载引起的该点的附加竖向应力，kPa；

φ_{cu}——三轴固结不排水压缩试验求得的土的内摩擦角，(°)。

3）利用天然地基十字板强度推算法

由原位十字板剪切试验测定地基土的抗剪强度时，抗剪强度与深度之间存在如下关系：

$$\tau_f = c_0 + \lambda z \tag{5-21}$$

式中　c_0——参考点土的十字板抗剪强度，kPa；

λ——抗剪强度随深度的变化率；

z——计算点到参考点的深度，m。

软土地基在附加荷载作用下，可按下式进行地基强度预测计算：

$$\tau_f = c_0 + \lambda z + \sigma_z U_t \left(\frac{c_0}{\sigma_z U_t + \gamma z} + \frac{\lambda}{\gamma}\right) \tag{5-22}$$

式中　γ——地基土的重度，地下水位以下用浮重度，kN/m^3。

5. 地基的稳定性分析

在加荷预压过程中，需要进行每一级荷载下地基的稳定性验算。地基的整体、局部稳定性可按圆弧滑动法进行验算(见式(4-6))，计算中应考虑地基土强度随深度的变化和由于预压荷载引起地基固结而产生的强度增量。当验算结果不满足安全要求时，必须调整预压方案，再重新验算。

6. 地基的最终沉降量计算

预压荷载作用下地基的最终沉降量可按式(4-7)计算。另外，《建筑地基处理技术规范》(JGJ 79—2012)考虑预压荷载下地基的变形包括瞬时变形、主固结变形和次固结变形三部分。次固结变形的大小和土的性质有关。泥炭土、有机质土或高塑性黏土土层,次固结变形较显著,而其他土中次固结变形所占比例不大。如忽略次固结变形,则受压土层的总变形由瞬时变形和主固结变形两部分组成。对于主固结变形,工程上常采用单向压缩分层总和法计算,这种方法只有当荷载面积的宽度或直径大于受压土层的厚度时才较符合计算条件,否则应对变形计算值进行修正以考虑侧向变形的影响,故计算公式为:

$$s_t = \xi \sum_{i=1}^{n} \frac{e_{0i} - e_{1i}}{1 + e_{0i}} h_i \tag{5-23}$$

式中 s_t——固结引起的沉降量,mm;

e_{0i}——第 i 层中点土自重应力所对应的孔隙比,从室内固结试验 e-p 曲线查得;

e_{1i}——第 i 层中点土自重应力与附加应力之和所对应的孔隙比,从室内固结试验 e-p 曲线查得;

h_i——第 i 层土层厚度,mm;

ξ——经验系数,考虑了瞬时变形和其他影响因素,对正常固结饱和黏性土地基 ξ 可取 1.1~1.4,荷载较大、地基土较软弱时取较大值,否则取较小值。

变形计算时,可取附加应力与自重应力的比值为 0.1 的深度作为受压层的计算深度。

四、施工工艺与质量检验

1. 施工工艺及质量控制

堆载预压法的施工工艺主要包括:竖向排水体施工、水平排水体施工和加压系统施工三部分。

1)排水系统施工

工程实践表明,大直径的普通砂井存在以下普遍性问题(见图 5-10):砂井的不连续性或缩径现象很难避免;施工设备相对笨重,不利于在很软的地基上进行大面积施工;从排水角度分析,不需要普通砂井这样大的断面,因为小直径的砂井无法施工,所以造成砂料消耗大、造价高。为了弥补普通砂井所存在的问题,出现了袋装砂井法,我国在 1977 年由交通部第二航务工程局科研所引进了这项技术,并在实际工程中得到应用。另外,在砂井技术发展的过程中,人们逐渐认识到细而密的砂井具有更好的排水效果,于是发明了塑料排水带(板)排水法,即将带状的塑料排水板用插带机插入软土中,然后在地面上堆载预压或真空预压,使土中的水沿塑料排水带排出,以达到地基加固的目的。

普通砂井的施工方法有套管法(根据沉管的动力方式又分为:静压沉管、锤击静压联合沉管和振动沉管)、水冲成孔法和螺旋钻成孔法三种。砂井施工过程中应注意以下问题:① 不能出现缩径、断径、错位等问题,保证砂井密实、连续;② 砂井施工过程中,尽量减少对周围土体的扰动以减少涂抹作用;③ 施工后砂井的直径、长度和间距应满足设计要求。另外，砂井的灌砂量应按井孔的体积和砂在中密状态时的干密度计算，并且实际灌砂量不得小于计算值的 95%。

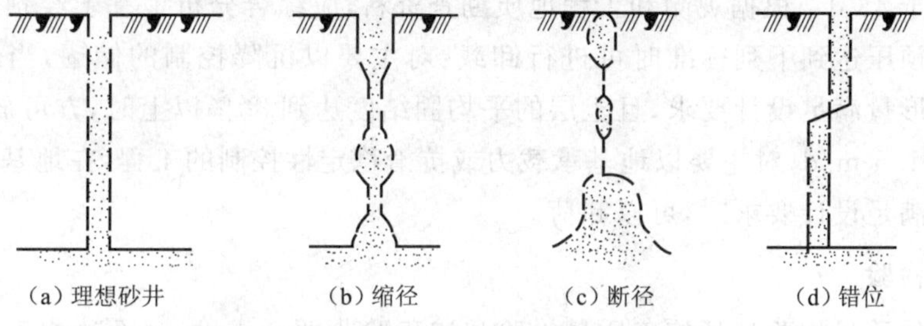

图 5-10　砂井施工中可能产生的质量事故

与普通砂井相比，袋装砂井直径小、重量轻、施工效率高。常用的打设施工设备有轨道门架式、履带臂架式、步履臂架式和吊机导架式等。袋装砂井施工所用套管内径宜略大于砂井直径，主要是为了减小对周围土的扰动范围。灌入砂袋中的砂宜用干砂，并应灌制密实。另外，砂袋材料应具有一定的抗老化性和耐环境腐蚀的能力。

塑料排水带(板)的施工机械基本上可与袋装砂井的施工机械共用。塑料排水带施工所用套管应保证插入地基中的带子平直、不扭曲，因为扭曲的排水带将使纵向通水量减小。塑料排水带的性能指标必须符合设计要求，应具有良好的透水性、足够的湿润抗拉强度和一定的抗弯曲能力。塑料排水带在现场应妥加保护，防止阳光照射、破损或污染，破损或污染的塑料排水带不得在工程中使用。塑料排水带需接长时，应采用滤膜内芯带平搭接的连接方法，搭接长度宜大于 200 mm。

塑料排水带和袋装砂井施工时，平面井距偏差不应大于井径，垂直度偏差不应大于 1.5%，深度不得小于设计要求，并且塑料排水带和袋装砂井砂袋埋入砂垫层中的长度不应小于 500 mm。

排水垫层的施工方法有机械分堆摊铺法、顺序推进摊铺法等。当地基表面软弱时，应首先改善地基表面的持力条件再铺设垫层。当加强措施仍不能满足要求时，可采用人工或轻便机械施工。

2) 加压系统施工

在堆载加载施工过程中应进行竖向变形、边桩水平位移及孔隙水压力等项目的监测，且根据监测资料控制加载速率、判断地基的稳定性。特别是在处理储罐等容器地基时，应保证地基沉降的均匀度，保证罐基中心与边缘沉降差、直径两端沉降差、沿圆周方向的沉降差在设计的许可范围之内，否则应采取相应的纠偏措施。根据工程经验，提出如下控制要求：充水预压地基每级荷载的沉降速率应不大于 10～20 mm/d，当日沉降速率小于该值且沉降稳定时，方可进行下一次充水，否则应停止充水，直到地基沉降速率小于上述值为止，并应符合下列要求：① 孔隙压力增量不宜超过预压加载增量的 60%；② 罐基础直径两端相对倾斜率，拱顶罐不宜大于 1%，浮顶罐(内浮顶)不宜大于 0.6%；③ 边桩位移不应大于 5 mm/d。

储罐充满水后，对大型储罐地基恒压时间不应少于两个月，对中小型储罐地基恒压时间不宜小于 45 d。根据观测和工程地质勘查资料，应综合分析地基土经预压处理后的加固效果。预压达到下列标准时可进行卸载：对主要以沉降控制的储罐，当地基经预压后消除的变形量满足设计要求，且土层的平均固结度达到 80％以上时，方可放水，放水速度不应大于 1.5 m/d；对主要以地基承载力或抗滑稳定性控制的工程，在地基土经预压后增长的强度满足设计要求时，可以卸荷。

2. 质量检验

预压法的质量检验包括施工质量检验和竣工验收两个方面。《石油化工钢储罐地基与基础施工及验收规范》(SH/T 3528—2005)对预压地基的质量检验标准见表 5-7。

表 5-7 充水预压地基质量检验标准

项	序	检查项目	允许偏差或允许值	检验方法
主控项目	1	预压载荷(与设计文件要求比较)	≤2％	水准仪、钢尺
	2	地基承载力	设计文件要求	按规定方法
	3	固结度(与设计文件要求比较)	≤2％	根据设计要求采用不同的方法
一般项目	1	沉降速率(与控制值比较)	±10％	水准仪
	2	砂井或塑料排水带位置	±100 mm	钢尺量
	3	砂井或塑料排水带插入深度	±200 mm	插入时用经纬仪检查
	4	砂井或塑料排水带高出砂垫层距离	≥200 mm	钢尺量
	5	插入塑料排水带时回带长度	≤500 mm	钢尺量
	6	插入塑料排水带的回带根数	<5％	目 测

1) 施工质量检验

施工过程质量检验和监测应包括以下内容：

(1) 塑料排水带必须在现场随机抽样送往实验室进行性能指标的测试，其性能指标包括纵向通水量、复合体抗拉强度、滤膜抗拉强度、滤膜渗透系数和等效孔径等。

(2) 对不同来源的砂井和砂垫层砂料，必须取样进行颗粒分析和渗透性试验。

(3) 对以抗滑稳定控制的大型储罐工程，应在地基加固后在预压区内选择有代表性的地点预留孔位，在加荷的不同阶段，进行现场十字板剪切试验和静力触探试验，并取原状土样进行室内剪切试验，以检验地基的排水固结效果和验算地基的抗滑稳定性。

2）竣工验收

预压法竣工验收检验包括：① 排水竖井处理深度范围内和竖井底面以下受压土层，经预压所完成的竖向变形和平均固结度应满足设计要求。② 对预压的地基土进行原位十字板剪切试验和室内土工试验。

五、滚动堆土预压处理 6 台 5 万 m^3 油罐软弱地基实例[44]

1. 概述

金陵石化公司炼油厂石埠桥原油中转库地处长江河谷及漫滩地段，距炼油厂东侧约 3.5 km。根据中国石油化工总公司的计划在该库区再建 6 台 5 万 m^3 浮顶油罐，即 914 号～919 号罐，平面位置见图 5-11。

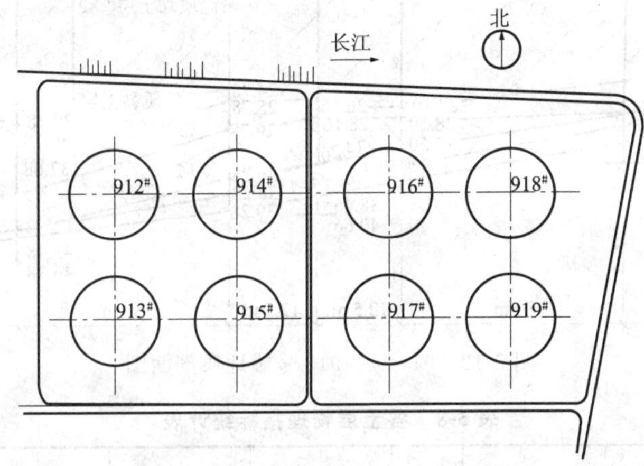

图 5-11　914 号～919 号罐平面位置图

由于油罐体积大、荷载重，对地基承载力要求高，对不均匀沉降要求严格，但库区地基为冲积层，有 20～27 m 厚的淤泥质黏土层，该土层强度低，压缩性高，深度不均匀又处地表，因此地基处理就成了该库区设计中首先要解决的问题。如果采用钢筋混凝土桩，每台罐要打数百根桩，投资在上千万元，如果用挤密碎石桩或强夯置换，都不能解决地基强度及沉降问题。经过多种方案比较，最后确定用堆土预压排水固结法处理该处地基。这主要由于该炼油厂地处丘陵地带，厂内有许多土山，在生产装置扩建过程中需要平整场地，有大量的土方要运出去，这样就可以利用这些运出去的土作为预压软地基的荷载，从而一举两得，减少了地基处理费用。为确保安全，通过一系列土工测试来检验地基加固效果。

2. 工程地质及场地概况

石埠桥油库区地基上部土层为第四系冲击成因的灰褐色淤泥质粉质黏土及青灰色粉细砂等组成，靠近山麓还有洪积、坡积形成的含砾黏土与砾石、块石夹土；底部基岩为上侏罗统凝灰质砂岩与凝灰质砾砂岩。构成本场地岩土层可分为五层：

①：填土层，厚 1.0～2.0 m；

②-1：粉质黏土层，厚 16～27 m；

③：砂土层，厚 10～18 m；

④：含砾黏土层及卵砾石灰土层，厚 5～17 m；

⑤：基岩，强制中等风化，砂岩坡度 10%～12%。

地质剖面图见图 5-12，各土层物理力学性质指标、固结系数、渗透系数和强度指标见表 5-8～表 5-10。

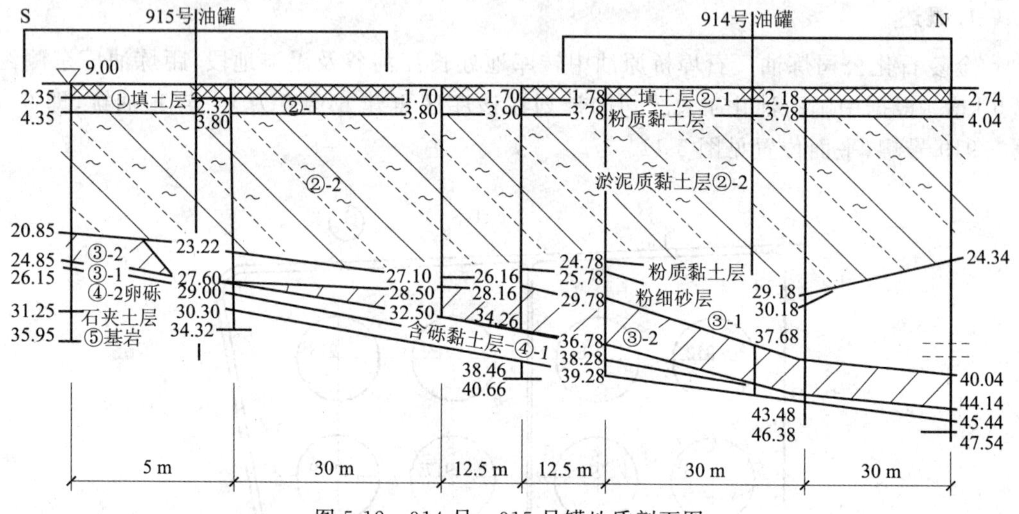

图 5-12　914 号～915 号罐地质剖面图

表 5-8　各土层物理指标统计表

土层号	土层名称	w /%	γ /(kN·m^{-3})	s_r /%	e	w_L /%	w_P /%	I_P	I_L	a_{1-2} /MPa^{-1}	E_s /MPa	f_k /MPa
①	填　土	27	19.5	98	0.78	36	21	15	0.5	0.327	5.0	
②-1	粉质黏土	30	19.3	99	0.84	37	22	15	0.64	0.371	4.8	120
②-2	淤泥质土	44	17.5	99	1.25	39	25	14	1.44	0.769	2.9	80
②-3	粉　土	29	19.1	98	0.85	32	23	9	0.77	0.118		140
③-1	粉、细砂	31										160
③-2	粉质黏土	34	18.5	96	0.97	32	20	12	1.2	0.363	5.3	95
④-1	含砾黏土	24	20.1	97	0.70	32	18	14	0.43	0.186	8.9	270
⑤	基　岩	凝灰质含砾砂岩，凝灰质砂岩，中等风化										600

表 5-9 固结系数($\times 10^{-3}$ cm^2/s)与渗透系数($\times 10^{-6}$ cm^2/s)统计表

土层号	土层名称	100～200 /kPa		200～300 /kPa		300～400 /kPa		400～500 /kPa		500～600 /kPa		渗透系数	
		c_V	c_H	c_V	c_H	c_V	c_H	c_V	c_H	c_V	c_H	k_V	k_H
②-1	粉质黏土	13.6	20.8	13.0	10.5	9.3	8.0	8.1	5.4	7.5			
②-2	淤泥质土	11.2	14.6	9.4	13.6	7.9	12.4	6.8	10.7	6.4	9.3	1.45	4.23
②-3	粉　土			7.2		7.0		6.7		4.5			
③-1	粉、细砂	26.5		25.8		17.5		14.6		11.8			
④-1		36.9		30.8		26.1		21.1					

表 5-10 抗剪强度统计表

土层号	土层名称	直接快剪		三轴 UU		三轴 CU				无侧限	
		c/kPa	φ/(°)	c/kPa	φ/(°)	c/kPa	φ/(°)	c'/kPa	φ'/(°)	q_u/kPa	s_u
①	填土	32.4	16.2								
②-1	粉质黏土	26.1	17.5			40.8	24.5			340	
②-2	淤泥质土			26.4	2.02	26.2	18.2	17.3	38.5	50.4	5.2

以上土层中,②-2 淤泥质黏土和③-1 粉砂、细砂互层,在天然地基土中占有很重要的地位,尤其②-2 淤泥质土在整个场地均有分布,该层土强度低、压缩性高、固结排水条件差、变形时间长且各点沉降不均,是拟建 5 万 m^3 油罐地基产生变形的主要土层。③-1 粉细砂层的有无及厚薄对②-2 淤泥质土层的排水固结时间有较大影响。

3. 超载预压设计

(1) 确定预压荷载的大小。

该地区原地面平均标高 7.00 m,设计场地地坪标高 10.50 m,场地地坪以上罐基环墙高 2 m,油罐充水高 17.50 m,罐体钢结构自重 1 000 t,因此设计场地以上设计荷载为 211 kPa。由于软弱土层太厚,且生产需要不允许预压时间太长,故决定进行超载预压,超载大小是实际荷载的 1.2 倍。堆土重度取 18 kN/m^3,则堆土高度 $H = 211 \times 1.2/18 = 14$ m。堆土顶面标高为 $10.50 + 14 = 24.50$ m。

(2) 堆土荷载作用下最终沉降量计算。

最终沉降量包括瞬时沉降量、固结沉降量及次固结沉降量。瞬时沉降量是由于土的剪切变形引起的侧向挤压而产生的附加沉降，影响因素很多，目前尚无合适计算公式，一般是以固结沉降量乘以大于1的修正系数来处理。而次固结影响，由于本处土夹含较多的粉粒及砂粒而未给予特别考虑。按式(4-7)计算最终沉降量，其中，p_0 为对应于实际堆土荷载标准值时的原地面标高即7.00 m处的附加应力：$p_0=(24.5-7)\times 18=315$ kPa。

现以914号及915号油罐地基为例，计算得：914号罐基，$s=3.60$ m；915号罐基，$s=2.716$ m。

(3) 固结时间计算。

若直接在天然地基上进行堆载预压，可用一维固结理论计算。当固结度 $U_z=80\%$ 时，查双面排水条件下竖向固结度 U_z 与时间因数 T_V 关系曲线得 $T_V=0.56$。由于淤泥质黏土层下是粉细砂层，该层透水性好，故按双面排水考虑，排水长度 H 按淤泥质黏土层厚度的一半计算，$c_V=7.9\times 10^{-3}$ cm²/s。

914号罐基固结时间：

$$t=\frac{0.56\times 1\ 500^2}{7.9\times 10^{-3}}=1.594\ 9\times 10^8\ \text{(s)}\approx 5.05\ \text{年}$$

915号罐基固结时间：

$$t=\frac{0.56\times 1\ 170^2}{7.9\times 10^{-3}}=9.703\ 6\times 10^7\ \text{(s)}\approx 3.077\ \text{年}$$

这样天然地基堆载预压所需时间3～5年太长，生产上不允许。为缩短预压时间，决定打塑料排水板。由于所建油罐重量大，充水重超过5万t，面积大，罐体直径达60 m，沉降影响深度按0.6倍直径计算达36 m，为保证固结效果，排水板必须穿过淤泥质黏土层，打到细砂层，长度最深达到31 m。根据当时资料，国内排水板尚未有超过20 m深的实例。30 m深时，井阻及涂抹作用对排水固结效果有多大影响或排水在30 m深的情况下排水效果如何？起不起作用？还无法作结论。另外，目前的施工机械能否将塑料排水板打到31 m深，还必须立即做实验来确定。若不能打，该方案将无法实施，后经大家努力，对现有机械做了可靠的改进，再到现场进行试打，解决了这个机械问题，施工可行。

为了减小井阻，排水板选用当时排水通量最大的SPB-IC型塑料排水板。当量直径取70 mm、边长为1 200 mm正三角形布置。对局部淤泥质黏土层下无细砂层的地方则改为长为90 mm的正三角形布置。根据地质勘察报告，淤泥质土层当 $p=300$ kPa时，水平向固结系数 $c_H=1.3\times 10^{-2}$ cm²/s，$c_V=0.865\times 10^{-2}$ cm²/s。

$$d_e=1.05\,L=126\ \text{cm},\quad n=\frac{d_e}{d_w}=\frac{126}{7}=18$$

$$F=\frac{n^2}{n^2-1}\ln n-\frac{3n^2-1}{4n^2}=2.15$$

砂井地基以径向固结为主，可忽略由竖向排水引起的固结度。塑料排水板地基固结时间计算，查径向固结度 $\overline{U}_r$ 与时间因数 T_H 及井径比 n 关系图，当 $\overline{U}_r=80\%$ 时，$T_H=0.43$，得：

$$t = \frac{T_H d_e^2}{c_H} = \frac{0.43 \times 126^2}{1.3 \times 10^{-2}} = 525\ 129\ \text{s} = 6.1\ \text{d}$$

按此计算预压荷载堆载完毕后，经过 6～7 d 的时间，固结度就可达 80%。这样塑料排水板地基固结时间完全可以满足工程建设的要求。

(4) 水平排水砂层处理。

根据地质勘查报告，此处各层土基本处于饱和状态，因此软土在堆土荷载作用下的固结主要靠水的排出，即水排出多少沉降量就为多少。以两台罐基为一堆土单元，取平均沉降量为 2.5 mm，若按径向排水固结度等应变公式计算，6～7 d 就可结束，这实际上对排水板上、下两头水平方向排水条件要求很高，若水不能及时排出，则固结度达不到。如果按常规做法，仅在排水板上铺 500～600 mm 厚砂层，那么该砂层将很快随着地基下沉被淹没在周围的淤泥质黏土层中，而起不到排水作用。为解决这一问题，可利用罐区附近有较好的吹填砂的条件，把 914 号～917 号四台罐基用一圈 5 m 高的土堤围起来，在靠长江一边预留好排水管，向其中吹填砂，吹填范围 176 m×158 m，厚约 4 m，共约吹填 11 万 m^3 砂，这些砂经测定质量很好，砂径均匀，含泥量小，排水很快。

由于是从自然地面开始吹填，吹高 4 m，故即使地基下沉 3.7 m，砂层顶面仍高于周围自然地面，这样罐基排水还是非常顺利的。当吹填砂完毕后，让其休止 2 个月，可使得吹填砂沉积排水、淤泥质黏土层逐次固结，提高强度，保证大规模堆土时不发生地基局部剪切及整体破坏。

对于 918 号、919 号两罐基，由于条件改变，不可能再先吹填 4 m 高的砂层，于是就按常规在排水板上端铺 600 mm 厚粗砂层，然后在其边缘设置几条道砟盲沟，将水引至罐四周专门设置的 4 座排水井，井中水用泵抽出排到江中，保证地基下沉后，固结排水的路径始终顺畅。

(5) 堆土速度即加荷速率及间歇期。

由于原场地地基强度软弱，抗剪强度低，必须采用分级加荷的办法。设吹填砂为第一级荷载，第一级允许施加荷载 $p_1 = 5.52c_u/K$，其中 K 为安全系数，取 1.1；c_u 为天然地基土不排水剪切强度，本处取 20 kPa，$p_1 = 100$ kPa，吹填砂重度 $\gamma = 16$ kN/m^3，则堆载高度 $h_1 = p_1/\gamma = 6.25$ m，实际堆 4 m，故安全。

在 p_1 作用下，$U_r = 70\%$，地基强度提高后的强度值 $c_{u1} = \eta(c_u + \Delta\sigma U_r \tan\varphi_{cu}) = 27$ kPa，第二级允许施加荷载 $p_2 = 5.52c_{u1}/K = 135$ kPa，堆载高度 $h_2 = 135/18 = 7.5$ m，取 7 m，则

$$c_{u2} = \eta(c_{u1} + \Delta\sigma U_r \tan\varphi_{cu}) = 43.3\ \text{kPa}$$

第三级允许施加荷载 $p_3 = 5.52c_{u2}/K = 217$ kPa，堆载高度 $h_3 = 217/18 = 12.1$ m，则

$$c_{u3} = \eta(c_{u2} + \Delta\sigma U_r \tan\varphi_{cu}) = 71.8\ \text{kPa}$$

第四级允许施加荷载 $p_4 = 5.52c_{u3}/K = 360$ kPa＞预加荷载 315 kPa。经此计算，本工程可分四级加载即可达到设计总荷载的要求。

经向施工单位调查及与厂基建处协调，运输及堆载能力以每日 3 m^3 土计。

第一级荷载每天加荷载速率控制在 2 kPa，由此得第一级荷载所需时间 $T_1 = 16 \times 4/2 = 32$ d。

第二级荷载间歇期 $T_2 = t + (T_0 + T_1)/2$，其中 t 为瞬时加荷达到 U_{r2} 所需的时间，按下式计算，U_{r2} 取 70%。

$$t = \frac{1}{\beta} LU \frac{8}{\pi^2(1 - U_{r2})}$$

$$\beta = \frac{8c_H}{F(n)d_e^2} + \frac{\pi^2 c_V}{4H^2} = 2.46 \times 10^{-6}$$

$t = 404\ 318$ s $= 4.7$ d，这说明固结所需时间很短，从而有：$T_2 = 4.7 + 32/2 = 20.7$ d

第三级荷载间歇 T_3 计算方法同 T_2。

根据计算及施工力量设计，堆载计算如下：

第一级荷载吹填砂 1 个月完成，预压 2 个月，而后开始堆土，从 10.500 m 设计地面起算每堆高 1 m 为一级，共分 14 级，每级间堆土歇 2 d，每级堆土时间由下面面积大而上面面积小从 14 d/m 依次递减到 5 d/m。计划用 5 个月时间堆完，恒压 1 个月。实际固结度按巴隆(R. A. Barron)公式 $\overline{U}_r = 1 - e^{8c_H t/Fd_e^2}$ 算得近 100%。

上述步骤仅是估算求得的加荷控制进程，实际的加荷进程还要考虑施工条件并通过现场观测加以修正。

(6) 堆土的方法。

按照理论计算预压荷载堆载完毕后，所需恒压时间很短，故重要的问题是如何把土顺利地堆上去。现有 6 台 5 万 m^3 油罐地基需要预压处理。自然地面和设计地面高差就有 3.5 m 要填土。每座罐堆土设计成圆台形，顶面标高 24.5 m，顶面处直径为 58～60 m，计算按 1∶1.5 放坡，到设计地面 10.5 m 顶面处堆土直径为 100～102 m，计算下来需要堆土 50 多万 m^3，这确非易事。根据实际情况，为减少工程量、节约投资决定 2 台罐为一堆土单元，分成 3 次堆土，即 914 号和 915 号罐基先堆，预压完后，将其土卸到 916 号和 917 号罐基上，缺少的部分用新土补足，进行预压。916 号和 917 号罐基预压完后，再将土卸到 918 号和 919 号罐基上，并先将 919 号罐基的土堆到位，缺土先缺在 918 号罐基上，不补运新土，待 919 号罐基预压完后，再将 919 号罐基上的土卸到 918 号罐基上，将其所缺的土补足，最后进行预压。这样可以减少 1/2 的从厂区到库区的运土工程量和 2/3 的出库区的卸土工程量。

(7) 测试仪器的布置及堆土期间的控制。

为了及时准确掌握堆土预压过程中地基的变化情况，确保施工安全，根据《地基与基础工程施工及验收规范》(GBJ 202—83)第六节(Ⅱ)的要求：地基预压前，应设置垂直沉降观测点、水平位移观测桩、测斜仪及孔隙水压力计。以 914 号和 915 号两台罐为例，共埋设：孔隙水压力计 33 只，监测地基土在堆土预压过程中的超静孔隙水压力变化，位置分别在罐中心 O、$1/3R$、$2/3R$ 和 R 处，埋深结合土层分布，从地表下 6.8 m 到 33 m；深层沉降管 4 根，在每座罐中和外缘各埋设 1 根，埋深 25～36 m，每隔 2～3 m 安放沉降环 1 只；深层水平位移管 7 根，在每罐中和两侧各埋设测斜管 1 根，测斜管底达到基岩，深 25～43 m；沉降标 10 只，在每台罐基东南西北外缘及中心分别埋设钢质沉降标 1 根；土压力盒 18 只，在每罐南北直径方向均布 7 只，东西罐壁各布 1 只；罐底地表沉降管 2 根，埋于每台罐底板上，用活动式水平测斜仪连续测出导管下的下沉量；环墙沉降观测点每台罐沿外圆周长设置 16 点，此外还在堆土区域处埋设 1 根地下水位管和 1 只孔压计。

设计规定施工时日堆土高度不大于 300 mm，沉降速率不大于 15 mm/d，每堆高 1 m 土停两天，孔压系数不超过 0.4，水平位移不大于 2 mm/d，堆土过程中，跟踪监测，上述任何一项超标，立即停止堆土，待恢复正常后，继续堆土。

但在实际堆土过程中，外界条件很不理想，遇到许多困难，如天气一下雨就得停，天晴就得抢进度。曾发生过两天时间堆土厚达 0.9～1 m，沉降速率骤升至 20～28 mm/d，超静孔压值也有 30～40 kPa 的突升，水平位移升至 3～4 mm/d，说明此时已产生了较大的塑性剪切变形，因此，停止堆土 8 d，8 d 后恢复正常，说明排水板地基固结快，强度增长迅速，继续按原要求速度堆土。

(8) 卸土后表面填土的处理。

吹填砂层顶面标高在推土开始时为 11.900 m，堆土到标高 24.500 m 并预压结束后经测量该处下沉 2.7 m，即吹填砂层顶标高降到 9.200 m。根据建罐基础需要，堆土卸到标高 12.2 m 即可，从标高 9.2 m 到 12.2 m 的 3 m 高这一层土为新近堆积的，是未经分层碾压的非饱和土且不能排水固结。经钻探，该层土密实度低均匀性差，承载能力不能满足油罐对地基强度的要求，需要处理。决定对此层 3 m 厚堆土进行强夯处理，因该层土为低饱和度粉质黏土，适于强夯法处理。夯击点布置采用 3 m×3 m 正方形布置。分两遍夯击，夯击能量用 80 t·m 左右，即用 12 t 锤落距 7 m，击数 6 击，以最后两击下沉量≤6c m 控制，要求不扰动吹填砂层，夯时分两遍夯击。914 号和 915 号两罐基就是用以上强夯法处理剩余填土基础。

对于 916 号和 917 号两罐基，当 914 号和 915 号两罐基堆土预压结束，并开始向其上卸土时，由于当时吹填砂层顶面标高平均为 11.900 m。堆土预压沉降估算平均为 2.2 m，为了满足罐基环墙内土面标高 12.200 m 的要求，从 11.900 m 到 14.400 m 的回填土可继续采用强夯方案，也可将该层 2.5 m 厚的回填土用分层碾压的方案，经比较认为分层碾压工期较短，而且经济上也节约。分层碾压可请堆土施工单位一家施工，而强夯还要请一家施工单位，经济上也可节约近 20 万元。因此，决定用第二方案即将吹填砂层顶面 2.5 m 厚的这层填土分层碾压，每层得 250 mm，压实系数 0.96，碾压半径每罐皆为 35 m，这样堆土预压结束后，碾压过的这层土可直接做油罐基础，而不需再行处理。

堆土预压监测及成果分析略。该罐区 1997 年建成交工投入使用，至今已有 10 年时间，各方面数据都满足了生产要求和国家规定的标准。

第四节 强夯法

一、概 述

强夯法是指反复将夯锤(质量一般为 10～40 t)提到高处使其自由落下(落距一般为 10～40 m),给地基以冲击和振动能量,将地基土夯实的地基处理方法,也称动力固结法或动力压实方法。它是 1969 年由法国 Menard 技术公司创用的一项地基加固技术。

由于强夯法具有适应性强、设备简单、造价低、工期短等优点,已在建筑、仓库、油罐、公路、铁路、机场及码头等领域得到广泛应用。但是,强夯法对土质有一定的要求,对于软土地基,一般来说处理效果不显著,甚至经常失败,比较突出的现象是在施工的过程中出现橡皮土,此时土体的抗剪强度丧失、不能承载,还需要用高昂的代价挖出或处理橡皮土。因此,强夯法主要适用于处理碎石土、砂土、低饱和度的粉土与黏性土、湿陷性黄土、素填土和杂填土等地基。

为了弥补强夯法的缺陷,20 世纪 80 年代后期又开发了强夯置换法。强夯置换法是将重锤提到高处使其自由落下形成夯坑,并不断往夯坑内回填砂石、矿渣或其他硬质的粗颗粒材料,在地基中形成密实的置换体(墩体或桩体),以此来提高地基承载力、减小沉降量。强夯置换法实质上是将强夯法和置换法的思想结合起来的一种地基处理技术,主要适用于高饱和度的粉土与软塑-流塑的黏性土等对变形控制要求不严的工程。

强夯置换法具有加固效果显著、施工期短、施工费用低等优点,目前已用于堆场、公路、机场、房屋建筑、油罐等工程,一般效果良好,个别工程因设计、施工不当,加固后出现下沉较大或墩体与墩间土下沉不等的情况。因此,强夯置换法在设计前必须通过现场试验确定其运用性和处理效果,否则不得采用。

二、加固机理

强夯法的加固机理比较复杂,这是因为对于不同土质、不同的强夯工艺,强夯法的加固机理有所不同。下面将主要从宏观角度对非饱和土和饱和土的强夯加固机理作简要叙述。

1. 非饱和土的加固机理

强夯加固非饱和土是基于强夯的动力密实作用,即在冲击能的作用下,土体中的孔隙体积减小、土体变得密实,从而土体的强度得到提高。非饱和土在夯实过程中,孔隙中的气体被排出体外,土颗粒间产生相对位移即引起夯实变形。实际工程中表现为地面瞬间产生较大的沉陷,一般夯击一遍后,夯坑的深度可达到 0.6～1.0 m,承载力可比夯前提高 2～3 倍。由于夯击过程中，每次夯击的能量都是从地基浅部向深部逐渐衰减，这样在地基浅部几米范围内土颗粒得以密实，土体的物理力学性质得到较大改善，形成强夯实区，使土体浅部形成相对硬壳层；而深部土体的物理力学性质一般不会有较大的改变，形成弱夯实区。所以，强夯的结果通常会造成上硬下软的双层地基，或使地基本来具有的上硬下软结构更加显著。图 5-13 是日本板口旭曾提出的一种地基密实状态模式。

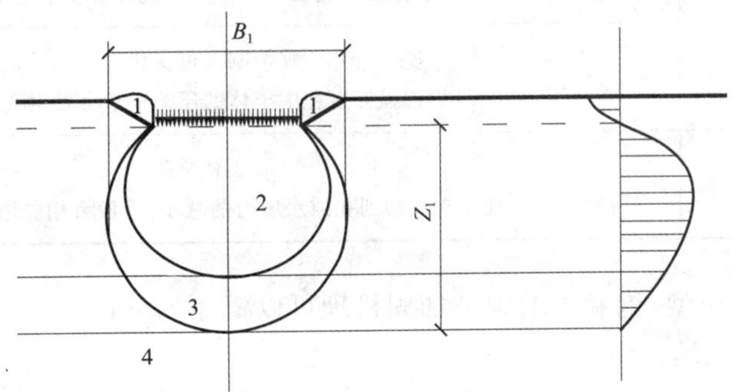

图 5-13　地基土动力密实状态模式

1—松散区；2—强夯实区；3—弱夯实区；4—无影响区；B_1、Z_1——一次夯击加固范围

2. 饱和土的加固机理

用强夯法处理细颗粒饱和土是基于动力固结的机理。即在夯击能的冲击作用下，土体内部产生了强大的冲击波，破坏了土体原有的结构，使得土体局部发生液化并产生了许多裂隙，增加了排水通道，使孔隙水能顺利排出。随着超孔隙水压力的消散，土体固结，土体强度得到增强。同时由于软土的触变性，土体强度会得到进一步提高。

与静力固结模型相对应，Menard 提出了动力固结模型（见图 5-14）来分析强夯时土体强度的增长、夯击能的传递机理、在夯击能作用下孔隙水变化的机理以及强夯的时间效应等。

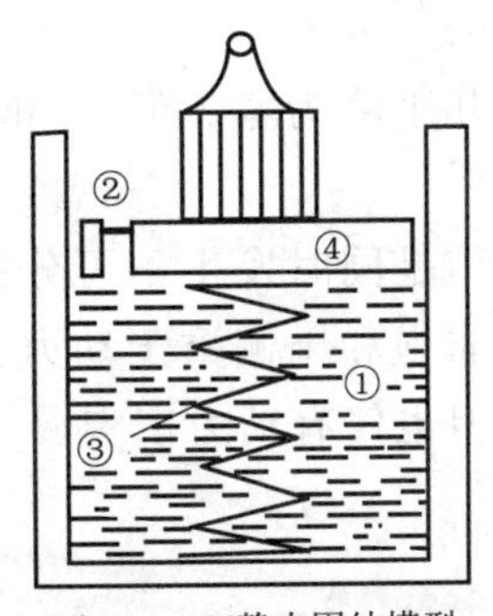

(a) Terzaghi静力固结模型

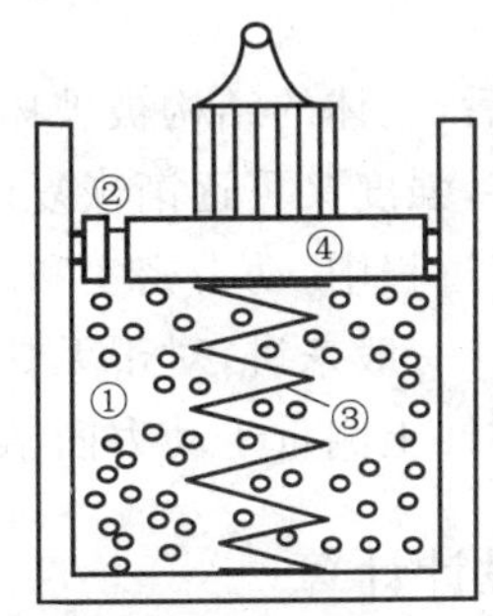

(b) Menard动力固结模型

图 5-14　地基土的固结模式

① 液体；② 活塞孔；③ 弹簧；④ 活塞

表 5-11 静力固结模型与动力固结模型比较

静力固结模型	动力固结模型
不可压缩的液体	含有少量气泡的可压缩液体
固结时液体排出所通过的小孔的孔径不变	液体排出小孔的孔径是变化的 （模拟强夯过程中土体的渗透性会发生变化）
弹簧刚度为常数	弹簧刚度可变化 （模拟强夯过程中土体的压缩模量会发生变化）
活塞无摩擦	活塞有摩擦 （解释在施工现场常观察到孔隙水压力的减小，但没有相应地引起沉降这一现象）

根据动力固结模型，饱和土的强夯加固机理可以概述如下：

（1）饱和土体压缩。

Menard 认为由于土体中有机物的分解作用，第四纪土中大都含有以微气泡形式出现的气体，强夯时，气体体积压缩，孔隙水压力增大，随后气体膨胀，孔隙水排出，同时孔隙水压力减小，这样每夯击一遍，孔隙水和气体的体积都有所减少，土体得到加密。

（2）局部产生液化。

在强大夯击能的作用下，土体中的超孔隙水压力迅速提高，导致部分土体发生液化，土体强度消失，土颗粒通过重新排列而趋于密实。

（3）土体渗透性发生变化。

在夯击能的作用下，地基土中出现了冲击波和动应力。当土中的超孔隙水压力大于颗粒间的侧向压力时，会导致土颗粒间出现裂隙，形成排水通道。此时，土体的渗透性增加，超孔隙水压力迅速消散。当孔压小于颗粒间的侧压力时，裂隙即自行闭合，土中水的运动又恢复常态。

（4）触变恢复。

当强夯结束以后，土体的结构被破坏，强度几乎降为零。但是，饱和黏性土具有触变性，随着时间的推移，强度又可逐渐恢复。

实际上，在强夯过程中，动力密实和动力固结是同时发生不可分割的，但是对于不同性质的土有所侧重。一般来讲，对于无黏性土、非饱和土侧重于动力密实机理，但也会伴有动力固结；对于黏性土侧重于动力固结机理，但也伴有动力密实。

三、强夯法设计计算

强夯法的设计内容主要包括确定加固深度、夯锤重和落距、最佳夯击能、夯击遍数、间歇时间、加固范围和夯点的布置等。

1. 有效加固深度

有效加固深度既是选择地基处理方法的重要依据，又是反映处理效果的重要参数，应根据现场试夯或当地经验确定。当无条件试夯时，有效加固深度可按下式估算：

$$H = \alpha\sqrt{\frac{M \cdot h}{10}} \tag{5-24}$$

式中 H——有效加固深度，m；

h——落距，m；

α——修正系数，可取 0.3～0.8；

M——夯锤重，kN。

实践表明，以上公式的计算结果往往偏大。影响有效加固深度的因素众多，如单击夯击能、地基土的性质、不同土层的厚度、埋藏顺序、地下水位等，所以强夯有效加固深度最好根据现场试验或当地的经验确定。《建筑地基处理技术规范》(JGJ 79—2012)给出了一些参考的有效加固深度，见表 5-12。

表 5-12 强夯法的有效加固深度[37] 单位：m

单击夯击能/(kN·m)	碎石土、砂土等粗颗粒土	粉土、黏性土、湿陷性黄土等细粒土
1 000	4.0～5.0	3.0～4.0
2 000	5.0～6.0	4.0～5.0
3 000	6.0～7.0	5.0～6.0
4 000	7.0～8.0	6.0～7.0
5 000	8.0～8.5	7.0～7.5
6 000	8.5～9.0	7.5～8.0
8 000	9.0～9.5	8.0～8.5
10 000	9.5～10.0	8.5～9.0
12 000	10.0～11.0	9.0～10.0

注：强夯法的有效加固深度应从最初起夯面算起；单击夯击能 E 大于 12 000 kN·m 时，强夯的有效加固深度应通过试验确定。

2. 夯锤重和落距

夯锤重量一般可选用 10～60 t。锤形宜为圆柱和圆台组合形，锤重心位置应低于锤高度的二分之一。对于细颗粒土，锤底静接地压力宜取较小值。锤的底面宜对称设置若干个与其顶面贯通的排气孔，孔径可取 300～400 mm。

单击夯击能为夯锤重 M 与落距 h 的乘积。整个加固场地的总夯击能量(即锤重×落距×总夯击数)除以加固面积称为单位夯击能。单位夯击能应根据地基土类别、结构类型、荷载大小和要求处理的深度等综合考虑，并可通过试验确定。

夯锤重确定后，可根据要求的单击夯击能量确定夯锤的落距。国内通常采用的落距是 8～25 m。起重设备应按需要的落距和外伸距离选用，且应保证施工时起吊高度和夯锤下落位置保持不变。

在工程设计时，一般先根据需要加固的深度初步确定采用的单击夯击能，然后再根据机具条件因地制宜地确定锤重和落距，并最终应以现场试夯为准。

3. 最佳夯击能

从理论上讲，能使地基中出现的孔隙水压力达到土体自重应力的夯击能称为最佳夯击能。对于黏土地基，由于孔隙水压力消散较慢，当夯击能逐渐增大时，孔压相应叠加，因此可以根据孔压的叠加值来确定最佳夯击能。对于砂性土地基，孔压增长及消散比较快，孔压不随夯击能的增加而叠加，因此可以通过孔压增量与夯击次数的关系来确定最佳夯击能，即绘制孔隙水压力增量与夯击次数之间的关系曲线，当孔隙水压力增量随夯击次数的增加而逐渐趋于稳定时，可认为此时的夯击能为最佳夯击能。

4. 夯点布置及间距

夯击点位置可根据基底平面形状，采用等边三角形、等腰三角形或正方形布置。不同夯击能、夯击遍数的布点可按罐中心轴线、轮廓线或对称于基础中心线等形式排列，并考虑各遍夯点之间的交叉对应关系。

夯击点间距一般根据地基土的性质和要求处理的深度确定。第一遍夯击点间距可取夯锤直径的 2.5～3.5 倍，第二遍夯击点位于第一遍夯击点之间。以后各遍夯击点间距可适当减小。另外，对于处理深度较大或单击夯击能较大的工程，第一遍夯击点间距宜适当增大；对于细颗粒土，为了便于超孔隙水压力消散，夯点间距不宜过小。

强夯处理范围应大于基础底面积，超出基础外缘的宽度宜为基底下设计处理深度的 1/2～2/3，且不应小于 3 m。

5. 夯击次数

夯击次数是强夯设计中的一个重要参数，对于不同地基土来说夯击次数也不同。一般应按照现场试夯得到的夯击次数与夯沉量之间的关系曲线来确定，并应同时满足下列条件：

(1) 最后两击的平均夯沉量不宜大于下列数值：当单击夯击能小于 4 000 kN·m 时为 50 mm；当单击夯击能为 4 000～6 000 kN·m 时为 100 mm；当单击夯击能大于 6 000 kN·m 时为 200 mm。

(2) 夯坑周围地面不应发生过大的隆起。

(3) 不因夯坑过深而发生提锤困难。

6. 夯击遍数

夯击能量不能一次施加，否则土体会产生侧向挤出，强度反而有所降低，且难于恢复，所以应根据需要分几遍施加。

夯击遍数应根据地基土的性质确定，可采用点夯 2～4 遍。对于渗透性较差的细粒土，应适当增加夯击遍数。最后再以低能量满夯 2 遍，满夯可采用轻锤或低落距多次夯击，锤印搭接。

施工时，第一遍宜为最大能级强夯，宜采用较稀疏的布点进行；第二、第三遍夯能级逐渐减小，夯点插于前遍的夯点之间进行；第一遍可分 2～3 次夯完，即采用跳行跳点夯。每遍夯完后，应将地面摊平碾压。当夯坑深度大于 1 m 时，坑内的虚土宜在下遍夯击前事先夯击加固后再进行下遍夯击。

7. 间歇时间

两遍夯击之间应有一定的时间间隔，间隔时间应根据超孔隙水压力的消散情况确定。当缺少实测资料时，可根据地基土的渗透性确定，对于渗透性较差的黏性土地基，间隔时间不应少于 2～3 周；对于渗透性好的地基可连续夯击。

8. 垫层铺设

垫层的作用主要包括：使拟加固的场地具有一层稍硬的表层，可以支承起重设备；便于夯击能的扩散；可加大地下水位与地表之间的距离。因此，对场地地下水位在 2 m 深以下的砂砾石土层，可直接施行强夯，无需铺设垫层；对地下水位较高的饱和黏性土或易液化流动的饱和砂土，需要铺设砂、砂砾或碎石垫层才能进行强夯，否则土体会发生流动。垫层厚度可根据场地的土质条件、夯锤重量及形状等确定，一般为 0.5～2.0 m 厚。当场地土质条件好，夯锤小或形状构造合理，起吊时吸力小者，也可减少垫层厚度。铺设的垫层不能含有黏土。

9. 地基承载力特征值的确定

强夯地基承载力特征值应通过现场静载荷试验确定，也可根据地基土性质，选择静力触探、动力触探、标准贯入试验等原位测试方法和室内土工试验结果结合静载试验结果综合确定。

10. 变形计算

强夯地基变形包括两部分：有效加固深度范围内的土层变形和其下下卧层的变形。变形计算时可按现行国家标准《建筑地基基础设计规范》(GB 50007—2011)的有关规定进行。夯后有效加固深度内土层的压缩模量应通过原位测试或土工试验确定。

四、施工工艺与质量检验

1. 施工工艺

1）施工机械

施工机械宜采用带有自动脱钩装置的履带式起重机或其他专用设备。采用履带式起重机时，可在臂杆端部设置辅助门架或采取其他安全措施，防止落锤时机架倾覆。

2）施工要点

强夯法施工时应注意以下问题：

(1) 当场地表土软弱或地下水位较高，夯坑底积水影响施工时，宜采用人工降低地下水位或铺填一定厚度的松散性材料，使地下水位低于坑底面以下 2 m。坑内或场地的积水应及时排除。

(2) 施工前应查明场地范围内的地下构筑物和各种地下管线的位置及标高等，并采取必要的措施，以免因施工而造成损坏。

(3) 当强夯施工所产生的振动对邻近建筑物或设备产生有害的影响时，应设置监测点，并采取挖同振沟等隔振或防振措施。

3）施工步骤

(1) 清理并平整施工场地；

(2) 标出第一遍夯点位置，并测量场地高程；

(3) 起重机就位，夯锤置于夯点位置；

(4) 测量夯前锤顶高程；

(5) 将夯锤起吊到预定高度，开启脱钩装置，待夯锤脱钩自由下落后，放下吊钩，测量锤顶高程，若发现因坑底倾斜而造成夯锤歪斜时，应及时将坑底整平；

(6) 重复步骤(5)，按设计规定的夯击次数及控制标准，完成一个夯点的夯击；

(7) 换夯点，重复步骤(3)至(6)，完成第一遍全部夯点的夯击；

(8) 用推土机将夯坑填平，并测量场地高程；

(9) 在规定的间隔时间后，按上述步骤逐次完成全部夯击遍数，最后用低能量满夯，将场地表层松土夯实，并测量夯后场地高程。

4）地基检测

强夯法处理的地基必须检测，以查明有关物理力学指标和工程性质改善的情况，确定强夯有效加固深度，核实强夯地基设计所采用的参数等。检测深度应大于强夯的有效加固深度。强夯检测内容包括变形、强度、孔压、振动和施工工艺控制等。

2. 质量检验

强夯地基的质量检验，包括施工过程中的质量监测及夯后地基的质量检验，其中前者尤为重要。《石油化工钢储罐地基与基础施工及验收规范》(SH/T 3528—2005)对强夯地基的质量检验标准见表 5-13。

强夯处理后的地基竣工验收承载力检验，应在施工结束后间隔一定时间方能进行，对于碎石土和砂土地基，间隔时间可取 7～14 d；粉土和黏性土地基可取 14～28 d。强夯置换地基间隔时间可取 28 d。

强夯处理后的地基竣工验收时，承载力检验应根据静载荷试验、其他原位测试(如标准贯入试验、静力触探、现场十字板剪切试验、动力触探试验、旁压试验及波速试验等)和室内土工试验等方法综合确定。对于中小型储罐工程，应采用两种或两种以上方法进行检验；对于大型储罐工程，应增加检验项目。

质量检验数量，应根据场地复杂程度和储罐的大小确定。对简单场地或中型储罐，每个储罐地基的检验点不应少于 3 处；对复杂场地或大型储罐地基应增加检验点数。

对强夯面积较小的储罐地基，可按数据统计最低需要确定检测点数量。检测点位置，应以储罐中心轴线、轮廓线等均匀或对称布置。

表 5-13　强夯地基质量检验标准

项	序	检查项目	允许偏差或允许值	检验方法
主控项目	1	地基强度	设计文件要求	按规定方法
	2	地基承载力	设计文件要求	按规定方法
一般项目	1	夯锤落距	±300 mm	设标志
	2	夯锤重	±100 kg	称　重
	3	夯击遍数与顺序	设计文件要求	计数法
	4	夯点间距	±200 mm	钢尺量
	5	夯击范围	设计文件要求	钢尺量
	6	前后两遍之间的间隔时间	设计文件要求	查阅施工记录
	7	夯击点中心位移	150 mm	经纬仪和尺量
		顶面标高	±20 mm	经纬仪和尺量

五、填海区采用强夯处理抛石地基建成大型储罐实例[44]

本工程实例介绍的是采用中等能量级的强夯处理抛石填海地基建造 5 万 m^3 大型储罐工程。经过 4～5 年的长期监测，基础沉降和倾斜均满足了生产使用的要求。

1. 概述

石化系统从 20 世纪 80 年代初就开始推广应用强夯法加固地基。在填海区采用大块抛石填海，经强夯处理后的地基建造大型储罐是近几年才发展起来的一项工程实践。

本工程实例介绍了大连某石化企业，为了解决原油储存问题，从 1990 年起至 1992 年，陆续在南侧接陆海域填海造地，并在其上建成 5 万 m^3 大型原油储罐 4 座，其编号为 21 号、22 号、23 号、24 号。罐体直径 60 m，高 18 m，设计要求地基承载力为 250 kPa，罐基沉降差要求小于 $0.004D$ 即 24 cm，基础设计为钢筋混凝土环墙式，平面布置见图 5-15(a)。

2. 场地工程地质条件

罐区地形由原堤岸向海湾深处倾斜延伸，标高由沿岸的 4.0～5.0 m 下降到 10～12 m，即基岩标高 −6～−7 m，设计最高潮位标高为 3.25 m，罐区内有 0.7～2.5 m 厚的淤泥层和 0.5～1.2 m 厚的含碎石黏土层，再下为风化石灰岩。罐区的钻孔柱状图见图 5-15(b)。罐区填石层厚为 50～60 cm，个别块石的尺度达到 1 m 左右，有自卸卡车运往现场，倾倒堆填而成。由于块石粒径大、级配差、堆填层又厚，所以整个场地的地基非常疏松，且极不均匀，而新建大型储罐对地基沉降与不均匀沉降要求严格，因此采用何种方法处理地基，就成为该项目建设中的首要问题。

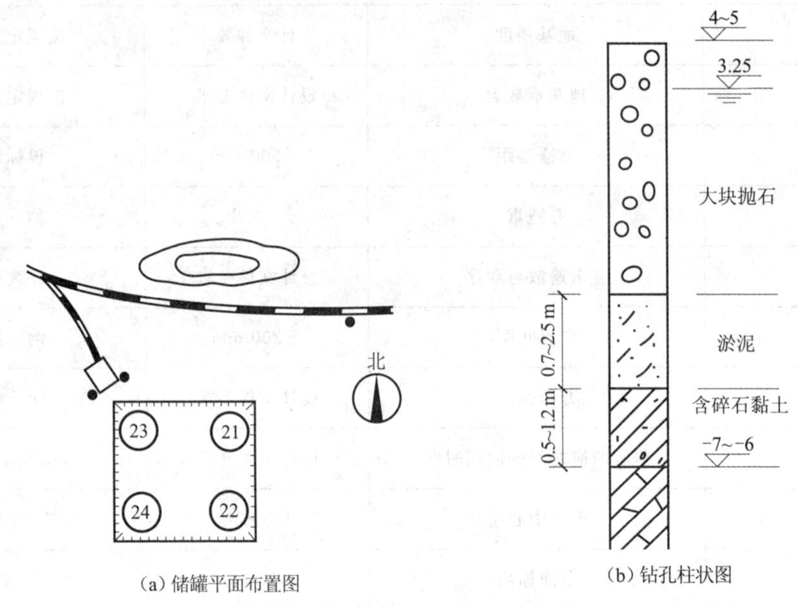

(a) 储罐平面布置图

(b) 钻孔柱状图

图 5-15　储罐布置及钻孔柱状图

3. 抛石填海地基上的强夯试验

根据该厂 1989 年在二催化、气分、烷基化和 1 万 m^3 及 2 万 m^3 油罐的成功经验，浅海回填抛石地基上采用强夯试验，强夯面积达 10 万 m^2。现场强夯试验的目的是提出工程用各项强夯设计参数，探讨采用中等夯击能量级的夯击能是否能达到有效的加固深度，并验证经强夯处理后的抛石地基容许承载力能否达到 250 kPa，基础不均匀沉降小于 4/1 000 的要求。

试验由中国建筑科学研究院地基所参加，试验区长 80 m、宽 20 m，试验场地全部都是抛石填海的大块石，块石粒径相差很大，试验采用中等能量级 3 000 kN·m 的夯击能，夯锤重 15 t、直径 2.3 m、落距 20 m。实验内容包括：第 1 试验区夯三遍，地面夯沉量为 112.7 cm；第 2 试验区夯两遍，夯沉量为 94 cm；第 3 试验区夯一遍，夯沉量为 98.1 cm。平均夯沉量为 101.6 cm，这说明夯前场地非常疏松，同时也说明三者的加固效果显著。

抛石填海地基无法取得土的代表性的物理力学指标来确定地基的容许承载力，只能通过现场荷载试验，为此，强夯后在第 1、3 试验区内及第 1 试验区南侧，未经强夯的抛石地基上分别进行了大型荷载试验，压板面积 3 m×3 m，用废钢锭加载。在强夯加固地基上最大加载到 4 500 kN，底板压力为 250 kPa，沉降达 10.6 cm，两者承载力仅差 1 倍而沉降差 4～5 倍。强夯加固后的 p-s 曲线几乎成直线状，未出现明显拐点，且压板的差异沉降分别为 0.87 cm 和 0.41 cm，变形模量分别为 6 403 MPa 和 50 MPa，而未加固区的试验，压板差异沉降达 6.9 cm，静荷载试验的 p-s 曲线见图 5-16。

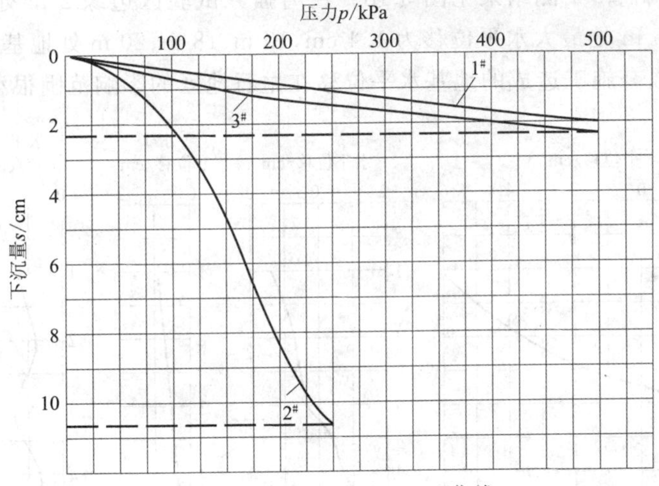

图 5-16　静荷载试验的 p-s 曲线

在块石抛填地基中，如何确定强夯后的有效加固深度是一个比较困难的问题，不能应用目前强夯工程中的常用公式来估算。但对抛石填海地基如何确定修正系数，也尚无经验可借鉴。经现场采用美国进口的桑达克斯沉降仪进行深层变形测管的实测，其结果在深度 6.8 m 的地基变形值为 3.8 cm，单点夯击区在深度 6.2 m 处的变形值为 1.8 cm（见图 5-17），说明强夯的有效加固深度可以满足工程要求。

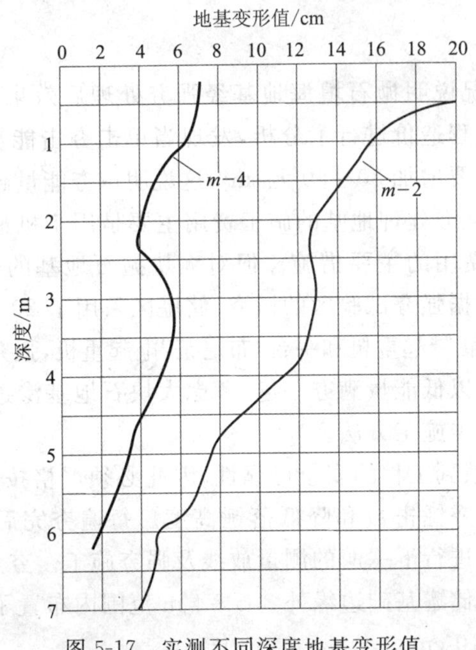

图 5-17　实测不同深度地基变形值

为监测强夯施工对原海堤有无影响，在距强夯试验区边缘 2 m、5 m、10 m、18 m、20 m 处分别埋设测斜管，实测结果见图 5-18。在离强夯试验区边缘 2 m 处，其最大水平位移值为 3.3 cm；5 m 处最大水平位移为 1.4 cm，10 m、18 m、20 m 处地基均未发生水平位移。由此可见，强夯施工造成的地基水平位移在抛石地区的影响范围很小。

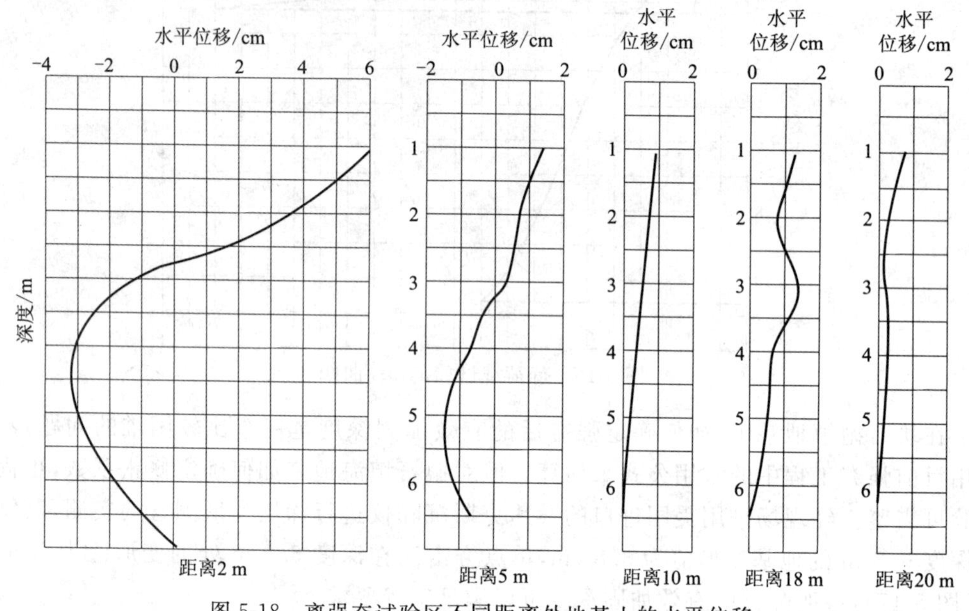

图 5-18　离强夯试验区不同距离处地基土的水平位移

4. 设计与施工要求

试验区强夯试验情况说明抛石填海地基经强夯处理后效果良好。为了优化选择夯击能，对夯击能大小与工程造价进行了分析，发现当单击夯击能从 3 000 kN・m 提高到 4 000 kN・m 时，施工费要增加 30～50 元/m²，这说明单夯能量超过 3 000 kN・m 时，施工费用将很可观。由于强夯处理地基的施工费用主要是用于机械台班费，所以选择合理的强夯机械是降低施工费用的主要措施。但对大块抛石地基的处理如采用较低的夯击能加固效果就不明显，根据强夯试验区的试夯，储罐区采用了 20 t 夯锤，落距为 15 m，强夯施工采用一台 K-1252 履带起重机和一台"布尼茶"电起重机，强夯普遍采用 3 000 kN・m 夯击能强夯两遍，最后再以低能量满夯一遍，考虑大块石地基渗透很好，故每遍夯击不需时间间隔，可采用连续夯击施工方法。

强夯施工的质量关系到工程的安全可靠性，因此必须严格按照设计要求和施工规程进行施工，不得任意减少夯锤击数和降低落锤高度。每遍夯完后，应用推土机及时整平或用填料填平场地，方可进行下一遍的测量放线及强夯施工。夯点间距为 4.5 m，为保证整个储罐地基的稳定，在储罐基础边缘外 3.5～4 m 范围内布置了一圈夯点，控制最后两击的平均沉降量不大于 10 cm。

5. 工程应用实例的监测

为了检验加固地基的施工质量，首先对第一批建成的 21 号、23 号储罐进行了充水试压监测（见图 5-19）。由图 5-19 可知，储罐在充水预压期间最大沉降不到 5 cm，说明强夯加固抛石填海地基效果较好。此后对投产使用后的 4 台储罐进行了长期监测，及时取得了每台储罐基础上设置的 38～40 测量标志上的所有观测数据，并进行计算和分析，定期向有关部门反馈了信息，保证了生产的正常进行。

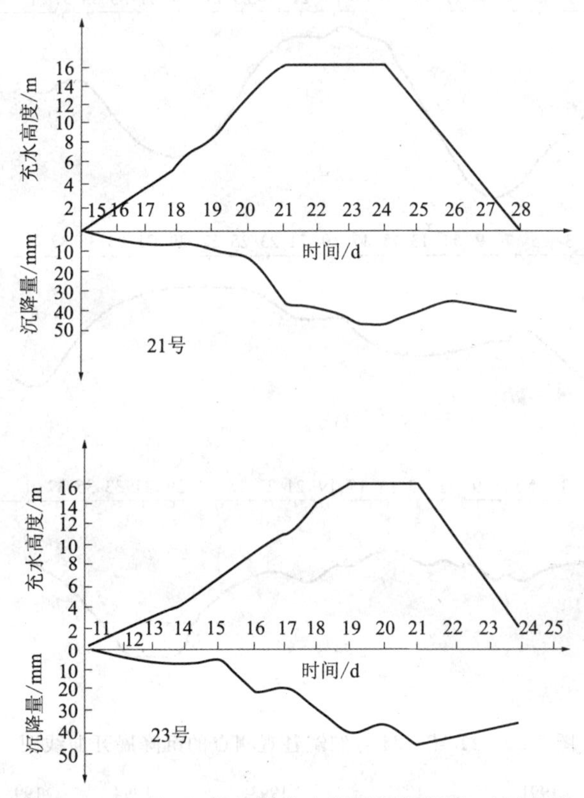

图 5-19 21 号、23 号储罐充水预压期间沉降-时间曲线

4 台储罐（21～24 号）从投产使用至 1995 年 4 月，坚持了 4～5 年的长期观测，各观测点的沉降展开曲线如图 5-20 所示。由图 5-20 可知，21、23、24 号 3 台储罐基础的不均匀沉降较小，最大达 30～40 mm；22 号储罐的不均匀沉降较大也只有 45 mm。

另外，将 4 台储罐 5 年的长期实测沉降绘制成图 5-21。从图 5-21 可知，4 台储罐的最大沉降是 7.87 cm，最小沉降是 4.38 cm，平均沉降 21～23 号储罐为 5.21～5.68 cm；24 号储罐为 2.44 cm，基础倾斜最大的是 22 号储罐为 0.73/100，21 号、23 号、24 号储罐为 0.41/100～0.52/100（见表 5-14），均小于规范的要求，说明填海区采用强夯处理抛石地基施工质量是符合设计和生产要求的。

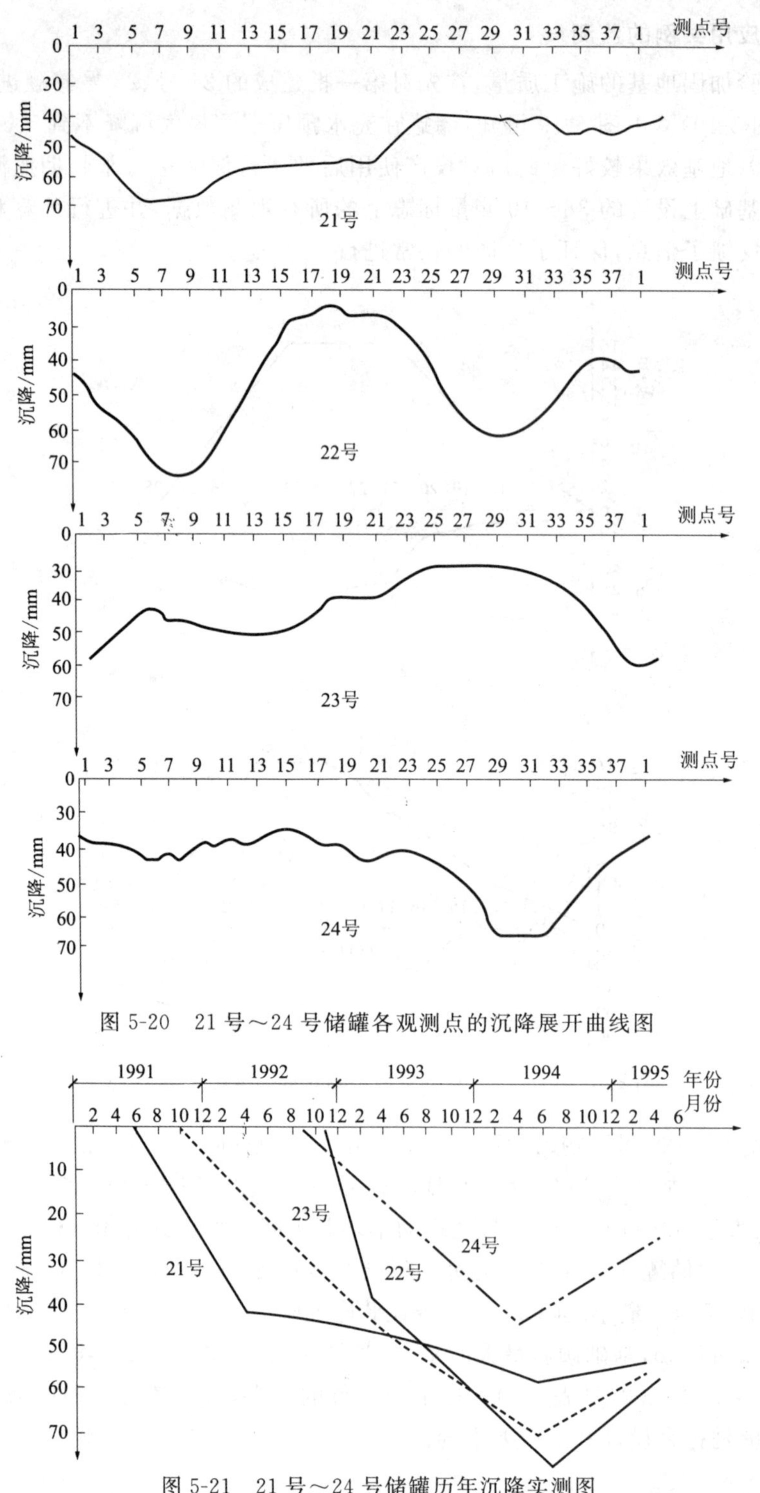

图 5-20 21 号～24 号储罐各观测点的沉降展开曲线图

图 5-21 21 号～24 号储罐历年沉降实测图

表 5-14　21 号～24 号储罐基础实测沉降与倾斜表

序　号	储罐编号	观测日期(年-月)	基础沉降/cm			基础倾斜/%
			最　大	最　小	平　均	
1	21 号	1991-06—1995-04	6.66	4.23	5.21	0.41
2	22 号	1992-11—1995-04	7.87	3.48	5.68	0.73
3	23 号	1991-10—1995-04	7.03	4.06	5.30	0.49
4	24 号	1992-09—1995-04	4.47	1.38	2.44	0.52

6. 结论

对于大型储罐的地基处理，目前国内外方法很多而且尚在不断发展之中，每一种处理方法都有各自的适用范围和一定的局限性。在抛石填海地基上采用中等能量级强夯建成 5 万 m^3 大储罐，成功地解决了储罐基础的沉降和不均匀沉降问题，取得了良好的工程效果。

今后，对一个具体的储罐基础工程，采取什么样的地基处理方案要做具体分析。应该在掌握了场地的工程地质报告以及相关调查资料后，明确地基处理的目的以及处理后要求达到的技术经济指标，并考虑上部储罐结构型式、基础和地基的共同作用，选出几种可考虑的地基处理方案，进行技术经济分析对比，最后确定出一种或多种最佳地基处理方案。切忌在场地地质条件不明的情况下，盲目推广采用某种地基处理技术或片面追求技术经济指标，结果出现工程质量事故或造成建设资金的浪费，这方面的经验和教训也是屡见不鲜。

强夯处理抛石填海地基上建成大型储罐的实例，再次说明在市场竞争机制下，强夯处理大块抛石地基必将以其独特的优点和经济效益领先于其他传统的地基处理方法。

第五节　振冲法

一、概　述

振冲法是指在振冲器水平振动和高压水的共同作用下，使松砂土层振密或在软弱土层中成孔，然后回填碎石等粗粒料形成桩柱，并和原地基土组成复合地基的地基处理方法。其中，复合地基是指部分土体被增强或被置换形成增强体，由增强体和周围地基土共同承担荷载的人工地基。与天然地基相比，桩式(或竖向增强体)复合地基有两个基本特点:① 加固区由基体和增强体两部分组成,因而复合地基是非均质、各向异性的;② 在荷载作用下,基体和增强体共同承担上部荷载。

在20世纪30年代,德国工程师 S. Steuerman(1936年)发明了振动水冲法(简称振冲法)用来挤密粗颗粒土,直接形成粗颗粒土桩(当时不添加碎石料),以振密松砂地基。20世纪50年代末至60年代初,该方法被用于黏性土地基的加固,并形成碎石桩。1976年,振冲法由南京水利科学研究院引入我国并得到迅速推广。

振冲法适用于处理砂土、粉土、粉质黏土、素填土和杂填土等地基。对于处理不排水抗剪强度不小于20 kPa的饱和黏土地基和饱和黄土地基,应在施工前通过现场试验确定其适用性。不加填料振冲加密适用于处理黏粒含量不大于10%的中砂、粗砂地基。

对于大型储罐或场地复杂的工程,在正式设计和施工前应在有代表性的场地上进行成桩可能性、成桩工艺和加固效果等试验。

二、加固机理

振冲法对不同性质的土层分别具有置换、挤密和振密、桩体、排水固结等作用。

1. 置换作用

振冲法对黏性土地基主要起置换作用,即通过在振冲孔内加填碎石或卵石等强度高的回填料来置换原来的软弱土体,达到提高地基承载力的目的。

2. 挤密、振密作用

振冲法对于中细砂、粉土、素填土和杂填土除了具有置换作用外,还具有挤密和振密的作用。因为以上土体在施工过程中都要在振冲孔内加填碎石等回填料并形成大直径的密实桩体,桩体将对周围土层产生很大的横向压力,使周围土层变得密实。在施工过程中,振冲器的重复水平振动,不仅使孔壁周围的土体变得密实,还可以利用填料作为传力介质,在振冲器的水平振动下通过连续加填料将桩间土进一步振挤加密。

3. 桩体作用

在振冲孔内形成的碎石或卵石等振冲桩与桩间土共同作用构成了复合地基。由于振冲桩的刚度远大于桩间土刚度,并且压缩性较低,所以基础传给复合地基的附加应力,随着地基变形逐渐集中到振冲桩上,桩间土负担的附加应力相对减小,振冲桩在复合地基中起到了桩体作用。

4. 排水固结作用

如果在细颗粒含量较高的地基中形成碎石桩,由于碎石桩具有良好的渗透性,可以形成排水通道,使土体中的超孔隙水压力快速消散,达到加速地基土固结、提高其强度和稳定性的目的。

三、设计计算

振冲桩复合地基的设计内容主要包括桩体填料、处理范围、布桩方式、桩径、桩长、桩间距、垫层厚度和材料、复合地基承载力特征值的确定以及处理后复合地基的变形计算等。

1. 桩体参数设计

1）桩径

振冲桩直径可选取 0.8～1.2 m，可按每根桩所用的填料量计算。

2）桩体材料

桩体材料可用含泥量不大于 5%的碎石、卵石、粗砂或其他质地坚硬、无侵蚀性、性能稳定和透水性强的材料，不宜使用风化易碎的石料。常用的填料粒径为：当振冲器为 30 kW 时，粒径为 20～80 mm；当振冲器为 55 kW 时，粒径为 30～100 mm；当振冲器为 75 kW 时，粒径为 40～150 mm。

3）处理范围

振冲桩的加固范围，应根据储罐容量和场地工程地质条件确定。当用于改善储罐地基承载力和变形性质时，宜在基础外缘扩大 1～2 排桩；当用于消除地基液化时，在基础外缘扩大宽度不应小于基底下可液化土层厚 1/2。

4）布桩方式

对储罐地基一般采用满堂处理，宜采用等边三角形、环形布置或矩形布置，见图 5-22。

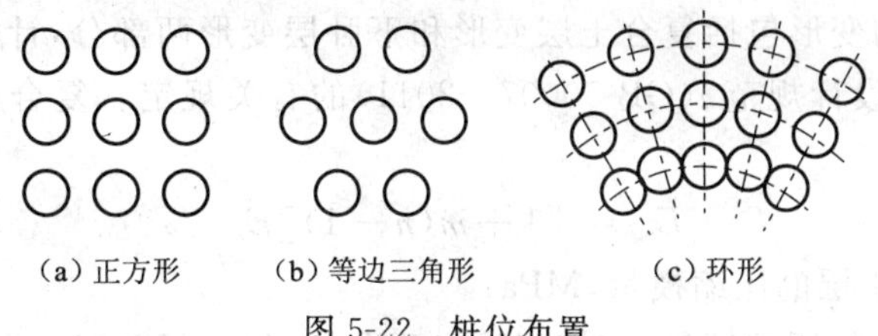

图 5-22　桩位布置

5）桩间距

振冲桩的间距应根据上部结构荷载大小和场地土层情况，并结合所采用的振冲器功率大小综合考虑。30 kW 振冲器布桩间距可采用 1.3～2.0 m；55 kW 振冲器布桩间距可采用 1.4～2.5 m；75 kW 振冲器布桩间距可采用 1.5～3.0 m。荷载大或黏性土宜采用较小的间距，荷载小或砂土宜采用较大的间距。

6）桩长

当相对硬层埋深不大时，应按相对硬层埋深确定桩长；当相对硬层埋深较大（大于 8 m）时，应按储罐的允许沉降量及地基下卧层承载力验算结果确定桩长；在可液化地基中，桩长应按要求的抗震处理深度确定，一般应大于处理液化深度的下限。另外，桩长不宜小于 4 m。在用于加固抗滑稳定的地基中，桩长应超过最低滑动面 1 m 以上。

2. 垫层设计

桩体施工后，应挖除桩顶范围内 0.5～1.0 m 的松散碎石层，或通过碾压等方式使其密实，然后铺设一层 300 mm～500 mm 厚的碎石垫层。

3. 振冲桩复合地基承载力特征值

振冲桩复合地基承载力特征值应通过现场复合地基载荷试验确定。初步设计时也可用单桩和处理后桩间土的承载力特征值估算：

$$f_{spk} = [1 + m(n-1)] \cdot f_{sk} \tag{5-25}$$

式中 f_{spk}——振冲桩复合地基承载力特征值，kPa；

f_{sk}——处理后桩间土承载力特征值，宜通过桩间土载荷试验确定或按当地经验取值，如无试验或经验时，可取天然地基承载力特征值，kPa；

m——桩土面积置换率，$m = d^2/d_e^2$；

d——桩身平均直径，m；

d_e——一根桩所分担的处理地基面积的等效圆直径，m，等边三角形布桩 $d_e = 1.05s$，正方形布桩 $d_e = 1.13s$，矩形布桩 $d_e = 1.13\sqrt{s_1 s_2}$，s、s_1、s_2 分别为桩间距、纵向间距和横向间距；

n——桩土应力比，在无实测资料时，对黏性上可取 2～4，对粉土和砂土可取 1.5～3，原土强度低取大值，原土强度高取小值。

4. 复合地基的变形计算

振冲处理地基的变形包括复合土层变形和下卧层变形两部分，计算应符合现行国家标准《建筑地基基础设计规范》(GB 50007—2011)的有关规定。复合土层的压缩模量可按下式计算：

$$E_{sp} = [1 + m(n-1)]E_s \tag{5-26}$$

式中 E_{sp}——复合土层的压缩模量，MPa；

E_s——桩间土的压缩模量，宜按当地经验取值，如无经验时，可取天然地基的压缩模量，MPa。

四、施工工艺与质量检验

1. 施工工艺

1）施工设备

振冲桩施工的主要机具是振冲器、水泵和升降振冲器的机械。振冲施工时可根据设计荷载的大小、原土强度的高低、设计桩长等条件选用不同功率的振冲器。在邻近既有建(构)筑物场地施工时，为减小振动对建筑物的影响，宜用功率较小的振冲器。

升降振冲器的机械可用起重机、自行井架式施工平车或其他合适的设备。升降振冲器机械的功率和提升高度均应符合设计、施工和安全要求。

2) 施工顺序

振冲置换造孔的方法有以下几种:① 排孔法。由一端开始,逐步造孔到另一端结束。② 跳打法。同一排孔隔一孔造一孔,反复进行。③ 围幕法。先造外围 2～3 圈孔,然后采用隔一圈造一圈或依次向中心区造孔。

3) 施工步骤

振冲施工可按下列步骤进行:

(1) 清理平整施工场地。

(2) 施工现场设置泥水排泄系统,避免场地泥水泛滥和浸泡或引起对环境有害的影响。

(3) 布置桩位。

(4) 施工机具就位,使振冲器对准桩位。

(5) 启动供水泵和振冲器,水压可用 200～600 kPa,水量可用 200～400 L/min,将振冲器徐徐沉入土中,造孔速度宜为 0.5～2.0 m/min,直至达到设计深度。

(6) 造孔后边提升振冲器边冲水直至孔口,再放至孔底,重复两三次扩大孔径并使孔内泥浆变稀,开始填料制桩。

(7) 大功率振冲器投料可不提出孔口,小功率振冲器下料困难时,可将振冲器提出孔口填料,每次填料厚度不宜大于 50 cm。将振冲器沉入填料中进行振密制桩,当电流达到规定的密实电流值和规定的留振时间后,将振冲器提升 30～50 cm。

(8) 重复以上步骤,自下而上逐段制作桩体直至孔口。

(9) 关闭振冲器和水泵。

2. 质量检验

振冲地基的质量检验包括施工质量检验和竣工验收两个方面。《石油化工钢储罐地基与基础施工及验收规范》(SH/T 3528—2005)对振冲地基的质量检验标准见表 5-15。

1) 施工质量检验

振冲施工结束后,除砂土地基外,应间隔一定时间后方可进行质量检验。对粉质黏土地基间隔时间可取 21～28 d,对粉土地基可取 14～21 d,对砂土地基可取 3～7 d。

振冲桩的施工质量检验可采用单桩载荷试验,检验数量为桩数的 0.5%,并不少于 3 根。对碎石桩体可用重型动力触探进行随机检验。对桩间土可在处理深度内用标准贯入、静力触探等方法进行检验。

2) 竣工验收

振冲处理后的地基竣工验收时,承载力检验应采用复合地基载荷试验。试验时检验数量不应少于总桩数的 0.5%,且每个单体工程不应少于 3 点。

表 5-15　振冲地基质量检验标准

项	序	检查项目		允许偏差或允许值	检验方法
主控项目	1	填料粒径		设计文件要求	抽样检查
	2	30 kW 振冲器密实电流	黏性土	50～55 A	电流表读数
			砂性土或粉土	40～50 A	电流表读数
		其他类型振冲器		(1.5～2.0)A_0 A	电流表读数
	3	地基承载力		设计文件要求	按规定方法
一般项目	1	填料含泥量		＜10%	抽样检查
	2	振冲器喷水中心与孔径中心偏差		≤50 mm	用钢尺量
	3	成孔中心与设计孔位中心偏差		≤100 mm	用钢尺量
	4	成孔中心位移		50 mm	用钢尺量
	5	成孔垂直度		$1.5H/100$	用钢尺量
	6	桩体直径/mm	沉管法	+50/−20	用钢尺量
			冲击法	+100/−50	用钢尺量
	7	成孔深度	沉管法	±100 mm	量钻杆或重锤测
			冲击法	±200 mm	量钻杆或重锤测
	8	振冲桩顶中心位移		$d/5$ mm	用经纬仪和钢尺量

注：H—成孔深度；d—桩径；A_0—空振电流。

五、仪征 5 000 m³ PX 储罐采用振冲碎石桩实例[11]

1. 工程概况

江苏仪征化纤股份有限公司化工厂 PTA 装置改扩建工程，需要在码头中间罐区扩建一个 5 000 m³ PX 储罐，拟建场地地形平坦，场地属长江漫滩地地貌，场地内所揭露土层上部为新近沉积的软土(Q_4)，下部为老黏性土($Q_{2\text{-}3}$)和砂卵石层(Q_1)。场地抗震设防烈度为 7 度。

根据仪化集团公司设计院提供的岩土工程勘测报告，储罐所在位置地基土的承载力标准值及压缩模量见表 5-16。

表 5-16 地基承载力标准值及压缩模量

地层编号	岩 性	承载力标准值 /kPa	压缩模量 /kPa	极限侧阻力标准值 /kPa	极限端阻力标准值 /kPa
②	粉质黏土	100	3.5	52	
③	粉 土	100	5.0	55	
④	粉质黏土	80	3.0	25	
⑤	粉质黏土	140	5.5	62	
⑥	粉质黏土	260	11.0	85	1 200
⑦	卵夹中粗砂、粉质黏土	300	16.0	150	2 000

地下水在②层粉质黏土之上，属潜水型。②层粉质黏土属于高压缩性土，厚度约 1.3 m。③层粉土属中等偏高的压缩性土，厚度约 2 m。④层粉质黏土属于高压缩性土，厚度约 2.0 m。⑤层粉质黏土属中等偏高的压缩性土，厚度约 1.8 m。⑥层粉质黏土属于高压缩性土，厚度约 14.5 m。⑦层卵夹中粗砂、粉质黏土属于低压缩性土。③层粉土 7 度地震烈度作用下，不会发生液化。该场地上部土层较为软弱。

PX 储罐内径 21 m，充液高度 16 m，自重加上液体总重 5 000 kN，且储罐为内浮顶罐，对于不均匀沉降比较敏感，经过对②～⑤层作为持力层进行软弱下卧层强度和沉降验算，采用天然地基不满足基础设计要求，必须对地基进行处理。

2. 地基处理方案选择

根据上述地基土层的特点，在进行储罐地基设计时，其地基处理方案可采取下述几种：

1) 充水预压

储罐基础施工完后，对储罐进行充水预压。每次充水高度为储罐高度的 1/3，每天早晚测一次沉降，待沉降率不大于 5～10 mm/d 时，再充下一次水，按此进行直至满罐，待沉降率达到上述要求以后，方可放空。间隔两个月左右，再进行第二次充水。采用此方法经济可行，但时间须 3 个多月至半年。

2) 复合地基

采用较为经济的水泥粉煤灰碎石桩（CFG 桩）或振冲碎石桩，使处理后的复合地基承载力 $f_k = 180$ kPa，然后按处理后的复合地基进行储罐基础设计。采用复合地基方案，施工速度快，但较充水预压方案要增加一定的费用。

综上所述，若时间许可，宜采用充水预压方案，否则可采用复合地基方案。经与单位协商，最终决定采用振冲碎石桩复合地基进行地基处理。

3. 振冲碎石桩复合地基设计

振冲碎石桩复合地基处理范围采用满堂处理，且在基础外缘扩大 1～2 排桩。采用等边三角形布桩，桩间距取 1.5 m，桩径取 0.8 m，桩顶铺设一层 0.3 m 厚的碎石垫层，桩长为 6.0～8.0 m，且桩端进入⑥层粉质黏土 0.2～0.3 m，处理后的复合地基承载力 $f_k=180$ kPa，桩位布置情况见图 5-23，桩体情况见图 5-24。

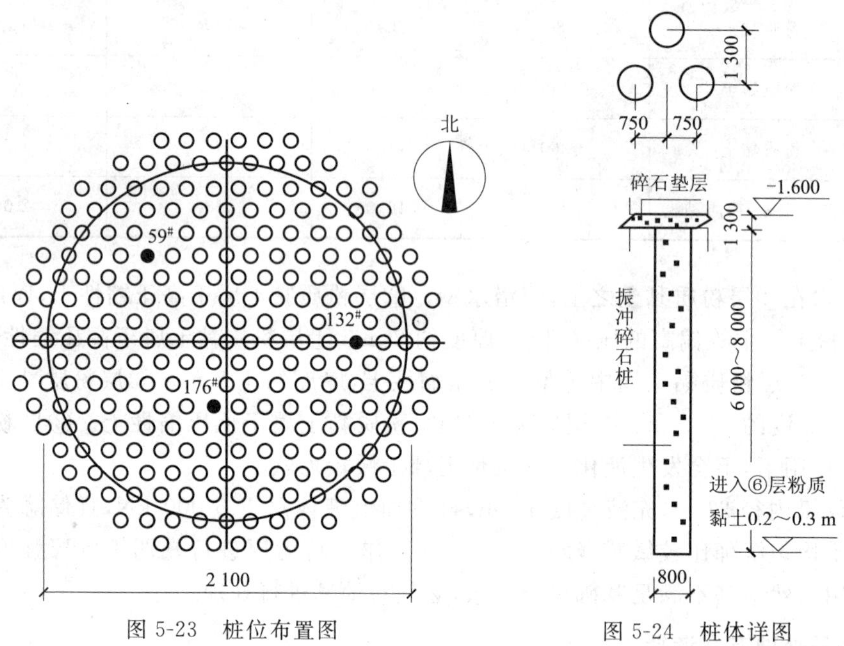

图 5-23　桩位布置图　　　　图 5-24　桩体详图

振冲碎石桩施工时，基础范围内的杂填土应全部挖除干净，碎石桩垫层施工完成后，再用素土回填，素土垫层应严格分层碾压压实，压实系数不得小于 0.95。应严格控制桩体材料的含泥量，碎石的粒径为 20～50 mm。施工时应严格按现行《建筑地基处理技术规范》规定进行。当施工单位具有在本地区的施工经验时，可直接施工工程桩，否则应进行现场制桩试验。

复合地基的承载力标准值应按现场复合地基载荷试验确定。振冲碎石桩施工结束后，间隔 3～4 周，委托江苏省工程勘测研究院于 1999 年 7 月 26 日—8 月 23 日进行单桩复合地基载荷试验，共进行 3 组（所检测的桩位和组数均由建设单位确定），所测桩位分别为 59# 桩、132# 桩、176# 桩，见图 5-23 中带“•”的桩。

静载荷试验采用堆载法，分级加荷慢速维持荷载法，稳定标准 0.25 mm/h，总荷载为 180 kPa，分 10 级施加，沉降曲线见图 5-25、图 5-26 和图 5-27，试验结果详见表 5-17（试桩开挖深度自然地面下 0.8～1.0 m）。

从上述试验结果看，采用振冲碎石桩复合地基达到设计要求，取得了预期效果。

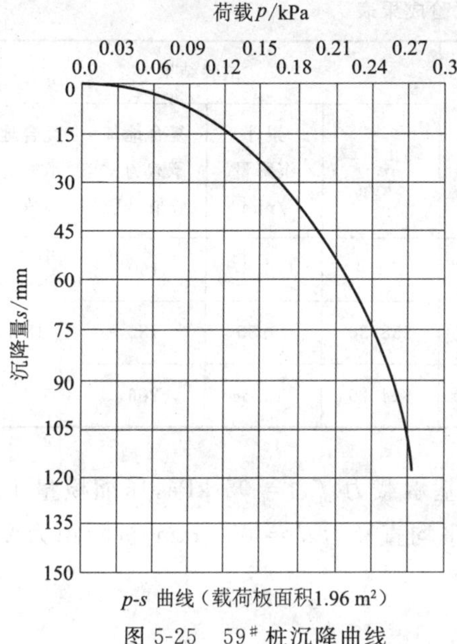

图 5-25　59# 桩沉降曲线

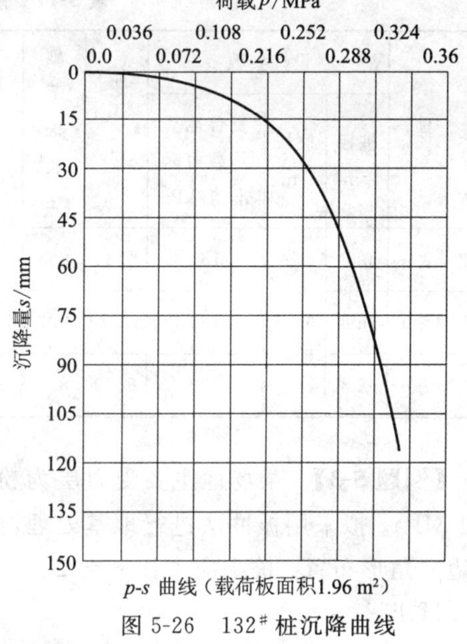

图 5-26　132# 桩沉降曲线

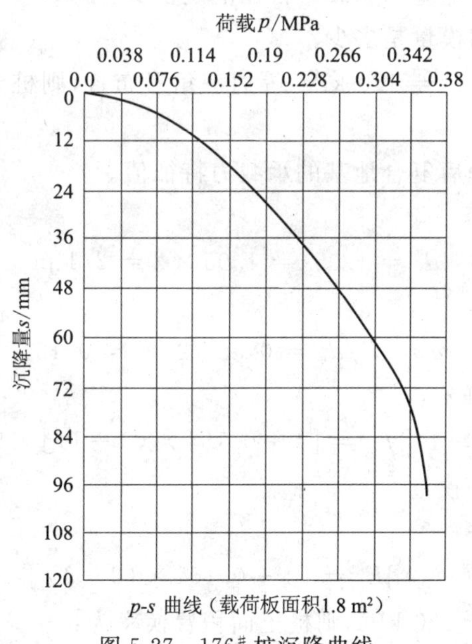

图 5-27　176# 桩沉降曲线

表 5-17 静载荷试验成果表

<table>
<tr><th rowspan="2">桩号</th><th colspan="3">设计参数</th><th rowspan="2">施工日期</th><th rowspan="2">施工桩长/m</th><th rowspan="2">测试日期</th><th rowspan="2">试桩桩长/m</th><th colspan="4">试验结果</th></tr>
<tr><th>桩径/m</th><th>桩长/m</th><th>复合地基承载力标准值/kPa</th><th>终止荷载/kPa</th><th>累计沉降量/mm</th><th>复合地基承载力试验值/kPa</th><th>复合地基承载力标准值/kPa</th></tr>
<tr><td>59#(北)</td><td>0.8</td><td rowspan="3">6～8</td><td>180</td><td>6.24</td><td>8.5</td><td>7.29</td><td>7.7</td><td>271.4</td><td>116.87</td><td>160</td><td rowspan="3">182.7</td></tr>
<tr><td>176#(南)</td><td>0.8</td><td>180</td><td>7.2</td><td>8.7</td><td>7.30</td><td>7.7</td><td>358.30</td><td>99.35</td><td>182</td></tr>
<tr><td>132#(东)</td><td>0.8</td><td>180</td><td>6.29</td><td>8.9</td><td>8.2</td><td>8.1</td><td>314.29</td><td>115.54</td><td>206</td></tr>
</table>

【例题 5-3】 某场地主要受力层为粉土，地基承载力 $f_{sk}=95$ kPa，压缩模量 $E_s=4.9$ MPa。拟采用振冲法进行地基处理，桩体的平均直径为 $d=850$ mm，桩间距为 2 m，等边三角形布置。桩土应力比 $n=2$。

试求：

(1) 振冲处理后复合地基的承载力特征值是多少？

(2) 复合土层的压缩模量是多少？

(3) 若要求处理后 $f_{spk}=120$ kPa，等边三角形布置，则桩土面积置换率和桩间距为多少合适？

【解】 (1) 振冲处理后复合地基的承载力特征值。

由题意知：

$$d_e=1.05s=1.05\times 2=2.1\ \text{m}$$

则桩土面积置换率：

$$m=d^2/d_e^2=0.85^2/2.1^2=0.164$$

复合地基承载力特征值：

$$f_{spk}=[1+m(n-1)]f_{sk}=[1+0.164\times(2-1)]\times 95=110.58\ \text{kPa}$$

(2) 复合土层的压缩模量。

根据题意可知：

$$E_{sp}=[1+m(n-1)]E_s=[1+0.164\times(2-1)]\times 4.9=5.7\ \text{MPa}$$

(3) 若处理后 $f_{spk}=120$ kPa，则桩土面积置换率为：

$$m=\frac{f_{spk}-f_{sk}}{f_{sk}(n-1)}=\frac{120-95}{95\times(2-1)}=0.263$$

$$d_e^2=d^2/m=0.85^2/0.263=2.747\ \text{m}^2,\quad d_e=1.657\ \text{m}$$

从而桩间距为：

$$s=d_e/1.05=1.657/1.05=1.58\ \text{m}$$

第六节 砂石桩法

一、概 述

碎石桩、砂桩和砂石桩总称为砂石桩。砂石桩法是指采用振动、冲击或水冲等方式在地基中成孔后，再将碎石、砂或砂石挤压入已成的孔中，形成砂石所构成的密实桩体，并和原桩周土组成复合地基的地基处理方法。

根据 Hughes 和 Withers(1974)引用 Moreau 等人(1835)的资料介绍，碎石桩早在1835年就由法国陆军工程师设计，在 Bayonne 建设兵工厂车间时使用过，在这之后被人们遗忘，直到20世纪30时年代，德国工程师 S. Steuerman 发明了振动水冲法用来挤密粗颗粒土。20世纪50年代末至60年代初，被用于黏性土地基的加固，并形成碎石桩，70年代，碎石桩技术开始应用于加固可液化土层。随着时间的推移，各种不同的施工工艺相继产生，它们不同于振冲法，但同样可形成密实的碎石桩，人们沿用了碎石桩的名称，由此，碎石桩的内涵扩大了，Juran 等认为碎石桩代表施工过程的最后结果。

砂石桩法适用于挤密松散砂土、粉土、黏性土、素填土、杂填土等地基。饱和黏土地基上对变形控制要求不严的工程也可采用砂石桩置换处理。砂石桩法也可用于处理可液化地基。

按照施工工艺可将砂石桩法分为：振冲砂石桩法和干振砂石桩法两类。振冲砂石桩法是利用能产生水平向振动的振冲器，在高压水流的作用下边振边冲，在软弱地基中成孔，再向孔内填入砂、碎石等砂石填料，振密砂石到设计要求后提升振冲器成桩，最后使得砂石桩与桩间土组成复合地基。干振砂石桩法按成桩工艺又分为两种：一种是利用振动成孔器成孔，把原孔位的土体挤到周围土体中去，提起振孔器，在原孔中倒入砂石，再放下振孔器振密砂石，即管外投料，分段振扩砂石，如此反复，形成砂石桩，并与桩间土组成复合地基；另一种是利用振动荷载将套管打入规定的设计深度，然后投入砂石，即管内投料，边提管边振密砂石形成较大密度的砂石桩，并与周围土体一起构成砂石桩复合地基，即沉管砂石桩法。

二、加固机理

实际上，桩式复合地基的加固作用大都包括：置换作用、挤密作用、振密作用、桩体作用、排水作用和加筋作用等几个方面。但是，不同的工程地质条件、不同的桩体在复合地基中所起的具体作用有所不同。

砂石桩在处理地基时主要靠桩的挤密和施工中的振动作用使桩周土的密度增大，以达到提高地基承载力、降低压缩性的目的。对于不同的地基土，砂石桩的加固机理也不尽相同。

1. 在松散砂土、粉土地基中的主要作用

1）挤密作用

在施工过程中，采用锤击法或振动法往砂土中沉管和一次拔管成桩时，由于沉管对周围土层产生了很大的横向挤压力，并将孔中原来的土挤向四周，使得周围土层中的孔隙比减小，密度增大。

2）振密作用

在往地基中沉管和边振动边逐步拔管成桩的过程中，对桩管四围的土层除了产生挤密作用外，沉管的振动能量还以波的形式在土体中传播，引起周围土体振动，导致部分土体结构破坏，土颗粒重新排列，从而使得松散状态的土体趋向密实。

3）抗液化作用

由于饱和松砂在地震荷载作用下具有较强的振密性，土体易趋于密实，土体中的孔隙减小，使得孔隙水不能及时排出，从而形成了超孔隙水压力。随着饱和砂土地基中超孔隙水压力的不断积累，当其达到上覆土压力时，土颗粒间的有效应力完全丧失而导致地基液化。砂石桩加固可液化地基的作用主要表现在以下三个方面：① 通过振密和挤密作用提高饱和砂土的密实度，减小饱和砂层的振密性；② 通过排水作用加速土体中超孔隙水压力的消散，限制超孔隙水压力的增长；③ 通过桩体作用减小桩间土所受到的剪应力，即减弱作用于土体上使土振密的驱动力强度，也就减小了产生液化的超孔隙水压力，从而提高了桩间土的抗液化能力。

2. 在黏土地基中的主要作用

1）置换作用

用密实的砂石桩置换相同体积的软弱黏土，形成复合地基。由于砂石桩的强度和抗变形能力比软弱黏土大，从而使得复合地基的承载力比原来天然地基的大、沉降量比天然地基小。

2）排水固结作用

由于砂石桩的渗透系数比较大，它在渗透性差的软弱黏土中起到了改善排水边界条件、加速软弱黏土固结的作用。

砂石桩复合地基除了可以提高地基承载力、减少沉降量外，还可通过桩体约束桩间土的侧向变形，来提高桩间土的抗剪强度，即所谓的加筋作用。

三、设计计算

砂石桩复合地基的设计内容主要包括桩体填料、处理范围、布桩方式、桩径、桩长、桩间距、填料用量、垫层厚度和材料、复合地基承载力特征值、稳定性分析和变形计算等。

1. 桩体参数设计

1) 桩体直径

砂石桩直径的大小取决于施工设备桩管的大小和地基土的条件。小直径桩管挤密质量较均匀但施工效率低；大直径桩管需要较大的机械能力，工效高，但采用过大的桩径，一根桩要承担的挤密面积大，通过一个孔要填入的填料多，不易使桩周土挤密均匀。砂石桩直径一般可采用400～800 mm。由于饱和黏性土的灵敏度较高，所以宜选用较大的直径以减小对原地基土的扰动程度，同时置换率较大也可提高处理的效果。

2) 桩体材料

桩体材料可用碎石、卵石、角砾、圆砾、砾砂、粗砂、中砂或石屑等硬质材料，含泥量不得大于5%，最大粒径不宜大于50 mm。

3) 处理范围

砂石桩处理范围应大于基底范围，布置范围应超出储罐基础外缘2～3排桩。对可液化地基，在基础外缘扩大宽度不宜小于处理深度的1/2，并不应小5 m。

4) 布桩方式

砂石桩宜采用等边三角形或环形布置。

5) 桩间距

砂石桩的间距应通过现场试验确定。对粉土和砂土地基，不宜大于砂石桩直径的4.0倍；初步设计时，对松散粉土和砂土地基，应根据挤密后要求达到的孔隙比 e_1 来确定，可按下列公式估算：

等边三角形布置：

$$s = 0.95\xi d\sqrt{\frac{1+e_0}{e_0-e_1}} \tag{5-27}$$

正方形布置：

$$s = 0.89\xi d\sqrt{\frac{1+e_0}{e_0-e_1}} \tag{5-28}$$

$$e_1 = e_{max} - D_{r1}(e_{max} - e_{min}) \tag{5-29}$$

式中　s——砂石桩间距，m；

d——砂石桩直径，m；

ξ——修正系数，当考虑振动下沉密实作用时，取1.1～1.2，不考虑振动下沉密实作用时，取1.0；

e_0——地基处理前砂土的孔隙比，可按原状土样试验确定，也可根据动力或静力触探等对比试验确定；

e_1——地基挤密后要求达到的孔隙比；

e_{max}、e_{min}——砂土的最大、最小孔隙比，可按现行国家标准《土工试验方法标准》(GB/T 50123—1999)的有关规定确定；

D_{r1}——地基挤密后要求砂土达到的相对密实度，可取 0.70～0.85。

6）桩长

砂石桩的桩长可根据工程要求和工程地质条件以及地基的稳定和变形验算确定：

（1）当松软土层厚度不大时，砂石桩桩长宜穿过松软土层。

（2）当松软土层厚度较大时，对按稳定性控制的工程，砂石桩桩长应不小于最危险滑动面以下 2 m 的深度；对按变形控制的工程，砂石桩桩长应满足处理后地基变形量不超过建筑物的地基变形允许值并满足软弱下卧层承载力的要求。

（3）对可液化的地基，砂石桩桩长应按现行国家标准《建筑抗震设计规范》（GB 50011—2010）的有关规定采用。

（4）桩长不宜小于 4 m。

7）填料用量

砂石桩桩孔内的填料用量应通过现场试验确定。考虑到挤密砂石桩沿深度分布不会完全均匀，另外施工中还会有所损失等原因，估算时可按设计桩孔体积乘以 1.2～1.4 的充盈系数确定。如果施工中地面有下沉或隆起现象，则填料数量应根据现场具体情况予以增减。

2. 垫层设计

砂石桩施工后，应将基底标高下的松散层挖除或夯压密实，并铺设一层厚度为 300～500 mm 的砂石垫层。

3. 复合地基承载力特征值

砂石桩复合地基的承载力特征值，应通过现场复合地基载荷试验确定，初步设计时，也可按公式(5-25)估算。

4. 复合地基变形计算

砂石桩处理地基的变形计算与振冲桩复合地基相同，复合土层的压缩模量按式(5-26)计算。

5. 稳定性分析

当砂石桩用于处理堆载地基时，应按现行《建筑地基基础设计规范》(GB 50007—2011)的有关规定进行抗滑稳定性验算。最危险滑动面上诸力对滑动中心所产生的抗滑力矩与滑动力矩应满足：

$$M_R/M_S \geqslant 1.2 \tag{5-30}$$

当沿 $ABCD$ 滑动面（见图 5-28）滑动时，对于 BC 段的抗剪强度 τ_{sp}，Aboshi 提出可按平面面积加权分担的方法进行计算：

$$\tau_{sp} = (1-m)c + m(\gamma_p z + \mu_p \sigma_z)\tan\varphi_p \times \cos^2\alpha$$

$$\mu_p = \frac{n}{1+(n-1)m}$$

式中　τ_{sp}——沿滑动面的复合土体的抗剪强度，kPa；

γ_p——桩体的重度，kN/m^3；

z——桩顶至滑弧上计算点的垂直距离，m；

μ_p——集中应力系数；

σ_z——桩顶平面上作用荷载引起的附加应力，kPa；

φ_p——桩体材料的内摩擦角，(°)；

α——滑弧切线与水平线的夹角，(°)；

n——桩土应力比；

m——桩土置换率。

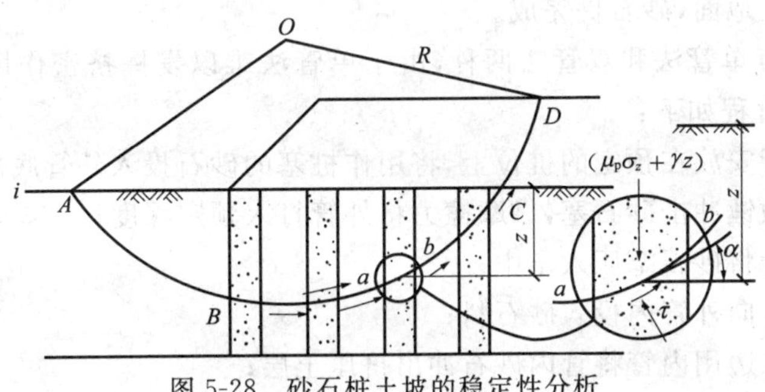

图 5-28　砂石桩土坡的稳定性分析

四、施工工艺与质量检验

1.施工工艺

1）施工方法与机械

砂石桩施工可采用振动沉管、锤击沉管或冲击成孔等成桩方法。振动沉管成桩法又分为一次拔管法、逐步拔管法和重复压拔管法三种。锤击沉管成桩法可分为单管成桩法和双管成桩法两种。当用于消除粉细砂及粉土液化时，宜用振动沉管成桩法。

可用的砂石桩施工机械类型很多，除专用机械外还可利用一般的打桩机改装。砂石桩机械主要可分为两类：振动式砂石桩机和锤击式砂石桩机。砂石桩机通常包括桩机架、桩管及桩尖、提升装置、挤密装置（振动锤或冲击锤）、上料设备及检测装置等几部分。

2）施工顺序

砂石桩的施工顺序，对砂土地基宜从外围或两侧向中间进行；在既有建（构）筑物邻近施工时，应向背离建（构）筑物的方向进行。

3）施工步骤

砂石桩的施工步骤主要包括：移机就位、沉下桩管、投料、拔管成桩等几步，但不同的成桩方法略有差异。

振动法施工,成桩步骤如下:

(1) 移动桩机及导向架,把桩管及桩尖对准桩位;

(2) 启动振动锤,把桩管下沉到预定的深度;

(3) 向桩管内投入规定数量的砂石料(根据施工试验的经验,为了提高施工效率,装砂石也可在桩管下到便于装料的位置时进行);

(4) 把桩管提升一定的高度(下砂石顺利时提升高度不超过 1~2 m),提升时桩尖自动打开,桩管内的砂石料流入孔内;

(5) 降落桩管,利用振动及桩尖的挤压作用使砂石密实;

(6) 重复(4)、(5)两工序,桩管上下运动,砂石料不断补充,砂石桩不断增高;

(7) 桩管提至地面,砂石桩完成。

锤击法施工有单管法和双管法两种,由于单管法难以发挥挤密作用,一般宜用双管法。其施工成桩过程如下:

(1) 将内外管安放在预定的桩位上,将用作桩塞的砂石投入外管底部;

(2) 以内管做锤冲击砂石塞,靠摩擦力将外管打入预定深度;

(3) 固定外管将砂石塞压入土中;

(4) 提内管并向外管内投入砂石料;

(5) 边提外管边用内管将管内砂石冲出挤压土层;

(6) 重复(4)、(5)步骤;

(7) 待外管拔出地面,砂石桩完成。

4) 施工质量控制

振动沉管成桩法施工应根据沉管和挤密情况,控制填砂石量、提升高度和速度、挤压次数和时间、电机的工作电流等。

施工时桩位水平偏差不应大于 0.3 倍套管外径;套管垂直度偏差不应大于 1%。

2. 质量检验

砂石桩处理地基的质量检验包括施工质量检验和竣工验收两个方面。《石油化工钢储罐地基与基础施工及验收规范》(SH/T 3528—2005)对砂桩地基的质量检验标准见表 5-18。

表 5-18　砂桩地基的质量检验标准

项	序	检查项目	允许偏差或允许值	检验方法
主控项目	1	灌沙量	≥95%	实际用砂量与计算体积比
	2	地基强度	设计文件要求	按规定方法
	3	地基承载力	设计文件要求	按规定方法

续表 5-18

项	序	检查项目		允许偏差或允许值	检验方法
一般项目	1	砂料含泥量		≤3%	试验室测定
	2	砂料有机质含量		≤5%	焙烧法
	3	桩中心位移		≤50 mm	用钢尺量
	4	标　高		±150 mm	水准仪
	5	垂直度		≤1.5H/100	经纬仪检查桩管
	6	桩体直径/mm	锤击法	+100/−50	用钢尺量
			振动法	−20	用钢尺量
	7	成孔深度	锤击法	±200 mm	用钢尺量
			振动法	±100 mm	用钢尺量

1）施工质量检验

在施工期间及施工结束后，应检查砂石桩的施工记录。对沉管法，尚应检查套管往复挤压振动的次数与时间、套管升降幅度和速度、每次填砂石料量等各项施工记录。

施工后应间隔一定时间方可进行质量检验。对粉质黏土地基的间隔时间可取 21～28 d；对粉土地基可取 14～21 d；对砂土地基可取 3～7 d。

砂石桩的施工质量检验可采用单桩载荷试验，对桩体可采用动力触探试验检测，对桩间土可采用标准贯入、静力触探、动力触探或其他原位测试等方法进行检测。

对储罐基础检测数量不少于桩总数的 2%，并不少于 3 处。对于大型储罐工程应进行复合地基载荷试验检测地基的处理效果。经质量检验后，如有砂石桩质量未达到设计要求时，应采取加桩或其他补救措施。对大型储罐工程采取补救措施后，宜对复合地基处理效果重新进行检测评定。

2）竣工验收

砂石桩地基竣工验收时，承载力检验应采用复合地基载荷试验，试验数量不应少于总桩数的 0.5%，且每个单体不应少于 3 点。

五、东黄输油管道东营首站罐区碎石桩加固工程实例[43]

1. 工程概况

该工程位于山东省东营市，为胜利油田石油外运东营至黄岛输油管线复线工程的首站，拟建 2 个 2 万 m^3 油罐，由中国石油天然气总公司东黄复线指挥部筹建，中国石油天然气总公司管道设计院设计。为提高地基承载力，并控制油罐罐基中心与罐边缘的不均匀沉降，中国化学工程重型机械化公司采用振动沉管挤密碎石桩对油罐地基进行了处理。

2. 工程地质条件

该工程场地地势较为平坦，场地地层除地表 0.5 m 素填土外，其余均为第四系全新统冲积，局部为滨海沉积的黏性土及砂土，具有明显的层理，场底标高介于 5.78～6.53 m 之间，地貌属于黄河冲击平原。野外钻探揭露深度内地层分为 9 层：

① 层粉土：夹粉质黏土，黄褐色，可塑，局部软塑。场内普遍分布，最大厚度 7.00 m，最小厚度 2.00 m，底层标高 3.87～1.09 m，$f_k = 120$ kPa。

② 层粉质黏土：夹粉土，黄褐—灰褐色，可塑—软塑。最大厚度为 5.00 m，最小厚度为 1.5 m，层底标高－0.74～－1.67 m，$f_k = 110$ kPa。

③ 层粉质黏土：夹粉土，灰色，软塑—流塑。场区普遍分布最大厚度 10.50 m，最小厚度 3.8 m，层底标高－4.88～－11.48 m，$f_k = 90$ kPa。

③-1 夹层细砂：浅灰色，饱和，松散，$f_k = 120$ kPa。

④ 层粉土：浅灰色，土质均匀，场区内普遍分布，最大厚度 6.90 m，最小厚度 3.50 m，层底标高－14.84～17.44 m，$f_k = 180$ kPa。

⑤ 层粉土：褐黄色，可塑。场区普遍分布，最大厚度 7.60 m，最小厚度 2.50 m，层底标高－18.51～23.79 m，$f_k = 200$ kPa。

⑤-1 夹层粉质黏土：黄褐色，可塑，$f_k = 180$ kPa。

⑥ 层细砂：褐黄—浅灰色，饱和，中密—密实。最大厚度 21.00 m，最小厚度 12.00 m，$f_k = 200$ kPa。

⑦ 层粉土：局部夹粉质黏土薄层，褐黄色，可塑，$f_k = 220$ kPa。

场区内地下水属潜水型，水位随季节变化大，勘察期间稳定水位为 1.00～1.80 m，场区的地震烈度为 6 度，通过现场实地标准贯入试验，按现行《建筑抗震设计规范》(GB 50011) 的规定，判定场地地震时不产生液化。

3. 设计计算

设计要求：

(1) 地基处理后地基承载力标准值：罐中心 $f_{spk} \geqslant 180$ kPa，罐边缘 $f_{spk} \geqslant 150$ kPa；

(2) 罐边缘和中心沉降差 < 160 mm。

桩径：依据现有桩管规格，桩径为 $\phi385$～$\phi405$ mm。

桩长：依据场地地质条件，1 号罐桩长为 10 m，2 号罐桩长为 12 m。

单桩碎石填充量：1 号罐 1.15～1.3 m^3，2 号罐 1.3～1.5 m^3。

布桩形式：按同心圆半径从 1.0～22.15 m 辐射形布桩，具体桩位布置示意图见图 5-29，罐基础外布置 3 圆桩，桩数为 1 317 根/罐。

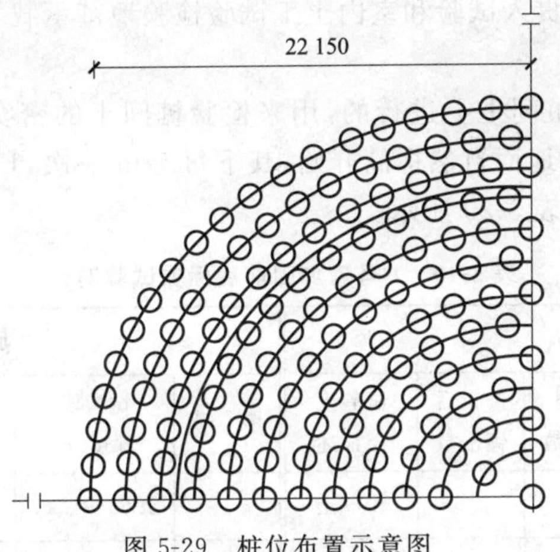

图 5-29 桩位布置示意图

4. 施工方法

1) 设备选用

选用 DZ-8000 型电动沉拔桩机，JM_1 型打桩架与 W200A 型国产 50 t 履带式起重机进行造孔制桩；选用 TJ-160、8L-50 型单斗装载机及专用料斗堆料投料；选用 BA-1 $\frac{1}{2}$ in 清水泵及 4.3 m^3 贮水罐，1.2 in 胶管贮水供水。

2) 施工方法

采用围幕法施工，先打外圈逐步向中心推进。

3) 施工工艺

(1) 施工顺序。

桩管桩尖对准桩位就位，导向架垂直度偏差＜1.5%；

启动沉拔桩机，使桩管振入地下，使桩深达到设计要求＋40 cm；

按设计要求加入石料，并适量加水；

提升桩管，每提升 1.00 m 左右悬振 10 s，然后拔出桩管，拔管速度为 0.20 m/s；

清理桩尖。

按以上顺序循环施工每一根桩。

(2) 施工质量控制。

定位：桩位偏差≤50 mm，桩管垂直度偏差＜1.5%；成孔：桩位偏差≤50 mm，桩管垂直度偏差＜1.5%，成孔深度为设计孔深＋40 cm；制桩：桩位偏差≤50 mm，桩管垂直度偏差＜1.5%，制桩长度为设计桩长＋40 cm；桩径为 ϕ385～ϕ405 mm；填料：粒径为 20～40 mm，含泥量不大于 5%。

5. 质量检验

地基处理施工完 35 d 后，对加固效果进行了质量检验：1 号罐用复合地基载荷试验检验复合地基承载力及变形模量；用标准贯入试验和室内土工试验检验桩间土均匀性及承载力;2 号罐通过标准贯入试验和室内土工试验检验地基承载力、均匀性及沉降差。

1）标准贯入试验

标准贯入试验是在桩间土上进行的，用来检验桩间土的密实情况，检测点布置在环梁基底上，试验时从罐基地面自然标高开始，其下每 1 m 一次，1 号和 2 号罐加固前后标贯击数对比如表 5-19 和表 5-20 所示。

表 5-19　1 号罐加固前后标贯试验对比

加固前					加固后				
序　号	试验段深度/m	实测锤击数	修正后锤击数	试验土层描述	序　号	试验段深度/m	实测锤击数	修正后锤击数	试验土层描述
1	1.65～1.95	3.5	3.5	粉　土	1	1.65～1.95	7	7	粉　土
2	2.65～2.95	3	2.9	粉　土	2	2.65～2.95	13	13	粉　土
3					3	3.65～3.95	18	17	粉　土
4	4.65～4.95	4	3.9	粉　土	4	4.65～4.95	10	9.6	粉　土
5					5	5.65～5.95	12	11.5	粉　土
6	6.65～7.95	5	4.8	粉质黏土	6	6.65～7.95	10	9.1	粉质黏土
7					7	7.65～7.95	10	9.5	粉质黏土
8	8.65～8.95	1.5	1.4	粉质黏土	8	8.65～8.95	22	21	粉质黏土
9					9	9.65～9.95	20	19	粉质黏土
10	10.65～10.95	4	3.8	粉质黏土	10	10.65～10.95	24	23	粉质黏土

表 5-20　2 号罐加固前后标贯试验对比

加固前					加固后				
序　号	试验段深度/m	实测锤击数	修正后锤击数	试验土层描述	序　号	试验段深度/m	实测锤击数	修正后锤击数	试验土层描述
1	1.65～1.95	2	1.9	粉　土	1	1.65～1.90	9	9	粉　土
2	2.65～2.95	2	1.9	粉　土	2	2.65～2.90	14	14	粉　土
3	4.65～4.95	5	2.9	粉　土	3	3.60～3.90	2	2	粉质黏土
4	8.65～8.95	3	2.9	粉质黏土	4	4.60～4.90	8	7.78	粉质黏土

续表 5-20

加固前					加固后				
序　号	试验段深度/m	实测锤击数	修正后锤击数	试验土层描述	序　号	试验段深度/m	实测锤击数	修正后锤击数	试验土层描述
5	10.65～10.95	3	2.9	粉质黏土	5	5.60～5.90	6	5.68	粉　土
6	10.65～12.95	10	9.4	粉　土	6	7.60～7.90	14	12.68	粉　土
7	12.65～12.95	4	3.7	粉质黏土	7	8.60～8.90	4	3.6	粉质黏土
8					8	9.60～9.90	11	9.36	粉质黏土

由标准贯入试验数据对比分析知：桩间土的承载力标准值比加固前天然土平均提高40%；地基处理后，1、2号罐环基上桩间土的强度满足设计要求。

2）轻型动力触探(N_{10})试验

轻型动力触探试验是在2号罐环基桩间土上进行的，地基处理后N_{10}成果见表5-21。通过对实测数据整理计算，强度满足设计要求。

表 5-21　2号罐加固后 N_{10} 成果表

试验标高/m	10 cm(击)	10 cm(击)	10 cm(击)	10 cm(击)	土层描述	f_k/kPa
5.8	12	9	19	40	粉质黏土	＞180
4.8	25	26	31	82	粉质黏土	＞180
3.8	24	10	5	39	粉质黏土	＞180
2.8	8	14	14	36	粉质黏土	＞180
1.8	21	30	36	87	粉质黏土	＞180
0.8	35	23	24	82	粉质黏土	＞180
−0.8	33	26	10	78	粉　土	＞180
−1.8	12	12	13	38	粉　土	＞180
−2.8	14	15	16	45	粉　土	＞180
−3.8	16	15	25	56	粉　土	＞180

3）复合地基载荷试验

为确定复合地基的承载力和变形特征，在1号罐基上进行了0.5 m^2 压板复合地基载荷试验。试验深度在地表以下1.5～1.8 m处。载荷试验采用承台堆载作为反力，用百分表记录沉降，使用100 t油压千斤顶加压，由传感器通过电阻应变仪控制加荷，加荷等级每级为2.5 N/cm^2，变形稳定标准为连续2 h沉降值不大于0.1 mm/h，并且每级荷重下观测时间不得小于4 h，各项观测数据经汇总计算，绘制出 p-s、s-t 曲线后，选取 $s/b=0.02$ 所对应的荷载作为复合地基承载力标准值，按 $E_0=(1-\mu^2)p/sb$ 计算变形模量，结果如表5-22所示。

表5-22　载荷试验结果

试验点号	f_{spk}/kPa	s/cm	E_0/MPa	备　注
Ⅰ	250	1.2	15.0	共进行4个点荷载试验
Ⅱ	250	1.0	16.25	
Ⅲ	250	0.8	17.3	
Ⅳ	250	1.1	20.3	

4）土工试验

对标贯孔取土进行了室内土工试验，1号和2号罐桩间土的主要物理力学指标见表5-23和表5-24。结果表明：处理后1号和2号罐桩间土承载力标准值、罐边缘与罐中心沉降差均满足设计要求。

表5-23　1号罐加固后桩间土的物理力学指标

取土深度/m	土层标高/m	土层描述	重度/($kN \cdot m^{-3}$)	孔隙比	含水量/%	液限/%	塑性指数	压缩模量/MPa	压缩系数/MPa^{-1}	f_k/kPa
1.65～1.90	7.65	粉　土	19.98	0.671	23.66	26.50	9.44	32.8	0.05	200
2.65～2.90	6.65	粉质黏土	19.60	0.867	35.08	31.11	10.46	6.6	0.27	200
3.65～3.90	5.65	粉质黏土	19.90	0.745	28.63	26.19	11.28	10.6	0.16	200
4.65～4.90	4.65	粉质黏土	19.60	0.745	27.19	28.77	12.01	9.9	0.17	200
5.65～5.90	3.65	粉　土	19.90	0.683	24.53	26.08	8.44	8.6	0.19	200
6.65～7.90	2.65	粉质黏土	19.40	0.783	29.08	28.79	11.07	6.8	0.25	200

续表 5-23

取土深度/m	土层标高/m	土层描述	重度/(kN·m^{-3})	孔隙比	含水量/%	液限/%	塑性指数	压缩模量/MPa	压缩系数/MPa^{-1}	f_k/kPa
7.65～7.90	1.65	粉质黏土	19.60	0.773	29.20	29.31	10.38	8.5	0.20	200
8.65～8.90	0.65	粉质黏土	19.40	0.788	29.50	28.33	11.23	7.4	0.23	200
9.65～9.90	−0.65	粉质黏土	20.05	0.693	26.58	29.16	14.59	11.8	0.14	200

表 5-24 2号罐加固后桩间土的物理力学指标

取土深度/m	土层标高/m	土层描述	重度/(kN·m^{-3})	孔隙比	含水量/%	液限/%	塑性指数	压缩模量/MPa	压缩系数/MPa^{-1}	f_k/kPa
1.65～1.90	7.9	粉质黏土	19.8	0.739	25.91	31.87	12.38	8.6	0.197	200
2.65～2.90	6.9	粉质黏土	20.3	0.635	22.60	29.56	12.68	16.0	0.100	200
3.65～3.90	5.9	粉质黏土	19.0	0.696	22.65	27.60	11.24	6.0	0.26	200
4.65～4.90	4.9	粉质黏土	19.7	0.738	26.13	26.06	10.67	6.8	0.24	200
5.65～5.90	3.9	粉质黏土	19.6	0.682	22.64	29.03	11.78	5.5	0.29	200
6.65～7.90	2.9	粉质黏土	20.1	0.718	26.53	27.03	12.11	8.6	0.19	200
7.65～7.90	1.9	粉质黏土	20.1	0.688	25.41	28.04	11.96	6.6	0.24	200
8.65～8.90	0.9	粉质黏土	19.6	0.765	29.94	29.94	11.62	4.6	0.37	200

几种手段检测表明，罐基经加固后，罐中心复合地基承载力标准值大于 180 kPa，罐边缘复合地基承载力标准值大于 150 kPa，罐边缘和中心沉降差小于 160 mm，满足设计要求。

【例题 5-4】 某场地拟采用砂石桩处理，设计桩体直径为 $d = 500$ mm，等边三角形布置，场地土的地基承载力特征值为 $f_{sk} = 95$ kPa，桩土应力比 $n = 2$。

试求：

(1) 若场地土的 $\rho_{dmax} = 1.6\ t/m^3$，$\rho_{dmin} = 1.45\ t/m^3$，$G_s = 2.7$，天然孔隙比 $e_0 = 0.8$。不考虑振动下沉密实作用，要求处理后的场地土的 $D_{r1} = 0.8$。砂石桩的间距多少合适？

(2) 若桩土面积置换率为 0.2，砂石桩的间距多少合适？

(3) 若桩土面积置换率为0.2,砂石桩复合地基的承载力特征值是多少?

【解】 (1) 砂石桩的间距。

由题意可知:

$$e_{max} = \frac{G_s \rho_w}{\rho_{dmin}} - 1 = \frac{2.7}{1.45} - 1 = 0.86$$

$$e_{min} = \frac{G_s \rho_w}{\rho_{dmax}} - 1 = \frac{2.7}{1.6} - 1 = 0.69$$

则挤密后要求达到孔隙比为:

$$e_1 = e_{max} - D_{r1}(e_{max} - e_{min}) = 0.86 - 0.8 \times (0.86 - 0.69) = 0.72$$

砂石桩间距为:

$$s = 0.95\xi d\sqrt{\frac{1+e_0}{e_0 - e_1}} = 0.95 \times 1.0 \times 0.5\sqrt{\frac{1+0.8}{0.8-0.72}} = 2.25 \text{ m}$$

(2) 由题意知:

$$d_e^2 = \frac{d^2}{m} = \frac{0.5^2}{0.2} = 1.25 \text{ m}$$

等边三角形布桩:

$$s = \frac{d_e}{1.05} = \frac{\sqrt{1.25}}{1.05} = 1.06 \text{ m}$$

(3) 复合地基的承载力特征值为:

$$f_{spk} = [1 + m(n-1)] \cdot f_{sk} = [1 + 0.2 \times (2-1)] \times 95 = 114 \text{ kPa}$$

第七节　水泥粉煤灰碎石桩法

一、概　述

由水泥、粉煤灰、碎石、石屑或砂等混合料加水搅拌而形成高黏结强度桩,并由桩体、桩间土和褥垫层一起组成复合地基的地基处理方法称为水泥粉煤灰碎石桩法或CFG桩法。

水泥粉煤灰碎石桩是针对碎石桩复合地基提出来的。因为用碎石桩复合加固软黏土时,加固效果不明显。主要原因是碎石桩为散粒体材料,本身没有黏结强度,主要靠周围土体的约束来抵抗基础传来的竖向荷载,土体越软,对桩体的约束作用越差,桩传递竖向荷载的能力越弱。在碎石桩中掺入石屑、粉煤灰、水泥等,加水搅拌后可形成一种黏结强度较高的桩体,从而使其具有刚性桩的一些特性。一般情况,CFG桩不仅可以发挥全桩长的侧阻作用,如果桩端落在好土层时也能发挥端阻作用,这样可以更好地提高复合地基的承载力。另外,刚施工完成的CFG桩排水性较好,可以排出由于施工引起的超孔隙水压力,直到桩体结硬为止,这样的排水过程可以延续几个小时,而不会影响桩体强度，这对减少因孔压消散太慢引起的地面隆起和增加桩间土的密实度大为有利。

水泥粉煤灰碎石桩系高黏结强度桩，需在基础和桩顶之间设置一定厚度的褥垫层，以保证桩、土共同承担荷载形成复合地基。水泥粉煤灰碎石桩与素混凝土桩的区别仅在于桩体材料的构成不同，而在其受力和变形特性方面没有什么区别。

水泥粉煤灰碎石桩复合地基具有承载力提高幅度大、地基变形小的特点，并具有较大的适用范围。它既适用于条基、独立基础，也适用于箱基、筏基；既可用于工业厂房，也可用于民用建筑。就土性而言，适用于处理黏土、粉土、砂土和已完成固结的素填土等地基，且储罐基础下土层的承载力特征值不应小于 100 kPa。

水泥粉煤灰碎石桩不仅用于承载力较低的土，对承载力较高但变形不能满足要求的地基，也可采用水泥粉煤灰碎石桩以减少地基变形。

二、加固机理

采用 CFG 桩处理软弱地基时，桩与桩间土一起通过褥垫层形成复合地基，如图 5-30 所示，其加固作用主要表现在以下几个方面：

(1) 振密、挤密作用。

采用振动沉管法施工时，由于振动和挤压作用使桩间土变得密实。

(2) 桩体作用。

由于 CFG 桩是高黏结强度桩，桩体强度比桩周土大，在荷载作用下桩体本身的压缩量比桩周土小，因此随着地基的变形，荷载逐渐集中到桩体上，CFG 桩起到了桩体作用，复合地基的承载力也得到提高。在其他参数相同的情况下，桩越长、桩的荷载分担比(桩承担的荷载占总荷载的百分比)越高。

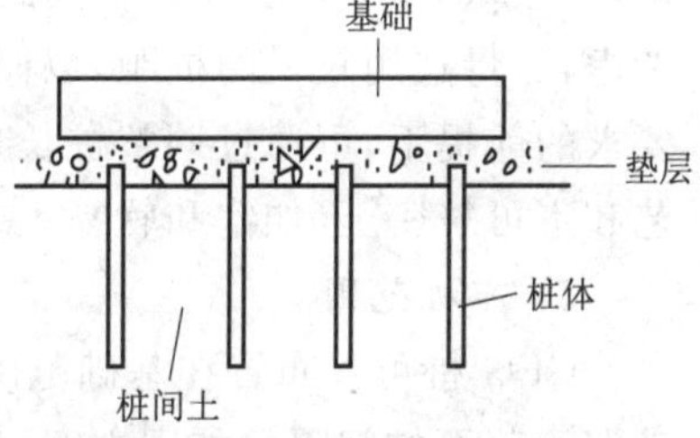

图 5-30　CFG 桩复合地基示意图

(3) 褥垫层作用。

褥垫层在复合地基中的作用主要有以下几方面：

① 保证桩土共同承担荷载。

褥垫层可以保证桩、土共同承担荷载，是水泥粉煤灰碎石桩形成复合地基的重要条件。在竖向荷载作用下，桩体逐渐向褥垫层中刺入，桩顶上部的褥垫层材料在受压缩的同时向周围发生流动。垫层材料的流动使得桩间土与基础底面始终保持接触并使桩间土的压缩模量增大，桩土的共同作用得到保证。

② 减小基础底面的应力集中。

垫层材料的流动使桩间土承载力得以充分发挥，桩体承担的荷载相对减小，基底压力分布趋于均匀，减小了基础底面的应力集中，地基的变形情况得到改善。

③ 调整桩土垂直和水平荷载分担比。

一般情况下，褥垫越薄，桩承担的竖向荷载占总荷载的百分比越高，反之亦然；褥垫层越厚，土分担的水平荷载占总荷载的百分比越大，桩分担的水平荷载越小。

三、设计计算

CFG 桩复合地基的设计主要包括桩体填料、桩径、桩长、桩间距、布桩方式和范围、垫层厚度和材料、CFG 桩复合地基承载力特征值的确定以及处理后复合地基的变形计算等。

1. 桩体参数设计

1）桩径

CFG 桩桩径过小，施工质量不容易控制，桩径过大，需要加大褥垫层厚度才能保证桩土共同承担上部结构传来的荷载。因此，桩径宜取 350～500 mm，一般采用等边三角形或正方形布桩。

2）桩间距

桩间距应根据设计要求的复合地基承载力、建筑物控制沉降量、土性、施工工艺等确定，一般取 3～5 倍桩径。桩间距首先应满足承载力和变形量的要求。另外，从施工角度考虑，尽量选用较大的桩距，以防止新打桩对已打桩的不良影响。在满足承载力和变形要求的前提下，可通过调整桩长来调整桩间距，桩越长，桩间距可以越大。对挤土成桩工艺和不可挤密土（如饱和软黏土或密实度很高的黏性土，砂土等）宜采用较大的桩距。

3）布桩范围

CFG 桩可只布置在基础范围内。对可液化地基，基础内可采用振动沉管 CFG 桩、振动沉管碎石桩间隔的加固方案，但基础外一定范围内须打设一定数量的碎石桩。

4）桩长

应将桩端落在相对好的土层上，这样可以很好地发挥桩的端阻力，也可避免由于场地岩性变化大可能造成建（构）筑物沉降的不均匀。因此，设计时应根据地质勘查资料、加固深度，确定桩端持力层和预估桩长。

2. 褥垫层设计

褥垫层材料可选用级配良好的砂石或碎石等，最大粒径不宜大于 30 mm。褥垫层厚度宜为 300 mm，压实系数不宜小于 0.96。

3. CFG 桩复合地基承载力特征值

1）复合地基承载力特征值

水泥粉煤灰碎石桩复合地基的承载力特征值，应通过现场复合地基载荷试验确定，初步设计时也可按下式估算：

$$f_{\mathrm{spk}} = m\frac{R_{\mathrm{a}}}{A_{\mathrm{p}}} + \beta(1-m)f_{\mathrm{sk}} \tag{5-31}$$

式中　f_{spk}——CFG 桩复合地基承载力特征值，kPa；

f_{sk}——处理后桩间土承载力特征值，同式(5-25)，kPa；

m——面积置换率；

A_p——桩的截面积，m^2；

β——桩间土承载力折减系数，无桩帽时可取 0.5～0.7，有桩帽时可取 0.7～0.8，桩间土承载力较高时取大值；

R_a——单桩竖向承载力特征值，kPa，按式(5-32)和式(5-33)计算，并取其中最小值。

2）单桩竖向承载力特征值

当采用单桩载荷试验时，应将单桩竖向极限承载力除以安全系数 2，当无单桩载荷试验资料时，可按下式估算：

$$R_a = u_p \sum_{i=1}^{n} q_{si} l_i + q_p A_p \tag{5-32}$$

式中　u_p——桩的周长，m；

n——桩长范围内所划分的土层数；

q_{si}、q_p——桩周第 i 层土的桩侧摩阻力、桩端阻力特征值，kPa，可按现行国家标准《建筑地基基础设计规范》(GB 50007—2011)的有关规定确定；

l_i——第 i 层土的厚度，m。

3）桩体试块抗压强度平均值

$$f_{cu} \geqslant 3\frac{R_a}{A_p} \tag{5-33}$$

式中　f_{cu}——桩体混合料试块(边长 150 mm 的立方体)标准养护 28 d 立方体抗压强度平均值，kPa。

4. CFG 桩复合地基变形计算

水泥粉煤灰碎石桩复合地基设计时应进行地基变形验算。地基处理后的变形计算应按现行国家标准《钢制储罐地基基础设计规范》(GB 50473—2008)的有关规定执行。复合土层的分层与天然地基相同，各复合土层的压缩模量等于该层天然地基压缩模量的 ξ 倍，ξ 值可按下式确定：

$$\xi = \frac{f_{spk}}{f_{ak}} \tag{5-34}$$

式中　f_{ak}——基础底面下天然地基的承载力特征值，kPa。

复合地基最终沉降计算公式：

$$s = \psi_s \left[\sum_{i=1}^{n_1} (z_i\bar{a}_i - z_{i-1}\bar{a}_{i-1}) \frac{p_0}{\xi E_{si}} + \sum_{i=1+n_1}^{n_2} (z_i\bar{a}_i - z_{i-1}\bar{a}_{i-1}) \frac{p_0}{E_{si}} \right] \tag{5-35}$$

式中　s——按分层总和法计算出的复合地基最终沉降量，m；

n_1——加固区深度范围内土层总的分层数；

n_2——沉降计算深度范围内土层总的分层数；

p_0——对应于荷载效应准永久组合时的基底附加压力，kPa；

E_{si}——基础底面下第 i 层土的压缩模量，MPa；

ξ——加固区压缩模量提高系数，按式(5-34)计算；

z_i、z_{i-1}——基础底面至第 i 层土和第 $i-1$ 层土底面的距离，m；

$\bar{\alpha}_i$、$\bar{\alpha}_{i-1}$——基础底面计算点至第 i 层土和第 $i-1$ 层土底面范围内的平均附加应力系数，可查相关的平均附加应力系数表。

ψ_s——沉降计算经验系数，根据地区沉降观测资料及经验确定，无地区经验时可采用表 5-25 的数值。

表 5-25　沉降计算经验系数 ψ_s[37]

$\overline{E}_s$/MPa	4.0	7.0	15.0	20.0	35.0
ψ_s	1.0	0.7	0.4	0.25	0.2

表 5-25 中，$\overline{E}_s$ 为沉降计算深度范围内压缩模量的当量值，按下式计算：

$$\overline{E}_s = \frac{\sum_{i=1}^{n_1} \Delta A_i + \sum_{j=1+n_1}^{n_2} \Delta A_j}{\sum_{i=1}^{n_1} \frac{\Delta A_i}{\xi E_{si}} + \sum_{j=1+n_1}^{n_2} \frac{\Delta A_j}{E_{sj}}} \tag{5-36}$$

式中　ΔA_i、ΔA_j——第 i、j 层土的竖向附加应力面积，即第 i、j 层土附加应力沿土层厚度的积分值。

E_{si}、E_{sj}——基础底面下第 i、j 层土的压缩模量值，桩长范围内的复合土层按复合土层的压缩模量取值。

地基沉降计算深度 z_n 应满足下式要求：

$$\Delta s'_n \leqslant 0.025 \sum_{i=1}^{n} \Delta s'_i \tag{5-37}$$

式中　$\Delta s'_i$——第 i 层土的沉降量，m；

n——地基计算深度范围内所划分的层数；

$\Delta s'_n$——由计算深度 z_n 处向上取厚度为 Δz 的土层的计算沉降量，Δz 的厚度选取见表 5-26。

表 5-26　计算厚度 Δz 值

D_t/m	$8 < D_t \leqslant 15$	$15 < D_t \leqslant 30$	$30 < D_t \leqslant 60$	$60 < D_t \leqslant 80$	$80 < D_t \leqslant 100$	$D_t > 100$
Δz/m	0.92～1.11	1.11～1.32	1.32～1.53	1.53～1.62	1.62～1.68	1.68

注：D_t—储罐罐壁底圈内直径，m。

复合地基变形计算过程中，在复合土层范围内，压缩模量很高时，可能满足式(5-37)的要求，若计算到此为止，就漏掉了桩端以下土层的变形量，因此，地基变形计算深度必须大于复合土层厚度，并满足式(5-37)的要求。

四、施工工艺与质量检验

1. 施工工艺

1）施工方法

应根据设计要求和现场地基土的性质、地下水埋深、场地周边是否有居民、有无对振动反应敏感的设备等多种因素选择CFG桩施工工艺。施工工艺可分为两大类：一是对桩间土产生扰动或挤密的施工工艺，如振动沉管打桩机成孔制桩，属挤土成桩工艺。二是对桩间土不产生扰动或挤密的施工工艺，如长螺旋钻孔灌注成桩，属不挤土成桩工艺。这里给出了三种常用的施工工艺：长螺旋钻孔灌注成桩，长螺旋钻孔、管内泵压混合料成桩，振动沉管灌注成桩。

(1) 长螺旋钻孔灌注成桩。

该工艺适用于地下水位以上的黏性土、粉土、素填土、中等密实以上的砂土，属非挤土成桩工艺，该工艺具有穿透能力强、无振动、低噪音、无泥浆污染等特点，但要求桩长范围内无地下水，以保证成孔时不塌孔。

(2) 长螺旋钻孔、管内泵压混合料成桩。

适用于黏性土、粉土、砂土以及对噪声或泥浆污染要求严格的场地，属非挤土成桩工艺，具有穿透能力强、低噪音、无振动、无泥浆污染、施工效率高及质量容易控制等特点。长螺旋钻孔灌注成桩和长螺旋钻成孔、管内泵压混合料成桩工艺，对周围居民和环境的不良影响较小，但造价较高。

(3) 振动沉管灌注成桩。

该工艺适用于粉土、黏性土及素填土地基。若地基土是松散的饱和粉细砂、粉土，以消除液化和提高地基承载力为目的，此时应选择振动沉管打桩机施工；振动沉管灌注成桩属挤土成桩工艺，对桩间土具有挤(振)密效应。但振动沉管灌注成桩工艺难以穿透厚的硬土层、砂层和卵石层等；在饱和黏性土中成桩，会造成地表隆起，挤断已打桩，且振动和噪声污染严重。因此，在城中居民区施工受到限制。当夹有硬的黏性土时，可采用长螺旋钻机引孔，再用振动沉管打桩机制桩。

2）施工程序

CFG桩的施工程序主要包括：钻机就位→混合料搅拌→成孔→灌注→拔管→移机、复打。施工顺序应考虑隔排隔桩跳打，新打桩与已打桩间隔时间不得小于7 d。

3）褥垫层施工

褥垫层铺设宜采用静力压实法，当基础底面下桩间土的含水量较小时，也可采用动力夯实法。当基础底面桩间土含水量较大时，应通过试验确定是否采用动力夯实法，避免桩间土承载力降低。对较干的砂石材料，虚铺后可适当洒水再行碾压或夯实。

2. 施工质量控制

1）就位控制

施工垂直度偏差不应大于1%；对满堂布桩基础，桩位偏差不应大于0.4倍桩径；对条形基础，桩位偏差不应大于0.25倍桩径，对单排布桩桩位偏差不应大于60 mm。

2）混合料

施工前应按设计要求由试验室进行配合比试验，施工时按配合比配制混合料。当用振动沉管灌注成桩和长螺旋钻孔灌注成桩施工时，桩体配比中采用的粉煤灰选用电厂收集的粗灰；当采用长螺旋钻孔、管内泵压混合料灌注成桩时，为增加混合料的和易性和可泵性，应选用细度（0.045 mm方孔筛筛余百分比）不大于45%的Ⅲ级或Ⅲ级以上等级的粉煤灰。

长螺旋钻孔、管内泵压混合料成桩施工时每立方米混合料粉煤灰掺量宜为70～90 kg，坍落度应控制在160～200 mm，这主要是考虑保证施工中混合料的顺利输送。坍落度太大，易产生泌水、离析，泵压作用下，骨料与砂浆分离，导致堵管；坍落度太小，混合料流动性差，也容易造成堵管。

振动沉管灌注成桩施工的坍落度宜为30～50 mm。若混合料坍落度过大，桩顶浮浆过多，桩体强度会降低。振动沉管灌注成桩后桩顶浮浆厚度不宜超过200 mm。

3）拔杆（管）时间

长螺旋钻孔、管内泵压混合料成桩施工，应准确掌握提拔钻杆时间，钻孔进入土层预定标高后，开始泵送混合料，管内空气从排气阀排出，待钻杆内管及输送软、硬管内混合料连续时提钻，即混合料泵送量应与拔管速度相配合。若提钻时间较晚，在泵送压力下钻头处的水泥浆液被挤出，容易造成管路堵塞。应杜绝在泵送混合料前提拔钻杆，以免造成桩端处存在虚土或桩端混合料离析、端阻力减小。提拔钻杆中应连续泵送混合料，特别是在饱和砂土、饱和粉土层中不得停泵待料，避免造成混合料离析、桩身缩径和断桩。

振动沉管灌注桩成桩施工应按匀速控制拔管速度，拔管速度太快易造成桩径偏小或缩颈断桩。拔管速度应控制在1.2～1.5 m/min左右，如遇淤泥或淤泥质土，拔管速度应适当放慢。

4）施工桩顶标高

施工桩顶标高宜高出设计桩顶标高不少于0.5 m以保护桩长。保护桩长的设置是基于以下几个因素：成桩时桩顶不可能正好与设计标高完全一致，一般要高出桩顶设计标高一段长度；一般由于混合料自重压力较小或浮浆的影响，靠桩顶一段桩体强度较差；已打桩尚未结硬时，施打新桩可能导致已打桩受振动挤压，混合料上涌使桩径缩小。增大混合料表面的高度即增加了自重压力，也可提高抵抗周围土挤压的能力。

5）强度控制

成桩过程中，抽样做混合料试块，每台机械一天应做一组（3 块）试块（边长为 150 mm 的立方体），标准养护，测定其立方体抗压强度。

6）温度控制

冬期施工时混合料入孔温度不得低于 5 ℃，对桩头和桩间土应采取保温措施。冬季施工时，应采取措施避免混合料在初凝前遭到冻结，保证混合料入孔温度大于 5 ℃，根据材料加热难易程度，一般优先加热拌和水，其次是砂和石混合料温度不宜过高，以免造成混合料假凝无法正常泵送施工。泵头管线也应采取保温措施。施工完清除保护土层和桩头后，对桩头和桩间土应采取保温措施，一般采用草帘等保温材料进行覆盖，防止桩间土冻胀而造成桩体拉断。

另外，清土和截桩时，不得造成桩顶标高以下桩身断裂和扰动桩间土。长螺旋钻成孔、管内泵压混合料成桩施工中存在钻孔弃土。对弃土和保护土层清运时如采用机械、人工联合清运，应避免机械设备超挖，并应预留至少 50 cm 用人工清除，避免造成桩头断裂和扰动桩间土层。

3. 质量检验

CFG 桩处理地基的质量检验包括施工质量检验和竣工验收两个方面。《建筑地基基础工程施工质量验收规范》（GB 50202—2002）对 CFG 桩地基的质量检验标准见表 5-27。

表 5-27　CFG 桩地基质量检验标准

项	序	检查项目	允许偏差或允许值	检验方法
主控项目	1	原材料	设计要求	查产品合格证或抽样送检
	2	桩　径	−20 mm	用钢尺量或计算填料量
	3	桩身强度	设计要求	查 28 d 试块强度
	4	地基承载力	设计要求	按规定方法
一般项目	1	桩身完整性	按桩基检测技术规范	按桩基检测技术规范
	2	桩位偏差	满堂布桩 $\leqslant 0.04D$ 条基布桩 $\leqslant 0.25D$	用钢尺量，D 为桩径
	3	桩垂直度	$\leqslant 1.5H/100$	用经纬仪检查桩管
	4	桩　长	+100 mm	测桩管长度或垂球测孔深
	5	褥垫层夯填度	$\leqslant 0.9$	用钢尺量

注：① 夯填度指夯实后的褥垫层厚度与虚体厚度的比值。

② 桩径允许偏差负值是指个别断面。

1）施工质量检验

施工质量检验主要应检查施工记录、混合料坍落度、桩数、桩位偏差、褥垫层厚度、夯填度和桩体试块抗压强度等。

2）竣工验收

水泥粉煤灰碎石桩地基竣工验收时，承载力检验应采用复合地基载荷试验和单桩载荷试验。复合地基载荷试验是确定复合地基承载力、评定加固效果的重要依据，复合地基载荷试验所用载荷板的面积应与受检测桩所承担的处理面积相同。

CFG 桩地基检验应在桩身强度满足试验荷载条件时，并宜在施工结束 28 d 后进行。试验数量宜为总桩数的 0.5%～1%，且每个单体工程的试验数量不应少于 3 点。

采用低应变动力试验检测桩身完整性，检查数量不低于总桩数的 10%。选择试验点时应本着随机分布的原则进行。

五、山东黄岛某油库 10 万 m^3 油罐基础采用 CFG 桩加固实例[44]

黄岛油库是我国北方地区的一个大型原油和成品油储运设施。库内第一期工程为 3 台 10 万 m^3 原油罐和 10 台 1 万 m^3 成品油罐及配套工程。库内占地 46 km^2，输油外管占地 2.3 km^2，共占地 48.3 km^2。场地地貌单元属海岸平原，地势较平坦，微向海岸倾斜，西侧有剥蚀性堆积残丘，继续分布。场地地面标高一般在 1.6～4.5 m，库址西部为农田，沟渠较多，东部为海岸潮间带，多为养虾池。

1. 工程地质概况

场地工程地质勘查揭露地层如下：第 1 层（表土层）为第四纪全新世洪积、海积的粉质黏土混沙、砂混黏性土层；第 2 层为海相沉积的淤泥层；第 3 层为花岗岩风化残积层；第 4～第 6 层为强风化、微风化花岗岩层，并有中性—基性脉岩侵入体，基岩起伏变化较大。

场地上部第 1、第 2 层广泛分布的海相淤泥或淤泥质粉黏土多为饱和流塑状态，灵敏度高，具有触变性，在振动荷载作用下，强度急剧下降，为典型不良地基，其地基承载力标准值 $f_k = 46$ kPa，压缩模量 $E_s = 8$ kPa，其土层厚度为 2.5～5 m；第 3 层为花岗岩风化残积土，矿物结晶，结构构造全部破坏，岩石全部风化成土及碎屑状松散体，性质完全改变，其地基承载力标准值 $f_k = 170$ kPa，压缩模量 $E_s = 8$ kPa，其土层厚度为 1.0～4.5 m；第 3 层中的砂质黏性土，其地基土承载力标准值 $f_k = 190$ kPa，压缩模量 $E_s = 15$ kPa，其土层厚度为 4～6 m；第 3 层的砂质黏性土，其地基承载力标准值 $f_k = 300$ kPa，压缩模量 $E_s = 25$ kPa，其土层厚度为 2～12.5 m；第 4 层为花岗岩强风化层，可见原岩结构、裂缝、节理，岩块易破碎，局部为岩脉侵入体，其地基承载力标准值 $f_k = 500$ kPa，其土层厚度为 1.5～30.2 m。地下水属潜水，地表下 0.5 m 可见。

2. 储罐的基础设计与地基处理

本库区是共 40 万 m^3 油品储量的油库，其中原油罐区有 3 台 10 万 m^3 浮顶罐，成品油罐区有4台1万 m^3 内浮顶罐和6台1万 m^3 内浮顶罐，其储罐尺寸与基础设计见表5-28。

表5-28　储罐尺寸与基础设计一览

序　号	储罐容积 /(10^4 m^3)	数量/台	储罐尺寸/m		充水总质量/t	环墙基础/m		备　注
			直径 D	高度 H		高度 H	厚度 b	
1	10	3	81.75	22	105 090	2.63	1.1	最高液位20.2 m
2	1	4	31.38	14.27	11 044	2.3	0.4	最高液位13.5 m
3	1	6	28.0	17.86	10 590	2.5	0.45	最高液位16 m

在软弱地基上建造10万 m^3 大型储罐，目前在国内还较少。通过调查研究，最后确定了地基处理方案。

(1) 10万 m^3 储罐基础地基处理。

A号储罐采用粉喷桩复合地基处理地基，利用水泥粉做固化剂进行深层搅拌，对软土产生物理化学反应，使软土硬结成具有一定强度的水泥土桩，水泥土桩与桩间土共同作用形成复合地基。粉喷桩采用柱状布置，桩径 $D=50$ cm，正方形布桩，桩间距为65 cm。设计要求粉喷桩单桩承载力标准值 $R_k=140$ kN，复合地基承载力标准值 $f_k\geqslant 300$ kPa，压缩模量 $E_s\geqslant 15$ MPa，桩端持力层为强风化岩。柔性垫层采用50 cm碎石，粒径为5～40 mm，碎石压实系数 $\lambda_c\geqslant 0.95\sim 0.97$。

B号、C号储罐采用碎石挤密与CFG桩双重复合地基，先用碎石挤密桩处理花岗岩风化的残积土以上的淤泥土层，使上部土层挤密形成排水通道，减小孔隙水压，提高软土承载力，然后用沉桩法施工CFG桩，其桩端持力层为强风化岩，CFG桩直径 $D=40$ cm，桩心距1.3 m，桩体强度相当于C18。由于B号储罐所在位置基岩顶标高差异较大(西高东低)，桩的布置分两个区，东区为无筋桩区，纵横间隔3.9 m设一根配筋桩，以抵抗起伏岩面的滑移。桩顶上设碎石垫层，厚度50 cm。

(2) 1万 m^3 储罐基础地基处理。

地基处理采用碎石挤密桩，桩径 $D=40$ cm，桩间距1.3 m，桩端持力层为花岗岩强风化残积土以上的淤泥土层，经碎石挤密的碎石桩与土的复合地基承载力 $f_k=80$ kPa。CFG桩所用桩径 $D=40$ cm，桩心距1.3 m，桩端持力层为花岗岩强风化残积土，桩体强度C15，CFG桩单桩承载力标准值 $R_k=450$ kN，复合地基承载力标准值 $f_k\geqslant 260$ kPa，压缩模量 $E_s\geqslant 15$ MPa，桩顶以上采用50 cm厚碎石垫层。

(3) CFG桩施工与质量事故处理。

10万 m^3 C号罐地基处理先施工碎石桩，采用活瓣桩尖，振动沉管成孔，桩长约5.5 m。为达到12%的置换率需二次沉管，第一次沉管灌小粒径石子，拔管速度控制为

1.5 m/min;第二次沉管灌级配碎石,每拔管 1 m 留振 5～10 s,碎石桩施工完成后停歇两周,以利于孔隙水消散。CFG 桩采用隔排连打,当成桩 3 344 根时,罐基南部开挖修整至设计标高时,发现 CFG 桩有普遍断桩及严重缩颈现象,经检测 CFG 桩单桩承载力及复合地基承载力均未达到要求,最后采用在桩间增补水泥粉喷桩,加固后满足了设计要求。

10 万 m^3 B 号罐基础碎石桩施工同 C 号罐,但桩的施工中西部设有嵌岩桩,为保证嵌岩桩的入岩深度,成孔前需先引孔再行沉管。由于 C 号罐出现缩颈和断桩事故,因此 B 号罐将 CFG 桩无筋改为配筋桩,钢筋按构造配置。第一遍桩配通长筋,第二遍桩配置穿透淤泥层的短筋。通过采取以上施工措施,经检测消除了缩颈和断桩现象。通过静载试验,单桩承载力标准值和复合地基承载力标准值均满足设计要求。

10 台 1 万 m^3 成品罐的桩基础施工,也由 CFG 桩改为配筋桩,也分为通长筋和短筋两种,经检测均满足设计要求。

3. 储罐基础沉降实测

3 台 10 万 m^3 大型储罐和 10 台 1 万 m^3 储罐在充水试压阶段对基础沉降进行实测,其实测数据见表 5-29。

表 5-29 储罐基础实测沉降

序 号	储罐编号		储罐容量/(10^4 m^3)	最大沉降/mm	最大沉降差/mm	倾斜/‰
1	A 号		10	48	31	3.8
2	B 号		10	74	18	2.2
3	C 号		10	41	37	4.5
4	成品罐	4 台	1	35	5	1.8
5		6 台		42	20	7.1

4. 小结

工程在饱和软土中成桩且桩机的振动力较小及采用连打作业时,新打桩对已施工桩的作用主要表现为挤压,使已打成桩被挤成椭圆形或不规则性,严重的产生缩颈和断桩。C 号储罐出现的质量事故,经分析同拔管速率的快慢也有直接关系,拔管速率太快将造成桩径变小或缩颈断桩,拔管速度很慢会使桩端石子缺水泥浆,使强度降低。工程实践证明,拔管速率为 1.2～1.5 m/min 较适宜。

另外,油罐区共成桩 63 498 根,处理面积达 23 788 m^2,每平方米设桩 2.67 根,桩密度大但桩径不能太小。试验与实践表明,当其他条件相同时,桩距越小,复合地基承载力越大,当桩距小于 4 倍桩径后,随桩距的减少,复合地基承载力的增长率明显下降。另外，桩距太小，新打桩对已打桩是否产生不良影响，在经济上是否合理，都值得分析和讨论，第二期工程又上了1台10万m^3原油罐，结果又出现断桩事故。

该项工程地基处理中的教训提醒我们，对于大型储罐基础的地基处理，设计一定要采取慎重态度，在设计前一定要对工程地质以及场地实况进行反复研究，设计方案一定要认真论证，CFG桩本来是成功处理地基的方法，结果出了事故，今后要严禁杜绝为了市场竞争采用压低工程造价办法确定施工队伍的现象，大量工程实践证明，这样做不仅不会降低工程造价，反而还会给工程造成更大的经济损失。

【例题5-5】 某基础埋深$d = 3$ m，基础底面尺寸10 m×10 m，上部传来轴心荷载$F = 9\,000$ kN。场地土层情况：第一层黏土，厚3 m，$\gamma = 19.2$ kN/m³；第二层粉质黏土，厚8 m，$\gamma = 20$ kN/m³，$E_s = 6.4$ MPa，侧阻力$q_{sik} = 48$ kPa，$f_{ak} = 95$ kPa；第三层粉土，厚13 m，$\gamma = 20$ kN/m³，$E_s = 20$ MPa，$q_{sik} = 50$ kPa，$f_{ak} = 140$ kPa；第四层粉砂，厚2 m，$\gamma = 18$ kN/m³，$E_s = 13$ MPa，$f_{ak} = 150$ kPa，$q_{sik} = 60$ kPa，端阻力$q_{pk} = 1\,000$ kPa；第五层圆砾，$E_s = 60$ MPa。拟采用CFG桩处理，桩径0.4 m，桩长21 m，桩间距1.8 m，桩身强度2 500 kPa，等边三角形布桩，桩间土承载力折减系数为0.8。

试：

(1) 估算复合地基的承载力特征值是多少？并验算是否满足要求。

(2) 求复合土层的压缩模量。

【解】 (1) 由题意知：

$$R_a = u_p \sum_{i=1}^{n} q_{si} l_i + q_p A_p$$
$$= 3.14 \times 0.4 \times (48 \times 8 + 50 \times 13) + 1\,000 \times 3.14 \times 0.2^2 = 1\,424.3 \text{ kN}$$

$$R_a = \frac{1}{3} A_p f_{cu} = \frac{1}{3} A_p f_{cu} = \frac{1}{3} \times 3.14 \times 0.2^2 \times 2\,500 = 104.7 \text{ kN}$$

即单桩的承载力特征值$R_a = 104.7$ kN。

$$m = \frac{d^2}{d_e^2} = \frac{0.4^2}{(1.05 \times 1.8)^2} = 0.045$$

复合地基的承载力特征值为：

$$f_{spk} = m \frac{R_a}{A_p} + \beta(1 - m) f_{sk}$$
$$= 0.045 \times \frac{104.7}{3.14 \times 0.2^2} + 0.8 \times (1 - 0.045) \times 95 = 110.1 \text{ kPa}$$

规范规定：处理后的地基承载力仅作深度修正，且深度修正系数取1.0，则修正后复合地基的承载力特征值为：

$$f_a = f_{spk} + \eta_d \gamma_m (d - 0.5) = 110.1 + 1.0 \times (3 - 0.5) \times 19.2 = 158.1 \text{ kPa}$$

基地压力：$p_k = \dfrac{F + G}{A} = \dfrac{9\,000 + 20 \times 10 \times 10 \times 3}{10 \times 10} = 150 \text{ kPa} < f_a$，满足要求。

(2) 由题意知：

第二层粉质黏土加固后复合土层的压缩模量为：

$$E_{s2}=\xi E_{s}=\frac{110.1}{95}\times 6.4=7.4\ \text{MPa}$$

第三层粉土加固后复合地基的承载力特征值为：

$$\begin{aligned}f_{spk}&=m\frac{R_a}{A_p}+\beta(1-m)f_{sk}\\&=0.045\times\frac{104.7}{3.14\times 0.2^2}+0.8\times(1-0.045)\times 140=144.5\ \text{kPa}\end{aligned}$$

第三层粉土加固后复合土层的压缩模量为：

$$E_{s3}=\xi E_{s}=\frac{144.5}{140}\times 20=20.6\ \text{MPa}$$

第八节　灰土挤密桩法与土挤密桩法

一、概　述

灰土挤密桩法是利用横向挤压成孔设备成孔，使桩间土得以挤密，将灰土（石灰和土）填入桩孔内分层夯实形成灰土桩，并与桩间土组成复合地基的地基处理方法。

土挤密桩法是利用横向挤压成孔设备成孔，使桩间土得以挤密，将素土填入桩孔内分层夯实形成土桩，并与桩间土组成复合地基的地基处理方法。对土挤密桩法，若桩体和桩间土的密实度相同，就形成了均质地基。

前苏联阿别列夫教授 1934 年首创了土挤密桩法，主要是用来消除黄土的湿陷性。20 世纪 50 年代中期，我国西北黄土地区开始了土挤密桩法的应用和研究。60 年代中期，西安地区在土挤密桩法的基础上成功研发了具有中国特点的灰土挤密桩法。之后，陕西省首先编制了《灰土桩和土桩挤密地基设计施工及验收规程》(DBJ 24-2-85)。目前国标《湿陷性黄土地区建筑规范》(GBJ 50025—2004)和国家行业标准《建筑地基处理技术规范》(JGJ 79—2012)均编入了该法。

灰土挤密桩法和土挤密桩法适用于处理地下水位以上的湿陷性黄土、素填土和杂填土等地基，可处理地基的深度为 5～15 m。基底下 5 m 内的湿陷性黄土、素填土、杂填土通常采用土（或灰土）垫层或强夯等方法处理。大于 15 m 的土层，由于成孔设备限制，一般采用其他方法处理。

当土的含水量大于 24％及其饱和度超过 65％时，在成孔及拔管过程中，桩孔及其周围容易缩颈和隆起，挤密效果差，故上述方法不适用于处理地下水位以下及毛细饱和带的土层。

当以消除地基土的湿陷性为主要目的时，宜选用土挤密桩法。

素填土、杂填土的湿陷性一般较小，但是压缩性高、承载力低，故处理地基常以降低压缩性、提高承载力为主。当以提高地基土的承载力或增强其水稳性为主要目的时，宜选用灰土挤密桩法。近年来，又发展了二灰土挤密桩(用石灰、粉煤灰和土制成二灰土)。

灰土挤密桩和土挤密桩，在消除土的湿陷性和减小渗透性方面，效果基本相同或差别不明显，但土挤密桩地基的承载力和水稳性不及灰土挤密桩，选用上述方法时，应根据工程要求和处理地基的目的确定。

二、加固机理

灰土挤密桩法和土挤密桩法的加固机理主要是在成桩(孔)过程中的侧向挤密作用。对于灰土挤密桩，由于在土中掺入了石灰，在一定条件下将会发生复杂的物理化学反应，从而使灰土的强度显著提高，还具有了一定的水稳性。

1. 挤密作用

成孔时，桩孔位置原有的土体被强行向侧向挤压，从而使得桩周一定范围内土体的密实度得以提高。有些学者还利用小孔扩张原理对侧向挤密作用进行了理论分析，主要目的是确定挤密的影响范围。

值得注意的是，土的天然含水量、干密度和孔隙比等因素对挤密效果均有影响。一般来讲，当含水量接近最优含水量时，挤密效果最好；天然干密度越大，有效挤密范围越大，挤密效果越好。

2. 桩体作用

灰土桩桩体是由石灰与土按一定体积比(2∶8 或 3∶7)均匀拌和构成的，土中掺入石灰后会产生离子交换、凝硬、石灰的碳化等一系列化学反应，随着灰土龄期的增长，强度也逐渐提高，且具有水稳定性，从而使得灰土桩本身的刚度远大于桩间土，所以在荷载作用下刚度较大的灰土桩分担了较多的荷载，从而降低了桩间土中的应力，消除了持力层内产生大量压缩变形和湿陷变形的不利因素。试验结果表明，只占载荷板面积 20%的灰土桩承担了总荷载的 50%左右，而面积占 80%的桩间土只承担了其余一半。

土桩地基由分层填夯的素土桩和桩间挤密土组成，两者都是被机械挤密重塑的土料，物理力学性质差异不大，所以桩体作用不显著。土桩地基可视为厚度较大的素土垫层。

三、设计计算

灰土挤密桩和土挤密桩复合地基的设计内容主要包括桩孔填料、桩径、桩长、桩间距、布桩方式和范围、垫层设计、复合地基承载力特征值的确定以及处理后复合地基的变形计算等。

1. 桩体参数设计

1）桩径、布桩要求

根据所选用的成孔设备或成孔方法以及场地土质情况确定桩孔直径，一般取 300～600 mm 为宜。桩孔宜按等边三角形布置。

2）桩间距

桩孔间距设计应从消除湿陷性和提高地基承载力两个方面来考虑。桩孔之间的中心距离可取桩孔直径的 2.0～2.5 倍，也可按下式估算：

$$s = 0.95d\sqrt{\frac{\bar{\eta}_c \rho_{dmax}}{\bar{\eta}_c \rho_{dmax} - \bar{\rho}_d}} \tag{5-38}$$

式中　s——桩孔之间的中心距离，m；

d——桩孔直径，m；

ρ_{dmax}——桩间土的最大干密度，g/cm^3；

$\bar{\rho}_d$——地基处理前土的平均干密度，g/cm^3；

$\bar{\eta}_c$——桩间土经成孔挤密后的平均挤密系数，宜取 0.93～0.95。

因为湿陷性黄土为天然结构，处理湿陷性黄土与处理扰动土有所不同，为了消除湿陷性，桩间土的质量用平均挤密系数 $\bar{\eta}_c$ 控制，而不用压实系数控制。所谓平均挤密系数是指在成孔挤密深度范围内，桩间土的平均干密度与最大干密度值之比。计算公式如下：

$$\bar{\eta}_c = \frac{\bar{\rho}_{d1}}{\rho_{dmax}} \tag{5-39}$$

式中　$\bar{\rho}_{d1}$——在成孔挤密深度内，桩间土的平均干密度，g/cm^3，平均试样数不应少于 6 组。

处理填土地基时，由于其干密度值变化较大，一般不宜按式(5-38)计算，可利用下式计算桩孔间距：

$$s = 0.95d\sqrt{\frac{f_{pk} f_{sk}}{f_{spk} - f_{sk}}} \tag{5-40}$$

式中　f_{spk}——处理后要求的地基承载力特征值，kPa；

f_{sk}——处理前填土地基的承载力特征值，kPa，应通过现场测定；

f_{pk}——灰土桩体的承载力特征值，宜取 $f_{pk} = 500$ kPa。

3）布桩范围

灰土挤密桩和土挤密桩处理地基的面积，应大于基础或建（构）筑物底层平面的面积，以保证地基的稳定性。并应符合下列规定：

(1) 局部处理。

当采用局部处理时，局部处理地基的宽度要超出基础底面的宽度，主要目的是改善应力扩散条件，增强地基的稳定性，防止基底下被处理的土层在基础荷载作用下受水浸湿时产生侧向挤出，并使处理与未处理接触面的土体保持稳定。

一般情况下，对于非自重湿陷性黄土、素填土、杂填土等地基，处理范围每边超出基底边缘的宽度不小于0.25b(b为基础短边宽度)，且不小于0.5 m；对于自重湿陷性黄土地基，处理范围每边超出基底边缘的宽度应该不小于0.75b，且不小于1.0 m。

局部处理超出基础边缘的范围较小，通常只考虑消除拟处理土层的湿陷性，而未考虑防渗隔水作用。

(2) 整片处理。

整片处理的范围较大，不仅可消除拟处理土层的湿陷性，还可以防止水从侧向渗入未处理的下部土层引起湿陷，故整片处理兼有防渗隔水作用。

当采用整片处理时，周边超出储罐基础外缘的宽度不宜小于处理土层厚度的1/2，并不应小于2 m。

4) 桩孔数量

桩孔的数量可按下式估算：

$$n = \frac{A}{A_e} \tag{5-41}$$

式中　n——桩孔的数量；

A——拟处理地基的面积，m^2；

A_e——1根土桩或灰土挤密桩所承担的处理地基面积，m^2，$A_e = \frac{\pi d_e^2}{4}$；

d_e——1根桩分担的处理地基面积的等效圆直径，m，桩孔按等边三角形布置：$d_e = 1.05s$，桩孔按正方形布置：$d_e = 1.13s$。

5) 处理深度

灰土挤密桩和土挤密桩处理地基的深度，应根据场地的土质情况、工程要求和成孔及夯实设备等综合因素确定。对湿陷性黄土地基，应符合现行国家标准《湿陷性黄土地区建筑规范》(GB 50025—2004)的有关规定。

当以消除地基土的湿陷性为主要目的时，在非自重湿陷性黄土场地，宜将附加应力与土的饱和自重应力之和大于湿陷起始压力的全部土层进行处理，或处理至地基压缩层的下限止；在自重湿陷性黄土场地，宜处理至非湿陷性黄土层顶面止。

当以降低土的压缩性、提高地基承载力为主要目的时，宜对基底下压缩层范围内压缩系数大于0.40 MPa^{-1}或压缩模量小于6 MPa的土层进行处理，并应通过下卧层承载力验算确定地基处理深度。

6) 桩体填料

桩孔内的填料，应根据工程要求或处理地基的目的确定，当为消除黄土、素填土和杂填土的湿陷性而处理地基时，桩孔内用素土(黏性土、粉质黏土)作填料，可满足工程要求，当同时要求提高其承载力或水稳性时，桩孔内用灰土作填料较合适。

桩体的夯实质量宜用平均压实系数$\bar{\lambda}_c$控制。平均压实系数是桩孔全部深度内的平均干密度与室内击实试验求得填料(素土或灰土)在最优含水量状态下的最大干密度的比值。当桩孔内用灰土或素土分层回填、分层夯实时,桩体内的平均压实系数$\bar{\lambda}_c$值均不应小于0.96。

2. 垫层设计

灰土挤密桩或土挤密桩回填夯实结束后,应按设计要求将桩顶标高以上的预留松动土层挖除或夯(压)密实,并在桩顶标高以上设置300～500 mm厚的2∶8灰土垫层,其压实系数不应小于0.95。设置垫层一方面可使桩顶和桩间土找平,另一方面有利于改善应力扩散、调整桩土应力比,并对减小桩身应力集中也有良好作用。

3. 灰土挤密桩和土挤密桩复合地基承载力特征值

灰土挤密桩或土挤密桩复合地基承载力特征值,应通过现场单桩或多桩复合地基载荷试验确定。初步设计当无试验资料时,可按当地经验确定,但灰土挤密桩复合地基的承载力特征值,不宜大于处理前的2.0倍,并不宜大于250 kPa;土挤密桩复合地基的承载力特征值,不宜大于处理前的1.4倍,并不宜大于180 kPa。

4. 变形计算

灰土挤密桩或土挤密桩复合地基的变形,包括复合土层(桩和桩间土)的变形及其下卧未处理土层的变形两部分。变形计算应符合现行国家标准《建筑地基基础设计规范》(GB 50007—2011)的有关规定。其中,复合土层的压缩模量,可采用载荷试验得到的变形模量代替。

另外,复合土层通过挤密后,桩间土的物理力学性质得到明显改善,包括土的干密度增大、压缩性降低、承载力提高、湿陷性消除,故该部分的变形可不计算,但应计算下卧未处理土层的变形。

四、施工工艺与质量检验

1. 施工工艺

1) 成孔方法

灰土桩或土桩成孔的方法有振动沉管成孔、锤击沉管成孔、冲击成孔等,应综合考虑设计要求、成孔设备、现场土质和对周围环境的影响等因素进行选择。

2) 施工顺序

当整片处理时,宜从里(或中间)向外间隔1～2孔进行,对大型工程,可采取分段施工;当局部处理时,宜从外向里间隔1～2孔进行。

3) 预留覆盖土层

施工灰土挤密桩或土挤密桩时,在成孔或拔管过程中,对桩孔(或桩顶)上部土层有一定的松动作用,因此施工前应根据选用的成孔设计和施工方法,在桩顶设计标高以上预留一定厚度的松动土层,待成孔和桩孔回填夯实结束后,将其挖除或按设计规定进行处理。预留覆盖土层厚度：沉管（锤击、振动）成孔，宜为 0.50～0.70 m；冲击成孔，宜为 1.20～1.50 m。

4）被处理地基土的含水量

拟处理地基土的含水量对成孔施工与桩间土的挤密至关重要。工程实践表明，当天然土的含水量小于 12%时，土呈坚硬状态、成孔挤密困难，且设备容易损坏；当天然土的含水量等于或大于 24%，饱和度大于 65%时，桩孔可能缩颈，桩孔周围的土容易隆起，挤密效果差；当天然土的含水量接近最优（或塑限）含水量时，成孔施工速度快，桩间土的挤密效果好。因此，在成孔过程中，应注意拟处理地基土的含水量不要太大或太小。当土的含水量低于 12%时，宜对拟处理范围内的土层进行增湿，增湿土的加水量可按下式估算：

$$Q = V\bar{\rho}_d(w_{op} - \overline{w})k \tag{5-42}$$

式中　Q——计算加水量，m^3；

V——拟加固土的总体积，m^3；

$\bar{\rho}_d$——地基处理前土的平均干密度，g/m^3；

w_{op}——土的最优含水量，%，通过室内击实试验求得；

$\overline{w}$——地基处理前土的平均含水量，%；

k——损耗系数，可取 1.05～1.10。

一般应于地基处理前 4～6 d 将需增湿的水通过一定数量和一定深度的渗水孔，均匀地浸入拟处理范围内的上层中。

对含水量在 12%～24%的土，只要成孔施工顺利、桩孔不出现缩颈，桩间土的挤密效果符合设计要求，不一定要采取增湿或晾干措施。

2. 施工质量控制

成孔和孔内回填夯实应符合下列要求：

(1) 向孔内填料前，孔底应夯实，并应抽样检查桩孔的直径、深度和垂直度；抽查数量不可太多，每台班检查 1～2 孔即可，以免影响施工进度。

(2) 桩孔的垂直度偏差不宜大于 1.5%。

(3) 桩孔中心点的偏差不宜超过桩距设计值的 5%。

(4) 经检验合格后，应按设计要求，向孔内分层填入筛好的素土、灰土或其他填料，并应分层夯实至设计标高。

另外，土料和灰土受雨水淋湿或冻结，容易出现“橡皮土”，且不易夯实。当雨季或冬季选择灰土挤密桩或土挤密桩处理地基时，应采取防雨或防冻措施，保护灰土或土料不受雨水淋湿或冻结，以确保施工质量。

3. 质量检验

灰土挤密桩或土挤密桩处理地基的质量检验包括施工质量检验和竣工验收两个方面。《建筑地基基础工程施工质量验收规范》(GB 50202—2002)对灰土桩或土桩地基的质量检验标准见表 5-30。

表 5-30　灰土桩或土桩地基质量检验标准

项	序	检查项目	允许偏差或允许值	检验方法
主控项目	1	桩体及桩间土干密度	设计要求	现场取样检查
	2	桩　长	+500 mm	测桩管长度或垂球测孔深
	3	地基承载力	设计要求	按规定方法
	4	桩　径	−20 mm	用钢尺量
一般项目	1	土料有机质含量	≤5%	试验室焙烧法
	2	石灰粒径	≤5 mm	筛选法
	3	桩位偏差	满堂布桩≤0.04D 条基布桩≤0.25D	用钢尺量，D 为桩径
	4	垂直度	≤1.5%	用经纬仪测桩管
	5	桩　径	−20 mm	用钢尺量

注：桩径允许偏差负值是指个别断面。

1）施工质量检验

施工中应对桩孔直径、桩孔深度、夯击次数、填料的含水量等做检查。

施工结束后，应及时抽样检验灰土挤密桩或土挤密桩处理地基的质量。应抽样检测夯后桩长范围内桩体的平均压实系数 $\bar{\lambda}_c$，抽样检验的数量不应少于桩总数的 1%，且不得少于 9 根。应抽样检测处理深度内桩间土的平均挤密系数 $\bar{\eta}_c$，检测探井数不应少于桩总数的 3%，且每项单体工程不得少于 3 个。

2）竣工验收

灰土挤密桩和土挤密桩地基竣工验收时，承载力检验应采用复合地基载荷试验和单桩载荷试验。检验数量为桩总数的 0.5%～1%，且每台罐不应少于 3 点。

五、长庆油田基地采用土桩及灰土挤密法处理湿陷性黄土地基的试验及应用[43]

1. 工程概况

长庆油田勘探局中心基地位于甘肃省，地处鄂尔多斯盆地中部，原生黄土的沉积厚度达 300 余 m，原生黄土经过水力搬运再次堆积在河流阶地上，成为次生黄土。湿陷性黄土地基的处理成为油田基地建设的重要课题之一。长期以来，当地建筑地基的处理一直采用大开挖换土回填的垫层法，但因湿陷性黄土厚度过大，采用深开挖大面积回填，不仅工期长、效果差，同时也很不经济，有的工程甚至无法施工。自1992年起，通过实验研究，推广应用了土桩及灰土桩挤密法处理湿陷性黄土地基。建筑类型包括住宅楼、综合楼、通讯楼和部分工业厂房等，其中包括少量高层建筑，处理地基累计面积已近2万 m^2，取得了显著的技术经济效益。

2. 工程地质条件

试点工程及试验场地位于庆阳北关附近及城北长庆石油勘探局二机厂内。靠近环江河，属环江河二级阶地前缘。上部土层主要为第四系上更新统马兰黄土与全新统黄土状土。各土层的特征如下：

(1) 新近系堆积黄土(Q_4^2)：由人工及洪、坡积形成，大孔发育，疏松，成分杂乱，压缩性高，强度低，硬度状态，湿陷性强烈，层厚2.0～5.0 m。

(2) 黄土状土(Q_4^1)：大孔发育，土质均匀，块状，松散，中等压缩性，硬塑状态，湿陷性强烈，层厚约6.5 m。

(3) 马兰黄土(一)(Q_3^2)：大孔、虫孔发育，土质均匀，中偏低压缩性，硬塑状态，中等湿陷性，层厚7.5 m。

(4) 马兰黄土(二)(Q_3^1)：有针状孔及冲孔，土质较密，黏粒含量较高，低压缩性，中等湿陷性，勘察是本层未穿透。

各土层的主要物理力学性质指标见表5-31。

表5-31 土的主要物理力学性质指标

层次	土层厚度/m	w/%	γ/(kN·m^{-3})	γ_d/(kN·m^{-3})	S_r/%	e	w_L/%	I_L	a_{1-2}/MPa^{-1}	E_s/MPa	δ_s	f_k/kPa
1	2.0～5.0	14.9	14.8	12.8～13.0	36.8	1.09	26.0	>0	0.29～0.50	4.18	0.085～0.138	110
2	6.5	12.27	14.3	12.7	29.4	1.12	27.5	>0	0.23	9.22	0.080	120
3	7.5	13.9	14.6	12.8	33.8	1.11	27.8	>0	0.13	16.23	0.060	125
4	未穿透	16.5	15.7	13.5	44.4	1.01	29.7	>0	0.09	22.33	0.049	210

勘察资料表明，本地区湿陷性土层较厚，湿陷性强烈，湿陷等级高。地基土的累计自重湿陷量 $\Delta_{zs}=25.3\sim67.4$ cm，属Ⅲ～Ⅳ级自重湿陷性黄土地基。地下水位深度在20 m以下，上层土的含水量低。消除湿陷量将是建筑地基处理的最主要的目的。

3. 试验结果

1) 挤密效果试验

试验桩孔直径 $d=0.40$ m，桩间距 L 分别为0.75 m(1.88d)、0.90 m(2.25d)、0.95

m(2.38d)、1.00 m(2.50d)、1.10 m(2.75d) 和 1.20 m(3.00d)，共计 6 种。桩长为 7.00 m 和 10.50 m 两种，采用锤击沉管法成孔挤密。

根据单桩挤密试验结果，挤密影响半径约为 1.75d(0.70 m)，有效挤密半径为 1.13d～1.25d。群桩成孔挤密后，交界处挤密效果相互叠加，桩距愈小，叠加作用愈明显。群桩挤密效果试验，通过桩间土的开剖取样，测试挤密土的干密度 ρ_d、孔隙比 e、压缩系数 a 和湿陷系数 δ_s 等主要物理力学性质指标，其结果列入表 5-32 中。

表 5-32 不同桩距群桩挤密前、后土的物理力学性质指标

桩类别	试验场地	地基类别		ρ_d	e	a_{1-2} /MPa^{-1}	δ_s	L/d
土桩	长庆局二机厂	原天然地基		1.30	1.09	0.20	0.085	—
		复合地基	$L=0.95$ m	1.52	0.77	0.11	0.005	2.375
			$L=1.1$ m	1.482	0.88	0.14	0.005	2.750
			$L=1.2$ m	1.454	0.83	0.15	0.008	3.000
	报社综合楼	原天然地基		1.26	1.15	0.38	0.088	—
		复合地基	$L=0.9$ m	1.496	0.80	0.12	0.005	2.250
			$L=1.0$ m	1.476	0.84	0.15	0.010	2.500
灰土桩	通讯楼	原天然地基		1.28	1.09	0.29	0.086	—
		复合地基	$L=0.75$ m	1.58	0.68	0.16	0.007	1.875

由表 5-32 可知，挤密后土的干密度 ρ_d 明显增大，孔隙比降低，湿陷系数 $\delta_s<0.015$，说明挤密土的湿陷性均已消除。同时桩距愈小，土的干密度愈大，挤密效果愈佳。合理的桩间距宜为 2.25d～2.50d。

对桩间挤密土及天然土层分别进行轻型动力触探试验，触探试验的锤击数 N_{10} 列入表 5-33 中。由表列数值可以看出，挤密后桩间土的 N_{10} 值为天然土的 1.96～4.04 倍，桩距愈小，N_{10} 值提高愈多，桩间土的强度愈高。

表 5-33 轻型动力触探试验 N_{10} 测试结果

深度/m	天然地基 N_{10}	挤密地基 N_{10}			
		$L=2.25d$	$L=2.5d$	$L=2.75d$	$L=3.0d$
2.5	21	91	71	56	42
3.5	25	94	71	60	47

续表 5-33

深度/m	天然地基 N_{10}	挤密地基 N_{10}			
		$L=2.25d$	$L=2.5d$	$L=2.75d$	$L=3.0d$
4.5	23		69	61	46
5.5			63	59	45
平　均	23	93	69	59	45
挤密后与挤密前 N_{10} 的比值		4.04	3.00	2.56	1.96

2）载荷试验

荷载试验均结合试点工程进行。在长庆局二机厂工地，进行土桩复合地基荷载试验 4 台，浸水荷载试验 2 台，试验编号为 1～6 号。浸水试验预先打了渗水探孔，并在渗水 7 d 后进行饱和状态下的单桩复合地基荷载试验，压板面积为 10 000 cm^2。在报社综合楼工地作了 2 台天然地基荷载试验，编号为 7 号、8 号；同时也作了 2 台土桩复合地基载荷试验，编号为 9 号和 10 号。通讯楼为灰土桩挤密地基试验，共进行了灰土桩复合地基载荷试验 4 台，编号为 11～14 号。后面两场地试验压板面积均为 5 000 cm^2，同时所有压板下均为一根单桩及其周边土。根据载荷试验结果，绘制出压力(p)与沉降(s)关系曲线，如图 5-31(图中 1,2,3,…为试验编号)及图 5-32 所示，同时在表 5-34 中列出了试验结果的分析汇总，包括各台试验确定的比例界限点 p_{cr}、变形模量 E_0 及浸水沉陷量 s_w 等。

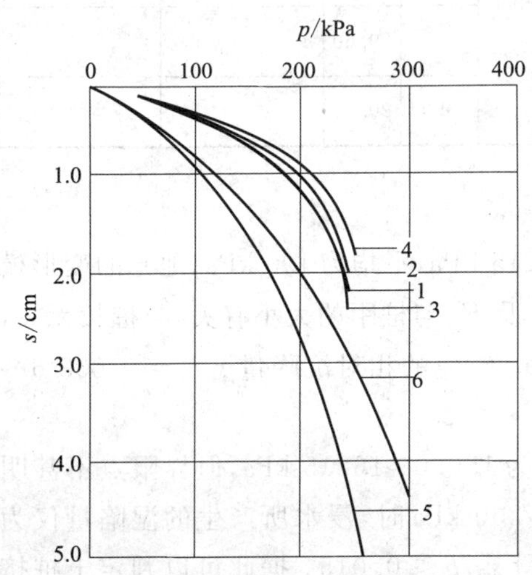

图 5-31　土桩复合地基试验($F=10\ 000\ cm^2$) p-s 曲线

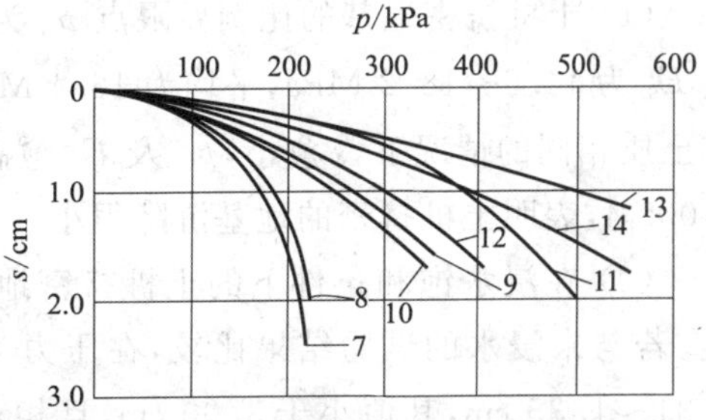

图 5-32　$F=5\ 000\ cm^2$ 复合地基试验 p-s 曲线

表 5-34　土桩与灰土桩挤密地基载荷试验汇总表

试验场地	桩类别	试验编号	桩距/m	桩长/m	试验深度/m	试验内容	压板面积/cm²	p_{cr}/kPa	E_0/MPa	浸水沉降量 s_w/cm	
										p = 175 kPa	p = 200 kPa
长庆局二机厂	土桩	1	1.2	7.0	1.8	复合地基	10 000	175	15.77		
		2	1.1	7.0		复合地基		200	17.41		
		3	0.95	7.0		复合地基		175	15.22		
		4	0.95	7.0		复合地基		215	18.18		
		5	0.50	7.0		浸水复合地基		162.5	6.92	1.353	
		6	0.95	7.0		浸水复合地基		150	8.45		1.314
报社综合楼		7			3.2	原天然地基	5 000	125	15.28		
		8				原天然地基		125	12.72		
	土桩	9	0.9	10.5	1.8	复合地基	5 000	200	16.59		
		10	1.0	10.5		复合地基		175	14.57		
通讯楼	灰土桩	11	0.75	10.5	1.8	复合地基	5 000	300	24.36		
		12	0.75	10.5		复合地基		300	15.38		
		13	0.75	10.5		复合地基		400	29.60		
		14	0.75	10.5		复合地基		350	20.91		

根据载荷试验结果的图表，可看出以下几点：

(1) 土桩挤密地基的比例界限点 p_{cr} 为175～215 kPa，平均为190 kPa；地基的变形模量 E_0 为14.6～18.2 MPa，平均为16.4 MPa。p_{cr} 及 E_0 与桩距的大小有关，与桩长无关，在土质相同的情况下，s 愈小，p_{cr} 及 E_0 愈高。与 p_{cr} 对应的相对沉降量 $s/b = 0.008\,6$～0.009 4，表明土桩挤密的地基沉降很小。

(2) 在浸水饱和条件下的土桩挤密地基，p_{cr} 为150.0～162.5 kPa，但界限点不甚明显。若与未浸水的试验结果比较，在压力为175～200 kPa时，浸水所产生的湿陷量仅为1.31～1.35 cm，其值小于3.00 cm，且相对湿陷量 $s_w/b \leqslant 0.015$。据此可以判定土桩挤密地基的湿陷性已经消除，与桩间土的室内试验结果相符。关于饱和状态下土桩挤密地基的承载力标准值，可参照一般较软地基 $s/b = 0.015$～0.020 对应的荷载压力，其结

果 f_{spk} 为 170～210 kPa，与未浸水前土桩挤密地基的 p_{cr} 值接近，但其变形模量将有所降低。

(3) 灰土桩挤密地基的 p-s 曲线变化平缓，无明显的转折点。其比例界限点可近似地取 p_{cr} 为 300～400 kPa，变形模量 E_0 为 15.4～29.6 MPa。若按 $s/b = 0.008$ 所对应的荷载取值，灰土桩挤密地基的承载力标准值 f_{spk} 为 250～380 kPa，变形模量可提高为 30 MPa 以上。

(4) 天然地基载荷试验表明，原天然地基的 p_{cr} 为 125 kPa，E_0 为 12.7～15.3 MPa，对应的 $s/b = 0.009$ 左右。土桩及灰土桩挤密地基不仅消除了原地基的湿陷性，承载力也有明显的提高。从表 5-35 可知，土桩挤密地基的承载力比天然地基提高 1.4～2.0 倍；灰土桩地基提高 2.4～3.0 倍。

表 5-35 土桩及灰土桩挤密地基与天然地基承载力对比

试验场地	桩类别	桩距/m	原天然地基承载力 f_k/kPa	挤密后复合地基承载力 f_{spk}/kPa	f_{spk}/f_k
长庆局二机厂	土桩	0.95	110	215	1.95
				150(浸水饱和)	1.36
		1.10		200	1.82
		1.20		175	1.59
报社综合楼		0.90	100～150	200	1.60～2.00
		1.00		175	1.40～1.75
通讯楼	灰土桩	0.75	125	300～400	2.40～3.02

4. 设计与施工

1) 工程设计

桩孔间距设计，按《灰土桩和土桩挤密地基设计施工及验收规程》(DBJ 24-2-85)的规定，桩间土挤密后的平均压实系数 $\geqslant 0.93$。根据地基土的天然干密度平均值 $\bar{\rho}_d = 1.28$ g/cm^3，土的最大干密度由击实试验求得 $\rho_{dmax} = 1.72$ g/cm^3，当设计桩径 $d = 0.40$ m 时，按公式(5-38)计算出的桩间距为 $2.14d = 0.86$ m。若根据现场试验结果，当桩间距为 $0.75 \sim 1.20$ m($1.88d \sim 3.00d$)时，均可达到消除湿陷性的要求，说明当地黄土在较低的压实系数时，也可消除其湿陷性。综合考虑各种因素后，设计桩间距采用 0.90～1.00 m($2.25d \sim 2.50d$)，桩径 $d = 0.40$ m，正三角形布桩。对乙、丙类建筑采用土桩。甲类高层建筑地基采用灰土桩。

根据施工机械条件并考虑经济因素，设计桩长为7.5～10.5 m。由于该地区湿陷性土层厚度较大，处理深度以下仍存在湿陷性土层，有较大的剩余湿陷量，因此地基做整片处理，上设灰土垫层，放置地表水大量浸入地表深层。

土桩及灰土桩挤密地基的承载力标准值及变形模量，根据载荷试验结果，可按表5-36采用。

表 5-36 土桩、灰土桩挤密地基承载力标准值及变形模量

桩类	素土桩				灰土桩
指标＼桩间距 s/m	1.20	1.10	0.95	0.90～1.00	0.75
f_{spk}/kPa	175	200	215	180	300
E_0/MPa	15	17	18	9	22

2) 施工方法

施工采用沉管法成孔挤密，沉桩机械为1.8 t导杆式柴油桩锤，由W1001履带式起重机带动行走、就位和起吊桩锤。由于场地上层土的含水量偏低，土呈硬塑状态，打拔桩管阻力较大，沉桩锤的能量和吊车的起重力均不宜减小。桩孔夯填采用卷扬机提升式夯实机，锤重0.2 t。土桩用就近挖出的素土夯填，灰土桩采用2∶8及3∶7灰土夯填。桩身夯填质量标准要求填料的压实系数≥0.93。

采用1.8 t柴油沉桩锤成孔施工，存在噪音和振动对环境的影响问题，在工矿区主要是振动对相邻建筑物的影响。经甘肃省建研所在长庆石油局报社楼工地的测试结果及分析，主要结论是：

(1) 柴油锤沉管法成孔挤密施工时，其锤击振动速度和振动加速度峰值持续时间很短，一般仅为0.02～0.05 s，所引起的地面震动衰减迅速，其波形不会叠加，更无共振现象产生。

(2) 1.8 t柴油锤成孔挤密施工产生的振动，随成孔施工的遍数而逐渐增强。如分四遍间隔成孔施工，则第四遍成孔施工振动对周围建筑物的影响可划分为三个区，即：① 中等影响区，据孔距5 m范围内；② 轻微影响区，据孔心5～10 m范围内；③ 无影响区，距孔心10 m以外。施工第一至第三遍孔时，振动强度相对较弱，对建筑物的影响可划分为两个区：① 轻微影响区，距空心5 m以内；② 无影响区，距孔心5 m以外。

(3) 根据对相邻建筑物振动影响的实测与分析，沉管法施工对相邻建筑引起振动的影响很小，振动加速度仅为(0.001～0.004)g，振动速度为0.022～0.082 cm/s，不会对一般建筑物的安全和使用造成危害。

挤密地基施工前，应先对场地土的含水量进行实测分析，如土的含水量低于12%时，最好预浸水湿润土层，使其含水量接近土的最优含水量；部分场地可能土的含水量偏高，则应注意采取措施保证成孔的质量。

5. 质量检验

土桩及灰土桩施工，决定工程质量的关键是桩孔夯填的质量。施工中严格控制填料量，专人操作并认真监督夯填过程，施工后切实进行检验测试，保证填料的压实系数≥0.93。同时对桩间土的挤密效果也按规范进行了检验测试。

6. 技术经济效果

在长庆油田基地建设中，通过试验研究，推广应用土桩或灰土桩挤密法处理大厚度湿陷性黄土地基，处理深度较大而无需大开挖，原位处理，深层挤密，既消除了处理土层的湿陷性，又提高了地基的承载力，整片处理兼有防水作用，技术效果明显可靠。挤密桩法以土治土，费用低，工期短，一般可比大开挖回填垫层法缩短工期40%左右。由于部分或全部消除了地基的湿陷量，可减少防水及结构措施的费用，使工程造价进一步降低。

【例题5-6】 某住宅，长46 m，宽12.8 m，建筑面积2 860 m^2。地基为杂填土，地基承载力特征值为86 kPa。拟采用灰土挤密桩法处理，设计桩径0.4 m，桩内填料的最大干密度为1.67 t/m^3。场地处理前平均干密度为1.33 t/m^3，挤密后桩间土平均干密度要求达到1.54 t/m^3。

试：

(1) 桩孔如按等边三角形布桩，桩间距为多少合适？

(2) 如按正方形布桩，假定桩间距为900 mm，桩孔数量为多少合适？

(3) 经处理后，灰土挤密桩复合地基的承载力特征值是多少合适？

(4) 桩孔拟采用灰土填料，分层夯实，填料夯实后的控制干密度不应小于多少？

【解】 (1) 根据《建筑地基处理技术规范》(JGJ 79—2012)，桩孔之间的中心距离可取桩孔直径的2.0～2.5倍，也可按式(5-38)估算，即

$$s=0.95d\sqrt{\frac{\bar{\eta}_c\rho_{dmax}}{\bar{\eta}_c\rho_{dmax}-\bar{\rho}_d}}=0.95d\sqrt{\frac{\bar{\rho}_{d1}}{\bar{\rho}_{d1}-\bar{\rho}_d}}=0.95\times0.4\times\sqrt{\frac{1.54}{1.54-1.33}}=1.029\ \text{m}$$

同时考虑：(2.0～2.5)×0.4＝0.8～1.0 m，故取1.0 m。

(2) 按正方形布桩时：

$$d_e=1.13s=1.13\times0.9=1.017\ \text{m}$$

根据规范：当采用整片处理时，超出建筑物外墙基础底面外缘的宽度，每边不宜小于处理土层厚度的1/2，并不应小于2 m。这里，取每边外延2 m代入计算，则桩孔数量：

$$n=\frac{A}{A_e}=\frac{(46+2\times2)\times(12.8+2\times2)}{\frac{\pi\times1.017^2}{4}}=1\ 035\ 根$$

(3) 根据规范，灰土挤密桩或土挤密桩复合地基的承载力，应通过现场单桩或多桩复

合地基载荷试验确定。初步设计当无试验资料时，可按当地经验确定，但灰土挤密桩复合地基的承载力特征值，不宜大于处理前的 2.0 倍，并不宜大于 250 kPa，即

$$f_{spk} \leqslant 86 \times 2 = 172 \text{ kPa}$$

故取 $f_{spk} = 170$ kPa。

(4) 根据规范，当桩孔内用灰土或素土分层回填、分层夯实时，桩体内的平均压实系数值均不应小于 0.96。故填料夯实后的控制干密度：

$$\rho_d = \bar{\lambda}_c \rho_{dmax} = 0.96 \times 1.67 = 1.60 \text{ t/m}^3$$

第八节　水泥土搅拌桩法

一、概　述

1. 定义

水泥土搅拌桩法是用于加固饱和黏性土地基的一种新方法。它是以水泥作为固化剂的主剂，通过特制的深层搅拌机械，在地基深处就地将地基土和固化剂（浆液或粉体）强制搅拌，由固化剂和软土间所产生的一系列物理化学反应，使软土硬结成具有整体性、水稳定性和一定强度的水泥加固土，从而提高地基强度、增大变形模量的地基处理方法。

2. 水泥土搅拌法分类

根据固化剂掺入状态的不同，水泥土搅拌桩法分为深层搅拌法（简称湿法）和粉体喷搅法（简称干法）。前者是用浆液（水泥浆）和地基土搅拌，后者是用粉体（水泥粉）和地基土搅拌。

3. 适用范围

水泥固化剂一般适用于正常固结的淤泥与淤泥质土、黏性土、粉土、素填土（包括冲填土）、饱和黄土、粉砂以及无流动地下水的中粗砂、砂砾等地基加固。

当地基土的天然含水量小于 30%（黄土含水量小于 25%）、大于 70%或地下水的 pH 值小于 4 时不宜采用干法。冬期施工时，应注意负温对处理效果的影响。

水泥土搅拌桩法用于处理泥炭土、有机质土、塑性指数大于 25 的黏土、地下水具有腐蚀性以及无工程经验的地区，必须通过现场试验确定其适用性。因为若被加固土体塑性指数大于 25，施工时容易在搅拌头叶片上形成泥团，无法完成水泥土的拌和。

试验表明，用水泥作加固料时，有些软土的加固效果较好，而有的不够理想。一般认为含有高岭石、多水高岭石、蒙脱石等黏土矿物的软土加固效果较好，而含有伊利石、氯化物和水铝英石等矿物的黏性土以及有机质含量高、pH 值较低的黏性土加固效果较差。

水泥土搅拌桩法形成的水泥土加固体，可用于基坑工程围护挡墙、被动区加固、防渗帷幕、大体积水泥稳定土等。

4. 水泥土搅拌桩法的优点

水泥土搅拌桩法加固软土技术具有其独特优点：① 最大限度地利用了原土；② 搅拌时无振动、无噪音和无污染，可在密集建筑群中进行施工，对周围原有建筑物及地下沟管影响很小；③ 根据上部结构的需要，可灵活地采用柱状、壁状、格栅状和块状等加固型式(见图 5-33)；④ 与钢筋混凝土桩相比，可节约钢材、降低造价。

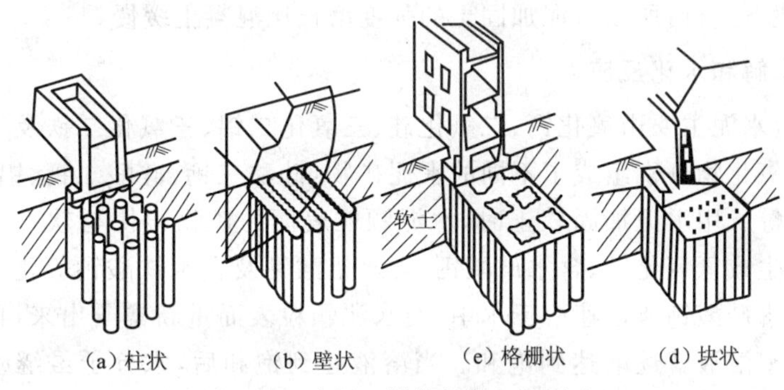

(a) 柱状 (b) 壁状 (c) 格栅状 (d) 块状

图 5-33 水泥土搅拌桩的加固型式

5. 水泥土搅拌桩法的发展概况

水泥土搅拌桩法最早在美国研制成功，称为 Mixed-in-PlacePile(简称 MIP 法)，国内 1977 年由冶金部建筑研究总院和交通部水运规划设计院进行了室内试验和机械研制工作，于 1978 年底制造出国内第一台 SSJB-1 型双搅拌轴中心管输浆的搅拌机械，并由江阴市江阴振冲器厂成批生产(目前 SJB-2 型加固深度可达 18 m)。1980 年初在上海宝钢三座卷管设备基础的软土地基加固工程中首次获得成功，1980 年初天津市机械施工公司与交通部一航局科研所利用日本进口螺旋钻孔机械进行改装，制成单搅拌轴和叶片输浆型搅拌机，1981 年在天津造纸厂蒸煮锅改造扩建工程中获得成功。

粉体喷射搅拌法(Dry Jet Mixing Meihod 简称 DJM 法)最早由瑞典人 Kjeld Paus 提出。1967 年 Kjeld Paus 使用石灰搅拌桩加固 15 m 深度范围内软土地基，1971 年瑞典 Linden Alimat 公司在现场制成第一根用石灰粉和软土搅拌成的桩，1974 年获得粉喷技术专利，生产出的专用机械其桩径为 500 mm，加固深度 15 m。1983 年，我国铁道部第四勘测设计院用 DPP-100 型汽车钻改装成国内第一台粉体喷射搅拌机，并使用石灰作为固化剂，应用于铁路涵洞加固。1986 年我国开始使用水泥作为固化剂，应用于房屋建筑的软土地基加固。1987 年铁四院和上海探矿机械厂制成 GPP-5 型步履式粉喷机，成桩直径为 500 mm，加固深度为 12.5 m。当前国内粉喷机的成桩直径一般为 500～700 mm，深度一般可达 15 m。

二、加固机理

水泥土搅拌桩法主要是通过水泥与土(简称水泥土)之间的物理化学反应来达到提高地基土承载力、减少地基沉降量的目的。

水泥土的物理化学反应过程与混凝土的硬化机理不同,混凝土的硬化主要是在粗填充料(比表面不大、活性很弱的介质)中进行水解和水化作用,所以凝结速度较快。而在水泥加固土中,由于水泥掺量很小,水泥的水解和水化反应完全是在具有一定活性的介质——土的围绕下进行,所以水泥加固土的强度增长比混凝土缓慢。

1. 水泥的水解和水化反应

普通硅酸盐水泥主要由氧化钙、二氧化硅、三氧化二铝、三氧化二铁及三氧化硫等组成,这些不同的氧化物分别组成了不同的水泥矿物:硅酸三钙、硅酸二钙、铝酸三钙、铁铝酸四钙、硫酸钙等。用水泥加固软土时,水泥颗粒表面的矿物很快与软土中的水发生水解和水化反应,生成氢氧化钙、含水硅酸钙、含水铝酸钙及含水铁酸钙等化合物。所生成的氢氧化钙、含水硅酸钙能迅速溶于水中,使水泥颗粒表面重新暴露出来,再与水发生反应,这样周围的水溶液就逐渐达到饱和。当溶液达到饱和后,水分子虽继续深入颗粒内部,但新生成物已不能再溶解,只能以细分散状态的胶体析出,悬浮于溶液中形成胶体。

2. 土颗粒与水泥水化物的作用

当水泥的各种水化物生成后,有的自身继续硬化,形成水泥石骨架,有的则与其周围具有一定活性的黏土颗粒发生反应。

1) 离子交换和团粒化作用

黏土和水结合时会表现出一种胶体特征,如黏土中含量最多的二氧化硅遇水后,形成硅酸胶体微粒,其表面带有钠离子(Na^{+})或钾离子(K^{+}),它们所形成的扩散层较厚,土颗粒间距离较大,并能和水泥水化生成的氢氧化钙中的钙离子(Ca^{2+})进行当量吸附交换,使扩散层变薄,土颗粒间距离减小,大量分散的较小土颗粒形成较大的土团颗粒,从而使土体强度提高。

水泥水化生成的凝胶粒子的比表面积约比原水泥颗粒大 1 000 倍,因而产生很大的表面能,有强烈的吸附活性,能使较大的土团粒进一步结合起来,形成水泥土的团粒结构,并封闭各土团的孔隙,形成坚固的联结,使得水泥土的强度大大提高。

2) 硬凝反应

随着水泥水化反应的深入,溶液中析出大量的钙离子,当其数量超过离子交换所需量后,在碱性环境中,能使组成黏土矿物的二氧化硅及三氧化二铝的一部分或大部分与钙离子进行化学反应,逐渐生成不溶于水的稳定结晶化合物,增大了水泥土的强度。

3) 碳酸化作用

水泥水化物中游离的氢氧化钙能吸收水中和空气中的二氧化碳,发生碳酸化反应,生成不溶于水的碳酸钙，这种反应也能使水泥土强度增加，但增长的速度较慢，幅度也较小。

实际上，在搅拌机械的切削搅拌过程中，不可避免地会留下一些未被粉碎的大小土团，在拌入水泥后将出现水泥浆包裹土团的现象，而土团之间的大孔隙基本上已被水泥颗粒填满。所以，加固后的水泥土中形成一些水泥较多的微区，而在大小土团内部则没有水泥。只有经过较长的时间，土团内的土颗粒在水泥水解产物渗透作用下，才逐渐改变其性质。因此在水泥土中不可避免地会产生强度较大和水稳性较好的水泥石区和强度较低的土块区，两者在空间相互交替，从而形成一种独特的水泥土结构。可见，水泥与土之间的强制搅拌越充分，土块被粉碎得越小，水泥分布到土中越均匀，水泥土结构强度的离散性越小，总体强度也就越高。

三、水泥土的室内配合比试验

尽管已经发展多年，但水泥土搅拌法无论是从加固机理、设计计算方法还是施工工艺上都还处于半理论半经验状态。掺入水泥以后，地基土的性质会发生变化，这些变化与水泥类别、掺入量、外加剂及被加固土自身的性质等诸多因素有关。因此，通过水泥土的室内配比试验，可以定量地反映出水泥土特性的一些变化规律，为设计提供一定的依据。《建筑地基处理技术规范》(JGJ 79—2012)规定：水泥土搅拌法在设计前应进行拟处理土的室内配比试验；针对现场拟处理的最弱层软土的性质，选择合适的固化剂、外掺剂及掺入量，为设计提供各种龄期、各种配比的强度参数。

众所周知，不同土质掺入水泥以后所反映出的物理化学性质不完全相同，下面简要介绍一些典型的水泥土室内配合比试验结果，以便读者对水泥土的性质有一定性的了解。

1. 水泥土的物理性质

1）含水量

水泥土在硬凝过程中，由于水泥水化等反应，使部分自由水以结晶水的形式固定下来，故水泥土的含水量略低于原土样的含水量，且随着水泥掺入比的增加而减小。

2）重度

由于拌入软土中的水泥浆的重度与软土的重度相近，所以水泥土的重度与天然软土的重度相差不大。因此，采用水泥土搅拌法加固厚层软土地基时，其加固部分对下部未加固部分不致产生过大的附加荷重，也不会产生较大的附加沉降。

3）相对密度

由于水泥的相对密度为 3.1，比一般软土的相对密度 2.65～2.75 大，故水泥土的相对密度比天然软土的相对密度稍大。

4）渗透系数

水泥土的渗透系数随水泥掺入比的增大和养护龄期的增长而减小，一般可达 10^{-5}～

10^{-8} cm/s 数量级。水泥加固淤泥质黏土能减小原天然土层的水平向渗透系数,而对垂直向渗透性的改善,效果不显著。因此,在深基坑工程施工中可以用它作为止水帷幕。

2. 水泥土的力学性质

1) 抗压强度及其影响因素

水泥土的抗压强度一般比天然软土大几十倍至数百倍,其变形特征随强度不同而介于脆性体与弹塑体之间,见图 5-34。

影响水泥土抗压强度的因素有:水泥掺入比、水泥标号、龄期、含水量、有机质含量、外掺剂、养护条件及土性等。

(1) 水泥掺入比 a_w 对强度的影响。

水泥土掺入比是指掺加的水泥质量与被加固软土的质量之比,用百分数表示。

水泥土的强度随着水泥掺入比的增加而增大,当 $a_w < 5\%$ 时,由于水泥与土的反应过弱,水泥土固化程度低,强度离散性也较大,故在水泥土搅拌法的实际施工中,选用的水泥掺入比必须大于 7%。

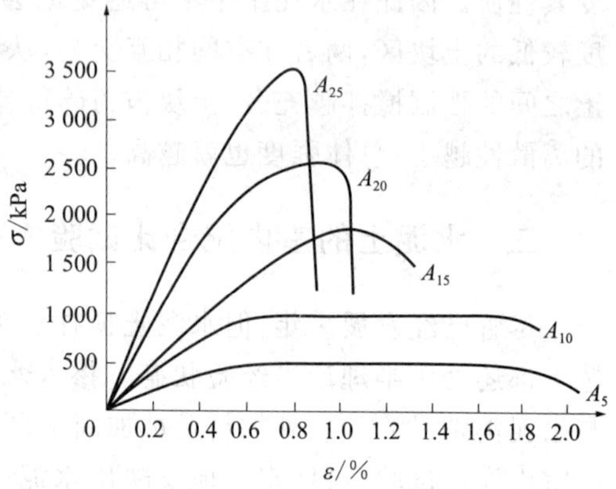

图 5-34　水泥土的应力-应变关系

(图中 $A_5 \sim A_{25}$ 表示水泥掺入比为 5%~25%)

(2) 龄期对强度的影响。

水泥土的强度随着龄期的增长而提高,一般在龄期超过 28 d 后仍有明显增长,龄期超过 3 个月后强度增长才减缓。从抗压强度试验得知,在其他条件相同时,不同龄期水泥土的无侧限抗压强度之间大致呈线性关系,其经验关系式如下:

$$q_{u7} = (0.47 \sim 0.63)q_{u28}$$

$$q_{u14} = (0.62 \sim 0.80)q_{u28}$$

$$q_{u60} = (1.15 \sim 1.46)q_{u28}$$

$$q_{u90} = (1.43 \sim 1.80)q_{u28}$$

$$q_{u90} = (2.37 \sim 3.73)q_{u7}$$

$$q_{u90} = (1.73 \sim 2.82)q_{u14}$$

上式,q_{u7}、q_{u14}、q_{u28}、q_{u60}、q_{u90} 分别为 7 d、14 d、28 d、60 d 和 90 d 龄期的水泥土抗压强度。

为了降低造价,国内外取以 90 d 龄期为标准龄期的立方体抗压强度平均值作为竖向承载水泥土(承重搅拌桩试块)的强度,对承受水平荷载的水泥土强度(起支挡作用承受水平荷载的搅拌桩),为了缩短养护期,水泥土强度标准取 28 d 龄期为标准龄期的立方体抗压强度平均值。

(3) 水泥标号对强度的影响。

水泥土的强度随水泥标号的提高而增加。水泥强度等级提高 10 级,水泥土强度约增大 20%～30%。如要求达到相同强度,水泥强度等级提高 10 级可降低水泥掺入比 2%～3%。

(4) 土样含水量对强度的影响。

当水泥土配比相同时,其强度随土样的天然含水量的降低而增大,试验表明,当土的含水量在 50%～85%范围内变化时,含水量每降低 10%,水泥土强度可提高 30%。

(5) 土样中有机质含量对强度影响。

由于有机质使土体具有较大的水溶性和塑性、较大的膨胀性和低渗透性,并使土具有酸性,所以有机质含量较高会阻碍水泥水化反应,影响水泥土的强度增长。因此,对于有机质含量高的软土,单纯用水泥加固的效果较差。

(6) 外掺剂对强度的影响。

不同外加剂对强度的影响不同。木质素磺酸钙对水泥土强度的增长影响不大,主要起减水作用;三乙醇胺、氯化钙、碳酸钠、水玻璃和石膏等材料对水泥土强度有增强作用,其效果对不同土质和不同水泥掺入比又有所不同。当掺入与水泥等量的粉煤灰后,水泥土强度可提高 10%左右。故在加固软土时掺入粉煤灰不仅可消耗工业废料,水泥土强度还可有所提高。

(7) 养护方法。

养护方法对水泥土的强度影响主要表现在养护环境的湿度和温度。国内外试验资料都说明,养护方法对短龄期水泥土强度的影响很大,随着时间的增长,不同养护方法下的水泥土无侧限抗压强度趋于一致,说明养护方法对水泥土后期强度的影响较小。

2) 水泥土的抗拉、抗剪强度

大量试验结果表明:水泥土的抗拉、抗剪强度一般随抗压强度的增长而提高。

3. 水泥土的抗冻性能

水泥土试件在自然负温下进行抗冻试验。试验结果表明:其外观无显著变化,仅少数试块表面出现裂缝,并有局部微膨胀或出现片状剥落及边角脱落,但深度及面积均不大,可见自然冰冻不会造成水泥土深部的结构破坏。

四、设计计算

水泥土搅拌法形成的水泥土加固体,可作为竖向承载的复合地基。确定处理方案前应搜集拟处理区域内详尽的岩土工程资料,尤其是填土层的厚度和组成,软土层的分布范围、分层情况,地下水位及 pH 值,土的含水量、塑性指数和有机质含量等。

水泥土搅拌法的设计内容主要包括确定搅拌桩的桩径、桩长、加固型式、布置范围、固化剂、垫层、复合地基承载力特征值以及处理后复合地基的变形计算等。

1. 固化剂

固化剂宜选用强度等级为 42.5 级及以上的普通硅酸盐水泥。水泥掺量宜为 12%～

20%。湿法的水泥浆水灰比可选用0.45～0.55。

外掺剂可根据工程需要和土质条件选用具有早强、缓凝、减水以及节省水泥等作用的材料，但应避免环境污染。

2. 桩径与桩长

水泥土搅拌桩的桩径不应小于500 mm。竖向承载搅拌桩的长度应根据罐基础对承载力和变形的要求确定，并宜穿透软弱土层到达承载力相对较高的土层；在深厚软土层中尽量避免采用"悬浮"桩型；为提高抗滑稳定性而设置的搅拌桩，其桩长应超过危险滑弧以下2 m。湿法的加固深度不宜大于20 m，干法不宜大于15 m。

3. 加固型式

根据上部结构特点及对地基承载力和变形的要求，竖向承载搅拌桩的平面布置可采用柱状、壁状、格栅状、块状及长短桩相结合等不同的加固型式。

(1) 柱状。每隔一定距离打设一根水泥土桩，形成柱状加固型式，适用于单层工业厂房独立柱基础和多层房屋条形基础下的地基加固，它可充分发挥桩身强度与桩周侧阻力。

(2) 壁状。将相邻桩体部分重叠搭接成为壁状加固型式，适用于深基坑开挖时的边坡加固以及建筑物长高比大、刚度小、对不均匀沉降比较敏感的多层房屋条形基础下的地基加固。

(3) 块状。它是由纵横两个方向的相邻桩搭接而形成的，对上部结构单位面积荷载大、对不均匀下沉控制严格的构筑物地基进行加固时可采用这种型式。

(4) 格栅状。它是由纵横两个方向的相邻桩体搭接而形成的格栅状加固型式，适用于对上部结构单位面积荷载大和对不均匀沉降要求控制严格的建(构)筑物的地基加固。

(5) 长短桩相结合。当地质条件复杂，同一建筑物坐落在两类不同性质的地基土上时，可用3 m左右的短桩将相邻长桩连成壁状或格栅状，以调整和减小不均匀沉降量。

4. 加固范围

水泥土桩是一种强度和刚度介于柔性桩(砂桩、碎石桩等)和刚性桩(钢管桩、混凝土桩等)之间的半刚性桩，它所形成的桩体在无侧限情况下可保持直立，在轴向力作用下又有一定的压缩性，但其承载性能与刚性桩相似，因此在设计时可只在基础平面范围内布桩，并且独立基础下的桩数不宜少于4根，宜采用正方形、等边三角形等布桩方式。

5. 复合地基承载力特征值

1) 复合地基承载力特征值

竖向承载水泥土搅拌桩复合地基的承载力特征值应通过现场单桩或多桩复合地基荷载试验确定。初步设计时也可按下式估算：

$$f_{spk} = m\frac{R_a}{A_p} + \beta(1-m)f_{sk} \tag{5-43}$$

式中 f_{spk}——复合地基承载力特征值,kPa;

m——面积置换率;

A_p——桩的截面积,m^2;

R_a——单桩竖向承载力特征值,kN;

f_{sk}——处理后桩间土承载力特征值,kPa,可取天然地基承载力特征值;

β——桩间土承载力折减系数,无桩帽时可取 0.5～0.7,有桩帽时可取 0.7～0.8,桩间土承载力较高时取大值。

当搅拌桩处理范围以下存在软弱下卧层时,应按现行国家标准《建筑地基基础设计规范》(GB 50007—2011)的有关规定进行下卧层承载力验算。

2) 单桩竖向承载力特征值

单桩竖向承载力特征值应通过现场载荷试验确定。初步设计时也可按式(5-44)估算,并应同时满足式(5-45)的要求,应使由桩身材料强度确定的单桩承载力大于(或等于)由桩周土和桩端土的抗力所提供的单桩承载力:

$$R_a = u_p \sum_{i=1}^{n} q_{si} l_i + \alpha q_p A_p \tag{5-44}$$

$$R_a = \eta f_{cu} A_p \tag{5-45}$$

式中 u_p——桩的周长,m;

n——桩长范围内所划分的土层数;

q_{si}——桩周第 i 层土的桩侧摩阻力特征值,kPa;

l_i——桩长范围内第 i 层土的厚度,m;

q_p——桩端地基土未经修正的承载力特征值,kPa;

α——桩端天然地基土的承载力折减系数,可取 0.4～0.6,承载力高时取低值。

f_{cu}——与搅拌桩桩身水泥土配比相同的室内加固土试块(边长为 70.7 mm 的立方体,也可采用长为 50 mm 的立方体)在标准养护条件下 90 d 龄期的立方体抗压强度平均值,kPa。

η——桩身强度折减系数,干法可取 0.20～0.30,湿法可取 0.25～0.33;

对于 q_{si} 值,对淤泥可取 4～7 kPa;对淤泥质土可取 6～12 kPa;对软塑状态的黏性土可取 10～15 kPa;对可塑状态的黏性土可以取 12～18 kPa。

3) 搅拌桩的置换率和总桩数

根据设计要求的单桩竖向承载力特征值 R_a 和复合地基承载力特征值 f_{spk} 计算搅拌桩的置换率 m 和总桩数 n':

$$m = \frac{f_{spk} - \beta f_{sk}}{\frac{R_a}{A_p} - \beta f_{sk}} \tag{5-46}$$

$$n' = \frac{mA}{A_p} \tag{5-47}$$

式中　A——地基加固的面积，m^2。

6. 复合地基的沉降计算

竖向承载搅拌桩复合地基的变形计算应按现行国家标准《钢制储罐地基基础设计规范》(GB 50473—2008)的有关规定进行。各复合土层的压缩模量按式(5-34)计算。

7. 垫层设计

竖向承载搅拌桩复合地基应在基础和桩之间设置褥垫层。褥垫层厚度可取200～300 mm。其材料可选用中砂、粗砂、级配砂石等，最大粒径不宜大于30 mm。

8. 沉降控制设计思路

对于一般储罐基础，都是在满足强度要求的条件下以沉降进行控制的，应采用以下沉降控制设计思路：

(1) 根据地层结构进行地基变形计算，由储罐基础对变形的要求确定加固深度，即选择施工桩长；

(2) 根据土质条件、固化剂掺量、室内配比试验资料和现场工程经验选择桩身强度和水泥掺入量及有关施工参数；

(3) 根据桩身强度的大小及桩的断面尺寸，由式(5-45)计算单桩承载力；

(4) 根据单桩承载力和上部结构要求达到的复合地基承载力，由式(5-46)计算面积置换率；

(5) 根据桩土面积置换率和基础形式进行布桩。

五、施工工艺与质量检验

1. 施工工艺

1) 施工机械

国产水泥土搅拌机的搅拌头大都采用双层(或多层)十字杆形或叶片螺旋形。搅拌头翼片的枚数、宽度与搅拌轴的垂直夹角、搅拌头的回转数、提升速度应相互匹配，以确保加固深度范围内土体的任何一点均能经过20次以上的搅拌。

2) 施工质量控制

水泥土搅拌桩法施工现场应事先予以平整，必须清除地上和地下的障碍物。遇有明浜、池塘及洼地时应抽水和清淤，回填黏性土料并予以压实，不得回填杂填土或生活垃圾。

水泥土搅拌桩施工前应根据设计进行工艺性试桩，数量不得少于3根。工艺性试桩的目的是提供满足设计固化剂掺入量的各种操作参数，验证搅拌均匀程度及成桩直径，了解下钻及提升的阻力情况并采取相应的措施。当桩周为成层土时，应对相对软弱土层增加搅拌次数或增加水泥掺量。

竖向承载搅拌桩施工时，停浆(灰)面应高于桩顶设计标高300～500 mm。在开挖基坑时，应将搅拌桩顶端施工质量较差的桩段用人工挖除。

施工中应保持搅拌桩机底盘水平、导向架竖直，搅拌桩的垂直偏差不得超过1%；桩位的偏差不得大于50 mm；成桩直径和桩长不得小于设计值。

3）施工流程

水泥土搅拌桩法施工步骤因湿法和干法的施工设备不同而略有差异。其主要步骤为：

(1) 搅拌机械就位、调平。

(2) 预搅下沉至设计加固深度。

(3) 边喷浆(粉)边搅拌提升直至预定的停浆(灰)面。

(4) 重复搅拌下沉至设计加固深度。

(5) 根据设计要求，喷浆(粉)或仅搅拌提升直至预定的停浆(灰)面。

(6) 关闭搅拌机械。在预(复)搅下沉时，也可采用喷浆(粉)的施工工艺，但必须确保全桩长上下至少再重复搅拌一次。

湿法施工流程如下：

(1) 施工前应确定搅拌机械的灰浆泵输浆量、灰浆经输浆管到达搅拌机喷浆口的时间和起吊设备提升速度等施工参数；并根据设计要求通过成桩试验确定搅拌桩的配比等各项参数和施工工艺。

(2) 所使用的水泥都应过筛，制备好的浆液不得离析，泵送必须连续。拌制浆液的罐数、固化剂和外掺剂的用量以及泵送浆液的时间等应有专人记录。喷浆量及搅拌深度必须采用经国家计量部门认证的监测仪器进行自动记录。

(3) 搅拌机喷浆提升的速度和次数必须符合施工工艺的要求，并应有专人记录。

(4) 当水泥浆液到达出浆口后应喷浆搅拌30 s，在水泥浆与桩端土充分搅拌后，再开始提升搅拌头。

(5) 搅拌机预搅下沉时不宜冲水，当遇到硬土层下沉减慢时方可适量冲水，但应考虑冲水对桩身强度的影响。

(6) 施工时如因故停浆，应将搅拌头下沉至停浆点以下0.5 m处，待恢复供浆时再喷浆搅拌提升。若停机超过3 h，水泥浆将在整个输浆管路中凝固，因此宜先拆卸输浆管路，并妥善加以清洗。

(7) 壁状加固时，相邻桩的施工时间间隔不宜超过24 h。如间隔时间太长，与相邻桩无法搭接时，应采取局部补桩或注浆等补强措施。

干法施工流程如下：

(1) 喷粉施工前应仔细检查搅拌机械、供粉泵、送气(粉)管路、接头和阀门的密封性以及可靠性。送气(粉)管路的长度不宜大于60 m。

(2) 喷粉施工机械必须配置经国家计量部门确认的具有能瞬时检测并记录出粉量的粉体计量装置及搅拌深度自动记录仪。

(3) 搅拌头每旋转一周，其提升高度不得超过 16 mm。

(4) 搅拌头的直径应定期复核检查，其磨耗量不得大于 10 mm。

(5) 当搅拌头到达设计桩底以上 1.5 m 时，应开启喷粉机提前进行喷粉作业，当搅拌头提升至地面下 500 mm 时应停止喷粉。

(6) 成桩过程中因故停止喷粉，应将搅拌头下沉至停灰面以下 1 m 处，待恢复喷粉时再喷粉搅拌提升，如此操作是为了防止断桩。

(7) 需在地基土天然含水量小于 30%土层中喷粉成桩时，应采用地面注水搅拌工艺，如不及时在地面浇水，地下水位以上区段的水泥土水化将不完全，造成桩身强度降低。

2. 质量检验

水泥土搅拌桩的质量控制应贯穿在施工的全过程，并应坚持全程的施工监理。施工过程中必须随时检查施工记录和计量记录，并对照规定的施工工艺对每根桩进行质量评定。检查重点包括：水泥用量、桩长、搅拌头转数和提升速度、复搅次数和复搅深度、停浆处理方法等。《地基基础工程施工质量验收规范》(GB 50202—2002)对水泥土搅拌桩地基的质量检验标准见表 5-37。

表 5-37　水泥土搅拌桩地基质量检验标准

项	序	检查项目	允许偏差或允许值	检验方法
主控项目	1	水泥及外掺剂质量	设计要求	查产品合格证书或抽样送检
	2	水泥用量	参数指标	查看流量计
	3	桩体强度	设计要求	按规定方法
	4	地基承载力	设计要求	按规定方法
一般项目	1	机头提升速度	≤0.5%	量机头上升距离及时间
	2	桩底标高	±200 mm	测机头深度
	3	桩顶标高	+100 mm/−50 mm	水准仪(最上部 500 mm 不计入)
	4	桩位偏差	<50 mm	用钢尺量
	5	桩　径	<0.04D	用钢尺量，D 为桩径
	6	垂直度	≤1.5%	经纬仪
	7	搭　接	>200 mm	用钢尺量

1）施工质量检验

水泥土搅拌桩的施工质量检验可采用以下方法：

(1) 成桩 7 d 后，采用浅部开挖桩头（深度宜超过停浆（灰）面下 0.5 m），目测检查搅拌的均匀性，量测成桩直径。检查量为总桩数的 5%。

(2) 成桩后 3 d 内，可用轻型动力触探（N_{10}）检查每米桩身的均匀性。检验数量为施工总桩数的 1%，且不少于 3 根。

(3) 成桩 28 d 后，用双管单动取样器钻取芯样作抗压强度检验，检验数量为施工总桩数的 2%，且不少于 3 根。

2）竣工验收

竖向承载水泥土搅拌桩地基竣工验收时，承载力检验应采用复合地基载荷试验和单桩载荷试验。载荷试验必须在桩身强度满足试验荷载条件时，并宜在成桩 28 d 后进行。检验数量为桩总数的 0.5%～1%，且每台罐不应少于 3 点。

基槽开挖后，应检验桩位、桩数与桩顶质量，如不符合设计要求，应采取有效补强措施。

六、深层搅拌法在加固储罐地基中的应用[43]

1. 工程概况

大型储罐具备以下特点：一是储罐的荷载一般都较大，高的达到 250 kPa 以上；二是荷载作用面积较大，储罐直径大的可达 50～60 m 以上；三是对地基变形有严格限制，其地基变形允许值按《石油化工企业钢储罐地基与基础设计规范》(SH 3068—95)规定采用。

乍浦港乙二醇中转库位于浙江省平湖市乍浦港区内，是省重点建设项目涤纶厂 6 万 t 聚酯工程的配套工程，建设项目为两个库容量均为 3 000 m^3、直径 22.6 m 的储罐。

该工程地基处理采用桩长 17.0 m、桩径 700 mm 的水泥搅拌桩进行加固，为建设单位节省了 40 万元的投资，取得了较好的经济效益和社会效益。

2. 工程地质条件

该场地为杭州湾沿岸的软土，具有含水量高、孔隙比大、压缩模量低、渗透系数小的特点，为浅海相沉积，上部硬壳层很薄，层下淤泥质土厚达 25 m，各土层的物理力学性质指标见表 5-38。

表 5-38　各土层主要物理、力学性质指标选用值表

名　称	w/%	e	I_p	I_L	a_{1-2}/MPa^{-1}	φ/(°)	c/kPa	f_{sk}/kPa
粉质黏土	36.0	0.997	15.0	1.06	0.63	10.9	9.9	60
淤泥质粉质黏土	40.3	1.120	16.1	1.25	0.74	8.2	10.22	50

续表 5-38

名　称	$w/\%$	e	I_p	I_L	$a_{1-2}/\mathrm{MPa}^{-1}$	$\varphi/(°)$	c/kPa	f_{sk}/kPa
淤泥质黏土	40.4	1.152	17.5	1.12	0.74	7.0	10.4	65
淤泥质粉质黏土	38.1	1.091	13.3	1.36	0.51	14.6	8.1	80
淤泥质黏土	44.3	1.230	19.4	1.17	0.68	7.1	10.2	80
粉质黏土	32.0	0.806			0.28	19.0	7.5	140

3. 设计要求

该水泥土搅拌桩桩径 $D=700$ mm、桩长 17 m，桩位环形布置，布桩范围 $R_b=11\ 300$ mm，分三个区不同置换率布置，外圈置换率为 0.435，中心环区置换率为 0.255，中心置换率为 0.482，见图 5-35。主材料采用 425 号抗硫酸盐水泥（或粉煤灰水泥），掺入量为加固土体质量的 19%，即每平方米体积土体加水泥量不少于 350 kg，复合地基承载力标准值 $f_{spk}\geqslant 200$ kPa，最终沉降 $s\leqslant 120$ mm 且应均匀沉降。

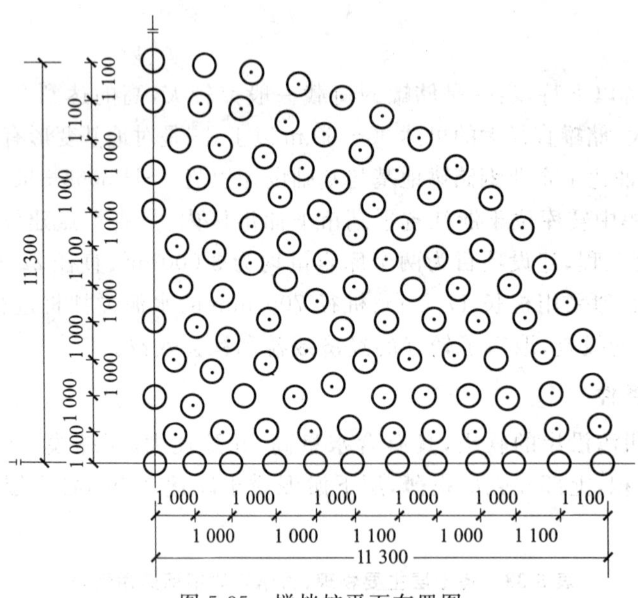

图 5-35　搅拌桩平面布置图

4. 设计过程

1）单桩承载力

按桩身水泥土强度控制：

$$R_a=\eta f_{cu}A_p=216.8\ \mathrm{kN}(\eta=0.33)$$

按土的支撑力控制：

$$R_a = \bar{q}_s U_p \cdot l + \alpha A_p q_p = 277 \text{ kN}(\alpha = 0)$$

综上所述，单桩承载力取为 200 kN。

2) 置换率及布桩数

$$m = \frac{f_{spk} - \beta \cdot f_{sk}}{\dfrac{R_a}{A_p} - \beta \cdot f_{sk}} = \frac{200 - 0.8 \times 60}{\dfrac{200}{0.385} - 0.8 \times 60} = 0.3224 = 32.24\%$$

$$n = \frac{mA}{A_p} = \frac{0.3224 \times \pi \times 10.8^2}{0.385} = 307 \text{ 根}$$

3) 布桩方案

实际布桩范围 $R_b = 11.30$ m，环形布置，总桩数 385 根。

4) 复合地基承载力验算

$$m = \frac{(385 - 60) \times 0.385}{\pi \times 10.8^2} = 0.341$$

$$f_{spk} = m\frac{R_a}{A_p} + \beta(1 - m) f_{sk} = 208.87 \text{ kPa} > 200 \text{ kPa}$$

5) 下卧层强度验算

附加应力：$p_0 = 38.8$ kPa；

自重应力：$p_z = (\gamma - 10)h = 133$ kPa；

总应力：$p = 171.8$ kPa。

下卧层地基土承载力修正：

$$f = f_k + \eta_d \gamma_p (d - 0.5) = 192.6 \text{ kPa} > p$$

6) 沉降验算

总沉降：$s = 117.5 \text{ mm} < 120 \text{ mm}$。

5. 施工方法

与一般工业与民用建筑相比，油罐地基设计荷载即是实际施加的荷载，因此，对油罐而言，不可能对设计进行挖潜，要求施工能切实体现设计的意图，并达到设计的要求。

为完善施工任务，整个地基处理过程投入两台水泥搅拌桩机械，由于场地地下水中 Cl^{-1} 浓度较高，主材料要求抗硫酸盐性和抗侵蚀性，实际使用 425 号粉煤灰水泥，外掺剂采用木质素和生石膏。为满足设计施工要求，桩机搅拌头电动机均为 30 kW 主动钻杆长达 21 m，搅拌轴转速控制在 60 r/min，输浆泵最大压力 0.5 MPa，搅拌轴提升和下降速度在 1 m/min 以内。

根据工艺性试桩结果，钻头搅拌至 10 m 时，钻进困难，配电箱电流值高达 80～100 A，主要是由于场地 10～12 m 处存在透镜体硬塑状粉质黏土夹层，因此，施工时钻头除二组 ϕ700 mm 的搅拌叶片外，钻头下部增加一组 ϕ500 mm 的辅助钻进叶片，以缓解阻力，保证搅拌均匀性。同时，采用“二次半”喷浆搅拌施工工艺，既保证复合地基承载力要求，又满足均匀沉降的要求。

6. 质量检验

1）桩成型的开挖观测

对两个储罐挖出的桩体进行直观检查，水泥和软土搅拌均匀，质地坚硬，成型一致，桩径符合设计要求，同时对1号库317、323、354号桩和2号库的28、193、264号桩等6根桩，开挖到0.8～2.0 m进一步观测，并进行个别解剖，表明桩身质量良好，搅拌均匀，但桩头实际截面普遍较设计值大，桩头直径一般为750～850 mm，主要是由于钻杆较长（21 m）、浅部搅拌时搅拌轴晃动较大而引起桩头变大。

2）桩头水泥土强度验收

成桩达到7 d龄期时，采用轻便动力触探对桩顶区段的强度进行连续检测，检测深度在1～4 m之间，现场测试结果其 N_{10} 的平均击数为62击，而桩间土 N_{10} 的平均击数为2.2击，桩头水泥土强度达到设计要求。

3）竣工后沉降观测

竣工后对两储罐进行冲水沉降观测，根据观测记录结果，总沉降量较小，而且各观测点的沉降量也比较均匀，建筑物没有任何裂缝，使用正常。

【例题 5-7】 某基础埋深 $d=2$ m，基础底面尺寸为14 m×32 m，上部传来轴心荷载 F 为38 000 kN。场地土层情况见图5-36。地基拟采用粉喷桩处理，桩径0.55 m，桩长12 m，桩端土承载力折减系数 $\alpha=0.6$，桩身强度折减系数 $\eta=0.3$，粉喷桩立方体试块抗压强度 $f_{cu}=1\ 800$ kPa，桩间土承载力折减系数 $\beta=0.8$，置换率为0.26。试验算复合地基的承载力是否满足要求？

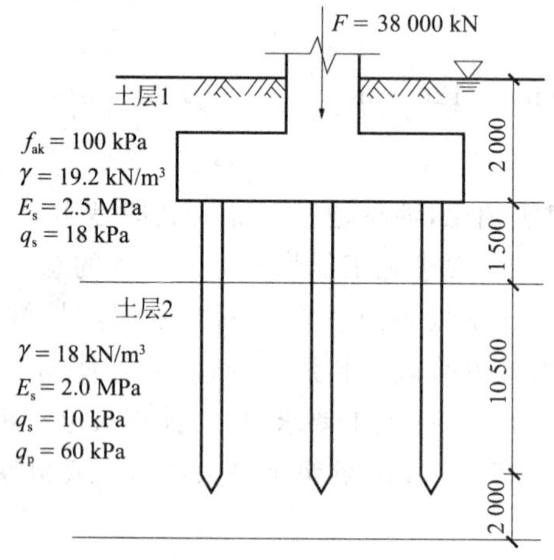

图5-36　场地土层情况

【解】（1）确定单桩的承载力特征值。

$$R_a = u_p \sum_{i=1}^{n} q_{si} l_i + \alpha q_p A_p$$

$$= 3.14 \times 0.55 \times (18 \times 1.5 + 10 \times 10.5) + \frac{0.6 \times 60 \times 3.14 \times 0.55^2}{4} = 236.5\ \text{kN}$$

$$R_a = \eta A_p f_{cu} = \frac{0.3 \times 3.14 \times 0.55^2 \times 1\ 800}{4} = 128.2\ \text{kN}$$

则单桩的承载力特征值 $R_a = 128.2\ \text{kN}$。

（2）复合地基的承载力特征值。

$$f_{spk} = m\frac{R_a}{A_p} + \beta(1-m)f_{sk}$$

$$= 0.26 \times \frac{128.2 \times 4}{3.14 \times 0.55^2} + 0.8 \times (1-0.26) \times 100 = 199.6\ \text{kPa}$$

规范规定：处理后的地基承载力仅作深度修正，且深度修正系数取1.0，则修正后复合地基的承载力特征值为：

$$f_a = f_{spk} + \eta_d \gamma_m (d-0.5) = 199.6 + 1.0 \times (2-0.5) \times 9.2 = 213.4\ \text{kPa}$$

（3）承载力验算。

基地压力：$p_k = \frac{F+G}{A} = \frac{38\ 000 + 20 \times 2 \times 14 \times 32}{14 \times 32} = 124.8\ \text{kPa} < f_a$，满足要求。

【思考题】

1. 何为换填垫层法？垫层的厚度如何确定？
2. 什么是预压法？试述其加固机理和适用范围。
3. 简述强夯法的加固机理和适用范围。
4. 试述振冲法的加固机理和适用范围。
5. 试述砂石桩法的加固机理和适用范围。
6. 简述CFG桩的加固机理及适用范围。
7. 简要介绍灰土挤密桩法与土挤密桩法及其适用范围。
8. 试述水泥土搅拌桩法的优点、作用机理和适用范围。

【习　题】

1. 某条形基础，宽1.2 m、埋深1 m，上部建筑物作用于基础上的荷载为150 kN/m。地基土表层为粉质黏土，厚1 m，重度为17.8 kN/m^3；第二层为淤泥质黏土，厚15 m，饱和重度为17.5 kN/m^3，地基承载力特征值为60 kPa；第三层为密实的砂砾石。地下水位距地表为1 m。因地基土较软弱，不能承受上部建筑物的荷载，采用砂垫层处理地基，试设计砂垫层。

2. 某工程地基为淤泥质黏土层，固结系数 $c_V = 1.5\times10^{-3}\ cm^2/s$、$c_H = 2.95\times10^{-3}\ cm^2/s$，受压土层厚 18 m。拟采用堆载预压法进行地基处理，袋装砂井直径 $d_w = 70$ mm，袋装砂井为等边三角形布置，间距 $l = 1.6$ m，深度 $H = 18$ m，砂井底部为不透水层，砂井打穿受压土层。预压荷载总压力 $p = 100$ kPa，分两级等速加载，加荷曲线见图 5-9。求：加荷开始后 100 d 时受压土层的平均固结度(不考虑竖井井阻和涂抹影响)。

3. 某场地主要受力层为粉细砂层，地基承载力 $f_{sk} = 110$ kPa，压缩模量 $E_s = 5.6$ MPa。拟采用填料振冲法进行地基处理，振冲桩桩体的地基承载力 $f_{pk} = 510$ kPa，桩体的平均直径 $d = 750$ mm，桩间距为 2 m，等边三角形布置。桩土应力比 $n = 2.5$。

试求：(1) 振冲处理后复合地基的承载力特征值是多少？

(2) 复合土层的压缩模量是多少？

(3) 若要求处理后 $f_{spk} = 180$ kPa，等边三角形布置，则桩土面积置换率为多少合适？

4. 松散砂土的承载力特征值为 75 kPa，拟采用砂石桩进行地基处理。砂石桩的直径 $d = 600$ mm，正方形布置，间距 $s = 1.5$ m。砂石桩的桩体承载力特征值为 350 kPa。试求处理后的复合地基承载力特征值 f_{spk}。

5. 某基础埋深 5 m，基础底面积 30 m×35 m，$F_k = 280\ 000$ kN，$M_k = 20\ 000$ kN·m，采用 CFG 桩复合地基，桩径 0.4 m，桩长 21 m，桩间距 $s = 1.8$ m，正方形布桩，经试验得单桩竖向极限承载力为 1 424 kN。其他参数见图 5-37。试验算 CFG 桩复合地基的承载力。

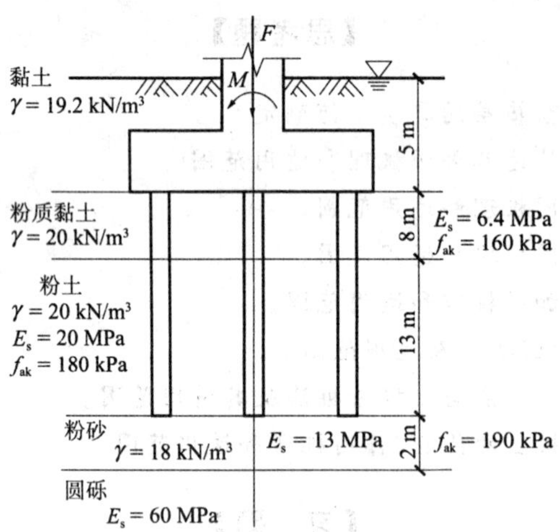

图 5-37　习题 5 用图

6. 某湿陷性黄土土场地长 50 m、宽 30 m。采用土挤密桩法处理，湿陷性土层厚度为 12 m，采用等边三角形布桩，桩径 0.4 m，要求平均挤密系数不小于 0.93，场地天然含水量为 10%，最优含水量为 18%，天然密度为 1.63 t/m³，最大干密度为 1.86 t/m³。试设计桩间距、挤密后桩间土的平均干密度和桩孔数量。对于场地增湿时，如果损耗系数为

1.1，需要加水的总量宜为多少？

7. 某软土地基，天然地基承载力特征值为 60 kPa。拟采用搅拌桩处理，根据地层分布，设计桩径 0.5 m，桩长 8 m，正方形布桩，桩距 1.2 m，桩周土的侧阻力特征值为 15 kPa，桩端土的承载力特征值为 60 kPa，桩端土承载力折减系数 α 为 0.5，桩间土承载力折减系数 β 为 0.8，搅拌桩立方体试块抗压强度 f_{cu} 为 2 000 kPa，桩身强度折减系数 η 为 0.3。试计算搅拌桩复合地基的承载力。

参考文献

[1] 华南理工大学，浙江大学，湖南大学. 基础工程. 北京：中国建筑工业出版社，2003.

[2] 金喜平，邓庆阳. 基础工程. 北京：机械工业出版社，2006.

[3] 袁聚云，楼晓明，姚笑青，等. 基础工程设计原理. 上海：同济大学出版社，2011.

[4] 华南理工大学，东南大学，浙江大学，等. 地基及基础. 3 版. 北京：中国建筑工业出版社，1991.

[5] 陈希哲. 土力学地基基础. 北京：清华大学出版社，1996.

[6] 常士骠，张苏民. 工程地质手册. 4 版. 北京：中国建筑工业出版社，2007.

[7] 刘起霞. 特种基础工程. 北京：机械工业出版社，2008.

[8] 罗晓辉. 基础工程设计原理. 武汉：华中科技大学出版社，2007.

[9] 张艳美，卢玉华，程玉梅，等. 基础工程. 北京：化学工业出版社，2011.

[10] 贾庆山. 储罐基础工程手册. 北京：中国石化出版社，2002.

[11] 徐至钧. 大型储罐基础地基处理与工程实例. 北京：中国标准出版社，2009.

[12] 中华人民共和国水利部. 岩土工程基本术语标准(GB/T 50279—98). 北京：中国计划出版社，1999.

[13] 东南大学，浙江大学，湖南大学，等. 土力学. 北京：中国建筑工业出版社，2005.

[14] 中华人民共和国水利部. 土的分类标准(GBJ 145—90). 北京：中国计划出版社，1991.

[15] 王成华. 土力学原理. 天津：天津大学出版社，2002.

[16] 白顺果，崔自治，党进谦. 土力学. 北京：中国水利水电出版社，2009.

[17] 赵成刚，白冰，王云霞. 土力学原理. 北京：清华大学出版社，北京交通大学出版社，2004.

[18] 董建国，沈锡英，钟才根，等. 土力学与地基基础. 上海：同济大学出版社，2005.

[19] 中华人民共和国建设部. 建筑地基基础设计规范(GB 50007—2011). 北京：中国建筑工业出版社，2002.

[20] 中华人民共和国水利部. 土工试验方法标准(GB/T 50123—1999). 北京：中国计划出版社，1999.

[21] 中华人民共和国建设部. 岩土工程勘察规范(GB 50021—2001)(2009 版). 北京：中国建筑工业出版社，2009.

[22] 李智毅，杨裕云. 工程地质学概论. 武汉：中国地质大学出版社，1999.

[23]《工程地质手册》编委会. 工程地质手册. 北京：中国建筑工业出版社，2008.
[24] 龚晓南. 高等土力学. 杭州：浙江大学出版社，1996.
[25] 张孟喜. 土力学原理. 武汉：华中科技大学出版社，2007.
[26] 梁钟琪. 土力学及路基. 北京：中国铁道出版社，1995.
[27] 张克恭，刘松玉. 土力学. 北京：中国建筑工业出版社，2001.
[28] 钱家欢，殷宗泽. 土工原理与计算. 2 版. 北京：水利水电出版社，1994.
[29] 中华人民共和国国家发展和改革委员会. 石油化工钢储罐地基与基础设计规范(SH/T 3068—2007). 北京：中国计划出版社，2007.
[30] 中国石油化工集团公司. 钢制储罐地基基础设计规范(GB 50473—2008). 北京：中国计划出版社，2009.
[31] 徐至钧. 大型储罐基础设计与地基处理. 北京：中国石化出版社，1999.
[32] 中华人民共和国住房和城乡建设部. 建筑桩基技术规范(JGJ 94—2008). 北京：中国建筑工业出版社，2008.
[33] 刘昌辉，时红莲. 基础工程学. 武汉：中国地质大学出版社，2005.
[34] 中国土木工程协会. 2007 注册岩土工程师专业考试复习教程. 4 版. 北京：中国建筑工业出版社，2007.
[35] 徐长节. 地基基础设计. 北京：机械工业出版社，2007.
[36] 周景星，李广信，虞石民. 基础工程. 2 版. 北京：清华大学出版社，2007.
[37] 中华人民共和国住房和城乡建设部. 建筑地基处理技术规范(JGJ 79—2012). 北京：中国建筑工业出版社，2012.
[38] 中华人民共和国住房和城乡建设部. 钢制储罐地基处理技术规范(GB/T 50756—2012). 北京：中国计划出版社，2012.
[39] 中华人民共和国建设部. 建筑地基基础工程施工质量验收规范(GB 50202—2002). 北京：中国建筑工业出版社，2002.
[40] 中华人民共和国国家发展和改革委员会. 石油化工钢储罐地基与基础施工及验收规范(SH/T 3528—2005). 北京：中国建筑工业出版社，2005.
[41] 刘永红. 地基处理. 北京：科学出版社，2005.
[42] 巩天真，岳晨曦. 地基处理. 北京：科学出版社，2008.
[43] 叶书麟. 地基处理工程实例应用手册. 北京：中国建筑工业出版社，1997.
[44] 徐至钧，赵锡鸿. 地基处理技术与工程实例. 北京：科学出版社，2008.
[45] 钱德玲. 注册岩土工程师专业考试模拟题集. 北京：中国建筑工业出版社，2009.
[46] 郑俊杰. 地基处理技术. 武汉：华中科技大学出版社，2004.
[47] 筑龙网. 地基与基础工程施工计算实例精选. 北京：人民交通出版社，2007.
[48] 苑辉. 地基基础设计计算与实例. 北京：人民交通出版社，2008.
[49] 王铁行. 岩土力学与地基基础题库及题解. 北京：中国水利水电出版社，2004.